Biologie für Ingenieure

Hans-Dieter Görtz · Franz Brümmer

# Biologie für Ingenieure

Mit einem Beitrag von Martin Siemann-Herzberg

Hans-Dieter Görtz
Biologisches Institut
University of Stuttgart
Stuttgart, Deutschland

Franz Brümmer
Stuttgart, Deutschland

Mit Beitrag von
Martin Siemann-Herzberg
Stuttgart, Deutschland

ISBN 978-3-662-59607-4          ISBN 978-3-662-59608-1    (eBook)
https://doi.org/10.1007/978-3-662-59608-1

Die Deutsche Nationalbibliothek verzeichnet diese Publikation in der Deutschen Nationalbibliografie;
detaillierte bibliografische Daten sind im Internet über http://dnb.d-nb.de abrufbar.

Springer Spektrum


Planung: Sarah Koch

Springer Spektrum ist ein Imprint der eingetragenen Gesellschaft Springer-Verlag GmbH, DE und ist
ein Teil von Springer Nature
Die Anschrift der Gesellschaft ist: Heidelberger Platz 3, 14197 Berlin, Germany

# Vorwort

In vielen Ingenieurstudiengängen ist heute auch die Biologie zu Hause. Ingenieure brauchen häufig sehr spezielle biologische Kenntnisse, in anderen Fällen eher eine biologische und ökologische Allgemeinbildung. In jedem Fall benötigen sie eine Einführung in die Biologie, wofür im Studienplan aber meist nur ein kleines Zeitfenster zur Verfügung steht. Deshalb sollen in dem vorliegenden Buch die wesentlichen Inhalte der heutigen Biologie dargestellt werden. Erscheint das notwendige Weglassen vieler Inhalte auch schmerzlich, erklärt es umso mehr die Notwendigkeit, wichtige Zusammenhänge und Funktionsprinzipien gezielt zu veranschaulichen. Wie ist zu verstehen, dass Umweltveränderungen zum Auftreten neuer Arten führen? Wie kann eine Genveränderung das Verhalten von Mäusen beeinflussen? Wie kann sich ein Pantoffeltierchen in seiner Welt zurechtfinden? Welche Mechanismen sichern die biologische Vielfalt? Welcher Art ist die biologische Vielfalt? Welches sind die Erfolgsrezepte der Lebewesen? Dies sind nur einige Fragen und Themen, mit deren Besprechung die Autoren über viele Jahre Erfahrungen in Einführungsvorlesungen für Ingenieure, Informatiker und Naturwissenschaftler gewonnen haben – insbesondere im Studiengang Umweltschutztechnik an der Universität Stuttgart.

Die Studierenden brauchen meist einen Leistungsnachweis, für den üblicherweise eine Abschlussklausur geschrieben wird. Die Herausforderungen an die Lehrenden, in einer zweistündigen Vorlesung eine Einführung in die Biologie zu geben, stellen sich erneut, will man den Studierenden ein Buch zum Lernen und Wiederholen an die Hand geben. Zwar gibt es heute hervorragende Lehrbücher, die in die Biologie einführen und dabei eine Fülle von Wissen faszinierend aufarbeiten, wegen ihres Umfangs sind sie aber als begleitende Lehrbücher für eine kurze Einführung kaum geeignet. Von unseren Studierenden wird erwartet, dass sie zügig studieren und ihre Prüfungen ohne Verzug ablegen. Dieses Buch soll das konzentrierte Nacharbeiten und eine gezielte Vorbereitung auf Prüfungen ermöglichen.

Die heutige Biologie fußt auf Erkenntnissen und Theorien, die zum Teil vor langer Zeit erarbeitet wurden. Insofern ist die Biologie auch eine historische Wissenschaft. Das Wissen wird ständig erweitert, und so verändert sich mit der Zeit auch die Weltsicht des Biologen. Längst gibt es den umfassend informierten Biologen nicht mehr. Hierin liegt die besondere Funktion einer knappen Einführung in die Biologie, als Vorlesung wie als Lehrbuch, nämlich Grundlage für weiterführende Studien zu sein und Ingenieuren, Mathematikern sowie Naturwissenschaftlern als Nichtbiologen einen Überblick zu geben und so die Neugierde auf die Biologie zu wecken.

Unser Anliegen war es, stets nur wenig (!) mehr Stoff zu präsentieren, als in der knappen Vorlesung geboten werden kann. Wir stellen die generelle Methodik der Biologie und die wesentlichen Eigenschaften der Lebewesen und Lebensgemeinschaften vor und geben einen Überblick über die Stammesgeschichte der

Lebewesen, die Mechanismen der Evolution sowie über die Vielfalt der Arten. Wir glauben, dass es uns gelungen ist, das Buch ausreichend knapp zu halten. So bleibt es ein Buch zum Lernen und Wiederholen, passend zu einer zweistündigen Vorlesung. Es ist nach unserer Schätzung nur etwa doppelt so umfangreich wie die Vorlesung, was uns gerade angemessen erscheint. Sicherlich sind einige Kapitel für Anfänger durchaus anspruchsvoll, jedoch darf man bei Ingenieurstudierenden ein ausreichendes naturwissenschaftliches Verständnis voraussetzen.

Die Vermittlung von Grundkenntnissen der Biodiversität scheint uns Autoren gerade für Ingenieure und andere Nichtbiologen wichtig zu sein. Zwangsläufig sind die Kapitel des organismischen Teiles unterschliedlich umfangreich. Besonders gut lässt sich die Vielfalt am Tierreich darstellen, gibt es doch um ein Vielfaches mehr Tierarten als Arten anderer Gruppen insgesamt. Dennoch kann die Vielfalt nur exemplarisch gezeigt werden. Umso wichtiger ist es, auch auf das Zusammenwirken der Arten und die Bedeutung der belebten Natur einzugehen. Mehr denn je erkennen wir, wie sehr auch wir Menschen Teil der Natur sind, aber auch, welchen Einfluss der Mensch auf die gesamte Biosphäre hat und welche Möglichkeiten die Anwendung biologischen Wissens bietet.

Das auch in anderen Lehrbüchern genutzte Prinzip, auf wichtige Inhalte in Merksätzen aufmerksam zu machen, verfolgt den Sinn, Wesentliches hervorzuheben. Damit soll vermieden werden, dass angesichts einer Fülle von Inhalten grundlegende Elemente und Mechanismen übersehen werden. Als ergänzendes Element werden vertiefende oder etwa besonders aktuelle Aspekte in „Zur Vertiefung" genannten Kästen dargestellt. Dabei verfolgt das Buch einerseits bewusst das Konzept der knappen Information, enthält aber auch ausgewähltes Hintergrundwissen.

Das vorliegende Buch ist eine Einführung in die Biologie für Ingenieurstudierende (ursprünglich Studierende der Umweltschutztechnik), Mathematiker und Naturwissenschaftler und soll Grundlage für spätere Veranstaltungen mit speziellen Inhalten sein. Den Anschluss an weiterführende Veranstaltungen (z. B. der Bioverfahrenstechnik und der Umweltgestaltung) zu finden, ist für Studierende schon wegen der unterschiedlichen Fachsprache und Denkweise von Naturwissenschaftlern und Ingenieuren eine Herausforderung. Dies wird beispielhaft und in knapper Form in Kap. 15 dargestellt.

Stuttgart, Juli 2012
Hans-Dieter Görtz, Franz Brümmer, Martin Siemann-Herzberg

# Danksagung

Bei der Fertigstellung des Buches haben wir viel Unterstützung erfahren. Besonders danke ich (H.-D. G.) meiner Frau Monika für ihre Unterstützung. Ihr, Herrn Professor Ulrich Kull sowie Kolleginnen und Kollegen der Universtität Stuttgart danken wir für die Durchsicht von Teilen des Manuskripts und für wertvolle Kritik. Unser Dank gilt auch dem Springer-Verlag, besonders Frau Stefanie Adam, Frau Regine Zimmerschied und Herrn Dr. Ulrich G. Moltmann für die Geduld und vielfältige Unterstützung.

Stuttgart im Juli 2012
H.-D. Görtz, F. Brümmer, M. Siemann-Herzberg

# Inhalt

# Einführung 1

## 1.1 Gegenstand und Ziele der Biologie

Die Biologie untersucht Lebewesen, ihre Lebenserscheinungen und Funktionsweisen, ihr Zusammenleben, ihre Vielfalt und ihren genetischen Reichtum, ihre stammesgeschichtliche Entwicklung und Evolution, aber auch die Interaktionen der Lebewesen mit der Umwelt und die Funktionsweise von Ökosystemen. Auf der Grundlage der Erkenntnisse nutzt die Biologie Lebewesen oder Teile davon, verändert Organismen, speziell Mikroorganismen, zu Produktionszwecken. Sie greift heute in genetische Prozesse ein, um zum Beispiel bioaktive Moleküle für bestimmte Zwecke zu verändern, modelliert Stoffwechselwege, ja bald ganze Organismen, manipuliert und baut Ökosysteme. Gleichermaßen untersucht die Biologie den Menschen, auch um die Möglichkeiten von Medizin und Gesundheitsfürsorge zu verbessern.

In der Geschichte hat sich die Biologie laufend verändert. Veränderte Auffassungen haben zu neuen Erkenntnissen, anderen Bewertungen und neuen Sichtweisen geführt. Der Mensch hat die Natur und sich selbst zu allen Zeiten auf der Basis aktueller philosophischer und religiöser Strömungen betrachtet, was auch die biologische Forschung, selbst ihre Zielsetzung, immer wieder verändert hat. Von einer beschreibenden, die Natur sortierenden Betrachtung wurde die Biologie zu einer experimentell-analytischen Wissenschaft. In den vergangenen Jahrzehnten lernte man, Strukturen und Mechanismen zu nutzen, ja, Organismen gezielt für die Produktion etwa von Lebensmitteln oder Pharmazeutika zu verändern. Diese Richtungsänderung führte zu immer neuen Arbeitsgebieten. War die Biologie als Wissenschaft zunächst nach der Systematik der Lebewesen aufgeteilt in Botanik, Zoologie, dann auch Mikrobiologie, wurden schon vor mehr als einem halben Jahrhundert Organisationsstufen, generelle Prinzipien und funktionelle Aspekte in den Vordergrund gestellt, beispielsweise in der Zellbiologie, Genetik und Molekularbiologie, Entwicklungsbiologie, Physiologie, Immunologie und Ökologie.

Wie in anderen Naturwissenschaften werden durch ausreichende **Evidenzen** gestützte **Theorien** meist als gesicherte Erkenntnisse angesehen; es ist jedoch nicht nur legitim, sondern notwendig, sie immer wieder zu hinterfragen und – etwa bei Verfügbarkeit neuer Methoden – erneut zu überprüfen. Falls notwendig, werden Theorien und Erkenntnisse ergänzt oder auch revidiert. Welcher Art sind aber die Evidenzen? Sammlung an Beobachtungen, allgemein gesagt Informationen, führt (empirisch) zu einer Vorstellung, möglicherweise zu einer **Hypothese**, die überprüfbar sein muss. Dieses induktive Verfahren kann zwar zu völlig falschen Schlüssen und irrigen Vorstellungen führen, die Bereitschaft zur Akzeptanz von Erfahrungen allerdings ist groß und eine sehr menschliche Eigenschaft.

© Springer-Verlag GmbH Deutschland, ein Teil von Springer Nature 2012
H.-D. Görtz und F. Brümmer, *Biologie für Ingenieure*,
https://doi.org/10.1007/978-3-662-59608-1_1

Dort, wo ein kausalanalytischer Zugang möglich ist, wird in der Biologie wie in den Naturwissenschaften die **Deduktion** als Grundlage von Erkenntnisgewinn angestrebt. Nur wenn man Zusammenhänge und Ursachen versteht, erscheint schließlich eine Theorie begründet. Zeigen neue Daten, dass die bisherige Vorstellung nur näherungsweise richtig war, kann ein **Paradigmenwechsel** (Paradigma im Sinne von „akzeptierte Anschauung" oder „Lehrmeinung") notwendig sein. Nicht nur in der öffentlichen Einschätzung werden Lehrmeinungen, zumal naturwissenschaftliche Erkenntnisse, oft als unumstößlich eingeschätzt. Paradigmenwechsel sind dann schwer zu vermitteln. Inzwischen akzeptieren die meisten Menschen, dass die Erde keine Scheibe ist, aber das hat lange gedauert.

Die Biologie ist also eine Naturwissenschaft mit entsprechend naturwissenschaftlicher Methodik. Ausgang ist die Beobachtung. Ein Organismus oder ein Phänomen wird beschrieben und die Beschreibung geprüft, ggf. wird eine Frage, schließlich eine Hypothese formuliert. Diese Hypothese wird über Experimente oder empirische Erfassung und Quantifizierung verifiziert oder falsifiziert. Gut gestützte Hypothesen führen zur Aufstellung von Modellen und oft umfänglichen Theorien. Dabei gilt, was Jean-Baptiste de Lamarck seinerzeit grundsätzlich festgestellt hatte, nämlich dass in den Naturwissenschaften die Erkenntnis vor der Erklärung stehen muss.

Grundlagen der Biologie sind Chemie, Physik und Mathematik. Im Laufe der Zeit haben sich aber die Methoden und Techniken verändert. Hatte man früher mit dem bloßen Auge beobachtet, wurde die Auflösung mit dem Lichtmikroskop verbessert, mit dem Elektronenmikroskop sah man noch mehr Details. Allerdings wurde die Auswertung komplizierter. Das gilt besonders für moderne Methoden wie z. B. in der Molekularbiologie. Inzwischen werden Proteine am Rechner konzipiert, um ihre Eigenschaften zu testen und sie entsprechend diesem Proteindesign mit molekulargenetischen und biotechnischen Techniken herzustellen.

In neuerer Zeit werden die Nutzung und gezielte Veränderung in der **Technischen Biologie**, in der **Biotechnologie**, **Nanobiotechnologie**, **Bionik** sowie in der **Umweltschutztechnik** in den Vordergrund gerückt. Mehr und mehr werden dabei mathematische und kybernetische Methoden genutzt. Daraus hat sich als neues Gebiet die **Systembiologie** entwickelt, in dem über mathematische Beschreibung und Modellierung komplexe Mechanismen analysiert und entwickelt werden bis hin zum Design von Enzymen und zur Beeinflussung von Stoffwechselwegen und Produktionsstämmen von Mikroorganismen. Während Lebewesen wie auch deren Einzelfunktionen dadurch einerseits leichter und konkret beherrschbar werden, etwa im industriellen Prozess, bleibt andererseits das Ziel, Zusammenhänge und Strategien der belebten Natur zu verstehen. Letzteres ist nicht nur von akademischem Interesse, sondern auch die Grundlage für die Arbeit von Entwicklungs- und Umweltingenieuren.

Wie in anderen Wissenschaften erfordert die Kommunikation der Inhalte, Fragen und neuen Erkenntnisse eine Fachsprache. Definierte Begriffe, die eindeutig und treffend ein Phänomen beschreiben, ermöglichen eine effiziente Kommunikation. Da das vorliegende Buch sich zunächst an Nichtbiologen wendet, wird hier versucht, möglichst wenige Fachbegriffe zu verwenden. Die notwendigen werden eingeführt und definiert. Diese Fachbegriffe eignen sich dann sowohl zur Rekapitulation als auch zum Lernen.

## 1.2  Kennzeichen der Lebewesen

Die Unterscheidung eines Lebewesens von der unbelebten Natur gelingt oft auf den ersten Blick und erscheint trivial. Dabei schließt diese Beurteilung meist intuitiv viele Aspekte ein. Tatsächlich ist ein einzelnes Kennzeichen kaum ausreichend, ein Lebewesen als solches zu bezeichnen. Dafür müssen mehrere der im Folgenden kurz beschriebenen Kennzeichen gegeben sein.

*Das* einzelne Kennzeichen eines Lebewesens gibt es nicht. Stets ist es eine Summe von Eigenschaften, die zusammenkommend das Lebewesen ausmachen und vom Unbelebten unterscheiden.

### Zelluläre Organisation

Zu den wesentlichen Eigenschaften gehört der zelluläre Aufbau – mit bloßem Auge nicht zu erkennen. Die **Zelle** ist die kleinste lebende Einheit (Abb. 1.1), und alle Lebewesen bestehen aus Zellen, mindestens aus einer Zelle. Zellen entstehen auch nicht neu, vielmehr stets aus Zellen. Das wird in der **Zelltheorie** formuliert, die unser Wissen um Bau und Funktion der Zellen umfasst. Bakterien, Einzeller, höhere Pflanzen, Pilze und Tiere – alle sind aus Zellen aufgebaut. Es gibt also kein nicht-zelluläres Lebewesen. Essenziell ist die **Zellmembran**. Ist sie zerstört, ist die Zelle tot. Viren sind keine Lebewesen. In ▶Kap. 3 werden wichtige Eigenschaften der Zellen beschrieben.

### Stoffwechsel, Homeostase, Komplexität

Lebewesen verbrauchen Energie, um zu wachsen, hochgeordnete Moleküle und Strukturen aufzubauen und sich zu vermehren. Sie benötigen weiter anorganische und organische Substanzen. Energie und Stoffe werden aufgenommen und – in veränderter Form – abgegeben. Die zugrunde liegenden biochemischen Prozesse insgesamt bezeichnet man als Stoffwechsel. Stoffwechselprozesse werden enzymatisch katalysiert. Lebewesen als Systeme zeigen dabei dynamische Gleichgewichtszustände, die durch vielfältige Regelmechanismen aufrechterhalten werden. Die Gleichgewichtszustände, durch die etwa das Ionenmilieu im Körper oder die Temperatur in engen Grenzen konstant gehalten werden, werden als Homeostase (auch Homöostase) bezeichnet. Lebende Systeme sind offen. Während die Entropie in lebenden Systemen abnimmt, nimmt folgerichtig die Entropie in ihrer (unbelebten) Umgebung zu. Die Zunahme an Ordnung in der Biosphäre widerspricht also nicht den Gesetzen der Thermodynamik.

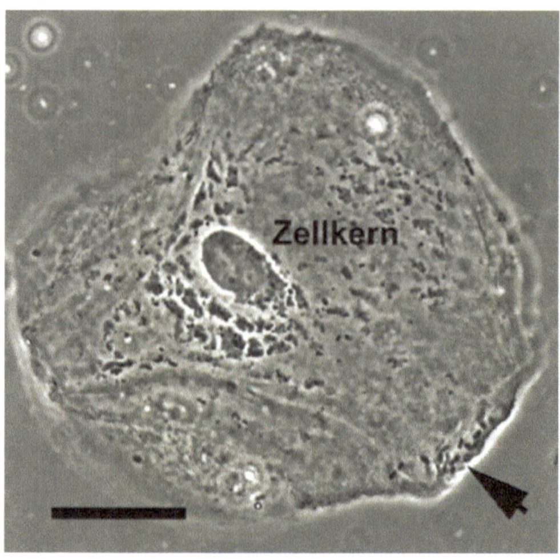



**Abb. 1.1** Menschliche Mundschleimhautzelle. Unten rechts (Pfeil) sind mehrere Bakterien zu erkennen. Der Größenunterschied zur Mundschleimhautzelle ist beträchtlich. Maßstab 10 $\mu$m.

Grüne Lebewesen nutzen in der **Photosynthese** die Sonnenenergie, um Kohlenstoff aus dem $CO_2$ in organische Verbindungen aufzunehmen. Auf dieser Grundlage bauen im Wesentlichen alle Lebenserscheinungen und die Entwicklung der Biosphäre auf. Charakteristische Makromoleküle sind Nucleinsäuren, Proteine, Kohlenhydrate und Lipide.

Lebewesen und Lebensgemeinschaften sind durch hohe Komplexität auf allen Ebenen gekennzeichnet: molekularer Bau und Stoffwechsel, Steuerungsmechanismen, Bau und Funktion. Strukturen sind hierarchisch organisiert: Organische Moleküle bestehen aus verschiedenen Elementen, Moleküle formen Untereinheiten, aus denen sich zelluläre Strukturen, schließlich Organteile, Organe und Organismen aufbauen. In jeder dieser Komplexitätsstufen treten neue Gesetzmäßigkeiten auf, die nicht ausschließlich durch die Gesetzmäßigkeiten einfacherer Komplexitätsstufen erklärt werden können.

## Reizbarkeit und Kommunikation

Organismen, schon Einzeller, können Reize wahrnehmen und darauf reagieren. Sie kommunizieren mit ihrer Umgebung, mit anderen Zellen, positionieren sich in Ökosystemen. Wichtigste Grundlage dafür ist die Erregbarkeit der Zellmembran, deren elektrisches Potenzial (**Membranpotenzial**, Ionengradienten zu beiden Seiten der Membran), Ionenkanäle und steuerbare Ionenpumpen. Durch entsprechende Reize und die dadurch induzierten Potenzialänderungen einer Zelle werden bestimmte Stoffwechselwege aktiviert. Als Folge werden sich etwa Zellen und Organismen bewegen oder in anderer Weise reagieren. Die Reaktionen, z. B. die Abgabe eines chemischen Signals, können von anderen Zellen und Organismen wahrgenommen und bewertet werden. Zellen ordnen sich dadurch in einen vielzelligen Körper ein, Individuen positionieren sich in einer Population und in einem Ökosystem.

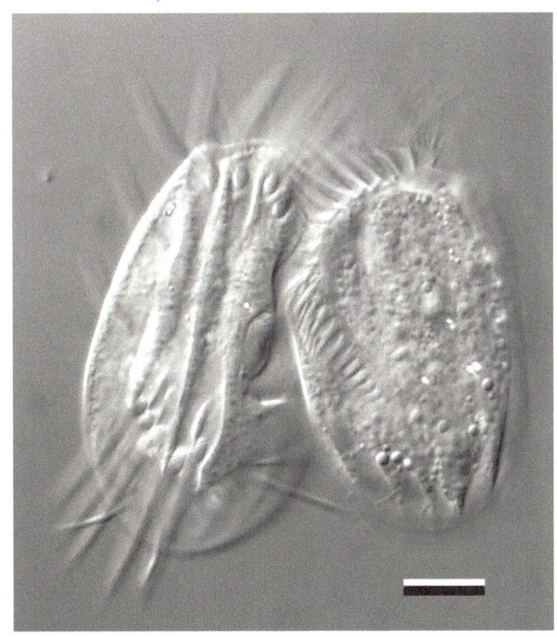

**Abb. 1.2** Sexuelle Fortpflanzung schon bei Einzellern. Zwei *Euplotes*-Individuen paaren sich. Es sind Ciliaten (Wimperlinge). Sie tauschen dabei Gametenkerne aus, die aus Meiosen (Reifeteilungen) hervorgegangen sind. Nach der Paarung trennen sich die Partner wieder. Sie sind dann verjüngt und haben eine neue Lebensspanne vor sich (▶Kap. 9.2.4). Maßstab 10 $\mu$m.

## Fortpflanzung, Vererbung und Entwicklung

Lebewesen pflanzen sich fort, vermehren sich. Nachkommen haben im Wesentlichen die Eigenschaften ihrer Eltern. Diese Eigenschaften werden vererbt. So werden Eigenschaften, die eine Art kennzeichnen, von Generation zu Generation weitergegeben. Das ist im Besonderen bei ungeschlechtlicher (asexueller) Fortpflanzung so, wo die Nachkommen genetisch gleich sind. Daneben gibt es geschlechtliche (sexuelle) Fortpflanzung (Abb. 1.2). **Gameten** (Keimzellen), Eizellen und Spermien, werden erzeugt. Mechanismen der **Meiose** sorgen dafür, dass keine Eizelle der anderen, kein Spermium dem anderen genetisch gleich ist. Sexuelle Fortpflanzung ist also Ursache großer Vielfalt. Aus befruchteten Eizellen entwickeln sich – oft über Larvenstadien – geschlechtsreife Individuen. Die **Ontogenese** (Individualentwicklung) der Vielzeller wird durch interne (genetische) Faktoren und äußere Signale reguliert. Zugrunde liegt das Prinzip der **differenziellen Genaktivierung** und **interzellulären Kommunikation**.

## Bewegung

Lebewesen bewegen sich, um Nahrung, Schutz oder Sexualpartner zu finden. Viele Lebewesen sind aber ortsunbeweglich. Auch solche Organismen haben in ihrer Entwicklung meist bewegliche Stadien, so die Spermien, und in unbeweglichen Organismen bewegen sich Zellen. In jeder Zelle bewegen sich Zellorganellen und Moleküle mithilfe hoch entwickelter Systeme des Cytoskeletts. Stets verbraucht Bewegung Energie.

## Evolvierbarkeit

Die Lebewesen auf der Erde haben einen gemeinsamen Ursprung, sind, wie man sagt, monophyletisch. Seit der Entstehung des Lebens findet eine Diversifizierung und Höherentwicklung der Lebewesen statt und hat zu einer stammesgeschichtlichen Entwicklung geführt. Das Prinzip der beobachteten Anpassung, die die Besetzung verschiedenster Nischen ermöglicht, ist in der Evolutionstheorie formuliert. In jeder Nachkommenschaft, in jeder Population zeigt sich eine Vielfalt an genetisch begründeten Erscheinungstypen. Unter den jeweils gegebenen Bedingungen sind nicht alle gleich lebenstüchtig. Eigenschaften, die zu mehr Nachkommen führen, breiten sich damit in der nächsten Generation aus und führen bei veränderten Umweltbedingungen zu Neuentwicklungen. Dieses Phänomen wird als **Selektion** bezeichnet, die also opportunistisch funktioniert. Mit der steten Entstehung von **Vielfalt** ist durch Selektion die Tendenz zur Anpassung bzw. zur Optimierung gegeben. Evolvierbarkeit ist somit begründet durch die regelmäßige Fortpflanzung und Vermehrung der Lebewesen, ihre Reaktionsfähigkeit auf Umweltreize, durch Vererbung – mit zufälligen Mutationen und regelmäßig erzeugten Neukombinationen der Gene.

# Teil 1: Zellulärer Aufbau der Lebewesen

# Stoffliche Grundlagen

**2**

Kohlenstoff, Sauerstoff und Wasserstoff sind mengenmäßig die wichtigsten Elemente, es folgen Stickstoff, Phosphor und Schwefel – alle anderen kommen in Lebewesen eher in Spuren vor. Obwohl die Vielfalt der Moleküle, noch mehr der Stoffwechselreaktionen, fantastisch ist, sind die Organisationsprinzipien trotzdem überschaubar.

Die biologischen Makromoleküle bestehen aus vier Stoffklassen:

1. *Proteine:* Die vielgestaltigen Proteine haben Enzymfunktion, die die biochemischen Stoffwechselreaktionen in Lebewesen überhaupt ermöglichen. Dagegen tritt die ebenfalls beachtliche Strukturfunktion der Proteine in den Hintergrund. 20 verschiedene Aminosäuren werden in den Peptidketten der Proteine verwendet. Wie bei anderen Reaktionen sind es funktionelle Gruppen – die Aminogruppe und die Carboxylgruppe –, die die Peptidbindung, aber auch Seitenkettenbildungen und weitere Reaktionen ermöglichen.

2. *Kohlenhydrate:* Als weitere Stoffklasse haben die Kohlenhydrate im Wesentlichen Speicher- und Strukturfunktion. Die Monomere der großen Kohlenhydrate – die Einzelzucker – werden über Hydroxylgruppen in Glykosidbindungen aneinandergebunden. Die Polysaccharide Stärke und Cellulose sind solche Kohlenhydrate.

3. *Nucleinsäuren:* Als dritte Stoffklasse sind die Nucleinsäuren – DNA und RNA – die Informationsträger der Lebewesen. Sie codieren die Aminosäuresequenzen der Proteine, sind die Basis für die Regulation des Stoffwechsels und der Individualentwicklung. Phosphodiesterbindungen verknüpfen die Bausteine der Nucleinsäuren miteinander.

4. *Lipide:* Eine weitere Stoffklasse biologischer Makromoleküle bilden die Lipide. Als Triglyceride aus einem Glycerol und drei Fettsäuren über Esterbildung (auch eine Kondensationsreaktion) verbunden, stellen sie Fette und Öle dar. Phospholipide mit ihren hydrophoben Fettsäureschwänzen sind die wesentlichen Membranbestandteile; Membranen sind die essenziellen Strukturen einer Zelle schlechthin. Auch Steroide, wozu wichtige Hormone gehören, und die Carotinoide gehören zu den Lipiden. Steroide und Carotinoide haben als Baustein Isoprenmoleküle.

Lebewesen sind überwiegend aus Makromolekülen aufgebaut. Für die wichtigsten Funktionen in Lebewesen werden hauptsächlich Moleküle aus vier Stoffklassen genutzt. Aus kleineren Molekülen werden große Makromoleküle hergestellt. Die Moleküle reagieren miteinander über ein relativ kleines Sortiment reaktiver Gruppen. Darüber werden Monomere zu Polymeren zusammengesetzt. Zusätzlich

© Springer-Verlag GmbH Deutschland, ein Teil von Springer Nature 2012
H.-D. Görtz und F. Brümmer, *Biologie für Ingenieure*,
https://doi.org/10.1007/978-3-662-59608-1_2

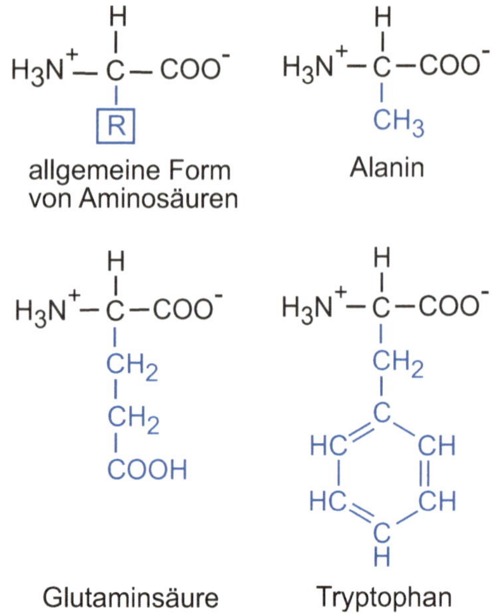

**Abb. 2.1** Aminosäuren. Charakteristische funktionelle Gruppen von Aminosäuren sind die Aminogruppe ($H_3N^+$) und die Carboxylgruppe ($COO^-$) am sogenannten α-C-Atom. Beide funktionellen Gruppen können geladen vorliegen. Drei Beispiele: Beim Alanin ist der Rest eine Methylgruppe ($-CH_3$), bei der Glutaminsäure enthält der Rest eine weitere Carboxylgruppe ($-COO^-$), beim Tryptophan enthält der Rest einen Benzolring. Tryptophan ist daher eine aromatische Aminosäure.

werden verschiedenste kleine Ionen für Kommunikation und andere Aufgaben genutzt, weshalb Elektrolyte für Lebewesen von großer Bedeutung sind.

## 2.1  Proteine

Proteine stellen die Hauptmasse der Zelle. Ihr Aufbau zeigt das Prinzip der Polymerstruktur biologischer Makromoleküle. Kleinere Monomere, in diesem Fall die **Aminosäuren**, werden durch eine Kondensationsreaktion verbunden. Aminosäuren tragen an ihrem sogenannten α-C-Atom eine **Aminogruppe** und eine **Carboxylgruppe**, die im chemischen Milieu der Zelle als Kation bzw. Anion vorliegen können (Abb. 2.1). Der „Rest" ist bei den 20 Aminosäuren, die in Proteinen vorkommen, unterschiedlich.

Die Carboxylgruppe einer Aminosäure kann sich unter Wasseraustritt mit der Aminogruppe einer anderen Aminosäure verbinden (**Kondensation**). Ein Molekül aus zwei Aminosäuren wird als Dipeptid bezeichnet, die Bindung zwischen den beiden Aminosäuren nennt man **Peptidbindung** (Abb. 2.2). Über die ungenutzten äußeren Amino- und Carboxylgruppen können weitere Aminosäuren angehängt werden. Peptide mit vielen Aminosäuren werden als Polypeptide bezeichnet. Peptide/Proteine haben also einen N-Terminus (an diesem Ende des Peptids steht eine freie Aminogruppe) und einen C-Terminus (am anderen Ende des Peptids ist eine freie Carboxylgruppe). Peptidbindungen können durch **Hydrolyse** wieder gelöst werden. Beide Reaktionen – die Bildung einer Peptidbindung und ihre Hydrolyse – werden in Lebewesen stets durch Enzyme katalysiert. **Peptidasen** katalysieren das Lösen einer Peptidbindung.

Aufgrund des unterschiedlichen Baus der Aminosäuren hat jedes **Polypeptid** eine unterschiedliche Raumstruktur. In der Kette entfernt lokalisierte Aminosäuren können so dennoch räumlich nahe zueinander angeordnet sein, können sekundäre Bindungen bilden oder doch über Wasserstoffbrücken oder elektrostatische Kräfte die Raumstruktur des Moleküls stabilisieren. Während die schlichte Kette (Reihenfolge) der Aminosäuren eines Peptids als **Primärstruktur** bezeichnet wird, hat das Molekül also eine Raumstruktur. Abschnitte eines Peptids können eine Helix- oder Faltblattstruktur zeigen, die die **Sekundärstruktur** der Aminosäurekette bildet. In der Helixstruktur sind die Aminosäuren schraubig angeordnet. Im Bereich einer Faltblattstruktur liegen zwei Abschnitte der Aminosäurekette gegenläufig parallel zueinander vor. Größere Peptide haben unterschiedlich strukturierte Abschnitte, die über weitere Bindungen im Raum stabilisiert werden, wodurch eine **Tertiärstruktur** entsteht. Bilden mehr als ein Peptid das funktionelle Protein, spricht man auch von **Quartärstruktur**. Proteine bestehen also aus Peptiden, ggf. aus einem einzigen oder aus mehreren. So ist das Hämoglobin des Menschen mit seinem Molekulargewicht von 67 000 aus vier Polypeptiden aufgebaut, je zwei davon sind identisch. Manche Proteine sind noch viel größer.

Proteine sind Makromoleküle aus Aminosäuren, die über Peptidbindungen verknüpft sind. Die meisten Enzyme sind Proteine.

20 verschiedene Aminosäuren stehen in Lebewesen für den Einbau in Proteine zur Verfügung. Zwar trägt das α-C-Atom stets eine Amino- und eine Carboxylgruppe, der Rest kann aber sehr unterschiedlich sein. Er kann weitere reaktive Gruppen aufweisen, auch eine SH-Gruppe oder etwa einen aromatischen (Phenol-) Ring wie beim Tryptophan (siehe Abb. 2.1).

Da Polypeptide oft weit über 100 Aminosäuren lang sind, sind Proteine enorm vielgestaltig. Bei einer Länge von 100 Aminosäuren gibt es ja theoretisch $20^{100} = 10^{130}$ Möglichkeiten. Eine solche Vielfalt könnte mangels Masse in der Welt nicht verwirklicht werden; es gibt dafür nicht genug Atome. Die Vielgestaltigkeit der Proteine ist andererseits die Basis für ihre vielfältigen Funktionen. So gibt es Proteine mit Strukturfunktion, Speicherproteine, die z. B. den Großteil des Dotters im Ei ausmachen, oder basische Proteine, die an die DNA binden und für den Aufbau der Chromosomen mitverantwortlich sind. Am wichtigsten ist aber die Enzymfunktion der Proteine. Aufgrund der Ladungsverteilungen haben Proteine reaktive Zentren und dort die Möglichkeit, spezifische Substrate und ggf. Co-Substrate zu binden und dann bestimmte Reaktionen zu vermitteln (▶Kap. 4.2).

## 2.2 Aufbau und Abbau biologischer Makromoleküle

Biologische Makromoleküle entstehen, wie am Beispiel der Proteine gezeigt, durch Kondensation von Monomeren oder über die Bildung von C–C-Doppelbindungen. Durch **Kondensationsreaktionen** entstandene Polymere können durch Hydrolyse rückgängig gemacht werden (Abb. 2.3).

## 2.3 Funktionelle Gruppen organischer Moleküle

Die Aminogruppe und die Carboxylgruppe sind nur zwei von einer Reihe wichtiger funktioneller Gruppen, die beim Bau und für die Funktion von Makromolekülen von Bedeutung sind (Abb. 2.4). Funktionelle Gruppen sind kleine Gruppen von Atomen, die Bindungen und Reaktionen kleiner und großer Moleküle bewerkstelligen. Entsprechend den aktuellen Säure- bzw. Basenstärken in der Zelle liegen die Gruppen als Ionen, positiv oder negativ geladen, vor und sind in dieser Form reaktiv.

## 2.4 Kohlenhydrate

Kohlenhydrate sind verglichen mit Proteinen wenig vielfältig. Gekennzeichnet sind sie durch den Aufbau aus Kohlenstoff, Wasserstoff und Sauerstoff im molaren Verhältnis von 1:2:1. Empirische Formel für ein Kohlenhydrat ist $(CH_2O)_n$. So, wie Proteine aus Aminosäuren aufgebaut sind, sind **Monosaccharide** (Einfachzucker) die Baueinheiten von Kohlenhydraten. Monosaccharide besitzen drei bis sieben Kohlenstoffatome, eine Aldehyd- oder Ketogruppe, mehrere Hydroxylgruppen und sind wasserlöslich. Die empirische Formel eines **Zuckers** mit sechs C-Atomen ist $C_6H_{12}O_6$ oder $(CH_2O)_6$. Zucker mit sechs C-Atomen werden als Hexosen bezeichnet, Zucker mit fünf C-Atomen als Pentosen.

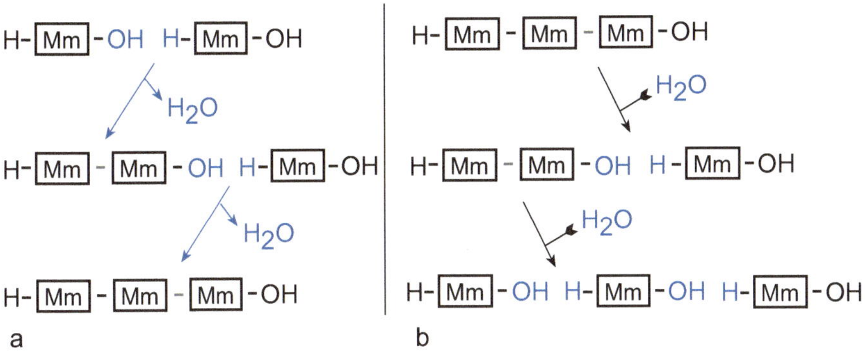

H-Mm-OH  H-Mm-OH                    H-Mm-Mm-Mm-OH

H₂O                                  H₂O

H-Mm-Mm-OH  H-Mm-OH                H-Mm-Mm-OH  H-Mm-OH

H₂O                                  H₂O

H-Mm-Mm-Mm-OH                      H-Mm-OH  H-Mm-OH  H-Mm-OH

a                                    b

**Abb. 2.3** Aufbau und Abbau von Biopolymeren. (a) Kondensation. Zwei Moleküle (die Monomere) werden unter Abspaltung von Wasser kovalent miteinander verbunden. (b) Hydrolyse. Unter Aufnahme von Wasser werden zwei kovalent verbundene Monomere voneinander getrennt. Dies ist eine für die Verdauung wesentliche Reaktion.

**Abb. 2.4** Funktionelle Gruppen von Biomolekülen. Die Gruppen sind in der ungeladenen Form dargestellt. R steht für die variablen „Reste" der Moleküle.

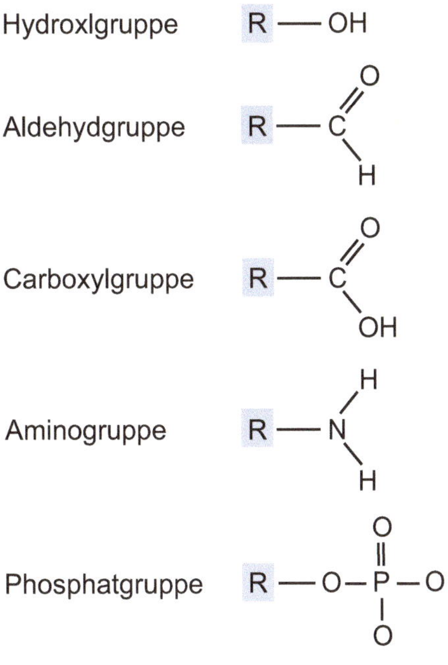

Hydroxlgruppe        R — OH

Aldehydgruppe        R — C(=O)H

Carboxylgruppe       R — C(=O)OH

Aminogruppe          R — N(H)(H)

Phosphatgruppe       R — O—P(=O)(O)—O

## Glucose (Traubenzucker)

Alle Glucosemoleküle haben die Formel $C_6H_{12}O_6$ (Abb. 2.5), aber ihre Struktur wechselt. Gelöst in Wasser wechseln α- und β-Ringform.

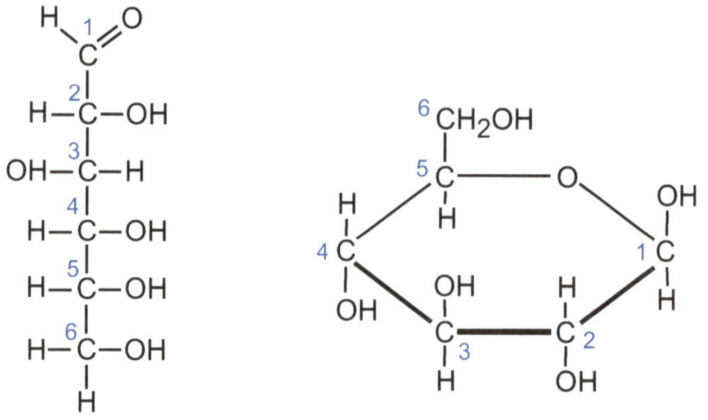

**Abb. 2.5** Glucose in der linearen Form und in der Ringform. Je nach Stellung der OH-Gruppe am C-Atom 1 spricht man von $\alpha$- oder $\beta$-Ringform. Dargestellt ist die $\beta$-Ringform. Die dicken Linien unten indizieren, dass diese Seiten zum Betrachter hin ragen, während die dünnen Linien nach hinten gerichtet sind. Die H- und OH-Gruppen (auf dünnen Linien) stehen jeweils auf dem Ring senkrecht.

## Glykosidbindung

In einem **Disaccharid** sind zwei Monosaccharide kovalent miteinander verbunden. Dazu reagiert die Hydroxylgruppe am C-Atom 1 des einen mit dem C-Atom 4 des anderen Zuckermoleküls. Sind die Hydroxylgruppen an C1 und C4 beide nach unten ausgerichtet, spricht man von $\alpha$-Glucose. Sind sie unterschiedlich ausgerichtet, liegt die $\beta$-Form vor. Sind über solche Glykosidbindungen viele Zuckermoleküle verknüpft, spricht man von **Polysacchariden**. Polysaccharide mit $\alpha$-Glykosidbindungen sind z. B. die Stärke und das Glykogen. **Cellulose** hat $\beta$-Glykosidbindungen (Abb. 2.6), wodurch das Molekül chemisch und mechanisch sehr stabil wird.

## 2.5 Nucleinsäuren

Erst 1953 wurde das Watson-Crick-Modell der **DNA-Doppelhelix** vorgeschlagen – erstaunlich, wirkt doch der Molekülbau sehr simpel. Bausteine der Nucleinsäuren sind **Nucleotide** (Abb. 2.7). Sie bestehen jeweils aus einem 5C-Zucker (Pentose), einem Phosphatrest und einer stickstoffhaltigen Base, entweder einem Pyrimidin oder einem Purin. Ohne Phosphatrest wird das Molekül als **Nucleosid** bezeichnet. Über eine Phosphodiesterbindung zwischen dem Phosphatrest eines Nucleotids und der Pentose eines anderen Nucleotids können die beiden aneinandergebunden werden. So können lange Ketten entstehen. Da die Zuckermoleküle eine von vier unterschiedlichen Basen tragen können (Abb. 2.8), kann in der **Basensequenz** einer Nucleinsäure Information gespeichert werden. Entsprechend der Nummerierung der C-Atome haben DNA und RNA jeweils ein 5′- und ein 3′-Ende.

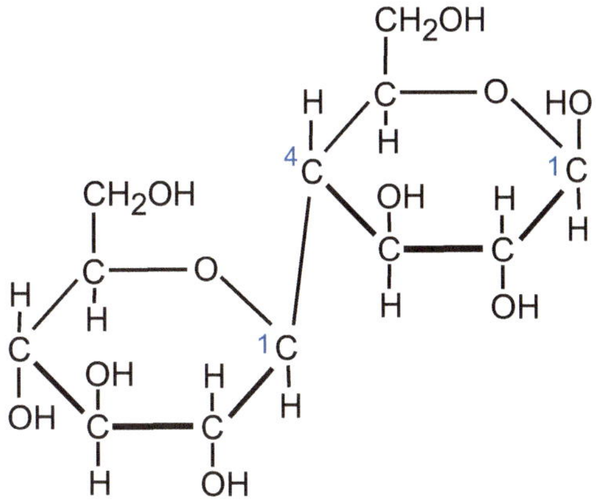

**Abb. 2.6** Das Disaccharid Cellobiose. Zwei Glucosemoleküle sind über β-gykosidische Bindung verbunden. Die Cellobiose ist Grundelement der Cellulose.

Die Pyrimidinbasen **Thymin (T)**, **Cytosin (C)** und **Uracil (U)** haben ein einfaches Ringsystem, die Purinbasen **Adenin (A)** und **Guanin (G)** ein doppeltes Ringsystem (Abb. 2.8). Als Nucleinsäuren kommen **RNA** und **DNA** vor. Die beiden unterscheiden sich wie in Tab. 2.1 dargestellt. Obgleich DNA und RNA die Abkürzungen für die englischsprachigen Ausdrücke (*deoxyribonucleic acid* und *ribonucleic acid*) sind, werden sie üblicherweise auch im Deutschen anstelle von DNS und RNS benutzt.

**Tab. 2.1** Unterschiede zwischen RNA und DNA

| Nucleinsäure | Zucker | Base |
| --- | --- | --- |
| DNA | Desoxyribose | Adenin |
|  |  | Guanin |
|  |  | Cytosin |
|  |  | Thymin |
| RNA | Ribose | Adenin |
|  |  | Guanin |
|  |  | Cytosin |
|  |  | Uracil |

Nucleinsäuren sind Träger und Überträger genetischer Information. Aufgebaut aus Zuckern, stickstoffhaltigen Basen und Phosphorsäureresten enthalten Nucleinsäuren in linearer Anordnung codierte Informationen für den Aufbau von Proteinen.

RNA ist meist einzelsträngig. DNA liegt normalerweise doppelsträngig vor. Bei gepaarten Nucleinsäuren liegen sich jeweils bestimmte Basen gegenüber bzw. binden über Wasserstoffbrücken aneinander (Abb. 2.9). Aufgrund der Molekülstruktur

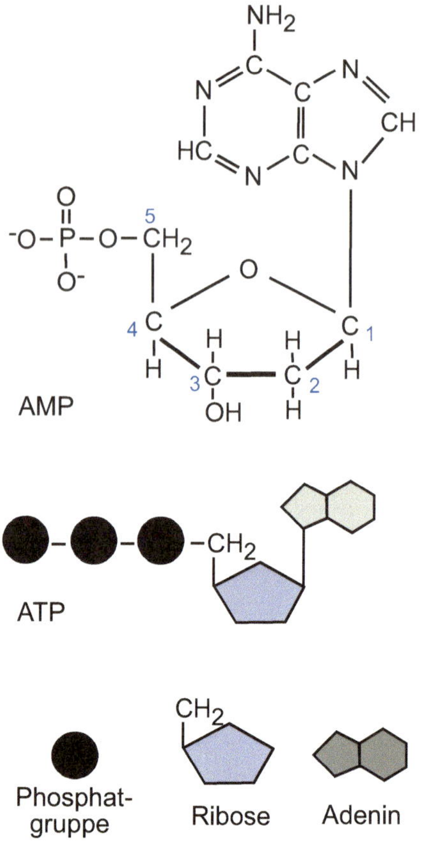

**Abb. 2.7**  Ein Nucleotid, hier das Adenosinmonophosphat (AMP), besteht aus einer
Pentose, einer Phosphatgruppe und einer
stickstoffhaltigen Base, die kovalent gebunden
sind. Nucleotide sind die Bausteine der
Nucleinsäuren. Im Unterschied zum AMP hat
das Adenosintriphosphat (ATP) nicht einen,
sondern drei Phosphatreste.

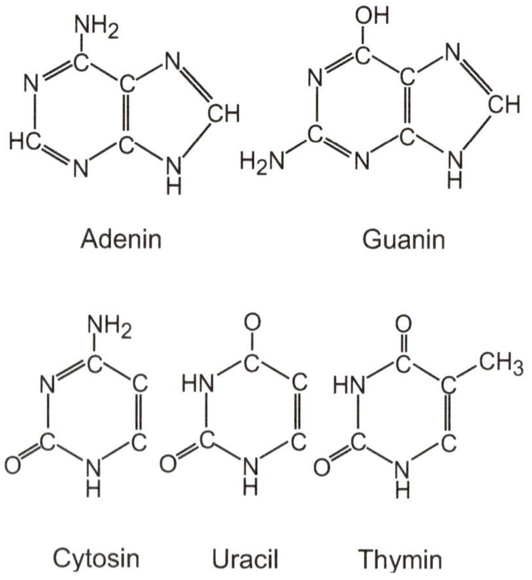

**Abb. 2.8**  Die Pyrimidin- und
Purinbasen der Nucleinsäuren.
Adenin und Guanin sind Purinbasen; Cytosin, Thymin und Uracil
sind Pyrimidinbasen.

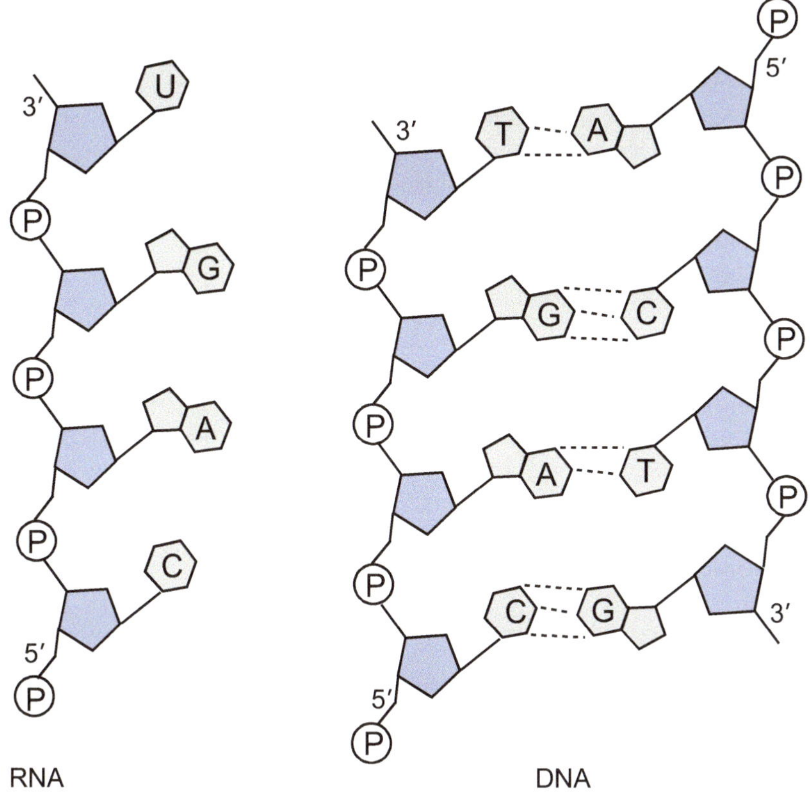


**Abb. 2.9** Schema der einzelsträngigen RNA und der doppelsträngigen DNA. Jeder Strang hat ein 3′-Ende und ein 5′-Ende entsprechend dem Aufbau bzw. der Nummerierung der C-Atome der Ribose bzw. Desoxyribose. In der DNA sind die beiden antiparallel angeordneten, komplementären Stränge über Wasserstoffbrücken der Basen miteinander verbunden.

binden Adenin und Thymin (oder Uracil) sowie Guanin und Cytosin aneinander. Adenin ist damit **komplementär** zu Thymin (und Uracil), Guanin ist komplementär zu Cytosin. Komplementär meint hier, dass diese beiden Basen miteinander über Wasserstoffbrücken binden können. Die beiden gepaarten DNA-Moleküle sind entgegengesetzt ausgerichtet (entsprechend der C-Atom-Nummerierung der Pentosemoleküle: 3′→5′ und 5′→3′). Man spricht deshalb und wegen der komplementären Basenpaarung von einer **antiparallel-komplementären** Paarung der DNA. Obgleich die einzelne Wasserstoffbrückenbindung recht schwach ist, halten die vielen Wasserstoffbrücken zwischen Purinen und Pyrimidinen die beiden gepaarten DNA-Stränge fest zusammen, können auch ein DNA- und ein RNA-Molekül zusammenhalten. Im Experiment kann Erhitzen die Einzelstränge einer Doppelhelix trennen. Dabei werden die Wasserstoffbrücken gelöst. Man spricht vom Schmelzen der DNA, das durch langsames Abkühlen wieder rückgängig gemacht werden kann.

## 2.6  Lipide

Lipide, eine Gruppe chemisch vielfältiger Kohlenwasserstoffe, sind sämtlich wasserunlöslich. Löslich sind sie vielmehr in unpolaren Lösungsmitteln. Sowohl im chemischen Bau als auch in der Funktion unterscheiden sich Lipide sehr. Im Folgenden werden Triglyceride (Fette und Öle), Phospholipide, Steroide und Carotinoide vorgestellt.

### Triglyceride

Triglyceride (Fette und Öle) sind einfache Lipide. Drei **Fettsäuremoleküle** werden über Esterbindungen an ein **Glycerolmolekül** (**Glycerin**, ein dreiwertiger Alkohol) gebunden. Auch die Esterbildung ist eine Kondensationsreaktion. Man unterscheidet gesättigte und ungesättigte Fettsäuren. Bei gesättigten Fettsäuren erlauben die geraden Moleküle eine enge Anordnung zueinander. Bei ungesättigten Fettsäuren führen Doppelbindungen zu Knicken im Kohlenstoffskelett. Fette (bei Raumtemperatur meist fest) und Öle sind wichtige Energiespeicher. Der Fettsäureabbau mit erheblichem Energiegewinn findet in den Mitochondrien statt.

> Lipide – Fette und fettähnliche Stoffe – sind unpolare, hydrophobe Moleküle. Dazu gehören unter anderem wesentliche Bestandteile biologischer Membranen.

### Phospholipide

Phospholipide sind polare Lipide. Dabei sind nur zwei Fettsäuren an ein Glycerolmolekül gebunden; gegenüber den Triglyceriden ist eine Fettsäure durch eine phosphathaltige Verbindung ersetzt. Phospholipide haben einen hydrophilen Kopf, z. B. das **Phosphatidylcholin** (Lecitin), wo ein Cholinmolekül über ein Phosphat an das Glycerol geknüpft ist (Abb. 2.10).

Phospholipide sind essenzielle Bausteine von Biomembranen. Im wässrigen Milieu kommt es durch hydrophobe Interaktionen zu einer Bilayer(Doppelschicht)-Anordnung der Phospholipidschwänze. Die hydrophoben Köpfe ordnen sich auf beiden Seiten des Bilayers nach außen an, wo sie mit Wassermolekülen interagieren.

### Steroide und Carotinoide

Steroide fungieren als Signalmoleküle, so die Steroidhormone **Östrogen**, **Testosteron** und **Ecdyson** (▶Kap. 7.7), aber auch entwicklungssteuernde Pheromone sozialer Insekten. Das **Cholesterol** (Cholesterin), in Verruf gekommen durch seine Rolle bei der Arterienverkalkung, ist ein weiterer wichtiger Membranbaustein, dient aber auch als Vorstufe bei der Synthese von Testosteron und anderen

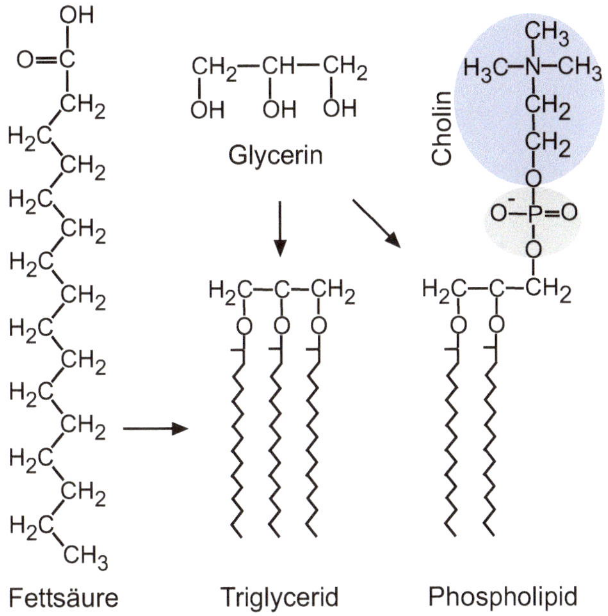

**Abb. 2.10** Triglycerid und Phospholipid. Glycerin und drei Fettsäuren (hier die Palmitinsäure) sind im Triglycerid (Triacylglycerin) verestert. Phospholipide sind Phosphodiester. Im dargestellten Phosphatidylcholin (Lecithin) ist die Phosphorsäure mit einem Diacylglycerin und Cholin verestert.



Hormonen. Untereinheit der Grundstruktur von Carotinoiden und Steroiden sind **Isopren**moleküle.

Wenngleich viele Steroide einander sehr ähnlich sind und das Grundgerüst relativ einfach erscheint (Abb. 2.11), sind die biologischen Wirkungen enorm unterschiedlich und weitreichend. Beispiele mögen die Hormone Östrogen und Testosteron sein. Wesentlich für die unterschiedlichen Wirkungen ist, dass die Zelle diese Moleküle mit spezifischen Rezeptoren unterscheiden kann.

Carotinoide sind lichtabsorbierende Pigmente. Das β-Carotin sammelt in den Chloroplasten Photonen, um dann Energie für die Photosynthese an das Chlorophyll weiterzugeben. Das Sehpigment **Rhodopsin** wird aus Vitamin A synthetisiert, das durch Spaltung von β-Carotin gewonnen wird. Auch die Vitamine D, E und K sind Lipide.

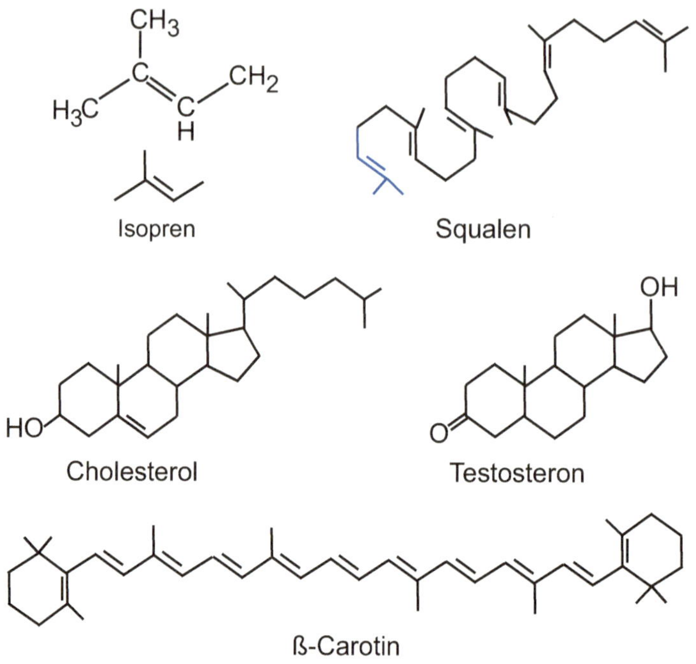

**Abb. 2.11** Isopren, Steroide und β-Carotin. Das Isopren ist Grundelement von Steroiden und Carotinoiden. Im Stoffwechselintermediat Squalen sind die Isoprenbausteine gut zu erkennen. Daraus können schematisch Steroide wie Testosteron und auch Carotinoide abgeleitet werden.

# Zellbiologie  3

Alle Lebewesen sind aus Zellen aufgebaut. Zellen sind die kleinsten lebenden Einheiten. Zellen entstehen immer nur aus Zellen. Jede Zelle ist durch eine Membran von der Umgebung getrennt.

**Zellmembranen** sind ähnlich wie Ländergrenzen. Sie geben der **Zelle** eine gewisse Eigenständigkeit, schließen sie in vieler Hinsicht nach außen ab, ermöglichen aber dennoch Austausch und Kommunikation mit der Umgebung. An der Zellmembran empfängt und versendet die Zelle Signale. Selektive Aufnahmemechanismen sorgen dafür, dass viele Stoffe in der Zelle angereichert werden, andererseits werden bestimmte Substanzen aus der Zelle ausgeschleust. Mancher Transport durch Membranen erfordert Energie. In Richtung eines Konzentrationsgefälles kann der Transport dagegen passiv erfolgen. Aus dem passiven Transport kann sogar Energie gewonnen werden.

Eukaryotenzellen haben im Inneren verschiedene von Membranen abgetrennte Reaktionsräume, die **Zellorganellen**. Darin sind bestimmte Stoffwechselwege konzentriert. Das größte Zellorganell ist der Zellkern mit dem Erbmaterial. Weitere Zellorganellen sind die Mitochondrien, Kompartimente des Energiestoffwechsels, die Chloroplasten, Orte der Photosynthese, die Lysosomen, in denen chemische Abbauprozesse stattfinden, und viele andere. In jeder Art von Zellorganell finden sich typische Enzyme und andere Moleküle, mit denen spezifische Stoffwechselreaktionen ermöglicht werden.

In der Zelle müssen große Moleküle und Zellorganellen zielgerichtet bewegt werden. Das geschieht meist entlang von Proteinfibrillen, dem Cytoskelett. Das **Cytoskelett** gibt der Zelle ihre Form und ist für Bewegungen in der Zelle wie auch für Ortsbewegungen der Zelle selbst zuständig. An Cytoskelettproteinen laufen Motorproteine entlang, die wie Lokomotiven Moleküle oder auch Zellorganellen schleppen können.

## 3.1 Membranen machen Zellen

Lebewesen sind aus Zellen aufgebaut, und die Zelle ist die kleinste lebende Einheit. Viren sind keine Lebewesen. Zellen können sehr unterschiedlich sein, alle haben aber eine **Zellmembran**, die sie von der Umgebung abschließt, gleichzeitig aber die Aufnahme und Abgabe bestimmter Stoffe ermöglicht. Ist die Zellmembran defekt, ist die Zelle tot. Man kann Zellen als Reaktionsräume betrachten, in denen kontrollierte, chemisch stabile Bedingungen aufrechterhalten werden – meist andere Bedingungen als außerhalb der Zelle. Zellen könnten deshalb als geschlossene Systeme erscheinen, was aber nicht stimmt. Sie kommunizieren vielmehr mit ihrer Umgebung über die Zellmembran hinweg, nehmen z. B. energiereiche chemische Verbindungen auf.

© Springer-Verlag GmbH Deutschland, ein Teil von Springer Nature 2012
H.-D. Görtz und F. Brümmer, *Biologie für Ingenieure*,
https://doi.org/10.1007/978-3-662-59608-1_3

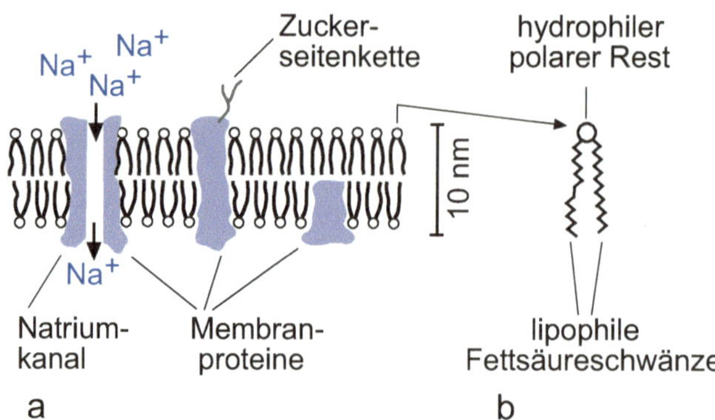


**Abb. 3.1** Biologische Membranen. In der Phospholipiddoppelschicht ordnen sich die hydrophoben Fettsäuren zueinander nach innen, während die hydrophilen Köpfe zu den Außenseiten orientiert sind. In den Phospholipid-Bilayer sind verschiedene Proteine eingebaut, die als Membranproteine bezeichnet werden. Auch Ionenkanäle sind solche Membranproteine.

Zellmembranen bestehen wie alle Biomembranen aus einer **Phospholipid**doppelschicht (Phospholipid-Bilayer). Sie ist aufgrund ihres Aufbaus für die meisten Moleküle und auch für Ionen zunächst fast völlig undurchlässig. In den Phospholipid-Bilayer sind verschiedenste Membranproteine eingebettet, über die Stoffe in die Zellen aufgenommen oder umgekehrt auch abgegeben werden können (Abb. 3.1). **Membranproteine** können z. B. Poren bilden, sogenannte Ionenkanäle, durch die Ionen strömen. Die Ionen fließen dabei stets in Richtung des Konzentrationsgefälles. **Ionenkanäle/Ionenporen** können von der Zelle geöffnet oder geschlossen werden.

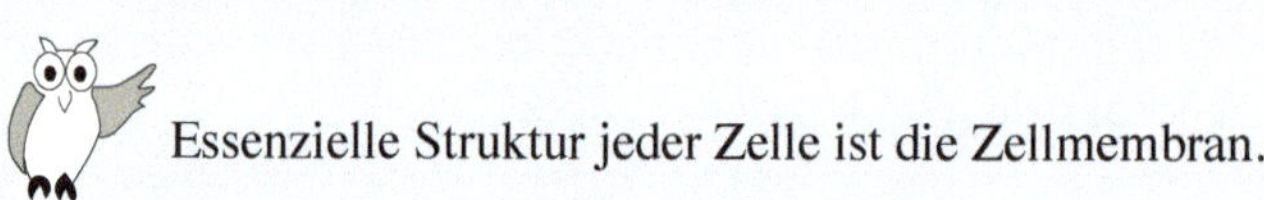

Essenzielle Struktur jeder Zelle ist die Zellmembran.

Die Zellmembran ist zart, nur etwa 7–10 nm dick, sie kann der Zelle keine Stabilität und keine Form geben (Abb. 3.1). Stabilität und Form verleiht der Membran das **Cytoskelett** und bei Bakterien-, Pflanzen- und Pilzzellen die **Zellwand**.

## 3.2   Protocyte

**Prokaryoten**, dazu gehören **Bakterien** und **Archaea**, bestehen aus einfachen Zellen ohne Zellkern. Dieser Zelltyp wird Protocyte genannt (Abb. 3.2). Die DNA liegt – oft als Ringmolekül – im Cytoplasma, membrangebundene Zellorganelle gibt es nicht. Die Zellen erhalten ihre Stabilität durch eine Zellwand, deren Grundgerüst aus einem Polysaccharidnetz mit kurzen Peptidseitenketten besteht (**Murein**).

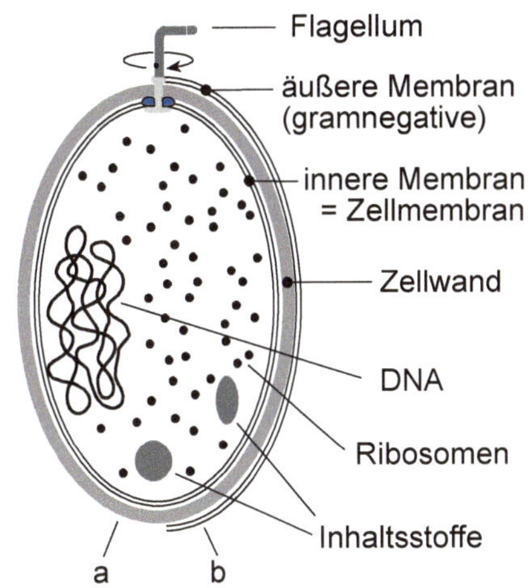



**Abb. 3.2** Protocyte. Außerhalb der Zellwand besitzen bestimmte Prokaryoten eine äußere Membran (gramnegative Bakterien (b); rechte Seite), wodurch zwischen dieser und der Zellmembran ein periplasmatischer Raum existiert, in dem unter anderem auch Proteine gespeichert werden können. In jedem Fall umgibt aber die bakterielle Zellwand (a) die eigentliche Zellmembran.

Zellmembranen und Zellwände können unterschiedlich sein, auch genetischer Apparat und Stoffwechsel unterscheiden sich (▶Kap. 9).

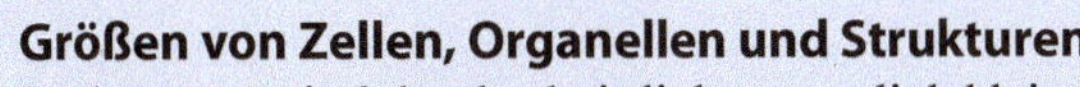

### Größen von Zellen, Organellen und Strukturen

Prokaryoten sind durchschnittlich wesentlich kleiner als Eukaryotenzellen. Liegt die Größe der Bakterienzelle eher bei 1 $\mu$m, so haben Eucyten Durchmesser von 10 oder sogar 100 $\mu$m. Entsprechend unterscheiden sich die Volumina. Mitochondrien sind bakteriengroß, also lichtmikroskopisch meist (nach Anfärbung) gerade zu erkennen. Chloroplasten sind oft größer; auch Cyanobakterien, aus denen Chloroplasten hervorgegangen sind, sind oft recht groß. Lichtmikroskopisch gut zu erkennen sind auch Cilien und Geißeln, deren Dicke bei 0,5 $\mu$m liegt.

Die Auflösung eines klassischen Lichtmikroskops wird durch die Wellenlänge des Lichtes begrenzt. Punkte mit einem Abstand geringer als etwa die halbe Wellenlänge des verwendeten Lichtes können nicht mehr voneinander unterschieden werden. Das Auflösungsvermögen des Lichtmikroskops liegt damit (ca. 0,2 $\mu$m) etwa um den Faktor 1 000 höher als das des menschlichen Auges.

Protocyten können Flagellen (Bakteriengeißeln; Singular: **Flagellum**) haben, die viel einfacher als die Cilien oder Geißeln der Eucyte gebaut sind (siehe unten). Das Flagellum der Protocyte hat als Antrieb einen rund laufenden Motor. Kreisförmig angeordnete Statorproteine werden von durchlaufenden Protonen angetrieben und drehen so die Achse des Flagellums. Das Rad wurde also schon vor mehr als zwei Milliarden Jahren von Bakterien „erfunden".

## 3.3  Membranpotenzial und Membrantransport

In Richtung eines Konzentrationsgefälles können Ionen die Zellmembran durch Ionenporen bzw. Ionenkanäle passieren (siehe Abb. 3.1), ohne dass zusätzliche Energie benötigt wird (**passiver Transport**). **Aktiver Transport** benötigt Energie aus ATP-Hydrolyse. Kleine Moleküle wie Glucose oder Aminosäuren können Membranen mithilfe von Transportproteinen passiv oder aktiv überwinden (Tab. 3.1). Entgegen einem Konzentrationsgradienten können Ionen mithilfe von **Ionenpumpen** in die Zelle oder aus der Zelle heraus transportiert werden. Durch zyklische Konformationsänderungen können diese **Membranproteine** wie Förderturbinen fungieren. Für aktiven Transport ist Energie notwendig. Eine Ionenpumpe funktioniert insofern gleichzeitig als Enzym, das z. B. das energiereiche ATP spaltet und aus dieser Reaktion die Energie für den Transport der Ionen bezieht. Eine solche Ionenpumpe ist also auch eine **ATPase** (die Endung „ase" zeigt den Enzymcharakter an). Moleküle wie z. B. Zucker oder manche Aminosäuren können mithilfe von Transportproteinen durch Membranen in die Zelle geholt werden.

**Tab. 3.1** Membrantransport

| Transportart | Material | Transportmittel |
|---|---|---|
| passiver Transport | Wasser | Diffusion/Osmose, Aquaporine |
| | Ionen | Ionenkanäle/-poren |
| | Protonen | Protonenpumpen (mit Energiegewinn) |
| | kleine Moleküle | Transportproteine |
| aktiver Transport | Ionen | Ionenpumpen |
| | Protonen | Protonenpumpen |
| | kleine Moleküle (u. a. Monosaccharide) | Transportproteine |
| | Proteine durch Mitochondrienmembran | TIM- und TOM-Komplexes |
| Endocytose/Exocytose | Partikel, große Moleküle, Pathogene | Membranfusion (siehe Abb. 3.4) |

TOM-Komplex = Proteintransportapparat durch die äußere mitochondriale Membran (*translocase of the outer membrane*), Tintenfische = Proteintransportapparat durch die innere mitochondriale Membran (*translocase of the inner membrane*)

Durch die Aktivität der Ionenpumpen und die vielen geladenen Makromoleküle in einer Zelle ist die Ladung innerseits der Zellmembran meist unterschiedlich zu ihrer Umgebung. Zwischen beiden Seiten einer Membran besteht also eine

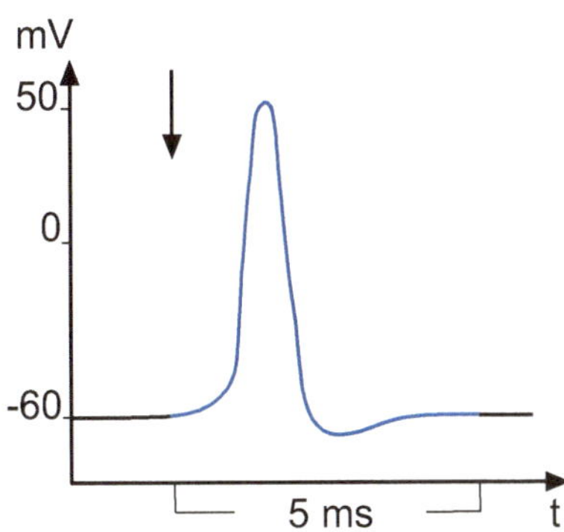



**Abb. 3.3** Aktionspotenzial. Ausgehend von einem Ruhepotenzial der Zellmembran von −60 mV kann, verursacht durch einen adäquaten Reiz (Pfeil), ein plötzlicher Na$^+$-Einstrom zu einer Depolarisierung auf +50 mV führen. Ein folgender (passiver) Ausstrom von K$^+$-Ionen sowie das Binden bzw. Auspumpen von Na$^+$-Ionen führen zu einer raschen (5 ms) Repolarisierung zurück zum Ruhepotenzial.

Spannung. Diese Spannung wird als **Membranpotenzial** bezeichnet oder auch als **Ruhepotenzial** der Zelle/der Zellmembran.

Bei Erregung eines Sinnesrezeptors oder bei Reizübertragung auf eine Nervenzelle oder z. B. eine Muskelzelle werden Natriumkanäle geöffnet. Na$^+$-Ionen strömen plötzlich ein. Ist der Reiz ausreichend groß, entsteht ein **Aktionspotenzial** (Abb. 3.3), das sich über die ganze Zelloberfläche ausbreiten kann. Auf diese Weise kann ein Signal über lange Nervenzellen sehr schnell verbreitet werden. Dort, wo über eine **Synapse** eine Nervenzelle an eine andere stößt, werden – angestoßen durch ein Aktionspotenzial – Neurotransmitter ausgeschüttet, von der Empfängerzelle registriert und ggf. erneut in ein Aktionspotenzial umgewandelt.

Große Bedeutung haben **Protonenpumpen**. Durch sie kann z. B. die Protonenkonzentration in einem Zellorganell erhöht werden, was gleichzeitig zu einer Ansäuerung führt. Werden Protonen gegen ein Konzentrationsgefälle durch eine Membran gepumpt, wird Energie in Form von ATP benötigt. Protonen können aber eine Protonenpumpe auch in Richtung eines Konzentrationsgefälles passieren. Dann arbeitet die Protonenpumpe wie eine Turbine, wodurch ATP generiert wird (siehe Abb. 4.7).

## Endo- und Exocytose

Ionen und Moleküle können eine Biomembran durch Poren bzw. Kanäle oder – gegen ein Konzentrationsgefälle – durch Pumpen passieren. Es ist jedoch nicht selten, dass auch größere Partikel, z. B. Bakterien, von einer Zelle aufgenommen werden. Für die Aufnahme solch großer Partikel besitzt die Zelle die Möglichkeit der Endocytose ebenso wie der Exocytose (Abb. 3.4). Allerdings hat nur die Eucyte die Fähigkeit zur Endo- und Exocytose. Prokaryotenzellen (wie die Bakterien) haben diese Möglichkeit nicht.

Die Endocytose fester Stoffe wird auch als **Phagocytose** bezeichnet – insbesondere die Aufnahme von Bakterien und anderen Mikroorganismen – und die Endocytose flüssiger Stoffe auch als Pinocytose. Endocytose erfolgt normalerweise rezeptorvermittelt. So wird z. B. ein **Makrophage** (weiße Blutzelle) ein Bakterium nur phagocytieren, wenn Rezeptoren der Makrophagenzellmembran ein passendes Signal erkennen. Bindet das Signal, so löst, vereinfacht gesagt, der Rezeptor eine

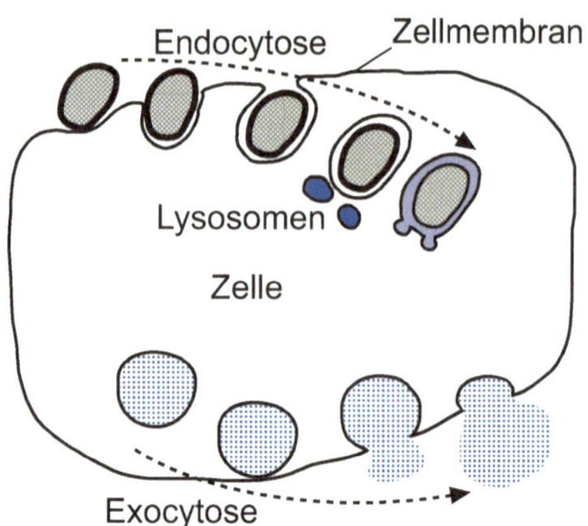



**Abb. 3.4** Endo- und Exocytose. Wird ein Partikel oder Molekül von einem Endocytoserezeptor auf der Zellmembran erkannt, bildet die Zelle durch Verformungen des Cytoskeletts ein Vesikel und nimmt den Partikel (etwa ein potenzielles Pathogen) auf. Gegebenenfalls wird das Bakterium durch Sauerstoffradikale getötet und nach Fusion des Endocytosevesikels mit Lysosomen verdaut. Bei der Exocytose werden z. B. Proteine durch Fusion der Membranen eines Sekretvesikels mit der Zellmembran aus der Zelle geschleust, also sezerniert.

lokale Verformung des **Cytoskeletts** des Makrophagen aus – das Cytoskelett haftet ja an solchen Membranproteinen. Das Cytoskelett bildet eine napfartige Vertiefung, in die z. B. ein Krankheitskeim aufgenommen werden kann.

Ist ein Krankheitskeim endocytiert, werden schnell **Sauerstoffradikale** wie $H_2O_2$ (Wasserstoffperoxid) in das Phagocytosevesikel gepumpt. Durch diesen sogenannten oxidativen Burst werden die Bakterien getötet. Danach fusioniert das Vesikel mit primären Lysosomen; die Ansäuerung des Lysosoms und die Verdauung des Bakteriums durch saure **Hydrolasen** können beginnen.

Die umgekehrte Passage von Zellinhaltsstoffen wie z. B. Verdauungsenzymen durch die Zellmembran nach außen wird als Exocytose bezeichnet. Auch hier spielen spezialisierte Proteine des Cytoskeletts eine Rolle, die ein Verschmelzen der Zellmembran mit der Membran eines Vesikels ermöglichen, dessen Inhalt sezerniert werden soll. Je nach Zelltyp werden nicht nur Enzyme exocytiert. Bei manchen Zellen werden z. B. auch unverdaute Nahrungsreste ausgeschieden.

## 3.4  Zellorganellen

Die Entstehung der Eucyte war ein Qualitätssprung in der Stammesgeschichte der Lebewesen. Auffällig ist die **Kompartimentierung**, d. h. die Bildung verschiedener Zellorganellen (Abb. 3.5), wodurch die Zelle leistungsfähiger und eine erhebliche Größenzunahme möglich wurde. Während viele Bakterien kaum länger und dicker als 1 $\mu$m sind, können Eukaryotenzellen mehr als zehnmal so groß sein, womit das Volumen der Eukaryotenzellen dann um den Faktor 1 000 größer als das der Prokaryoten ist. In den Zellorganellen konnten Stoffwechselwege in definierten Milieus effizienter werden; Zellorganellen sind also Reaktionsräume mit unterschiedlichen Bedingungen. Mit höheren Ordnungsstrukturen des genetischen Materials in Zellkernen war schließlich die Grundlage gelegt für strikter regulierte Zellteilungen. Das war auch eine Vorraussetzung für die Entwicklung größerer Genome und, wichtiger noch, für die Meiose (Reifeteilung) als Basis der Sexualität.

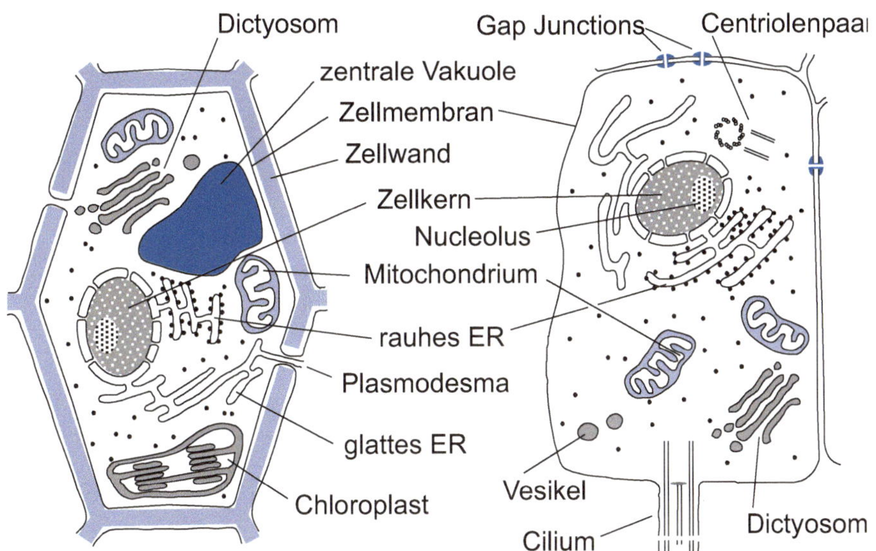


**Abb. 3.5** Pflanzenzelle und Tierzelle. Die meisten Zellorganellen gibt es in beiden Zelltypen. In der Pflanzenzelle (links) gibt es zusätzlich die zentrale Vakuole und Chloroplasten. Centriolen und Cilien gibt es in Pflanzenzellen nicht. Pflanzenzellen sind von einer Zellwand umgeben, durch die Plasmodesmata Verbindungen zu Nachbarzellen darstellen. Benachbarte tierische Zellen sind oft durch Gap Junctions verbunden. Andere Junctions und das Cytoskelett sind nicht eingezeichnet. Die Punkte im Cytoplasma beider Zellen sind Ribosomen.

Membrangebundene Zellorganellen sind Reaktionsräume, in denen jeweils ein für bestimmte Stoffwechselvorgänge geeignetes Milieu herrscht. Nicht membrangebundene Zellorganellen sind Funktionskomplexe aus vielen Proteinen und ggf. Nucleinsäuren.

Zellorganellen sind Funktionseinheiten von Eukaryotenzellen – buchstäblich die kleinen „Organe" der Zellen. Für einige Organellen wird angenommen, dass sie symbiontischen Ursprungs sind. Voraussetzung zur Aufnahme symbiontischer Bakterien war die Fähigkeit zur Endocytose. Bakterien haben diese Fähigkeit nicht. Die wichtigsten Organellen der Eucyte werden im Folgenden vorgestellt.

## Zellkern

Der Zellkern, das größte Organell der Zelle, enthält fast die gesamte genetische Information der Zelle. Von dort werden die Grundlagen des Stoffwechsel- und Wachstumsgeschehens über die differenzielle Aktivierung von Genen gesteuert. Der Zellkern ist von der **Kernhülle** umgeben (siehe Abb. 3.5). Sie ist keine einfache

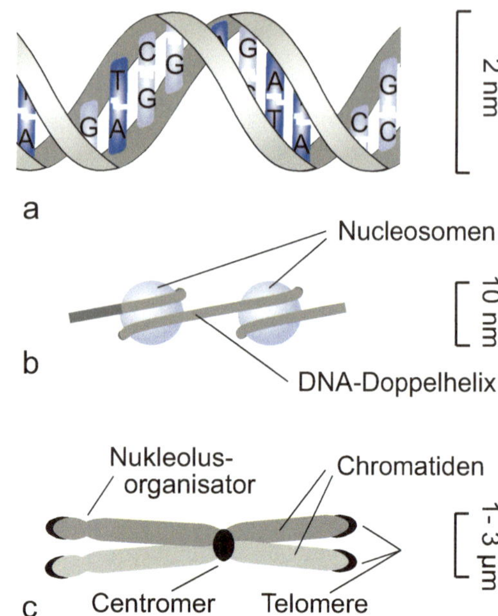



**Abb. 3.6** Aufbau der Chromosomen. Ein Chromosom besteht aus einem oder zwei Chromatiden, die am Centromer zusammengefasst sind (c). Chromatiden sind die Funktionseinheiten eines Chromosoms. Darin ist eine durchgehende DNA-Doppelhelix (a) um die Nucleosomen gewunden (b). Nucleosomen sind aus basischen Proteinen, den Histonen, aufgebaut. Bei der Kondensation der Chromosomen in der Mitose werden die Nucleosomen mit der darum gewundenen DNA eng aneinander gepackt. An ihren Enden werden Chromosomen von Telomeren begrenzt, die unter anderem einen Abbau verhindern. Chromosomen sind nicht von Membranen umgeben.

Membran, vielmehr eine aus einem flachen Vesikel geformte. An den **Kernporen** gehen innere und äußere Membran der Kernhülle ineinander über. Große und kleine Moleküle, selbst die Untereinheiten der Ribosomen, können die Kernhülle durch diese Kernporen passieren. Die lichte Weite von Kernporen liegt bei 9 nm.

Im Zellkern liegen die Chromosomen (Abb. 3.6), in ihrer Gesamtheit als **Chromatin** bezeichnet, und der Nucleolus. Eukaryoten haben unterschiedlich viele **Chromosomen**. Der Mensch hat 23 Chromosomenpaare (22 Autosomenpaare und zwei Geschlechtschromosomen, XX oder XY), die Fruchtfliege *Drosophila melanogaster* hat vier Chromosomenpaare, ebenso viele wie der Ciliat *Tetrahymena pyriformis*. Die Speisekartoffel hat 24 Chromosomenpaare. Allerdings hat die Urform der Kartoffel nur sechs Chromosomenpaare. Die Chromosomenzahl sagt nichts über die Zahl der Gene, noch weniger über Informationsgehalt und Komplexität des Genoms von Organismen aus, weil Chromosomen sehr unterschiedlich lang sein können.

Während in den Chromosomen von Eukaryoten die DNA mit basischen Proteinen verpackt ist (Abb. 3.6), ist Bakterien-DNA nackt, also wenig mit Proteinen assoziiert. Bakterien-DNA hat auch keine Centromere und keine Telomere. Dennoch wird die – meist ringförmig geschlossene – DNA eines Bakteriums gelegentlich als Bakterienchromosom bezeichnet.

Zwischen den Zellteilungen ist im Inneren des Zellkerns nur das diffus verteilte Chromatin zu sehen. Es besteht aus der um die Nucleosomen gewundenen doppelsträngigen DNA, die jetzt nicht kondensiert ist. An nichtkondensierter DNA können Gene transkribiert werden (▶Kap. 6.2). Mikroskopisch sichtbare Chromatinschollen

**Abb. 3.7** Chloroplast. In der Matrix liegen die von der inneren Membran gebildeten Thylakoide, weiter die DNA, Ribosomen und gebildete Stärke. Gestapelt bilden die Thylakoide sogenannte Grana, die bei manchen Pflanzenzellen lichtmikroskopisch erkannt werden können.

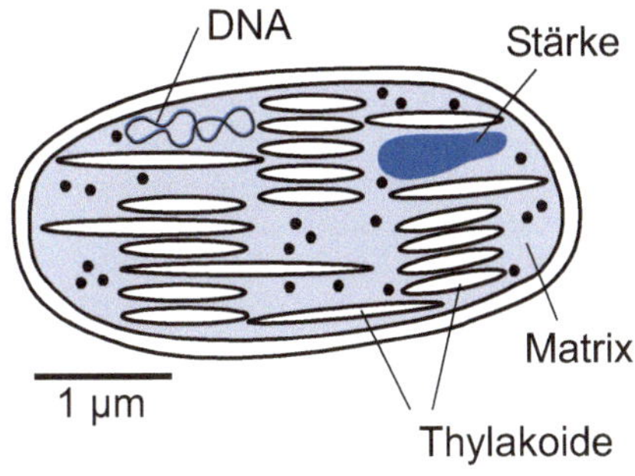


enthalten kondensierte Abschnitte von Chromosomen, die in diesem Zustand genetisch inaktiv sind. Ihre Gene werden also nicht abgelesen.

Eine auffällige Struktur im Interphasezellkern ist der **Nucleolus** (siehe Abb. 3.5). Er wird im Zellkern am Nucleolusorganisator eines Chromosoms aufgebaut. Dort liegen die Gene für ribosomale RNA (rRNA). Der Nucleolus enthält große Mengen an ribosomaler RNA und an ribosomalen Proteinen, die aus dem Cytoplasma dorthin transportiert werden. Ribosomale Proteine und ribosomale RNA werden im Nucleolus zu den Untereinheiten der **Ribosomen** zusammengesetzt. Die Untereinheiten verlassen den Zellkern durch die Kernporen. Im Cytoplasma werden sie mit einem Messenger-RNA-Molekül (**mRNA**) zur Translation zusammengesetzt.

Der Verkehr durch die Kernporen ist erheblich. Durch jede der über 3 000 Kernporen des Zellkerns einer Säugerzelle werden in jeder Minute weit mehr als 1 000 Moleküle und Ionen in den Zellkern aufgenommen. In der Gegenrichtung existiert ein vergleichbar hohes Verkehrsaufkommen durch das Ausschleusen der verschiedenen RNA-Moleküle, Ribosomenuntereinheiten etc.

## Chloroplasten

Ein Zellorganell, das nach der **Symbiontentheorie der Entstehung von Zellorganellen** symbiontischen Ursprungs ist, ist der Chloroplast (Abb. 3.7). Gute Evidenzen sprechen dafür, dass der Symbiont ein **Cyanobakterium** war; Cyanobakterien sind photosyntheseaktive Bakterien. Chloroplasten haben wie Mitochondrien zwei Membranen.

Die innere Membran der Chloroplasten formt ein umfangreiches Netzwerk an Vesikeln, als **Thylakoide** bezeichnet, von denen viele stapelweise angeordnet sind. In den Membranen der Thylakoide sind die Photopigmente lokalisiert.

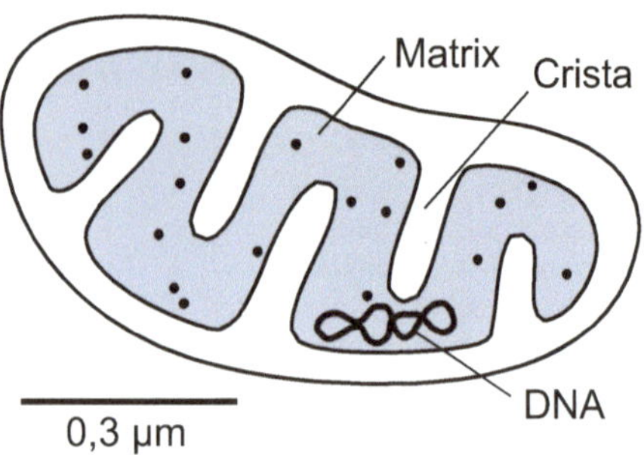


**Abb. 3.8** Mitochondrium. Die innere Membran stülpt sich mit den Cristae in die Matrix hinein; sie trägt Enzyme der Atmungskette, der ATP-Synthese etc., während der Citratzyklus und der Fettsäureabbau in der Matrix stattfinden. Der Raum zwischen den Membranen ist reaktionsarm. Proteine können die äußere Mitochondrienmembran mithilfe des TOM-Komplexes überwinden, die innere Membran über den TIM-Komplex (Tab. 3.1). Nur wenige Proteine werden vom mitochondrialen Genom selbst codiert.

## Mitochondrien

Ein weiteres für die Eucyte typisches Organell ist das Mitochondrium. Mitochondrien haben wie Chloroplasten zwei Membranen (Abb. 3.8). Es wird aus vielen guten Gründen angenommen, dass auch Mitochondrien durch ein Symbioseereignis mit freilebenden Bakterien entstanden sind. Die äußere Mitochondrienmembran ist nach der **Symbiontentheorie der Entstehung der Mitochondrien** aus der ursprünglichen Endosomenmembran hervorgegangen, die das Bakterium nach dessen Endocytose eingeschlossen hat.

Auch bakterielle **Symbionten** in heute lebenden Einzellern sind meist in sogenannten symbiontophoren (symbiontentragenden) Vakuolen zu finden. Die innere Mitochondrienmembran ist wie die Zellmembran heutiger Bakterien Ort zahlreicher Stoffwechselvorgänge. Viele Stoffwechselenzyme sind Membranproteine. Bei manchen Bakterien zeigt die Zellmembran eine Tendenz zu Einfaltungen und damit zu Flächenvergrößerungen. Die innere Mitochondrienmembran bildet in ganz erheblichem Umfang Einfaltungen, die **Cristae**. Die Cristae (Singular: Crista) sind meist parallel zueinander angeordnet. Bei manchen Mitochondrien sind die Cristae tubulär und erinnern an Makkaroni (Abb. 3.9). Damit wird die Fläche der inneren Membran und damit die Reaktionsfläche stark vergrößert. Andere Stoffwechselprozesse laufen im Inneren, in der Matrix, des Mitochondriums ab.

Als eine Evidenz für die **Symbiontentheorie** wird gesehen, dass Mitochondrien eigene DNA haben. Die wenigen auf dieser DNA lokalisierten Gene sind für den Bau und den Stoffwechsel der Mitochondrien essenziell. Mitochondriengene sind organisiert wie Bakteriengene. Auch einige Gene im Zellkern von Einzellern, Tieren, Pflanzen und Pilzen sowie Gene, die für bestimmte mitochondriale Proteine codieren, sind wie Bakteriengene organisiert. Man muss annehmen, dass solche Gene von den ursprünglichen symbiontischen Bakterien im Laufe der Stammesgeschichte der Eukaryotenzellen in den Zellkern transloziert worden sind. Dennoch sind einige Gene für essenzielle mitochondriale Proteine auf der **Mitochondrien-DNA** verblieben. Das ist wohl der wichtigste Grund dafür, dass Mitochondrien nicht neu gebildet werden können und somit eine Autonomie in der Zelle besitzen. Mitochondriale DNA wird weder in der Meiose verändert noch bei der Besamung ausgetauscht oder rekombiniert. Die Mitochondrien des Spermiums gehen verloren,

**Abb. 3.9** Mitochondrien mit tubulären Cristae, wie sie in Ciliaten, z. B. *Paramecium*, zu finden sind. Elektronenmikroskopische Aufnahme. Maßstab 0,5 $\mu$m.

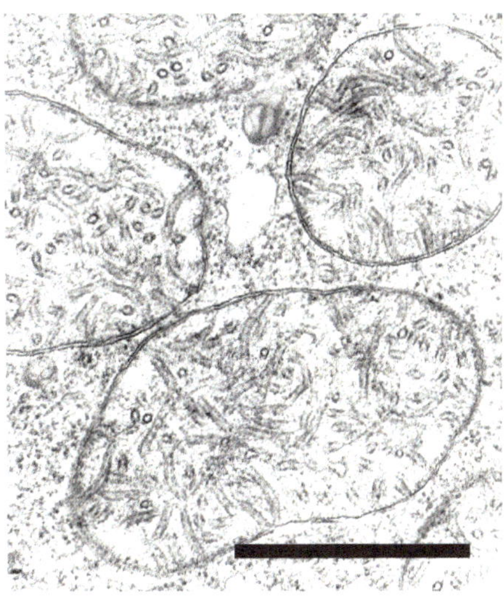

die befruchtete Eizelle behält immer nur die eigenen, also mütterlichen, Mitochondrien. Wir alle haben deshalb die Mitochondrien unserer Mütter, die letztlich von Frauen früh in der Stammesgeschichte des Menschen abstammen. Mitochondrien-DNA eignet sich aus diesem Grund besonders für Analysen der Stammesgeschichte des Menschen und seiner großen Wanderbewegungen.

Mitochondrien und Chloroplasten sind nach der Endosymbiontentheorie aus Bakterien hervorgegangen.

## Endoplasmatisches Reticulum

Das Endoplasmatische Reticulum (**ER**) ist ein Netz aus membrangebundenen Schläuchen und Vesikeln, welches das **Cytoplasma** durchzieht (siehe Abb. 3.5). Es bildet ein Kontinuum mit dem **perinucleären Raum** (dem Innenraum der Kernhülle). Vielfach sind ER-Lakunen mit Ribosomen besetzt. Dieses sogenannte rauhe ER ist Ort der Synthese von Proteinen (**Translation**). Schon bei der Translation am Ribosom werden dabei die Proteine durch eine Membranpore in das ER-Lumen geschoben. Die ersten Aminosäuren solcher Proteine dienen dabei als Signalsequenz, die in die Membranpore (ein Proteinkomplex) der ER-Membran einfädelt. Die Signalsequenz wird augenblicklich (enzymatisch) abgeschnitten, wenn sie in das ER-Lumen gelangt ist. Im ER-Lumen werden viele Proteine mit Zuckerseitenketten versehen; solche Zucker haben auch Etikettfunktion, womit die Proteine für gezielte Bestimmungsorte in der Zelle ausgezeichnet werden. Viele dieser Proteine werden in Vesikeln gesammelt und zum **Golgi-Apparat** gebracht.

## Dictyosomen

Dictyosomen (siehe Abb. 3.5) sind Stapel von flachen Vesikeln (Vesikel sind membranbegrenzte Bläschen), an deren Seiten im Elektronenmikroskop die Bildung kleiner Vesikel zu erkennen ist. Proteine, die vom ER aus in ein Dictyosom gelangt sind, werden dort weiter prozessiert, d. h. verändert. Sie erhalten dort Zuckerseitenketten, um schließlich in Vesikeln zu Lysosomen oder zur Zellmembran gebracht zu werden. Dies ist z. B. der Weg für verschiedene Enzyme, die von manchen Zelltypen als Exoenzyme ausgeschleust werden. In den Dictyosomen von Pflanzenzellen werden auch Zellwandbestandteile hergestellt. Die Gesamtheit der Dictyosomen einer Zelle machen definitionsgemäß ihren **Golgi-Apparat** aus.

## Lysosomen

Lysosomen sind Vesikel, die Verdauungsenzyme enthalten. Dabei handelt es sich um sogenannte **saure Hydrolasen**. Diese Enzyme funktionieren nur im sauren Milieu. Sie katalysieren die Hydrolyse von Proteinen, Polysacchariden und anderen Substraten. Der Verdau von Makromolekülen in Lysosomen ist stets eine Hydrolyse. Die Ansäuerung der Lysosomen kann durch **Protonenpumpen** in der Lysosomenmembran erfolgen. Lysosomen werden vom Golgi-Apparat gebildet, wo auch die Verdauungsenzyme herstammen.

Am Beispiel der Lysosomen ist der Vorteil einer Kompartimentierung der Zelle, also die Bildung verschiedener Reaktionsräume in den Zellorganellen, unmittelbar erkennbar. Saure Hydrolasen können nur im sehr sauren Milieu effektiv arbeiten; für fast alle Stoffwechselprozesse, auch für die Stabilität fast aller zellulärer Moleküle, wäre aber ein saures Milieu äußerst destruktiv.

## Vakuolen und Vesikel

Vakuolen und Vesikel sind membrangebundene Räume mit verschiedenen Inhaltsstoffen, die gespeichert oder durch Exocytose ausgeschieden werden. Pflanzenzellen haben meist eine große **Zentralvakuole** (siehe Abb. 3.5), die die erwachsene Zelle bis zu 90 % ausfüllt. Sie kann verschiedene Inhaltsstoffe enthalten, Salze, Zucker und andere organische Verbindungen, auch Farbstoffe und Gifte gegen Fraßfeinde. Sie ist außerdem ein Ort für die Lagerung von Abbauprodukten, wodurch die Pflanze zumal mit dem Herbstfall der Blätter solche Stoffe entsorgen kann. Die Zentralvakuole ist von großer Bedeutung für den Turgor der Zelle und damit für die Stabilität des Gewebes. Bei Wasserverlust nimmt das Volumen der Zentralvakuole ab, und die Zelle zieht sich innerhalb der Zellwand zusammen (▶Kap. 10).

## Ribosomen

Je nach Zelltyp hat eine Zelle $10^5$ bis $10^8$ Ribosomen. Etwa 80 Proteine und RNA-Moleküle werden im Nucleolus zu zwei Untereinheiten zusammengesetzt, wobei die große Untereinheit mit 15 nm Dicke verformt werden muss, um durch die

Kernporen ins Cytoplasma zu gelangen. Zusammengesetzt bildet das Ribosom Reaktionszentren für die **Translation**. Messenger-RNA (**mRNA**; ▶Kap. 6.2), und mit Aminosäuren beladene RNA-Moleküle werden erkannt, weitergeleitet und wieder entlassen. Dabei werden laufend **Peptidbindungen** geknüpft. Katalysiert wird diese zentrale Reaktion von einem **Ribozym**, also von einer RNA, die Bestandteil des Ribosoms ist. Ist das Protein fertig, zerfällt der Komplex aus den beiden Ribosomenuntereinheiten und mRNA. Mit einer neuen mRNA kann wieder ein Ribosom zusammengesetzt werden. Gelegentlich assoziieren mehrere Ribosomen mit demselben mRNA-Molekül, sind dann als sogenannte Polyribosomen hintereinander aufgereiht wie Perlen einer Kette. Mit Polyribosomen wird die mRNA besonders schnell und ergiebig genutzt.

## Proteasomen

Zellen funktionieren äußerst dynamisch, und ihr Stoffwechsel ist hoch reguliert. Auch die Halbwertszeit von Proteinen (halbe Dauer ihrer durchschnittlichen Existenz) ist begrenzt. Proteine, die nicht mehr benötigt werden, werden mit dem kleinen Protein **Ubiquitin** markiert und dann von einem großen Multienzymkomplex, dem Proteasom, erkannt. Proteasomen sind röhrenförmige Organellen aus 28 Proteinen, die als regelrechte Abbaustation markierte Proteine in kleine Teile zerlegen. So werden Enzyme, Signalproteine und Genregulationsfaktoren „aus dem Verkehr" gezogen. Proteasomen sind etwa so groß wie Ribosomen. Beide Zellorganellen sind nicht von einer Membran umgeben. Eine Zelle hat bis zu 30 000 Proteasomen, die eine Länge von 17 nm aufweisen und somit auch im elektronenmikroskopischen Bild eines Zellschnittes nur als kleiner Punkt erscheinen.

## 3.5  Cytoskelett

Das **Cytoskelett** ist ein Gerüst aus fibrillären Proteinen, das die Form der Zelle stabilisiert und auch verschiedenste Bewegungen in der Zelle, aber auch Ortsbewegungen der Zelle selbst ermöglicht. Die Filamente des Cytoskeletts sind zum Teil an Proteinen in der Zellmembran verankert und durchziehen die gesamte Zelle. Drei Filamenttypen sind im Wesentlichen zu finden: Mikrotubuli, Mikrofilamente und intermediäre Filamente.

## Mikrotubuli

Der größte Filamenttyp des Cytoskeletts sind die **Mikrotubuli** (Abb. 3.10). Es sind Stützelemente der Zellen, wichtiger aber ist ihre Bedeutung bei Bewegungsvorgängen. So sind **Cilien, Geißeln** sowie **Centriolen** (siehe Abb. 3.11) und auch die **Mitosespindel** (siehe Abb. 5.3) aus Mikrotubuli aufgebaut. Außerdem dienen Mikrotubuli als Schienen für molekulare Motoren (die **Motorproteine Kinesin** und **Dynein**), die unter anderem Zellorganellen, große Moleküle und Vesikel mit verschiedenen Inhaltsstoffen transportieren. Motorproteine verbrauchen ATP, haben

**Abb. 3.10** Mikrotubuli und Mikrofilamente. Mikrotubuli
sind 24 nm dicke Röhrchen, Polymere aus dem Protein
Tubulin. Die Röhrchen sind aus spiralförmig angeordneten Tubulinmolekülen aufgebaut. Mikrofilamente sind aus
fädig angeordneten globulären Actinmolekülen aufgebaut.
Zwei umeinander gewundene Actinfibrillen bilden jeweils
ein Mikrofilament. Mikrofilamente haben eine Dicke
von 7 nm. Intermediäre Filamente (nicht dargestellt) sind
ca. 10 nm dick. Sie sind also in der Dicke intermediär
zwischen Mikrotubuli und Mikrofilamenten.

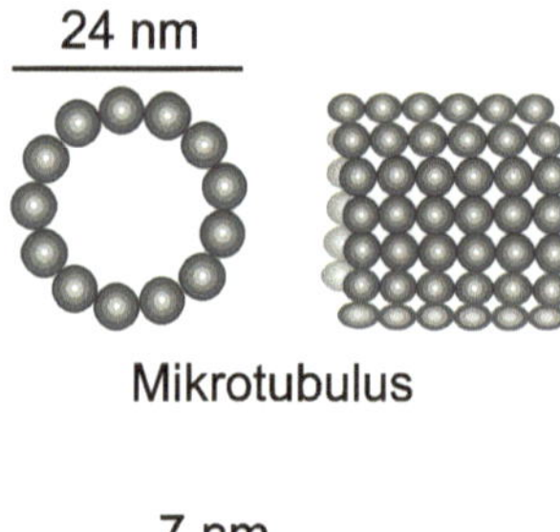


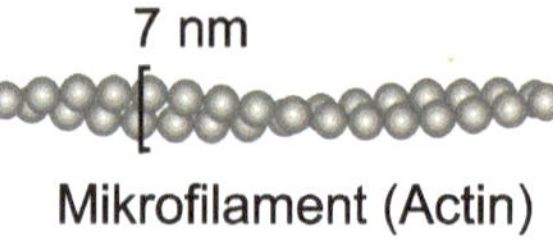


also Enzymcharakter. Es sind ATPasen. Solche Mikrotubulimotörchen kommen in
allen Zellen vor.

## Mikrofilamente

**Mikrofilamente (= Actinfilamente)** sind in der Zelle fädig oder als Netze angeordnet. Sie sind in allen Eukaryotenzellen vorhanden. **Actinfilamente** bilden sich durch
dynamische Polymerisierung aus einzelnen Actinproteinen, von denen jeweils zwei
helixartig verdrillt sind (Abb. 3.10). Sie sind durch zusätzliche Proteine vernetzt
und an andere Cytoskelettstrukturen gebunden. Das Motorprotein **Myosin** kann
mit füßchenförmigen Strukturen an seinem einen Ende an Actinfilamenten entlang
„laufen", mit seinem anderen Ende fest an verschiedenen Strukturen, auch an einem
Actinfilament, festhalten. Dadurch kann sich das Actinnetz der Zelle verformen
oder z. B. ein Muskel kontrahieren. Actinfilamente sind auch an der Zellteilung
beteiligt und bei Entwicklungsvorgängen für die Formgebung von Geweben und
Organen verantwortlich.

Mikrotubuli und Mikrofilamente sind nicht kontraktil. Transport,
Bewegungen, Kontraktionen und Gleitvorgänge in der Zelle werden
durch die Bewegung von Motorproteinen wie Dynein und Myosin an Mikrotubuli und Mikrofilamenten entlang erzeugt.

## Intermediäre Filamente

**Intermediärfilamente** bilden ein dreidimensionales, formgebendes Gerüst. Zu den
Intermediärfilamenten gehören das Keratin, das in größeren Mengen in der Haut
gebildet wird, aber z. B. auch die Lamine, die die Kernhülle stabilisieren.

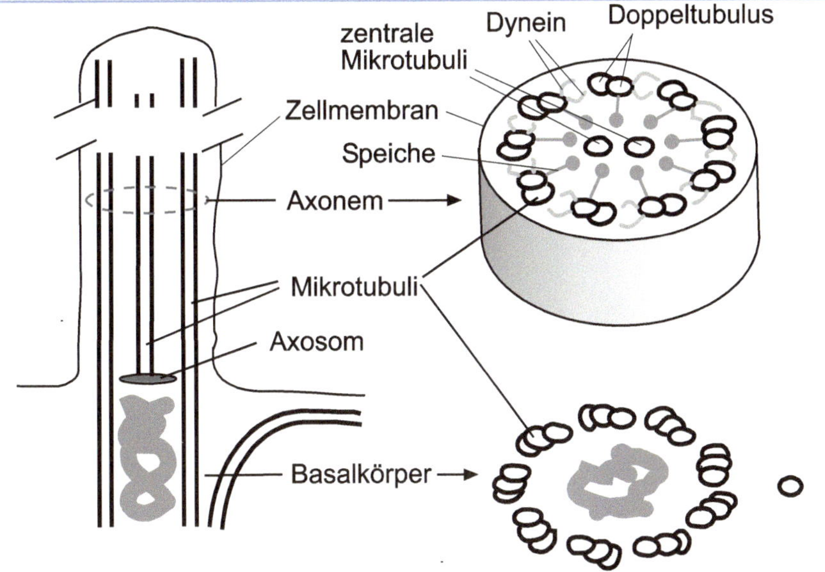


**Abb. 3.11** Feinbau von Cilien und Geißeln. Mikrotubuli des Axonems erwachsen auf den Mikrotubuli des Basalkörpers. Einer der zentralen Mikrotubuli fußt auf dem Axosom des Basalkörpers. Im Basalkörper gibt es keine zentralen Mikrotubuli, jedes der neun Doppelmikrotubuli wird aber im Basalkörper durch einen dritten Mikrotubulus ergänzt. Die Motorproteine (Dynein) zwischen benachbarten Doppelmikrotubuli sind blau dargestellt.

## Cilien und Geißeln

Cilien und Geißeln sind Zellorganellen, also Strukturen innerhalb der Zellmembran. Ein Komplex aus neun Doppeltubuli und zwei weiteren zentralen Mikrotubuli bildet das **Axonem**. Weitere Strukturelemente wie die Speichen kommen hinzu. Eines der zentralen Mikrotubuli fußt auf einer Proteinplatte, dem **Axosom**. Zwischen benachbarten Doppeltubuli des Cilienaxonems (auch des Geißelaxonems) sind **Dynein**moleküle (ein Motorprotein) angeordnet (Abb. 3.11). Geißeln sind wie Cilien gebaut, jedoch länger, können in Extremfällen über 1 mm lang werden, während Cilien meist 5–20 $\mu$m lang sind.

Baugleich mit den **Centriolen**, die bei Tieren und vielen Protisten eine Funktion beim Aufbau von Teilungsspindeln der Zellkerne haben, sind die Basalkörper der Cilien und Geißeln. Der **Basalkörper** ist starr, aufgebaut aus neun Mikrotubulitripletts ohne zentrale Mikrotubuli. Strukturen im Inneren von Basalkörpern sind meist amorph, Aufbau und Bedeutung sind nicht verstanden. Basalkörper sind fest im Cytoskelett verankert. Sie verankern die Cilien- und Geißelaxoneme und sind für deren Schlag essenziell (Abb. 3.12). Benachbarte Cilien und Geißeln schlagen koordiniert (Abb. 3.12).

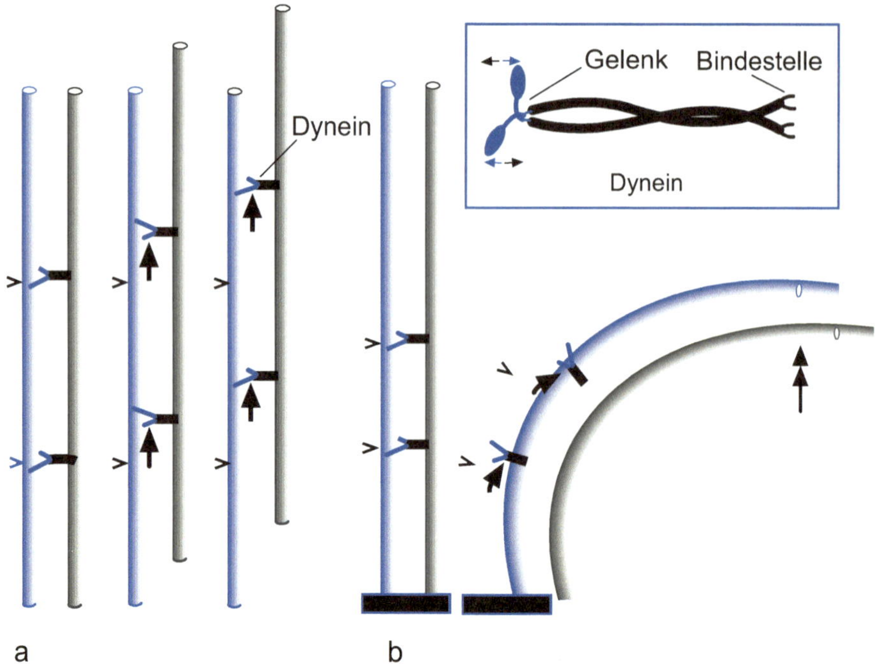



**Abb. 3.12** Ein Gleitmechanismus bewirkt den Cilienschlag. (a) Motorproteine lassen benachbarte Mikrotubuli (blau und schwarz) aneinander vorbeigleiten. An dem grauen Mikrotubulus festsitzende Dyneinmoleküle „laufen" mit „Füßchen" an dem blauen Mikrotubulus entlang. Der Aufbau des Dyneins ist in dem Inset gezeigt. Unter ATP-Verbrauch wird die Konformation der Gelenke verändert, und die „Füßchen" werden abwechselnd vor und zurück bewegt. Durch die vorübergehende Bindung an den blauen Mikrotubulus gleiten die beiden Mikrotubuli aneinander entlang. (b) Sind die beiden Mikrotubuli an einem Ende fixiert, kommt es durch die Bewegung des Dyneins zur Krümmung. Mikrotubuli des Cilien- oder Geißelaxonems sind durch den Basalkörper fixiert. Tatsächlich zeigt sich in elektronenmikroskopischen Schnitten durch die Cilienspitze, dass die Mikrotubuli dort unterschiedlich weit nach außen ragen.

## 3.6   Intrazelluläre Kommunikation

Mit der Entstehung der Eucyte reicht die Diffusion zum Transport von Makromolekülen innerhalb der Zelle jedenfalls nicht mehr aus. Zwischen den Organellen und verschiedenen Bereichen einer Zelle gibt es eine intensive biochemische Kommunikation. Vor allem bei Riesenzellen wie Nervenzellen oder heranwachsenden Eizellen ist die Notwendigkeit dafür offensichtlich. Makromoleküle werden deshalb an Mikrotubuli entlang oder mithilfe von Actin in der Zelle transportiert oder mit Transportproteinen durch Membranen geschleust. Dazu müssen die Moleküle Signale tragen (nach Art eines Adressaufklebers), damit sie an den richtigen Zielort gebracht werden können. So werden **Signalsequenzen** von großen Proteinen oder von mRNA-Molekülen von Proteinen erkannt und können so an bestimmte

Mikrotubulimotörchen gebunden werden. Ein Protein z. B., das in einem Dictyosom verarbeitet werden soll, trägt ein **Mannose-6-Phosphat** als Signal.

Im Vielzeller ist zusätzlich zur **intrazellulären** Kommunikation eine Abstimmung mit anderen Zellen notwendig. Dazu ist eine **interzelluläre** Kommunikation über Nerven, Hormone und andere Botenstoffe notwendig, wie sie in ▶Kap. 12 vorgestellt wird.

# Energiestoffwechsel 4

Für die Zell- und Körperfunktionen und für den Aufbau und Ersatz körpereigener Stoffe finden laufend Stoffwechselreaktionen statt, mit denen ein erheblicher Energieumsatz verbunden ist. Pflanzen können die Energie aus dem absorbierten Licht beziehen und daraus Glucose und andere energiereiche Substanzen aufbauen. Die notwendige Energiemenge bzw. energiereiche organische Substanzen müssen von Tieren mit der Nahrung aufgenommen werden. Ihr primärer Betriebsstoff ist die Glucose.

Der **Stoffwechsel** verläuft in Reaktionsschritten, die ein komplexes Netzwerk bilden. Dabei entsteht ein Gleichgewichtszustand, der aber durch Aufnahme von energiereichen Stoffen aus der Umgebung und ebenso durch Abgabe von Stoffen bzw. Energie einem Fließgleichgewicht entspricht. Lebewesen sind chemisch und energetisch offene Systeme. Dadurch ist der Erhalt bzw. die Zunahme der Ordnung in Lebewesen möglich. Beim Aufbau von körpereigenen Stoffen, allgemein bei den verschiedenen Körperfunktionen, wird Energie von exergonischen Reaktionen auf endergonische übertragen. Dabei wird stets auch Wärme frei, je nachdem wie eng die Kopplung der Reaktionen ist.

Zentrale Elemente der Energieübertragungen in biologischen Systemen sind Elektronentransportketten. In der **Photosynthese** werden Elektronen mit der Lichtenergie stufenweise auf ein höheres Energieniveau gehoben und zur Reduktion von Energieträgern verwendet, während auch ein Protonengradient aufgebaut wird. Bei der Oxidation der Glucose und anderer energiereicher organischer Moleküle wird dann der Elektronenfluss (z. B. in der Atmungskette) wiederum stufenweise für den Aufbau eines Protonengradienten genutzt. Der Wasserstoff des NADH wird mit Sauerstoff zu Wasser oxidiert. Die erzeugten Protonengradienten, in der Photosynthese der Pflanzenzelle wie beim Energiegewinn aus organischen Molekülen, werden zur Gewinnung von ATP genutzt.

Alle Lebenserscheinungen erfordern Energie, die letztlich fast ausschließlich von der Sonne geliefert wird. Die Lichtenergie wird in der **Photosynthese** für den Aufbau von organischen Verbindungen verwendet und damit in chemische Energie umgewandelt. Darauf aufbauend wird in allen chemischen Reaktionen in Zellen und Organen die in energiereichen Verbindungen gespeicherte Energie genutzt.

Chemische bzw. biochemische Reaktionen in Lebewesen werden als Stoffwechselvorgänge bezeichnet. Mit ihrem Stoffwechsel können Organismen wachsen, sich vermehren, Körperwärme erzeugen, sich bewegen, Informationen generieren, weitergeben, empfangen und verarbeiten. Allen erkennbaren Funktionen von Organismen liegen chemische Reaktionen zugrunde. Dabei wird organische Substanz

© Springer-Verlag GmbH Deutschland, ein Teil von Springer Nature 2012
H.-D. Görtz und F. Brümmer, *Biologie für Ingenieure*,
https://doi.org/10.1007/978-3-662-59608-1_4

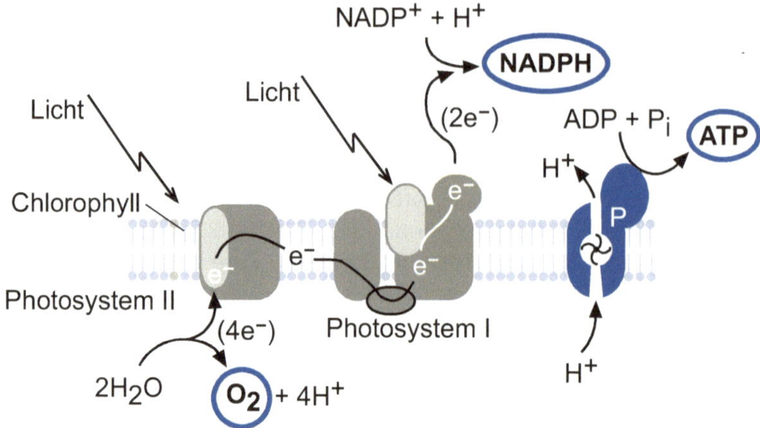


**Abb. 4.1** Lichtreaktion der Photosynthese. Die Photosysteme und ein ATP-Synthase-System lagern in der inneren Chloroplastenmembran. Mithilfe der Lichtenergie werden Elektronen aus dem Wasser zum Aufbau von Protonengradienten genutzt und schließlich auf NADP übertragen. Der Protonengradient wird zur Gewinnung von ATP genutzt.

zunächst nur in der Photosynthese und ihren nachgeordneten Reaktionen aufgebaut. In dem vorliegenden Kapitel werden die Photosynthese, der Einbau von Kohlenstoff aus dem $CO_2$ der Atmosphäre in organische Moleküle und schließlich der Energiegewinn aus so gewonnenen Molekülen dargestellt, wobei dies natürlich nur ein Teil des Stoffwechsels ist.

## 4.1  Photosynthese

Photopigmente, die in den Membranen der **Thylakoide** sitzen, fangen Photonen ein. Wichtigste Rolle spielt dabei das Chlorophyll. Die Lichtenergie wird in chemische Energie umgewandelt entsprechend der chemischen Summengleichung der Photosynthese:

$$6\,CO_2 + 12\,H_2O + Licht \rightarrow C_6H_{12}O_6 + 6\,H_2O + 6\,O_2.$$

Die Photosynthese bzw. ihre Folgereaktionen sind **anabole** (aufbauende) Stoffwechselreaktionen. Aus $CO_2$ und $H_2O$ werden mithilfe der Lichtenergie Zuckermoleküle synthetisiert, die im Weiteren zum Aufbau verschiedenster organischer Moleküle genutzt werden.

Von Pigmenten der Photosysteme absorbierte Energie wird an andere Moleküle weitergegeben (Abb. 4.1). Mit Lichtenergie wird Wasser oxidiert, wobei $O_2$, H$^+$ und freie Elektronen entstehen. Im Reaktionszentrum eines Chlorophyllmoleküls des Photosystems II werden Elektronen angeregt und an ein Elektronenakzeptorprotein abgegeben (Abb. 4.1). Mit der Abgabe eines Elektrons wird das Chlorophyll oxidiert, der Elektronenakzeptor wird reduziert. Über eine Elektronentransportkette wird das Elektron bis zum Photosystem I weitergereicht. „Unterwegs" wird seine Energie stufenweise genutzt: Protonen werden durch die Thylakoidmembran gepumpt, wodurch sich ein Konzentrationsgefälle der Protonen aufbaut. Im Photosystem I wird das aufgenommene Elektron erneut angeregt und seine Energie wieder in einer Kaskade von **Redoxreaktionen** genutzt. In einer Redoxreaktion wird ein Reaktionsteilnehmer oxidiert, der andere dabei reduziert. Gibt eine Verbindung ein Elektron ab, wird sie oxidiert; nimmt eine Verbindung ein Elektron auf, wird sie reduziert.

Das aus den Lichtreaktionen (Primärreaktionen) der Photosynthese gewonnene NADPH und ATP wird in den anschließenden Dunkelreaktionen (Sekundärreaktion; auch als **Calvin-** oder **Calvin-Benson-Zyklus** bezeichnet) für den Aufbau von Zuckern und schließlich von Stärke genutzt. Kohlenstoffquelle ist anorganisches $CO_2$.

Protonengradienten können die ATP-Synthese betreiben.

Wichtigster Schritt ist dabei die Bindung von $CO_2$ an den 5C-Zucker Ribulosebisphosphat (Abb. 4.2). Das Enzym, das diesen Schritt katalysiert, ist somit wohl das wichtigste Enzym für die Biosphäre überhaupt. Es ist die Ribulosebisphosphatcarboxylase (**Rubisco**).

ATP und NADPH aus der Lichtreaktion der Photosynthese sind Treibstoffe der Kohlenstofffixierung und Kohlenhydratsynthese.

## 4.2 Atmung und Energiestoffwechsel

Alle Zellen bauen energiereiche organische Verbindungen ab und nutzen die dabei verfügbar werdende Energie. Wichtige Stoffwechselwege zur Konvertierung der chemischen Energie aus Zuckern und Fetten sind in den Mitochondrien lokalisiert. Dazu wird Sauerstoff genutzt; Wasser und Kohlendioxid entstehen. Der Vorgang wird als **Atmung** (Zellatmung) bezeichnet. Viele Organismen können organische Verbindungen auch ohne Sauerstoff abbauen, was als Gärung bezeichnet wird.

Der Abbau von Zuckern (auch aus Stärke, Glykogen etc.) oder Fetten beginnt außerhalb der Zellorganellen im Cyotosol der Zelle. Schon dabei wird Energie auf ATP und NADH übertragen. ATP und NADH sind energiereiche Verbindungen, die bei verschiedensten Reaktionen des Zellstoffwechsels als Energielieferanten genutzt werden. Wie kann man sich den **Energietransfer** vorstellen?

Entscheidende Reaktionen beim Energietransfer sind **Oxidation** und **Reduktion**. Als Oxidation wird der Verlust eines Elektrons bezeichnet (entspricht dem Verlust an Energie), Reduktion ist der Gewinn eines Elektrons (entspricht einem

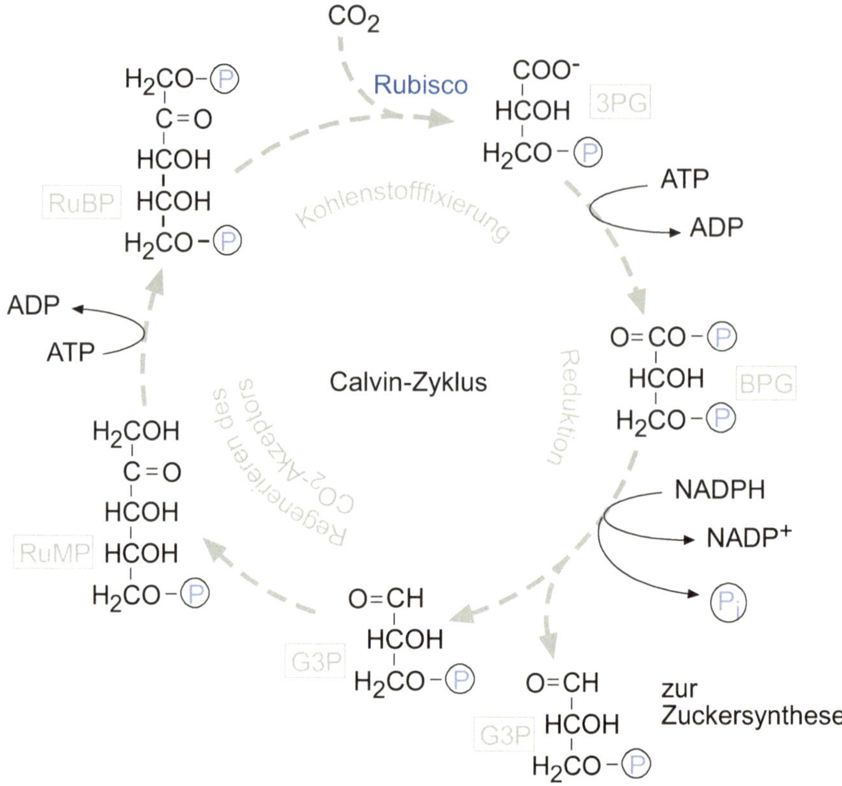



**Abb. 4.2** Der Calvin-Zyklus (Dunkelreaktion der Photosynthese). ATP und NADPH aus der Lichtreaktion werden im Calvin-Zyklus genutzt, um Kohlenhydrate aufzubauen. Mithilfe des Enzyms Rubisco wird Kohlenstoff aus dem CO$_2$ der Luft fixiert. Aus einem 5C-Molekül Ribulosebisphosphat (RuBP) und einem CO$_2$ werden zwei 3C-Moleküle (3-Phosphoglycerat, 3PG) erzeugt. Über die gezeigten Schritte (vereinfacht) wird ständig RuBP nachgeliefert. In der Summe wird ein Fünftel des gebildeten Glucose-3-Phosphats (G3P) zur Synthese von Zuckern und weiteren Kohlenhydraten abgezweigt.

Energiegewinn). Die Übertragung eines Wasserstoffatoms von einem energiereichen Molekül auf NAD$^+$, wobei **NADH** gebildet wird, ist also eine **Oxidoreduktion** oder eine **Redoxreaktion**. Moleküle, die ein energiereiches Elektron erhalten haben, werden als reduziert bezeichnet, solche, die eines verloren haben, als oxidiert.

Oxidoreduktionen werden wie andere biochemische Reaktionen in der Zelle von Enzymen katalysiert. Während Katalysatoren in der anorganischen Chemie vielfach kleine Moleküle oder gar einzelne Atome sind, sind Enzyme meist große Proteine (Abb. 4.3).

**Abb. 4.3** Enzymwirkung. Ein Enzym (hier die Sucrase) bindet ein bestimmtes Substrat (Sucrose). Im seinem aktiven Zentrum führen Ladungsverteilung und Konformation des Enzyms zur Veränderung des Substrats (hier zur Spaltung des Disaccharids Sucrose in zwei Glucosemolekülen). Das Produkt verlässt das Enzym.

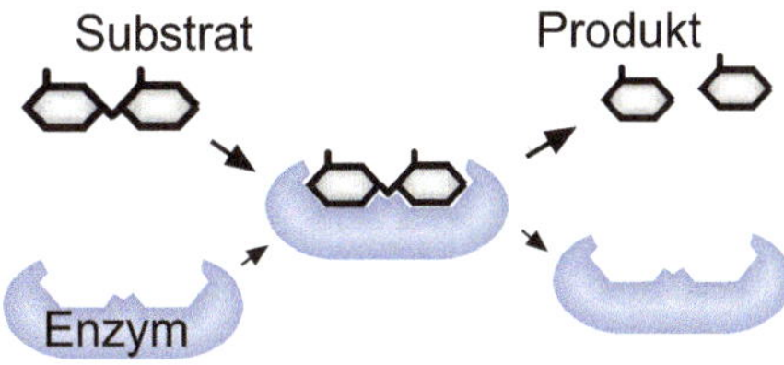


### Regulation des Stoffwechsels

Stoffwechselwege werden ebenso wie andere Funktionen von Lebewesen auf vielen Ebenen und mehrfach reguliert. Basis ist zunächst die Steuerung von Genaktivität (▶Kap. 6). Während manche Gene mehr oder weniger ständig aktiv sind (*house keeping genes*), werden andere erst bei Bedarf angestellt und bei ausreichend hergestelltem Stoffwechselprodukt wieder abgestellt. Genaktivität kann sowohl auf **Transkriptionsebene** (Synthese von mRNA) oder **Translationsebene** (Peptidsynthese am Ribosom) reguliert werden. Dabei haben mRNAs mehr oder weniger lange Halbwertszeiten, bevor sie abgebaut werden. Dasselbe gilt für Proteine, die schließlich in **Proteasomen** (▶Kap. 3.4) abgebaut werden.

Weitere wichtige Ebene für die **Regulation des Stoffwechsels** ist die der **Enzymaktivität**. Manche Enzyme werden erst bei Bedarf in ihre aktive Form überführt – etwa durch Abspalten einer kleinen Peptiddomäne eines Proenzyms. Im Stoffwechsel selbst können dann Enzyme inhibiert werden, z. B. durch Endprodukthemmung (siehe Abb. 4.5). Weitere Faktoren können hemmend oder fördernd die Enzymwirkung beeinflussen. Enzyminhibition kann dazu führen, dass ein Substrat in andere Stoffwechselwege umgeleitet wird. Sowohl Genaktivitäten als auch Enzymaktivitäten einzelner Zellen werden oft durch Signale anderer Organe oder Zellen induziert. Solche interzellulären Signale haben durch **Signalverstärkung** oft erhebliche Wirkungen (▶Kap. 12.2). Der Stoffwechsel ist also vielschichtig reguliert, wodurch die Lebewesen sehr anpassungsfähig sind.

Ein wichtiger Energielieferant ist die **Glucose** (der Traubenzucker). Die Summenformel des Abbaus entspricht:

$$C_6H_{12}O_6 \rightarrow 6\,CO_2 + 6\,H_2O.$$

Beim Abbau eines Mols Glucose gewinnt die Zelle 2875 kJ. Der erste Teil des Glucoseabbaus, die **Glykolyse** (Abb. 4.4), findet im Cytosol statt. Dabei wird die Glucose, ein 6C-Molekül, zu zwei 3C-Körpern gespalten. Im Verlauf einer folgenden Oxidation wird ATP gewonnen und Wasserstoff auf $NAD^+$ übertragen. Der im NADH gespeicherte Wasserstoff kann später in den Mitochondrien zu Wasser oxidiert werden, wobei weiteres ATP gewonnen wird.

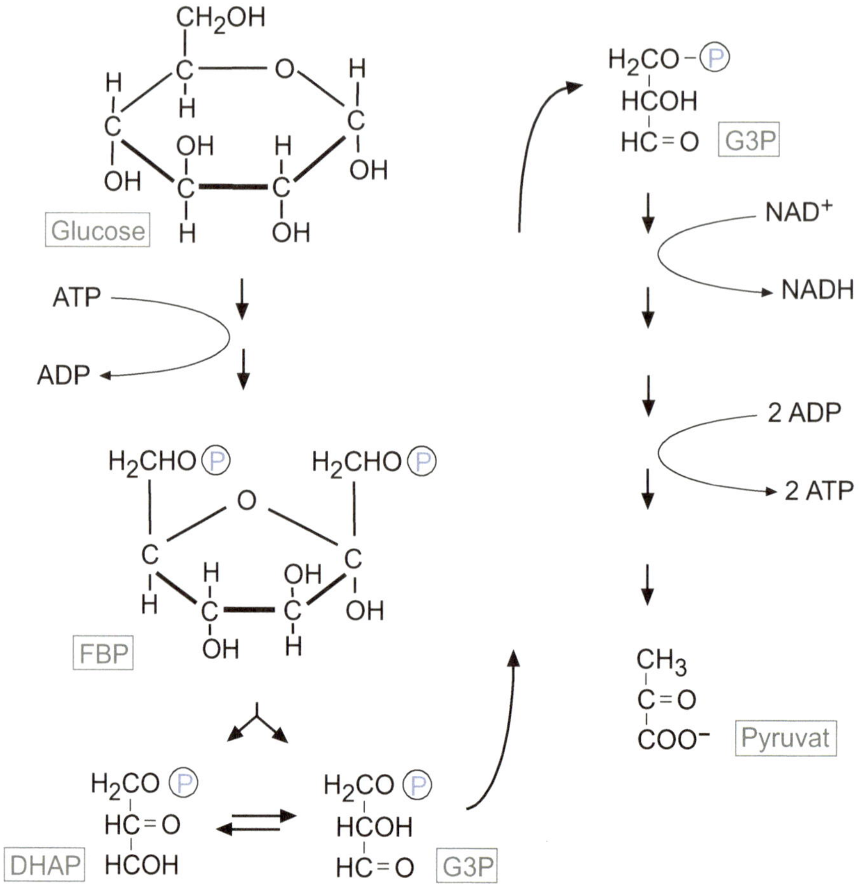

**Abb. 4.4** Glykolyse, die Umsetzung von Glucose in Pyruvat. Wird für den Abbau der Glucose zunächst Energie in Form von ATP benötigt, werden anschließend beim Umbau von Glycerinaldehyd-3-Phosphat (G3P) zum Pyruvat NADH und ATP gewonnen. G3P steht im Gleichgewicht mit Dihydroxyacetonphosphat (DHAP), das auch aus der Spaltung von Fructosebisphosphat (FBP) entstanden ist. Das Pyruvat kann in die Mitochondrien in den Citratzyklus eingeschleust werden.

Als vorläufiges Abbauprodukt der Glykolyse wird das Pyruvat in die Mitochondrien transportiert. Es wird unter Abspaltung von $CO_2$ und Wasserstoff, wobei Acetat entsteht, an das Coenzym A gebunden. Diese so entstandene „aktivierte Essigsäure" (Acetyl-CoA) wird in den Citratzyklus (Krebszyklus) eingeschleust. Sie wird von Oxalacetat aufgenommen, wobei Citrat entsteht; das Coenzym A wird wieder frei. An verschiedenen Stellen des Citratzyklus werden $CO_2$ und Wasserstoff frei. ATP wird gewonnen und der frei werdende Wasserstoff in NADH übernommen. So wird das Citrat, ein 3C-Molekül, stufenweise zu Oxalacetat, einem 2C-Molekül, abgebaut. Die Glykolyse, der Fettsäureabbau und der Citratzyklus sind katabole

**Abb. 4.5** Endprodukthemmung. Das Endprodukt
wirkt hemmend auf das Enzym des ersten Reaktions-
schrittes eines Stoffwechsels.

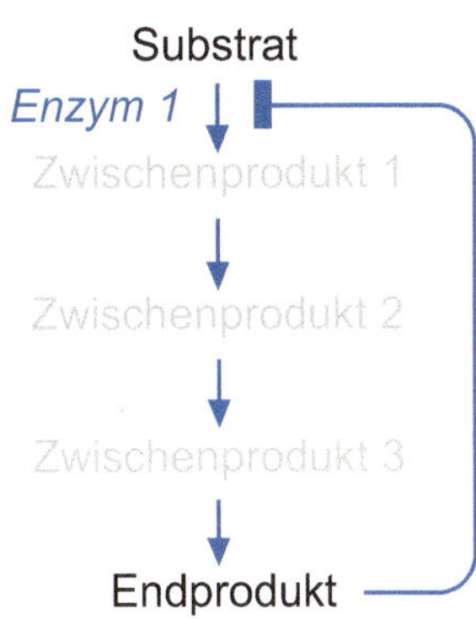


Vorgänge – Abbauprozesse organischer Stoffe, die im Gegensatz zur Assimilation infolge der Photosynthese als Dissimilation bezeichnet werden.

Typischerweise gibt es in einem Stoffwechselweg geschwindigkeitsbestimmende Schritte. In der Glykolyse ist das der Umbau in FBP, katalysiert von der Phosphofructokinase. Diese Reaktion ist stark exergonisch und daher kaum reversibel. Sie wird deshalb auch als **Schrittmacherreaktion** bezeichnet. Für die Regulierung von Stoffwechselwegen gibt es weitere, spezifischere Mechanismen. Dazu gehört die **Endprodukthemmung** (Abb. 4.5).

Nicht nur die aus der Glykolyse stammende **aktivierte Essigsäure** wird in den **Citratzyklus** eingebracht (Abb. 4.6), weitere Moleküle kommen aus dem Fettabbau. Aus dem Fettabbau im Cytosol resultierend kann das Glycerol in der Glykolyse genutzt werden; die Fettsäuren werden in die Mitochondrien aufgenommen. Dort wird bei ihrem Abbau pro 2C-Fragment eine aktivierte Essigsäure in den Citratzyklus eingeschleust. Fette können also erhebliche Energiemengen speichern.

Aus verschiedenen Reaktionen wird **Wasserstoff auf NAD$^+$** übertragen. Bei der späteren Oxidation des im NADH enthaltenen Wasserstoffs in der **Atmungskette** zu Wasser wird über hintereinander angeordnete Redoxsysteme stufenweise Energie freigesetzt, die in ATP gespeichert wird (Abb. 4.7). Die im Ergebnis einer Knallgasreaktion entsprechende Energie wird so in kleinen Portionen gewonnen und beherrschbar. Das in der Atmungskette entstandene Wasser deckt bei manchen Tieren (z. B. beim Silberfischchen, *Lepisma*) komplett den Wasserbedarf. Nach Übergabe des Wasserstoffs vom NADH an die Redoxsysteme der Atmungskette wird NAD$^+$ wieder frei und steht im Cytoplasma wie in den Mitochondrien erneut zur Aufnahme von Wasserstoff zur Verfügung.

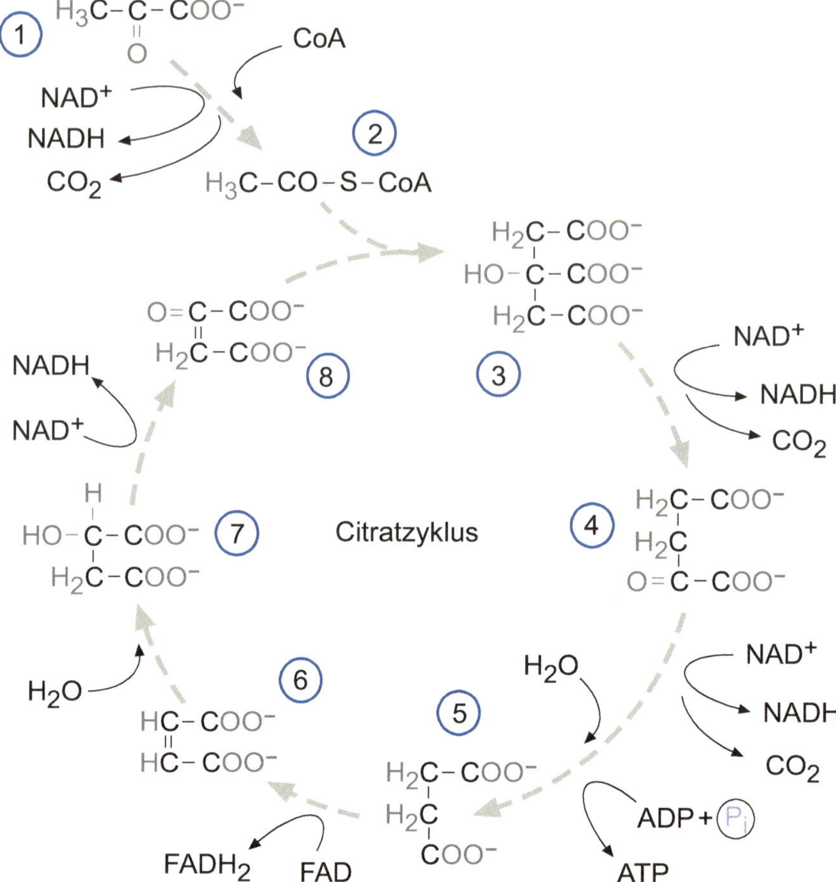



**Abb. 4.6** Citratzyklus. Der in der Matrix der Mitochondrien ablaufende Citratzyklus generiert ATP und Reduktionsäquivalente (NADH und $FADH_2$). $CO_2$ wird freigesetzt, der Kohlenstoff wird in jeder Runde durch Einschleusen eines neuen Pyruvats ersetzt (1). Das Acetyl-CoA bildet mit dem ständig regenerierten Oxalacetat (8) Citrat (3), das über α-Ketoglutarat (4) und Succinat (5) zu Fumarat (7) verändert wird. Mit der Regeneration von Oxalacetat (8) ist der Zyklus geschlossen.

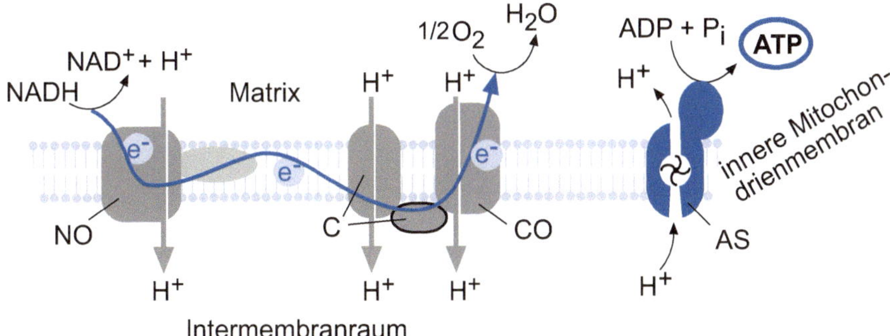


**Abb. 4.7** Atmungskette. Die Mitochondrienmembran trägt die Enzyme der Atmungskette. Elektronen aus NADH werden über die NADH-Oxidoreduktase (NO) und weitere Proteine an einen Komplex aus Cytochrom-Oxidoreduktase und Cytochrom (C) und Cytochromoxidase (CO) geleitet. Von der CO werden die Elektronen an $O_2$ weitergeleitet, der zu $H_2O$ reduziert wird. Die Elektronen geben ihre Energie schrittweise zum Antrieb von Protonenpumpen ab. Der Protonengradient (hohe Protonenkonzentration im Intermembranraum – zwischen innerer und äußerer Mitochondrienmembran) treibt dann das ATP-Synthase-System (AS) zur Generation von ATP.

# Teil 2: Fortpflanzung, Vererbung und Entwicklung

# Fortpflanzung und Vererbung 5

Lebewesen pflanzen sich fort. Die Nachkommen ähneln ihren Eltern, deren Merkmale und Eigenschaften werden vererbt. Die Mechanismen für Fortpflanzung, die stofflichen Grundlagen und Gesetzmäßigkeiten für Vererbung sind für alle Eukaryoten, Pflanzen und Tiere, auch für Pilze und Einzeller, weitgehend gleich. Die Mechanismen sind hier komplexer als bei Prokaryoten. Bei beiden, Eukaryoten und Prokaryoten, ist aber die genetische Information in der DNA codiert. Auch die Umsetzung dieser Information, die **Proteinbiosynthese**, ist bei allen Lebewesen im Wesentlichen gleich: Komplementär zu einer DNA-Sequenz wird eine RNA (mRNA) synthetisiert, deren Code am Ribosom in eine Aminosäuresequenz übersetzt wird.

Grundlegender Mechanismus der ungeschlechtlichen Fortpflanzung und der Vermehrung ist bei allen Eukaryoten die **Mitose** und die vorangehende **Replikation** (Verdoppelung) der DNA. Zusammen mit der Replikation ist die Mitose der zuverlässige Prozess zur Bildung zweier untereinander und mit der Mutterzelle genetisch identischer Tochterzellen. Heute haben wir den Aufbau der Chromosomen und die stoffliche Natur der Gene weitgehend verstanden, ebenso die Abläufe der Mitose. Wenn man immer noch von der **Chromosomentheorie der Vererbung** spricht, versteht man darunter den aktuellen Wissensstand um den Aufbau der Chromosomen, ihre Funktion und ihre Bedeutung in der Vererbung.

Die Verteilung der Chromosomen bei Zellteilungen, mehr noch die Abläufe der **Meiose**, sind die Grundlage der Erbmechanismen. So beruhen die Mendel´schen Gesetze unmittelbar auf den Vorgängen in der Meiose und ggf. der Befruchtung. Während die Mitose zu genetisch identischen Teilungsprodukten führt, sind die vier Meioseprodukte genetisch immer verschieden. Die in der Meiose erreichte **Rekombination** (Neukombination) des Erbguts ist der Hauptgrund für den Erhalt von Vielfalt in einer Population. Während die **Reduktion** auf den einfachen Chromosomensatz natürlich einfacher zu erreichen wäre als über die Meiose, nämlich über eine einfache Kernteilung ohne vorherige Verdoppelung der Chromatiden, führt die Meiose mit hochkomplexen Mechanismen – also nicht durch „Unfälle" – zur Rekombination. Es sind zwei Mechanismen: Der erste ist die voneinander **unabhängige Verteilung** der verschiedenen Homologe (ehemals väterliche und mütterliche Chromosomen gleichen Typs). Darauf beruhen die **Mendel´schen Gesetze**. Zweitens und weit effektiver führt das **Crossing-over**, also der Stückaustausch zwischen den Chromatiden eines Homologenpaares, zu einer genetischen Vielfalt der Gameten und der Nachkommen.

© Springer-Verlag GmbH Deutschland, ein Teil von Springer Nature 2012
H.-D. Görtz und F. Brümmer, *Biologie für Ingenieure*,
https://doi.org/10.1007/978-3-662-59608-1_5

Wesentliches Phänomen, das laufend zu genetischen Neuerungen führt, ist die **Mutation**. Eine Mutation ist eine sprunghafte Veränderung im Erbgut. Sowohl auf molekularer Ebene (Basenänderung) als auch auf chromosomaler und Genomebene treten Mutationen auf. Die Zelle hat ein ganzes Spektrum an enzymatischen Werkzeugen für Reparaturen von Fehlern. Viele dieser Werkzeuge werden heute auch in der Gentechnik genutzt.

Gene sind stets in einem Umfeld aktiv. Die Merkmale sind evtl. zusätzlich von anderen Genen, oft mehr noch von Umweltfaktoren abhängig. Umweltbedingte Selektion führt dazu, dass sich die Häufigkeiten von Merkmalen über die Generationen verändern. W. R. Weinberg und G. H. Hardy haben andererseits schon 1908 beschrieben, dass sich die relativen Häufigkeiten der verschiedenen Allele eines Gens über die Generationen nicht verändern, sofern sich einzelne Allele nicht zum Vorteil oder Nachteil ihrer Träger auswirken. Auch diese Zusammenhänge, die im **Hardy-Weinberg-Gesetz** formuliert sind, haben ihre Ursache in der Meiose.

Lebewesen pflanzen sich fort – das ist eines der Kennzeichen von Lebewesen. Die Nachkommen sind ihren Eltern ähnlich, haben wesentliche Merkmale von ihnen ererbt. Nachkommen sind daher vergleichbar gut wie die Eltern an die Bedingungen in ihrem Lebensraum angepasst, um sich im Wettbewerb mit Artgenossen zu behaupten. Aufgrund der **Rekombination** (Neukombinationen von Genen/Merkmalen) und **Mutationen** (zufälligen Veränderungen von Genen) wird aber mit jeder neuen Generation eine **Vielfalt** an Erscheinungstypen erzeugt. Es sind die Mechanismen der geschlechtlichen **Fortpflanzung**, die eine große Vielfalt sicherstellt. Dabei braucht ein sexueller Fortpflanzungsakt nicht zu einer Vermehrung zu führen. Andererseits können sich Individuen ungeschlechtlich schneller fortpflanzen, so durch Zweiteilung oder etwa durch ungeschlechtliche Produktion von Sporen. Viele Arten vermehren sich phasenweise ungeschlechtlich und können auf diese Weise große Nachkommenzahlen produzieren, pflanzen sich aber regelmäßig auch sexuell fort. Beide, die **ungeschlechtliche** und die **geschlechtliche Fortpflanzung**, werden im Folgenden besprochen.

## 5.1  Ungeschlechtliche Fortpflanzung

**Prokaryoten** (Bakterien und Archaea) und **Protisten** (eukaryotische Einzeller; ▶Kap. 9.2) pflanzen sich überwiegend durch **Zweiteilung** fort. Die Zellteilung der Bakterien verläuft relativ einfach. Nach der Verdoppelung der DNA, der Verteilung der beiden DNA-Moleküle und der Aufteilung des Cytoplasmas auf die beiden Zellhälften schnüren sich die beiden Tochterzellen voneinander ab. Die Zellteilung der Eukaryoten ist komplexer. Insbesondere die Kernteilung ist hochgeordnet. Die Teilung des Zellkerns wird als **Mitose** bezeichnet; oft wird auch die Zellteilung insgesamt als Mitose bezeichnet. Die Kernteilungen vieler Protisten weisen zum

Teil spezielle Eigenheiten auf, auch die **Mitoseformen** tierischer und pflanzlicher Zellen unterscheiden sich. So haben tierische Zellen **Centriolen**, von denen aus die Spindeln gebildet werden. In den **Centrosomen** der Pflanzenzellen sind dagegen keine Centriolen vorhanden.

Die **ungeschlechtliche Fortpflanzung** der (vielzelligen) Pflanzen und Tiere kann über Ganzkörperteilungen (z. B. bei einigen Ringelwürmern), Ablegerbildung (bei vielen Pflanzen), Knospung (bei Pflanzen und bei vielen Nesseltieren) oder Sporenbildung (bei Pflanzen und Pilzen) erfolgen. Bei vielen Arten wechseln Generationen mit ungeschlechtlicher Fortpflanzung und Generationen mit geschlechtlicher Fortpflanzung in regelmäßiger Reihenfolge. Mit solchen **Generationswechseln** nutzen die Organismen die Vorteile beider Formen der Fortpflanzung: ungeschlechtliche Fortpflanzung für rasche Vermehrung, geschlechtliche Fortpflanzung zur Erzeugung großer Vielfalt.

## Zellteilung

Grundlage ungeschlechtlicher Fortpflanzung ist die Zellteilung. Wachsende, teilungsaktive Zellen durchlaufen einen **Zellzyklus**, der mit der Teilung abgeschlossen wird. In der Interphase des Zellzyklus werden Proteine synthetisiert. Dabei produziert die Zelle je nach ihrer Differenzierung z. B. Sekrete oder nimmt andere Funktionen wahr und wächst. Die Interphase kann sehr lange andauern. Manche Zellen wachsen gar nicht (mehr) und sind gewissermaßen in der Interphase arretiert.

In teilungsaktiven Zellen wird der Zellzyklus strikt reguliert. Bei einer bestimmten Größe der Zelle wird die **Replikation** der DNA initiiert und die Chromatiden werden verdoppelt (DNA-Synthese-Phase: **S-Phase**). Schließlich teilt sich der Zellkern in der Mitose (Abb. 5.1).

## Mitose

Die Kernteilung der Eucyte wird Mitose genannt. Zu Beginn der Mitose, in der Prophase, kondensieren die Chromosomen, die beiden Chromatiden werden erkennbar. Bis zur Metaphase haben Chromosomen zwei **Chromatiden**, die am Centromer zusammenhängen. Nach der Metaphase bis zur S-Phase haben Chromosomen nur eine Chromatide.

Zum Ende der Prophase zerfällt die **Kernhülle** in kleine Vesikel. Mithilfe der Spindelmikrotubuli ordnen sich die Chromosomen in der Äquatorialebene der Spindel an. Erst zum Ende der Metaphase werden die beiden Chromatiden jedes Chromosoms getrennt. Sie sind nun mit ihren Kinetochoren an Spindelmikrotubuli gebunden und werden in der Anaphase zu den entgegengesetzten Polen transportiert (Abb. 5.2 und Abb. 5.3). Nachdem die beiden Tochterkerne entstanden sind, findet die **Cytokinese** (Teilung der Zelle) statt, und der Zellzyklus beginnt aufs Neue.

Biologischer Sinn und wichtigstes Ergebnis der Mitose ist, dass beide Tochterzellkerne genetisch identisch mit der Mutterzelle sind.

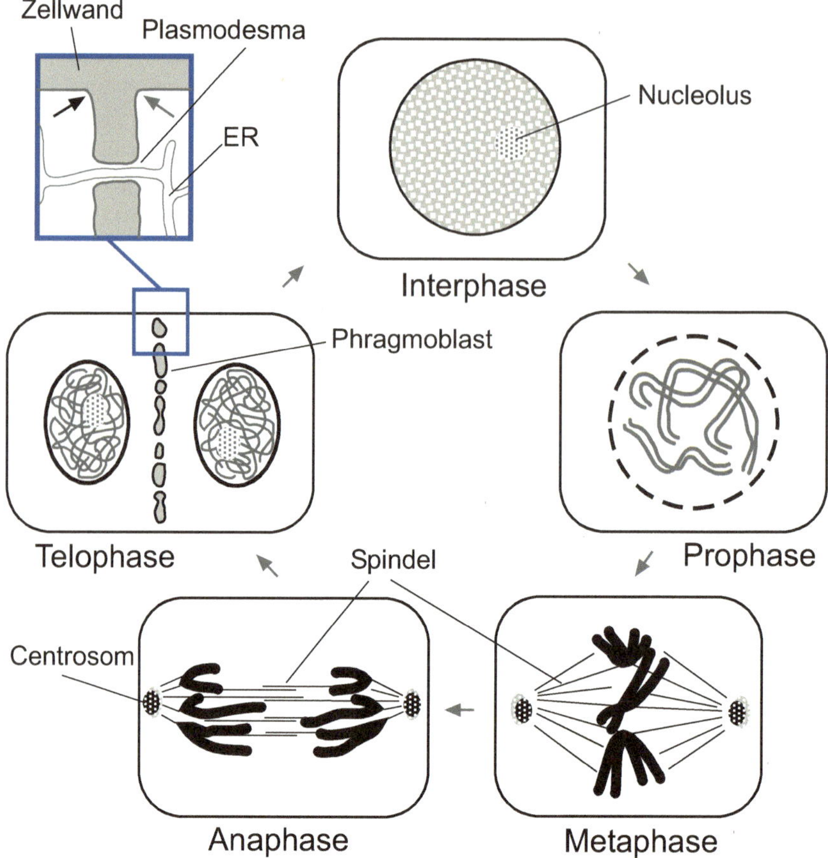



**Abb. 5.1** Zellzyklus und Mitose. In der Interphase sind keine Chromosomen erkennbar, jedoch ein Nucleolus. In der Prophase fragmentiert die Kernhülle. Die Chromosomen kondensieren, und beide Chromatiden jedes Chromosoms (hier drei Chromosomen) werden erkennbar. In der Metaphase werden die nun stark kondensierten Chromosomen in der Mitte arrangiert – man nennt diesen Ort die Äquatorialebene. Zwischen den Polen mit ihren Centrosomen ist die Teilungsspindel ausgebildet. Während die Centrosomen von tierischen Zellen (Pärchen von) Centriolen aufweisen, sind solche Strukturen bei Pflanzenzellen nicht zu finden. In der Anaphase strecken sich die Spindel und die ganze Zelle, und die Chromosomen werden zu den Polen gezogen. In der Telophase werden die Kernhüllen der beiden Tochterkerne zusammengesetzt. Der Phragmoblast bildet zwischen den beiden Zellen eine neue Zellwand, in der aber Plasmodesmata offen bleiben (Detailbild links oben). An den Pfeilen stößt der Phragmoblast auf die alte Zellwand. ER = Endoplasmatisches Reticulum.

## Cytokinese

Die Cytokinese von **Pflanzenzellen** und **Tierzellen** unterscheidet sich, schon weil Pflanzen eine **Zellwand** haben. Tierische Zellen teilen sich durch Einschnürung der Zellmembran. Ein unter der Zellmembran liegender Actinring zieht sich dazu

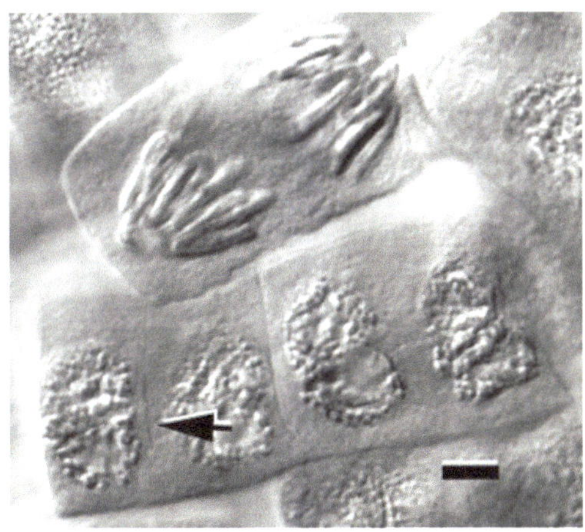

**Abb. 5.2** Mitotische Anaphase (oben) und zwei Telophasen in einer Wurzelspitzenzelle der Küchenzwiebel, *Allium cepa*. Zu erkennen sind die Chromosomen, die in diesen Phasen nur aus einzelnen Chromatiden bestehen. In der Telophasezelle links unten ist der entstehende Phragmoblast zu erkennen (Pfeil). Maßstab 10 µm.

zusammen. Das **Actin** ist an Proteinankern in der Zellmembran festgemacht, zieht daran die Zellmembran nach innen und schnürt die Zelle ein.

Bei der pflanzlichen Zellteilung sammeln sich während der Telophase zahlreiche **Golgi-Vesikel** in der Äquatorialebene der Zelle (siehe Abb. 5.1 und 5.2). Diese Vesikel fusionieren miteinander und bilden eine geschlossene Scheibe, die schließlich rundum auch mit der Zellmembran fusioniert. Dadurch werden die Schwesterzellen getrennt und haben jede ihre eigene Zellmembran. Schwesterzellen haben kontinuierliche Zellmembranen, die an den **Plasmodesmata** ineinander übergehen.

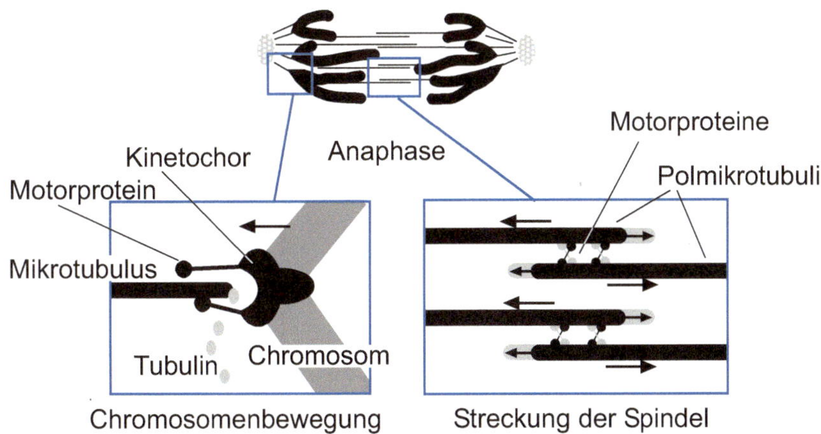


**Abb. 5.3** Chromosomentransport und Spindelstreckung in der Mitose. Unterschiedliche Mechanismen bewirken den Transport der Chromosomen und die Streckung des Zellkerns. Kinetochormikrotubuli, die an den Centrosomen festsitzen, werden an den Kinetochoren verkürzt, wobei Motorproteine der Kinetochore an diesen Mikrotubuli „ständig nachgreifen". Dadurch werden die Chromosomen zu den Polen gezogen. Polmikrotubuli überlappen in der Mitte der Spindel. Sie gleiten mithilfe von Mikrotubulimotorproteinen gegenläufig aneinander entlang, werden dabei noch verlängert und strecken so die Spindel.

## 5.2  Geschlechtliche Fortpflanzung und Sexualität

Bei der Vermehrung höherer Lebewesen überwiegt die sexuelle Fortpflanzung. Kennzeichen der Sexualität sind die **Meiose**, die Ausbildung von **Gameten** (oder Gametenkernen) und die **Befruchtung** (▶Kap. 7.2). Die Mechanismen der sexuellen Fortpflanzung führen dabei zur **Rekombination** (Neukombination) des Erbguts und so zu einer Vielfalt an Genkombinationen. Sexualität ist eine grundlegende Eigenschaft von Eukaryoten, und man kann annehmen, dass Sexualität, also die Meiose und die Mechanismen der Befruchtung, sehr früh und nur einmal im Stammbaum der Eukaryoten entstanden sind. Allerdings ist gerade die Sexualität regelrecht eine Spielwiese der Evolution. So gibt es z. B. vielfältige Mechanismen der Geschlechtsbestimmung, sehr unterschiedlich ausgeprägte **Geschlechtsdimorphismen** (Unterschiede zwischen den Geschlechtern), besonders bei Protisten unterschiedliche Formen der Meiose und z. B. die abenteuerlichsten Spermienformen. Schon bei vielen Einzellern ist die Ausbildung von unterschiedlichen Geschlechtern (männlich und weiblich) zu finden. Neue Individuen, die Nachkommen, entwickeln sich aus den fusionierten Gameten, der befruchteten Eizelle.

Biologischer Sinn sexueller Fortpflanzung sind Erzeugung und Aufrechterhalt von Vielfalt, wie sie durch genetische Rekombination und zufällige Kombination der Gameten erzeugt wird. Die Vermehrung kommt hinzu, obschon sie ungeschlechtlich weniger aufwendig zu erzielen wäre.

Bei den meisten höheren Tieren und bei vielen Pflanzen ist auch die Vermehrung an die sexuelle Fortpflanzung gebunden, obwohl Vermehrung einfacher und weniger energieaufwendig ungeschlechtlich erfolgen kann. Die Neukombination von Erbgut hat sich in der Stammesgeschichte der Lebewesen als vorteilhaft, ja notwendig erwiesen. Innerhalb von Populationen bzw. Arten wird dadurch ein großes Spektrum an unterschiedlich begabten Individuen (begabt im weitesten Sinne) generiert bzw. aufrechterhalten. Ohne diese Vielfalt fehlen bei neuen Herausforderungen, etwa bei Umweltveränderungen oder Parasiten, die sich rasch verändern, ausreichend angepasste Individuen. Populationen, ja ganze Arten, würden ohne sexuelle Fortpflanzung zusammenbrechen.

Bei vielzelligen Pflanzen, Pilzen und Tieren wird das Kerngenom und auch das Mitochondriengenom über die **Keimbahn** erhalten und weitergegeben. „Abzweigend" von der Keimbahn entwickelt sich jeweils das **Soma**, also die Organe des Körpers. Bei der Gametenbildung wird nun in die Eizellen bzw. in die Spermien nicht ein unveränderter kompletter Erbgutsatz (übernommen vom Vater bzw. von der Mutter) gegeben, vielmehr kommt es bei der Bildung von Ei- oder Spermienzellen zu Mischungs- bzw. Austauschereignissen in erheblichem Umfang. Keine der Tausenden Eizellen eines Eierstocks ist deshalb wie die andere und keines der

Abermillionen Spermien wie das andere. Jedes Individuum erhält einen Satz Erbanlagen von der Mutter, entsprechend einem mütterlichen Chromosomensatz, und einen väterlichen Chromosomensatz. Bei manchen Merkmalen setzen sich mehr die mütterlichen Anlagen durch, bei anderen Merkmalen die väterlichen.

## Meiose als Grundlage der Mendel'schen Gesetze

Die Meiose (auch Reifeteilung genannt) ist die Grundlage der Dynamik von Erbanlagen, die damit bestimmten Gesetzmäßigkeiten folgt. Die wichtigsten Ergebnisse der Meiose sind erstens die **Rekombination** des Erbguts und zweitens die **Reduktion** des doppelten auf den einfachen Chromosomensatz (von diploid auf haploid).

In der S-Phase vor der Meiose werden die Chromatiden verdoppelt. Jedes Chromosom besteht dann aus zwei **Chromatiden**. Nachdem sich die **Homologen** (gleiche Chromosomentypen väterlicher und mütterlicher Herkunft) gepaart haben, werden in der ersten meiotischen Teilung eben die beiden Homologen voneinander getrennt (Abb. 5.4). Von jedem Homologen hat jeder Zellkern dann nur noch eins, also den einfachen, den haploiden Chromosomensatz. Jedes Chromosom hat nach wie vor zwei Chromatiden.

Nach einer kurzen „Interkinese", in der die Chromsomen wenig dekondensieren, findet ohne erneute Prophase die nächste Teilung statt: Jetzt werden die beiden Chromatiden jedes Chromosoms getrennt. Sie wurden bis dahin von ihrem Centromer zusammengehalten. Danach hat jeder Zellkern jeweils ein Exemplar jedes Homologen, das dann aus einer Chromatide besteht.

## Crossing-over bei der Paarung der Homologen

Wenn sich zu Anfang der **meiotischen Prophase** (im Zygotän) die Chromosomen zu paaren beginnen, sind sie noch wenig kondensiert. Deshalb ist Crossing-over, das jetzt stattfindet, im Mikroskop nicht zu erkennen. Beim Crossing-over werden zwischen zwei Chromatiden von Homologen gleiche Stücke exakt ausgetauscht. Das ist ein komplexer, hochgeordneter molekularer Vorgang, wozu viele Enzyme und viel Energie notwendig sind.

Nach erfolgtem Crossing-over kondensieren die Chromosomen weiter, und es werden Chiasmata sichtbar (im Diplotän und in der Diakinese). Ein **Chiasma** ist die mikroskopisch sichtbare Überkreuzung von Chromosomen/Chromatiden, die aus einem Crossing-over resultiert. Durch die starke Kondensierung drücken sich die Homologen auseinander, hängen aber weiter über Chiasmata aneinander. Dieser Zusammenhalt ist bedeutsam: Was zusammenhängt, kann geordnet separiert werden. In der Metaphase I werden **Chiasmata terminalisiert** (zu den **Telomeren** verschoben) und verschwinden dann. In der Anaphase I werden Homologen getrennt. Nach der zweiten meiotischen Teilung bestehen die Chromosomen aus je einer Chromatide. Da Crossing-over regelmäßige Ereignisse sind, sind nach der Meiose praktisch keine Chromatiden mehr unverändert. Fast alle haben Stückaustausche erfahren.

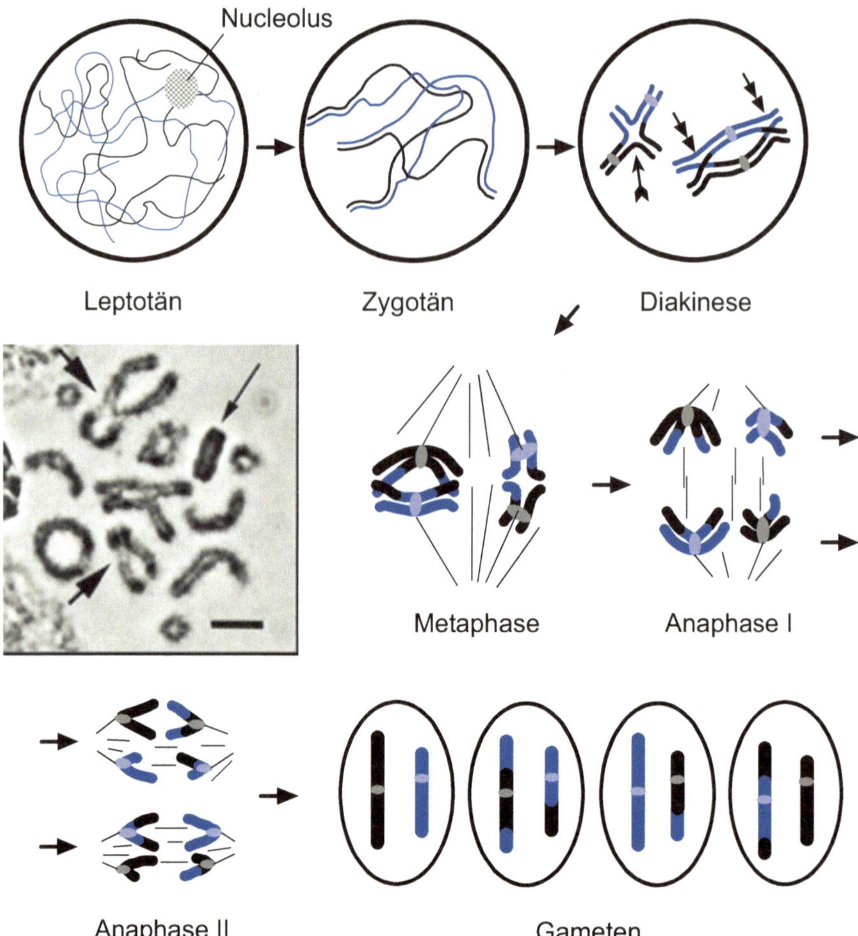



**Abb. 5.4** Meiose. In der Prophase kondensieren die Chromosomen. Fädige Strukturen werden im Leptotän mikroskopisch erkennbar; im Leptotän wird der Nucleolus ganz aufgelöst. Im Zygotän paaren sich die Homologe; man spricht von Synapsis. Dabei kommt es zum Crossing-over. Im Pachytän (nicht dargestellt) ist die Synapsis abgeschlossen. Im folgenden Diplotän (nicht dargestellt), stärker dann in der Diakinese, kondensieren die Chromosomen so stark, dass die Chromatiden mikroskopisch zu sehen sind. Dadurch werden die Chiasmata (siehe Text) sichtbar. Die Synapsis ist im Diplotän ganz aufgelöst, und die Homologe hängen nur noch durch die Chiasmata aneinander – bis in die Metaphase. Danach dekondensieren die Chromosomen leicht (Telophase I und Interkinese, beides nicht dargestellt). In der zweiten meiotischen Teilung kondensieren die Chromosomen wieder. Schließlich werden in der Anaphase II die noch an den Centromeren zusammenhängenden Chromatiden getrennt. Durch die Crossing-over in der Prophase der ersten meiotischen Teilung unterscheiden sich nach der Meiose alle Chromatiden voneinander. Es gibt keine zwei genetisch identischen Gameten. Im eingesetzten Mikrofoto ist ein Diplotän-Kern dargestellt. Die Pfeile weisen auf Chiasmata hin, der schlanke Pfeil auf das X-Chromosom, von dem in Zellen des Heuschreckenmännchens nur eines vorhanden ist. Es ist stärker kondensiert als die anderen Chromosomen. Ein Y-Chromosom haben Heuschrecken nicht. Maßstab 10 $\mu$m.

Die wichtigsten Ergebnisse der Meiose sind zum einen die Rekombination des Erbguts durch unabhängige Verteilung der Homologen in der ersten meiotischen Teilung und Crossing-over in der meiotischen Prophase, zum anderen die Reduktion des doppelten (diploiden) auf den einfachen (haploiden) Chromosomensatz.

## 5.3  Mendel- oder Kreuzungsgenetik

Kreuzt man Individuen **reinerbiger Linien** (Tab. 5.1), so erkennt man – nach quantitativer Auswertung – Gesetzmäßigkeiten, eben die Mendel'schen Gesetze. Es handelt sich also nicht um Regelmäßigkeiten, die meist, aber nicht immer auftreten, sondern um Gesetzmäßigkeiten, die eine (bekannte) Kausalität haben, eben die Mechanismen der Meiose.

**Tab. 5.1**  Begriffe in der Kreuzungsgenetik

| | |
|---|---|
| Allel | Ausbildungsform eines Gens. Manche Gene kommen in der Population in verschiedenen Allelen vor. Pro Chromosom gibt es ein einziges Allel eines Gens. |
| dominant | ein Merkmal (auch ein Allel), das sich im Phänotyp durchsetzt |
| $F_1$-Generation | erste Nachkommengeneration (erste Filialgeneration) |
| $F_2$-Generation | zweite Nachkommengeneration (zweite Filialgeneration) |
| Gen | die einem Merkmal zugrunde liegende Erbanlage |
| Genotyp | tatsächlich vorhandene Allele eines Gens bzw. die Allele der betrachteten Gene in einem Individuum |
| Heterozygotie | An dem (oder den) betrachteten Genort(en) liegen unterschiedliche Allele vor. |
| Homozygotie | Beide Allele eines Gens (oder der betrachteten Gene) sind gleich. |
| P-Generation | Elterngeneration (Parentalgeneration). Die Individuen der ursprünglichen Kreuzung |
| Phänotyp | Erscheinungsbild, Ausprägungsform eines Merkmals, auch Gesamtheit der Erscheinung eines Individuums |
| Reinerbigkeit | Es existiert in der Linie (von Pflanzen oder Tieren) nur jeweils ein einziges Allel der verschiedenen Gene. |
| rezessiv | ein Merkmal (auch ein Allel), das nicht im Phänotyp erkennbar wird, wenn ein dominantes Merkmal (Allel) vorhanden ist |

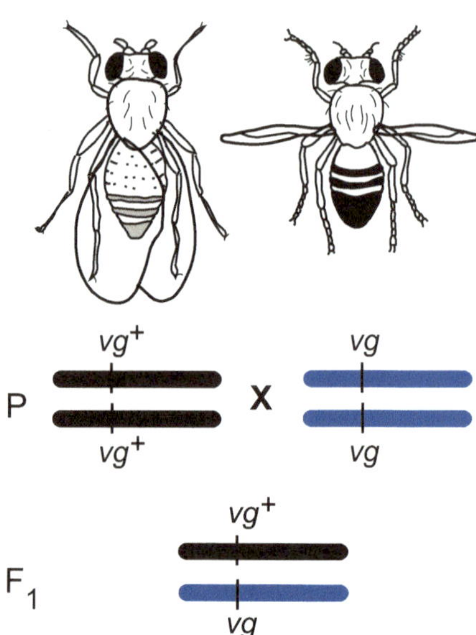


**Abb. 5.5** Erstes Mendel'sches Gesetz. Kreuzungsexperiment mit reinerbigen *Drosophila*-Fliegen, wobei das Weibchen (links) die Wildtypflügelform (der Begriff Wildtyp entspricht der in der Natur hauptsächlich vorkommenden Erscheinung eines Merkmals), das Männchen (rechts) verkrüppelte Flügel (*vestigial*) hat. Schematisch dargestellt sind die Chromosomen. Während die Individuen in der P-Generation für das betrachtete Merkmal homozygot sind, sind alle Nachkommen ($F_1$-Generation) heterozygot. Da vg+ dominant ist, haben die $F_1$-Individuen die Wildtypflügelform.

## Uniformitätsgesetz – erstes Mendel'sches Gesetz

Kreuzt man Individuen reinerbiger Linien, ist die $F_1$-Generation **phänotypisch** (vom Erscheinungstyp) und **genotypisch** (vom Genotyp, also von den Genen her) uniform (Abb. 5.5). Alle Individuen sind hinsichtlich des betrachteten Merkmals gleich. Die Kreuzungspartner könnten z. B. aus einer Linie mit nur weißen Blüten stammen. F1-Individuen wären dann alle rosa, wenn die Blütenfarbe Rot und die Blütenfarbe Weiß gleich stark zur Ausbildung der Blütenfarbe beitragen. Es könnte sich aber bei Weiß um einen genetischen Defekt handeln, der etwa die Einlagerung der Farbe in die Blütenblätter nicht unterstützt. In solch einem Fall hätten F1-Individuen vermutlich rote Blüten. Das Merkmal (auch das Gen) Weiß wäre dann **rezessiv**, weil das Gen Rot die Einlagerung der Farbe auch unterstützt, wenn es nur einfach vorhanden ist. Rot wäre also **dominant** (über Weiß). In **intermediären** Erbgängen tragen beide Allele zum Phänotyp bei.

## Gesetz von der Aufspaltung – zweites Mendel'sches Gesetz

Werden Individuen der $F_1$-Generation gekreuzt, wird in der $F_2$-Generation eine Aufspaltung der Merkmale beobachtet. Auch Elterntypen (P-Generation) tauchen wieder auf. In dominant-rezessiven Erbgängen resultiert bei Ein-Faktor-Kreuzungen ein Verhältnis von 3:1, in intermediären Erbgängen erfolgt eine Aufspaltung von 1:2:1 (Abb. 5.6).

## Gesetz von der unabhängigen Verteilung – drittes Mendel'sches Gesetz

Verschiedene Gene werden unabhängig voneinander verteilt (Abb. 5.7). Allele von zwei Genen auf unterschiedlichen Chromosomen werden also gleich häufig

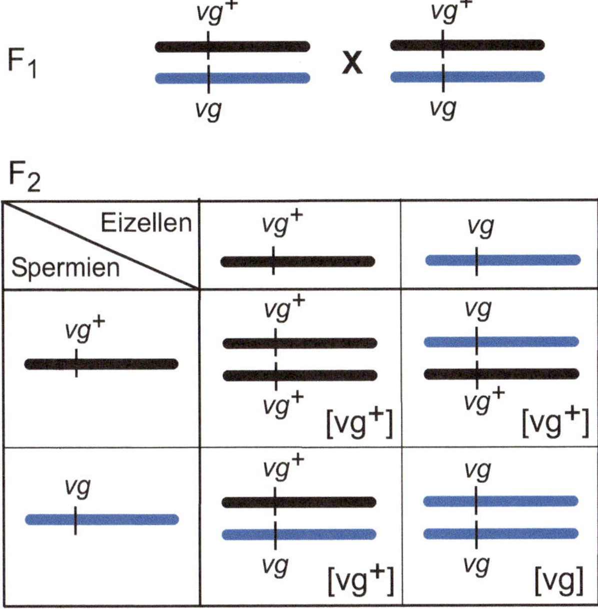



**Abb. 5.6** Zweites Mendel'sches Gesetz. $F_1$-Individuen werden miteinander gekreuzt. In dem Kreuzungsquadrat sind die Genotypen der Gameten gegeneinander aufgetragen. So sind die möglichen Kombinationen der Nachkommen abzulesen und die relativen Häufigkeiten zu erkennen. In der $F_2$-Generation treten die Genotypen $vg^+/vg^+$, $vg^+/vg$ und $vg/vg$ im Verhältnis 1:2:1 auf. Phänotypisch werden Tiere mit normalen Flügeln und solche mit verkrüppelten Flügeln im Verhältnis 3:1 auftreten

gemeinsam vererbt, wie sie voneinander getrennt werden. Das Gesetz wird deshalb auch „Gesetz von der freien Kombinierbarkeit" genannt.

Das dritte Mendel'sche Gesetz wird auch als „Gesetz von der Reinheit der Gameten" und „Gesetz der Neukombination" bezeichnet. Gameten enthalten nur jeweils ein Allel jedes Gens; sie sind haploid. Da die Gametenkerne Meioseprodukte sind, enthalten sie von jedem Chromosomentyp ein Chromosom mit nur einer Chromatide. Allele eines Gens werden also nicht gemischt in die Gameten gegeben.

## Crossing-over und Genkartierung

Gene, die auf demselben Chromosom liegen, werden meist zusammen vererbt. Gene eines Chromosoms werden deshalb auch als **Koppelungsgruppe** betrachtet. Diese Koppelung kann in der Kreuzungsgenetik dargestellt werden. Die Zahl der gefundenen Koppelungsgruppen entspricht der Chromosomenzahl.

Manchmal werden aber Gene derselben Koppelungsgruppe, desselben Chromosoms, doch getrennt voneinander vererbt. Solche Ereignisse sind auf Crossing-over

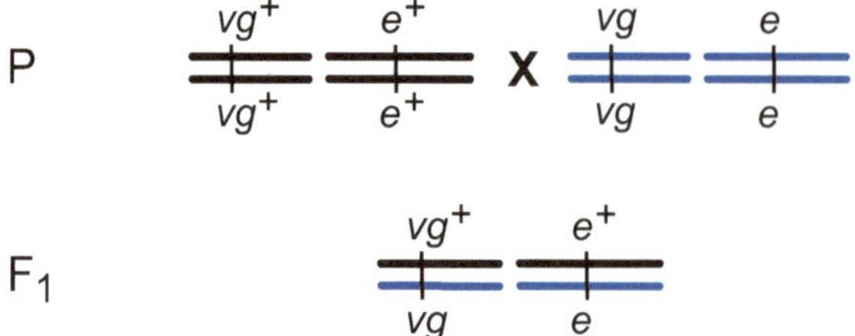

$$[vg^+\ e^+] : [vg^+\ e] : [vg\ e^+] : [vg\ e] = 9 : 3 : 3 : 1$$

| Eizellen / Spermien | nicht rekombinant | | rekombinant | |
|---|---|---|---|---|
| | $vg^+\ e^+$ | $vg\ e$ | $vg^+\ e$ | $vg\ e^+$ |
| **nicht rekombinant** $vg^+\ e^+$ | $vg^+\ e^+$ <br> $vg^+\ e^+$ <br> $[vg^+\ e^+]$ | $vg\ e$ <br> $vg^+\ e^+$ <br> $[vg^+\ e^+]$ | $vg^+\ e$ <br> $vg^+\ e^+$ <br> $[vg^+\ e^+]$ | $vg\ e^+$ <br> $vg^+\ e^+$ <br> $[vg^+\ e^+]$ |
| **nicht rekombinant** $vg\ e$ | $vg^+\ e^+$ <br> $vg\ e$ <br> $[vg^+\ e^+]$ | $vg\ e$ <br> $vg\ e$ <br> $[vg\ e]$ | $vg^+\ e$ <br> $vg\ e$ <br> $[vg^+\ e]$ | $vg\ e^+$ <br> $vg\ e$ <br> $[vg\ e^+]$ |
| **rekombinant** $vg^+\ e$ | $vg^+\ e^+$ <br> $vg^+\ e$ <br> $[vg^+\ e^+]$ | $vg\ e$ <br> $vg^+\ e$ <br> $[vg^+\ e]$ | $vg^+\ e$ <br> $vg^+\ e$ <br> $[vg^+\ e]$ | $vg\ e^+$ <br> $vg^+\ e$ <br> $[vg^+\ e^+]$ |
| **rekombinant** $vg\ e^+$ | $vg^+\ e^+$ <br> $vg\ e^+$ <br> $[vg^+\ e^+]$ | $vg\ e$ <br> $vg\ e^+$ <br> $[vg\ e^+]$ | $vg^+\ e$ <br> $vg\ e^+$ <br> $[vg^+\ e^+]$ | $vg\ e^+$ <br> $vg\ e^+$ <br> $[vg\ e^+]$ |

**Abb. 5.7** Drittes Mendel'sches Gesetz. Dargestellt sind die Chromosomenverhältnisse der P- und $F_1$-Generation und ein Kreuzungsquadrat für die $F_2$-Generation. Darin sind die Genotypen der $F_1$-Gameten gegeneinander dargestellt, woraus die Genotypen und Phänotypen (blau in rechteckigen Klammern) abzuleiten sind.

zurückzuführen. Je weiter auf einem Chromosom zwei Gene voneinander entfernt sind, desto häufiger treten zwischen diesen Genen Crossing-over auf. Crossing-over-Häufigkeiten können daher als Maß für den Abstand von Genen genutzt werden, wodurch eine Kartierung der Gene möglich ist. Die resultierenden Genkarten werden als **meiotische Genkarten** bezeichnet.

## Kreuzungsexperiment

Das Beispiel eines **Kreuzungsexperiments** soll das Prinzip der Erstellung einer meiotischen Genkarte erläutern. Ein Fruchtfliegenpärchen (*Drosophila melanogaster*) wird in ein Zuchtgefäß gegeben. Das Weibchen hat purpur Augen und Stummelflügel, das Männchen ist für beide Merkmale vom Wildtyp, hat also rot-braune Augen und normale Flügel. Die beiden Fliegen kommen aus reinerbigen Stämmen. Die beiden Merkmale bzw. ihre Gene werden als *purple* (*pr*) bzw. *vestigial* (*vg*) bezeichnet. Sämtliche Nachkommen der Kreuzung sind für beide Merkmale vom Wildtyp. Das entspricht dem ersten Mendel'schen Gesetz. Im folgenden Kreuzungsschema sind die Genotypen dargestellt:

$$\text{P} \qquad pr\ vg/pr\ vg \cdot pr^+\ vg^+/pr^+\ vg^+.$$

Beide Chromosomen der Individuen sind genetisch gleich:

$$\text{F}_1 \qquad pr\ vg\ /pr^+\ vg^+.$$

Die Nachkommen sind heterozygot, haben ein Chromosom von der Mutter und eins vom Vater.

Ein Weibchen dieser Nachkommenschaft (der $F_1$-Generation) wurde mit einem Männchen aus einem Fliegenstamm gekreuzt, der reinerbig die Merkmale *pr* und *vg* zeigte. Diese Kreuzung mit einem Männchen, das reinerbig die rezessiven Allele der betrachteten Gene enthielt, ist geeignet, die genetische Situation des $F_1$-Weibchens und die Lage der beiden Gene zueinander aufzuklären. Die Nachkommenschaft aus dieser Kreuzung zeigte die in Tab. 5.2 wiedergegebenen Phänotypen.

**Tab. 5.2** Kreuzungsergebnisse

| Klasse | Phänotyp | Genotyp | % der Nachkommen |
|---|---|---|---|
| 1 | $pr^+\ vg^+$ | $pr\ vg/pr^+\ vg^+$ | 45 |
| 2 | $pr\ vg$ | $pr\ vg/pr\ vg$ | 45 |
| 3 | $+\ vg$ | $pr^+\ vg/pr\ vg$ | 5 |
| 4 | $pr\ +$ | $pr\ vg^+/pr\ vg$ | 5 |

Aus den Daten ist zunächst zu schließen, dass die beiden betrachteten Gene auf demselben Chromosom liegen. Die Merkmale purple (pr) und vestigial (vg) bzw. normalfarbene Augen ($pr^+$) und normale Flügelform ($vg^+$) werden deutlich häufiger gemeinsam (pr vg bzw. $pr^+\ vg^+$; 90 %) als voneinander getrennt ($pr^+$ vg bzw. pr $vg^+$; 10 %) vererbt. Der Austausch ist damit nicht durch die unabhängige Verteilung von homologen Chromosomen in der ersten meiotischen Teilung zu erklären – dann läge die Austauschhäufigkeit ja bei 50 %. Hier ist der Austausch also auf Crossing-over zwischen den beiden Genen zurückzuführen. Die Austauschhäufigkeit von 10 % entspricht der Crossing-over-Häufigkeit. Die Austauschhäufigkeit wird als Maß für den Abstand der betroffenen Gene genommen. Zu Ehren von T. H. Morgan wird sie mit der Einheit **Centimorgan** (cM), auch Morgan (M), angegeben. So kann mit den genannten Daten eine Genkarte erstellt werden (Abb. 5.8).

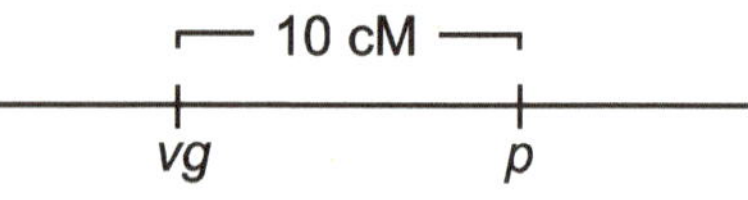

**Abb. 5.8** Genkarte. Da in der Kreuzung nur zwei Gene betrachtet wurden, kann lediglich ihr Abstand angegeben werden, nicht die Lage zu anderen Genen des Chromosoms.

## Definition eines Gens in der klassischen Genetik

Ein Gen bedingt ein Merkmal. Einige Merkmale werden von mehr als einem Gen beeinflusst (**Polygenie**). Andererseits wirken manche Gene auf mehr als ein Merkmal (**Pleiotropie**, auch **Polyphänie** genannt).

In der klassischen Genetik werden Gene nur durch das Auffinden von Mutationen erkannt. Gene werden deshalb auch heute noch oft nach dem Phänotyp der Mutanten bezeichnet. So hat z. B. die *white*-Mutante von *Drosophila* weiße Augen. Das Gen wird danach als *white*-Gen bezeichnet, obwohl seine normale Form (das Wildtypallel, $w^+$) rot-braune Augen bedingt. Das mutierte Allel *w* bedingt weiße Augen.

Ein Gen – ein Merkmal. Das ist die Definition eines Gens in der klassischen Genetik.

## 5.4   Genwirkung

Merkmale werden nicht ausschließlich von Genen beeinflusst. Vielmehr hat z. B. die Ernährung einen Einfluss auf Merkmale wie die Körpergröße oder das Körpergewicht. Ebenso wird die Genwirkung auf Verhaltensmerkmale sehr durch äußere Einflüsse wie Erziehung, Partnerverhalten und anderes beeinflusst. Gene geben oft eine Bandbreite vor, innerhalb derer ein Merkmal variieren kann. Man spricht deshalb auch von (phänotypischer) **Variabilität**. So ist die Größe von *Paramecium* (das Pantoffeltierchen) nur in Grenzen erblich bedingt (Abb. 5.9).

Die Ausprägung von Merkmalen hängt mehr oder weniger von äußeren Einflüssen ab. Man spricht hier von der **Heritabilität** eines Merkmals. Sie ist das Maß, in dem ein Merkmal genetisch festgelegt ist. Körpergröße hat meist geringe Heritabilität, Augenfarbe ist praktisch vollständig von den aktuellen Genen abhängig, hat also eine Heritabilität von 100 %. Heritabilität ist in der Tier- und Pflanzenzucht von großer Bedeutung.

Merkmale geringer Heritabilität werden auch als quantitative Merkmale bezeichnet. Gerade für quantitative Merkmale spielt in der Tier- und Pflanzenzucht auch der **Heterosis-Effekt** eine Rolle, gelegentlich als „Luxurieren der Bastarde" bezeichnet. Der Effekt besagt, dass Bastarde (Hybride) meist vitaler sind als Individuen reiner Linien, die für viele Gene **homozygot** sind. Die Begriffe **Bastard** oder **Hybrid** bezeichnen in der Genetik einen Nachkommen, der aus einer Kreuzung

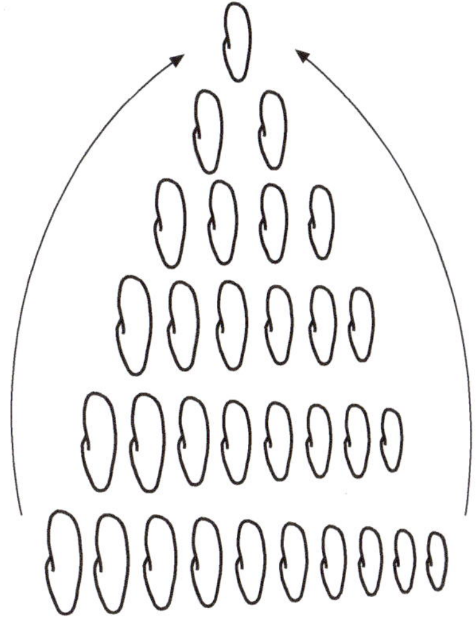

**Abb. 5.9** Größenvariation bei *Paramecium* (die Größenunterschiede sind übertrieben dargestellt). Ausgehend von der kleinsten ebenso wie von der größten Zelle eines Klons ergibt sich wieder dieselbe Größenvariation, die einer Gauß-Verteilung entspricht.

von Individuen aus unterschiedlichen Linien stammt und für die betrachteten Merkmale ggf. heterozygot ist. In der Züchtung werden deshalb reine Linien (z. B. von Getreidesorten) getrennt gehalten. Kreuzt man zwei reine Linien, so können die $F_1$-Nachkommen besonders ertragreich bzw. widerstandsfähig sein. Die optimalen Linien müssen in vielen Kreuzungen ermittelt werden.

## 5.5 Populationsgenetik

Während in der Genetik zunächst die Vererbung auf der Ebene von Individuen betrachtet wird, untersucht die Populationsgenetik das Verhalten und die Dynamik von Genen und Allelen in **Populationen**. Unterschiedliche Ausführungen eines Gens werden als **Allele** bezeichnet.

### Allelfrequenzen

Um die Dynamik von Allelfrequenzen zu betrachten, soll von einem Gen, für das nur zwei Allele in der Population vorkommen, ausgegangen werden. Die beiden Allele des betrachteten Gens (Genlocus) seien $A$ und $a$. Die Frequenzen der Allele in der Population sind demnach:

$p\,(A),$

$q\,(a),$

$p + q = 1.$

Bei diploiden Organismen wären entsprechend folgende Genotypen möglich (in Klammern die Frequenzen der Kombinationen):

$AA\,(p^2), Aa\,(pq), aA\,(pq), aa\,(q^2).$

Da es in diesem Fall keine anderen Allele gibt, gilt:

$p^2 + 2pq + q^2 = 1.$

Diese Häufigkeitsverteilung wird als **Hardy-Weinberg-Gleichgewicht** bezeichnet. Im Lebensraum einer Population können die Allelfrequenzen lokal durchaus variieren. Das hängt von Unterschieden der Ressourcen und anderer Parameter ab. Solche Gefälle in den Allelfrequenzen werden als **Klin** bezeichnet. **Migration**, also die Wanderung von Individuen mit ggf. unterschiedlichen Genotypen, kann einem Klin entgegenwirken. Die Dynamik von Allelfrequenzen über Generationen hinweg und die Wirkung der Selektion werden in ▶Kap. 14.3.2 betrachtet.

**Polymorphismen**

**Polymorphismus** ist das Phänomen, dass in einer Population verschiedene distinkte, genetisch bedingte Formen nebeneinander existieren. Im einfachsten Fall kann es sich um ein Merkmal handeln, das von einem einzigen Gen abhängt, für das evtl. mehrere Allele in der Population vorkommen. Bei komplexer vererbten Eigenschaften können mehrere Gene das Merkmal beeinflussen. Häufig ist aber ein Gen gewissermaßen „tonangebend". Die Allele dieses Gens bedingen dann die alternativen Morphismen (der Begriff ist in diesem Fall im weiteren Sinne zu verstehen, also nicht nur morphologisch). Stabiler Polymorphismus kann auch durch **Chromosomenmutationen** wie **Inversionen** entstehen oder doch aufrechterhalten werden. Beispielsweise kann dadurch ein bestimmter Satz von Genen zusammengehalten werden, weil ungradzahliges Crossing-over im Inversionsbereich zu defekten Chromosomen führen würde (siehe Abb. 14.6).

## 5.6  Generationswechsel

Viele Lebewesen bilden im Laufe ihres **Lebenszyklus** nicht nur unterschiedliche Körpergestalten aus, ändern nicht nur ihre Ernährungsart, sondern zeigen sogar regelmäßig unterschiedliche **Fortpflanzungsweisen**. Jeden Lebensabschnitt mit eigener Fortpflanzungsweise bezeichnet man als Generation. Zeigt ein Lebenszyklus Generationen unterschiedlicher Fortpflanzungsweise, spricht man von **Generationswechsel**. Er ist definiert als die (regelmäßige) Aufeinanderfolge von Generationen mit unterschiedlichen Fortpflanzungsformen bzw. Vermehrungsweisen.

Es ist offenkundig, dass unterschiedliche Fortpflanzungsformen verschiedenen Strategien entsprechen: rasche Vermehrung bei ungeschlechtlicher Fortpflanzung, genetische Vielfalt bei geschlechtlicher Fortpflanzung. Die Mannigfaltigkeit der Lebenszyklen mit unterschiedlichsten Ausprägungen von Generationswechseln zeigt, wie im Lauf der Evolution immer wieder neue Varianten eines Phänomens erprobt und optimiert werden. Einige Grundbeispiele von Generationswechseln werden kurz vorstellt.

### Generationswechsel bei Protisten (*Plasmodium*)

*Plasmodium*, der Malariaerreger, ist ein Protist mit einem komplexen Generationswechsel (Abb. 5.10). Mehrere ungeschlechtliche Generationen im Menschen sorgen

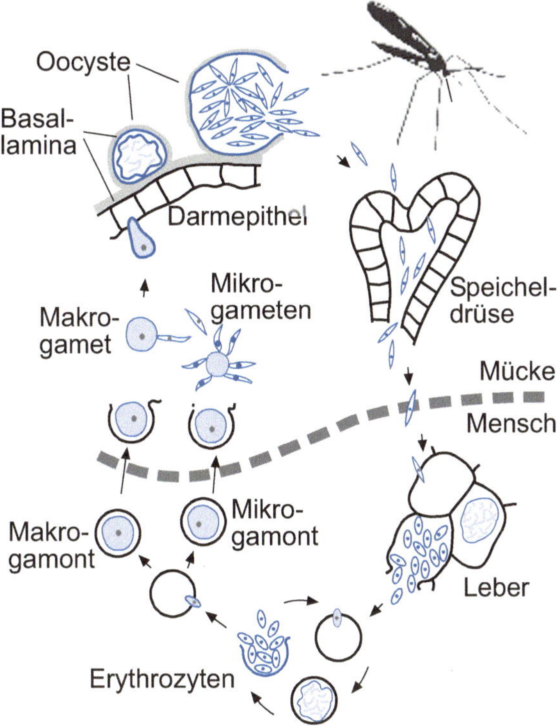


**Abb. 5.10** Lebenszyklus des Malariaerregers *P. falciparum*. Beim Mückenstich werden Sporozoiten in die menschliche Blutbahn gebracht, dringen in Leberzellen ein und vermehren sich dort (ungeschlechtliche Vermehrung; Schizogonie). Die Leberzelle bricht auf und entlässt sogenannte Merozoiten ins Blut, wo sie in Erythrozyten (rote Blutzellen) eindringen (ungeschlechtliche Vermehrung; zweite Schizogonie). Schließlich platzen die Erythrozyten synchron auf und entlassen erneut Merozoiten ins Blut, die wiederum Erythrozyten befallen. In einzelnen dieser Blutzellen entwickeln sich Merozoiten zu Gamonten. Werden solche Gamonten mit dem Blut von einer Mücke aufgenommen, so werden in Mückendarm Gameten gebildet – Mikrogameten (Spermien) und Makrogameten (Eizellen). Ein Mikrogamet verschmilzt mit einem Makrogameten. Die befruchtete Eizelle wird zum beweglichen Ookinet und passiert das Darmepithel und kapselt sich ab zur Oocyste. Zwischen Epithel und Basallamina erfolgt nach der Meiose eine starke ungeschlechtliche Vermehrung (als Sporogonie bezeichnet). Die Oocyste bricht schließlich auf. Die Sporozoiten wandern in die Speicheldrüse der Mücke und können mit dem Mückenstich in einen Menschen übertragen werden.

für erhebliche Vermehrung, die einzige geschlechtliche Generation erfolgt in der *Anopheles*-Mücke, die als **Vektor** (Überträger) die **Parasiten** bei einer Blutmahlzeit von einem infizierten Patienten übernimmt, andererseits mit ihrem Speichel Erreger in die Blutbahn eines Menschen einbringen kann. Weil sie die geschlechtliche Generation beherbergt, ist die *Anopheles* definitionsgemäß der **Endwirt**, der Mensch der **Zwischenwirt**. Die Generationen gehen jeweils von einer Zelle aus,

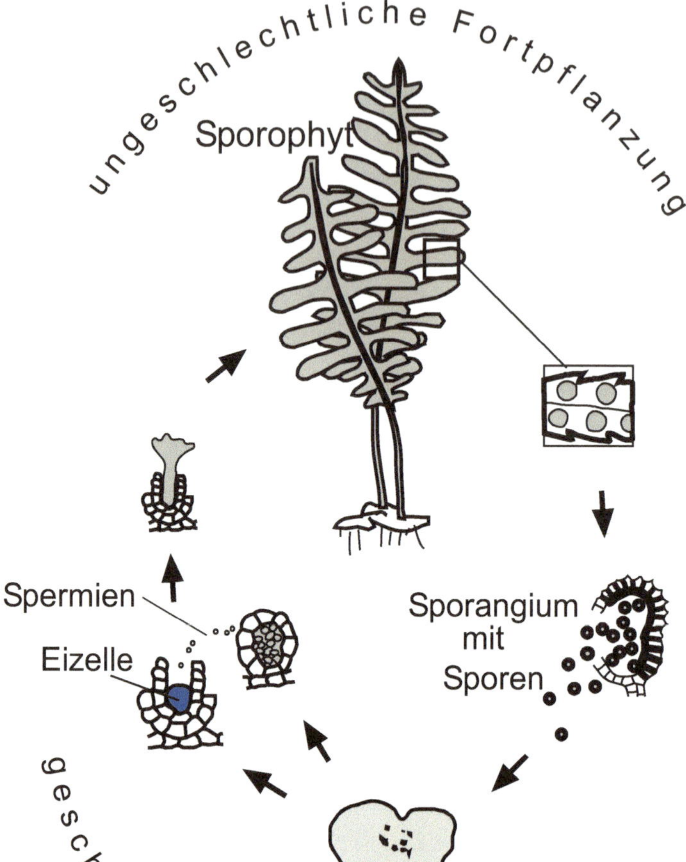



**Abb. 5.11** Lebenszyklus eines Farns. Die Farnpflanze mit ihren großen Wedeln stellt den Sporophyten dar. Hier findet in den Sporangien die Meiose statt und Sporen werden erzeugt. Keimt eine Spore, entwickelt sich daraus ein (haploider) Gametophyt. Gametophyten, meist kleiner als eine Euromünze, bilden in getrennten Organen, den Keimdrüsen der Tiere entsprechend, Gameten. In Antheridien entwickeln sich Spermien und in Archegonien Eizellen. Schon ein dünner Flüssigkeitsfilm reicht aus, damit Spermien zu den Eizellen schwimmen und sie besamen können. Aus einer befruchteten Eizelle erwächst wieder ein (diploider) Sporophyt. Es ist leicht zu merken: Gametophyten bilden Gameten. Der Gametophyt stellt also die sexuelle Generation dar. Sporophyten bilden Sporen und repräsentieren die ungeschlechtliche Generation.

sind damit monocytogen. Das ist das Kennzeichen eines **primären Generationswechsels**. Bei *Plasmodium* ist nur die Zygote (die befruchtete Eizelle) diploid. Gleich nach der Befruchtung findet die Meiose statt, und die Parasiten sind in allen Generationen haploid. Man spricht von einem **haplo-homophasischen** (vollständig haplophasischen) **Generationswechsel**.

## Generationswechsel bei Pflanzen

Auch Pflanzen zeigen den Typ des primären Generationswechsels. Im Vergleich zu Protisten spricht man bei den Pflanzen von **Gametophyt** (Gamont) und **Sporophyt** (Agamont). Gametophyten bilden also stets Gameten, Sporophyten bilden Sporen. Die Gametophyten von Pflanzen sind typischerweise haploid, Sporophyten dagegen diploid. Die Generationen unterscheiden sich in manchen Fällen so gravierend, dass sie zunächst wie unterschiedliche Arten wirken. So sieht der Gametophyt eines Farns völlig anders aus als der Sporophyt mit seinen typischen Farnwedeln (Abb. 5.11).

Auch **Samenpflanzen** zeigen einen Generationswechsel mit Gametophyt und Sporophyt. Dort sind aber die Gametophyten stark reduziert. In ▶ Kap. 10 werden die Lebenszyklen der Samenpflanzen vorgestellt.

## Generationswechsel bei Tieren

Bei Tieren werden zwei Typen von Generationswechsel beobachtet. Bei dem einen werden in einer geschlechtlichen Generation Gameten gebildet, und es kommt zur Befruchtung. Aus der Zygote entwickelt sich ein Individuum, das sich ungeschlechtlich fortpflanzen/vermehren kann. Zur ungeschlechtlichen Fortpflanzung werden Knospen oder Ableger gebildet. Ein Nachkomme entsteht dann aus einem kleinen Blastem (Gewebestückchen), ist also nicht monocytogen, sondern polycytogen (aus vielen Zellen entstanden). Diesen Typ des Generationswechsels von geschlechtlicher und ungeschlechtlicher Generation bezeichnet man als **Metagenese**. Ein Beispiel ist der Generationswechsel der **Süßwassermeduse** *Craspedacusta* (Abb. 5.12).

Bei Rinden- und Blattläusen kommt ein anderer Typ des Generationswechsels vor. Zweigeschlechtliche und eingeschlechtliche Generationen wechseln ab. Im Frühjahr lebende Weibchen legen Eier, die sich unbesamt entwickeln. Diese Eier resultieren aus Meiosen, sind also Gameten und entsprechend genetisch vielfältig. Entwickeln sich unbesamte/unbefruchtete Eier, so spricht man von **Parthenogenese** (Jungfernzeugung). Im Spätsommer treten dann Männchen und Weibchen auf, die sich paaren. Aus den entstehenden sogenannten Dauereiern entwickeln sich im Frühjahr erneut Weibchen, die sich parthenogenetisch fortpflanzen. Einen solchen Wechsel zwischen zweigeschlechtlicher (Weibchen und Männchen paaren sich) und eingeschlechtlicher (parthenogenetischer) Generation nennt man **Heterogonie**. Höhere Tiere (Mollusken, Insekten, Wirbeltiere) zeigen keinen Generationswechsel. Offenbar hat sich in der Stammesgeschichte der Tiere die sexuelle Fortpflanzung wegen der Vorteile durch größere genetische Vielfalt mehr und mehr durchgesetzt.

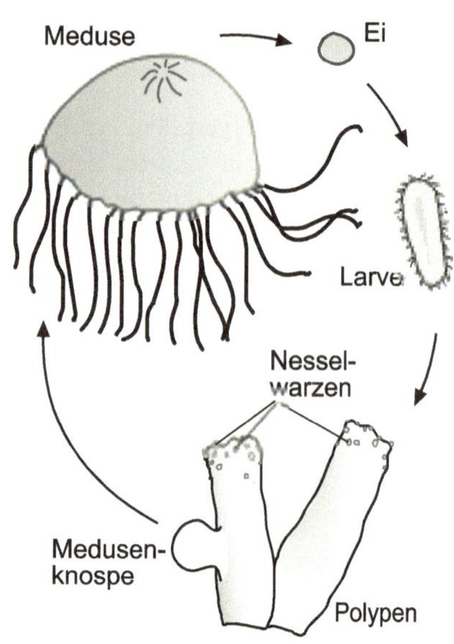



**Abb. 5.12** Lebenszyklus von *Craspedacusta*. Der Polyp von *Craspedacusta* wird nur wenige Millimeter groß. Seine sehr aggressiven Nesselzellen sitzen in den warzenförmigen Nesselwarzen. Die kleinen Polypen können sogar Kleinkrebschen, Rädertierchen und Nematoden erbeuten, die größer sind als sie selbst. Aus Knospen entwickeln sich Medusen (die Quallen), die einen Durchmesser von 1–2 cm erreichen. Sie bilden Eizellen und Spermien, pflanzen sich also geschlechtlich fort. Aus der Eizelle schlüpft die kleine bewimperte *Planula*-Larve, die sich an Steinchen oder auf Pflanzen festsetzt und zum Polypen entwickelt.

## 5.7  Zur Geschichte der Genetik

Beispielhaft für andere Gebiete der Biologie sei die Geschichte der Genetik vorgestellt – fragmentarisch mit wenigen Persönlichkeiten und Stationen. Gregor Mendel (1822–1884) hat die nach ihm benannten Gesetze beschrieben. Die Genetiker seiner Zeit hatten seine Ergebnisse und Schlüsse nicht akzeptiert. Erst 1900 wurden die Gesetzmäßigkeiten von Carl Correns, Erich Tschermak und Hugo de Vries unabhängig voneinander erneut beschrieben. Neu und weiterführend in Mendels Arbeiten war, dass er mit reinen Linien (**reinerbigen**) gearbeitet und diskrete Merkmale (anstelle von quantitativen Merkmalen) betrachtet hat (z. B. das Merkmal Oberflächenstruktur der Früchte, glatte oder runzlige Oberfläche). Bei quantitativen Merkmalen (z. B. Körpergewicht, wobei es stufenlose Übergänge gibt und das zudem stark von äußeren Einflüssen wie Ernährung abhängig ist) sind die Mendel'schen Gesetze schwer zu erkennen. Verblüffend ist, dass Mendel bei seinen Kreuzungsversuchen mit Erbsenpflanzen keine Koppelung von Genen bemerkt hat. Es gibt Hinweise, dass er tatsächlich keine Kreuzungen durchgeführt hat, die eine Koppelung von Genen hätten erkennen lassen.

Welcher chemischen Natur die Erbanlagen und wo sie in der Zelle zu finden sind, konnte Mendel nicht wissen. Erst nach der Wiederentdeckung der Mendel'schen Gesetze wurde 1902 durch Theodor Boveri und Walter Sutton die **Chromosomentheorie der Vererbung** formuliert. Sie hatten erkannt, dass die Vorgänge der Meiose den Gesetzmäßigkeiten der Vererbung exakt entsprechen. Dennoch wurde auch danach noch lange gestritten, ob die Gene an den Chromosomen hängen oder Teil der Chromosomen selbst sind.

Bis 1944 dauerte es, bevor Oswald Avery und seine Mitarbeiter erkannten, dass die **DNA** der Stoff ist, aus dem die Gene bestehen. Bis dahin hatte man es für wahrscheinlicher gehalten, dass Proteine aufgrund ihrer Vielgestaltigkeit die besseren Kandidaten sind. Notwendig für die Entdeckung war nicht nur die Nutzung eines neuen Methodenrepertoires, sondern auch die Einbeziehung anderer Versuchsobjekte. Chromosomen wären viel zu komplex gewesen, um daran der Natur der Gene auf die Spur zu kommen. In den Anfängen der Molekularbiologie brachten Arbeiten an Bakterien und Viren den Erfolg. Auch waren nicht Kreuzungen oder mikroskopische Analysen aufschlussreich, sondern zunehmend physikalische, physikochemische und chemische Ansätze.

Man fragte sich lange, wie ein so „langweiliges" Molekül wie die **DNA**, bestehend aus Desoxyribose, Phosphatgruppen und nur vier verschiedenen Basen, die ungeheure Vielfalt an Proteinen, Strukturen und Stoffwechselereignissen der Zelle codieren könnte. Erst 1961 erkannten Marshall Nirenberg und Heinrich Matthaei das Prinzip des **genetischen Codes**. Er wurde schließlich nach Erarbeitung wichtiger molekularbiologischer Methoden für alle 64 Codons von Nirenberg entschlüsselt.

Nach Vorarbeiten von Erwin Chargaff und anderen, besonders aber aufgrund der Ergebnisse von Rosalind Franklin und Maurice Wilkins, stellten James Watson und Francis Crick 1953 ein Modell der DNA als Doppelhelix vor. Diese Veröffentlichung trieb die Entwicklung der Molekularbiologie weiter an und führte auch zu einer beschleunigten Erweiterung des molekularbiologischen Methodenspektrums.

Wie seinerzeit die Ergebnisse Gregor Mendels nicht anerkannt worden waren, kommt es immer wieder vor, dass neue Erkenntnisse von der Wissenschaftlergemeinschaft nicht gleich akzeptiert werden. Barbara McLintock fand in den 1950er Jahren in Kreuzungsversuchen von Maispflanzen **springende Gene**: Bestimmte genetische Elemente schienen ihren Ort im Genom wechseln zu können. Die Entdeckung solcher **transponierbarer genetischer Elemente** (**Transposons**) wurden ihr damals nicht abgenommen. Dabei hatte sie die natürliche Grundlage für die später entwickelte Gentechnik gefunden. Die „Werkzeuge" (Enzyme etc.) der Zelle für das Ausschneiden und Einpflanzen von genetischen Elementen in die DNA, in die Chromosomen, werden heute in der **Gentechnik** routinemäßig genutzt. McLintock erhielt 1980 für ihre Arbeiten den Nobelpreis für Medizin.

Die heute schon Routine gewordenen Sequenzierungen ganzer Genome zeigen den weiteren Fortschritt der Genetik, wobei die Möglichkeiten gleichzeitig eine enorme ethische Herausforderung darstellen. Zu Anfang dieses Jahrtausends wurden durch Craig Venter und die Firma Celera Genomics sowie etwa gleichzeitig durch die Wissenschaftlerteams des internationalen Human Genome Project die ersten gesamten Genome menschlicher Individuen sequenziert.

# Molekulargenetik  6

In der Genetik gibt es viele Beispiele dafür, dass die Zusammenhänge in der Biologie auf unterschiedlichen Ebenen betrachtet werden können, wobei ganz unterschiedliche Erklärungen zu finden sind. Hatte schon Gregor Mendel Gesetzmäßigkeiten der Vererbung beschrieben, so fand man später auf molekularer Ebene neue Gesetzmäßigkeiten. Dabei wurden Mechanismen der Umsetzung von Erbanlagen in Körperfunktionen verständlich. Das bedeutet aber nicht, dass aus den molekularen Vorgängen etwa die Mendel'schen Gesetze abzuleiten sind. Vielmehr behalten beide Ebenen, die Mendelgenetik und die Molekulargenetik, Erklärungswert.

## 6.1 Die Natur der Gene

Die Entdeckung von Oswald Avery und seinen Mitarbeitern (1944), dass die DNA Träger der Erbinformation ist, kann als Beginn der Molekulargenetik gesehen werden. Sie erforderte ein völlig neues Methodenspektrum, wie das Experiment von Matthew Meselson und Franklin Stahl stellvertretend zeigen mag (siehe hierzu Kasten „Das Experiment von Meselson und Stahl"). Molekülstrukturen und Reaktionsmechanismen kann man nicht mit bloßem Auge oder mit dem Mikroskop aufdecken. Erkenntnisse wurden aus biochemischen und physikochemischen Experimenten gewonnen, wobei man auch Markierungen von Molekülen mit Radioisotopen genutzt hat.

Erkenntnisse in der Molekulargenetik waren nur mit neuen Methoden möglich. Rein visuelle Beobachtung oder stoffwechselchemische Methoden halfen nicht. Vielmehr waren auch physikochemische, physikalische und radiochemische Ansätze notwendig. Kein Wunder, dass die neuen Fachgebiete Molekularbiologie und Molekulargenetik von Physikern begründet wurden. Damit wurde zunächst der Replikationsmodus der DNA aufgeklärt.

**Das Experiment von Meselson und Stahl**
Als Beispiel für den Methodenwechsel in der Molekulargenetik kann das Experiment von M. Meselson und F.W. Stahl (1958) dienen. Bakterien wurden zunächst in einem Nährmedium mit dem schweren Stickstoffisotop $^{15}N$ gehalten, bis die Bakterien nur noch DNA mit $^{15}N$ enthielten. Diese schwere DNA kann von DNA mit (dem normalen) $^{14}N$-Stickstoff-Isotop in der Zentrifuge getrennt werden. Wieder in $^{14}N$-Medium nahmen die Bakterien dann dieses Isotop auf. Die Dichte der DNA lag nun in der Mitte zwischen der $^{15}N$-DNA und der $^{14}N$-DNA, enthielt offenbar zur Hälfte $^{14}N$ und zur Hälfte $^{15}N$. Nach einer weiteren Verdoppelung der Bakterien in $^{14}N$-Medium gab es sowohl leichte DNA (mit ausschließlich $^{14}N$) als auch „mittelschwere" DNA (mit $^{14}N$ und $^{15}N$). Das Ergebnis zeigte, dass DNA semikonservativ verdoppelt wird.

© Springer-Verlag GmbH Deutschland, ein Teil von Springer Nature 2012
H.-D. Görtz und F. Brümmer, *Biologie für Ingenieure*,
https://doi.org/10.1007/978-3-662-59608-1_6

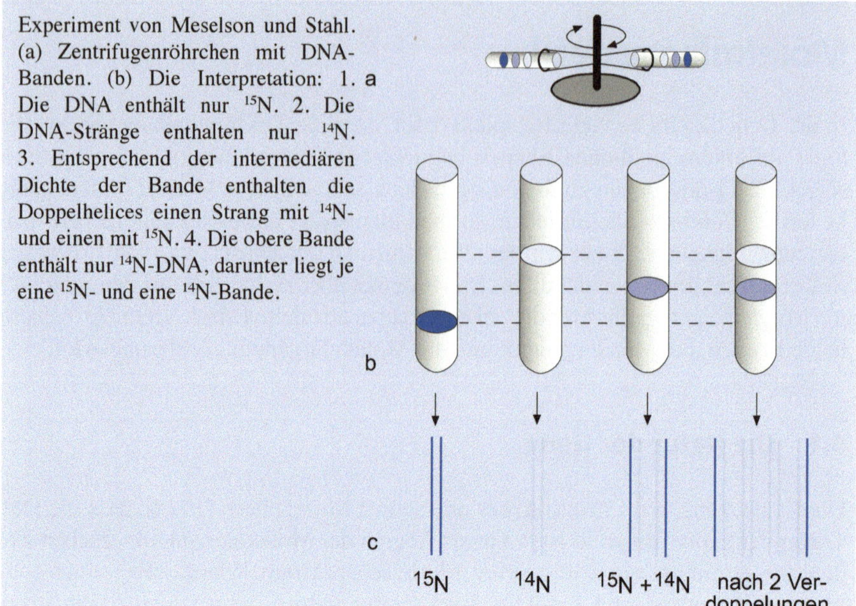



Experiment von Meselson und Stahl. (a) Zentrifugenröhrchen mit DNA-Banden. (b) Die Interpretation: 1. Die DNA enthält nur $^{15}$N. 2. Die DNA-Stränge enthalten nur $^{14}$N. 3. Entsprechend der intermediären Dichte der Bande enthalten die Doppelhelices einen Strang mit $^{14}$N- und einen mit $^{15}$N. 4. Die obere Bande enthält nur $^{14}$N-DNA, darunter liegt je eine $^{15}$N- und eine $^{14}$N-Bande.

## Replikation

Es leuchtet ein, dass eine möglichst fehlerfreie Vermehrung des genetischen Materials eine Voraussetzung für die Vermehrung von Lebewesen ist. In Abb. 6.2 ist die Replikation der DNA knapp dargestellt. Bemerkenswert ist der große Aufwand für diesen Prozess. Für den Einbau einer jeden Base wird ein **Nucleosidtriphosphat** benötigt – ATP, GTP, CTP oder TTP. Zahlreiche Enzyme sind in die Replikation involviert. Ist die DNA repliziert, liegen zwei identische Doppelhelices vor. Bei Eukaryoten wird die DNA gleich wieder mit **Histonen** verpackt (siehe Abb. 3.6).

## 6.2 Proteinbiosynthese

Gene bestehen aus **DNA**. In der DNA liegt die Information für die Aminosäuresequenz eines Proteins. Wird ein Gen aktiviert, heißt das, es wird abgelesen. Dabei wird eine RNA-Kopie der DNA-Sequenz erstellt und in einem zweiten Schritt eine Aminosäurekette, ein Protein.

Die genetische Information geht von der DNA über die RNA zum Protein. Ein Informationsfluss vom Protein auf Nucleinsäuren wird nicht gesehen.

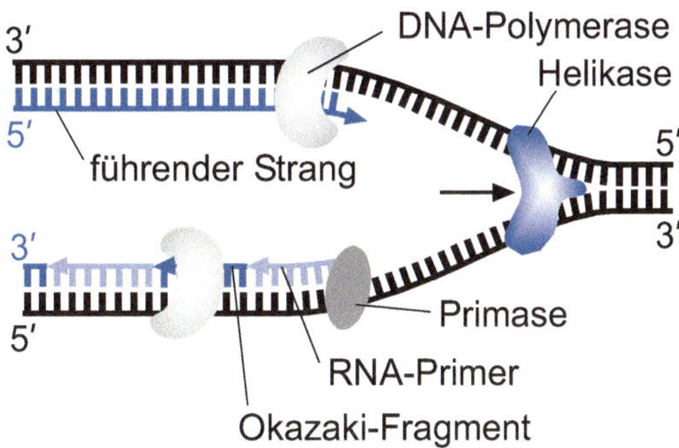


**Abb. 6.1** Replikation der DNA. Die DNA-Polymerase kann nur von 5′- in 3′-Richtung polymerisieren. Zudem kann sie nur an ein bestehendes 3′-Ende ansetzen. Den sogenannten führenden Strang kann sie, einmal begonnen, kontinuierlich verlängern. Den anderen, den verzögerten Strang, kann sie nur stückweise aufbauen. Diese Stücke nennt man Okazaki-Fragmente. Wenn die Helikase die Doppelhelix aufgewunden und so die Einzelstränge freigelegt hat, müssen für den verzögerten Strang immer wieder kleine RNA-Primer aufgebaut werden, an die die DNA-Polymerase ansetzen kann. Die RNA-Primer werden von der Primase, einer RNA-Polymerase polymerisiert. Später werden die RNA-Primer durch DNA ersetzt.

In der DNA-Doppelhelix ist jeweils einer der **codogene Strang** (der Strang, an dem entlang komplementär die RNA synthetisiert wird), der andere ist der **Sinn-Strang**. Der Sinn-Strang ist wie die mRNA komplementär zum codogenen Strang. Entlang der Doppelhelix kann die Funktion der Einzelhelices, codogener Strang oder Sinnstrang zu sein, wechseln.

Nach dem Umschreiben der Information von der DNA auf ein RNA-Molekül – man spricht von **Transkription** – wird die Information in die Aminosäuresequenz eines Peptids übersetzt. Dieser Vorgang wird **Translation** genannt. Die Nucleinsäuren enthalten die vier verschiedenen Basen A, T, G und C (siehe hierzu ▶Kap. 2.5), wobei in der RNA die Base T durch U ersetzt ist. Ein Abschnitt mit jeweils drei Basen ist ein **Codon** und codiert für eine Aminosäure. So codiert z. B. AAA für Lysin, AGG für Arginin, CCC für Prolin usw. Insgesamt können so 64 Codons gebildet werden (Abb. 6.3). Im Vergleich mit den 26 Buchstaben unseres Alphabets ist das eine ganze Menge, zumal nur 20 Aminosäuren in den Proteinen der Lebewesen vorkommen. Die Codons werden von kleinen RNA-Molekülen erkannt, die so eindeutig bestimmte Aminosäuren zum Einbau in das wachsende Polypeptid zum Ribosom bringen, die transfer-RNAs (tRNAs).

Polypeptide können Hunderte Aminosäuren lang sein. Die Basenfolge der DNA und die Aminosäuresequenz des codierten Polypeptids sind, wie man sagt, kollinear. Das heißt, dass die Codons der DNA und die Aminosäuren des Peptids in derselben Reihenfolge hintereinander angeordnet sind. Dadurch ist mit der Translation eine direkte Informationsübertragung möglich; die Information kann sukzessive 1:1 übertragen werden. Das ist also einfacher als die Übersetzung eines Textes von einer Sprache in eine andere, wobei die Wortfolge in verschiedenen Sprachen häufig unterschiedlich ist.

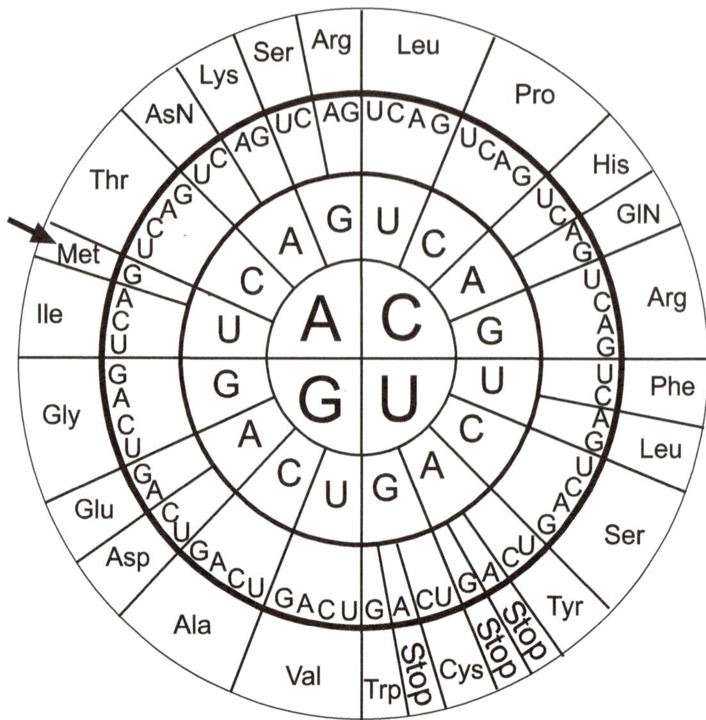



**Abb. 6.2**  Die Codon-Sonne. Die Codons sind von innen nach außen zu lesen. Im äußeren Ring ist die Aminosäure aufgeführt. Der genetische Code ist universell; von sekundären, kleinen Abweichungen abgesehen wird der Code von allen Lebewesen genutzt. Ala = Alanin, Arg = Arginin, AsN = Asparagin, Asp = Asparaginsäure, Cys = Cystin, GlN = Glutamin, Glu = Glutaminsäure, Gly = Glycin, Ile = Isoleucin, Leu = Leucin, Lys = Lysin, Met = Methionin, Phe = Phenylalanin, Pro = Prolin, Ser = Serin, Trp = Tryptophan, Tyr = Tyrosin, Val = Valin. Für die Stop-Codons gibt es keine tRNAs. Vielmehr werden sie bei der Translation von sogenannten Release-Faktoren, kleinen Peptiden, erkannt. Mit ihnen wird die Translation einer mRNA jeweils beendet.

Wird ein Gen aktiviert, bindet eine RNA-Polymerase (ein Enzym, das die Synthese eines RNA-Moleküls katalysiert) und „läuft" an der DNA entlang. Ganz vergleichbar der Replikation der DNA muss die Doppelhelix zunächst lokal geöffnet und entspiralisiert werden. Dann wird komplementär zur DNA das RNA-Molekül zusammengesetzt, womit die Information von der DNA auf die RNA überschrieben wird (Abb. 6.4). Mit der RNA wird diese Information ins Cytoplasma gebracht. Sie ist Überbringer, Bote, der Information und wird deshalb als **Messenger-RNA** oder **mRNA** bezeichnet.

Im Cytoplasma assoziieren die Untereinheiten eines **Ribosoms** mit der mRNA. Während das Ribosom an der mRNA entlangwandert, binden die **tRNAs** an die Codons der mRNA. Sie tragen jeweils die zu einem Codon passende Aminosäure. Im Ribosom werden die Aminosäuren durch das Enzym **Peptidyltransferase**, ein Bestandteil des Ribosoms, an das auf diese Weise wachsende Peptid geknüpft

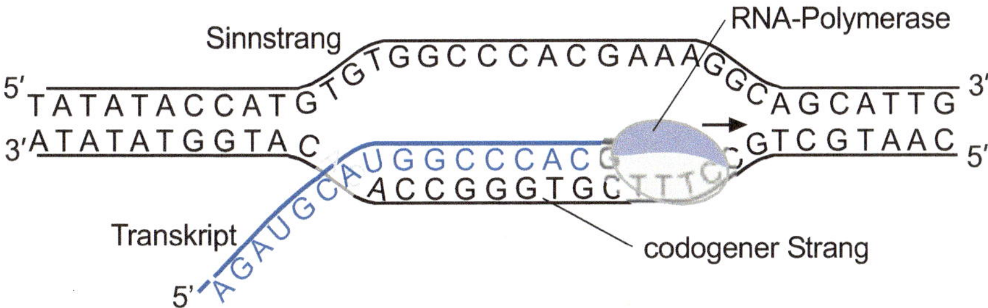



**Abb. 6.3** Transkription. Zur Transkription muss die DNA-Doppelhelix lokal entspiralisiert werden. Die RNA-Polymerase polymerisiert komplementär zum codogenen Strang das sogenannte Primärtranskript. Es wird nachträglich prozessiert und ergibt dann die mRNA. Dazu werden unter anderem Introns herausgeschnitten. Introns sind DNA-Abschnitte, die keinen Aminosäuresinn haben.

**Abb. 6.4** Translation. Übersetzen des Nucleinsäurecodes in eine Aminosäurekette, ein Peptid. Mit Aminosäure beladene tRNAs finden der Komplementarität von Codon und Anticodon entsprechend die Position im Ribosom, wo ihre Aminosäure an das wachsende Peptid gebunden wird. Die mRNA wird dabei durch eine Rinne, gebildet zwischen kleiner und großer Ribosomenuntereinheit, gezogen. Die leeren tRNAs können erneut mit einer Aminosäure beladen werden.

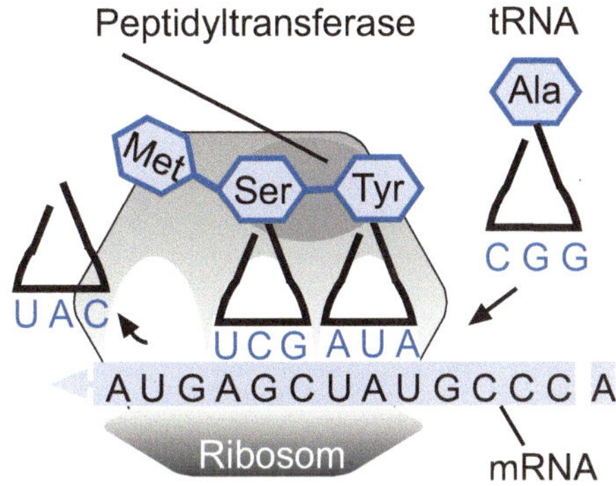



(Abb. 6.5). Jede tRNA hat ein Anticodon von drei Basen, das zu einem bestimmten Codon komplementär ist. Da die tRNAs von unterschiedlicher Struktur sind, können sie vom spezifischen Enzym erkannt und mit der jeweils richtigen Aminosäure beladen werden.

Die meisten mRNAs sind kurzlebig, werden schnell wieder abgebaut. Das ist nötig, um den Stoffwechsel zeitnah zu regulieren. Andere Regulationsmechanismen zielen auf die Aktivierung oder Inaktivierung der Gene (siehe Abb. 6.6). Auch die Translation unterliegt der Regulation, ob also eine mRNA translatiert wird oder nicht.

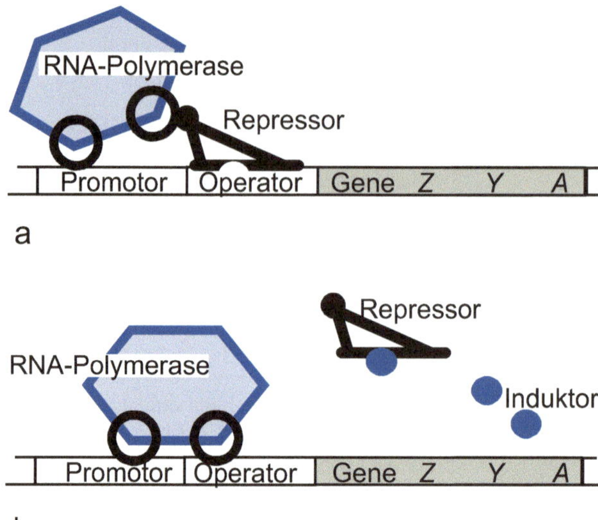


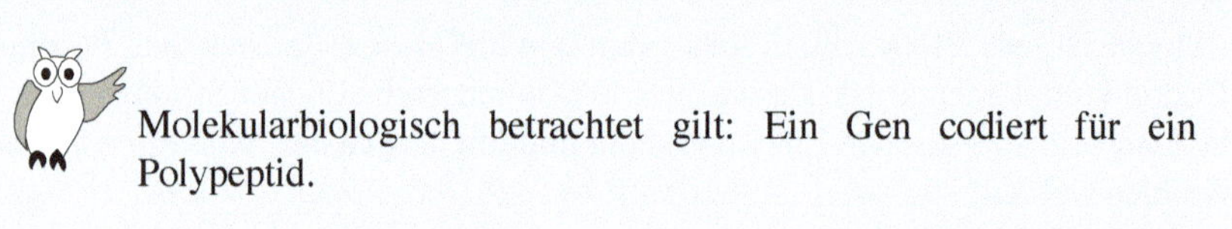


**Abb. 6.5** Genstruktur und Genregulation. Ein Regulationsmodell für das lac-Operon wurde schon 1961 von François Jacob und Jacques Monod vorgeschlagen. Gen Z codiert für ein Enzym zur Aufnahme des Zuckers Lactose in die Zelle, die beiden anderen Enzyme sind in den Stoffwechsel der Lactose involviert. Die RNA-Polymerase kann an den Promotor binden und am Gen entlang die RNA-Synthese katalysieren. Ist der Operator durch einen Repressor blockiert, kann die RNA-Polymerase nicht weiterlaufen. Wird aber der Repressor durch einen Induktor inaktiviert, kann er nicht an den Operator binden. Im Falle des lac-Operons ist Lactose der Induktor. Gelangt etwas Lactose in die Zelle, werden – biologisch sinnvoll – die Gene Z, Y und A transkribiert; Lactose induziert die Transkription.

Molekularbiologisch betrachtet gilt: Ein Gen codiert für ein Polypeptid.

## Gene steuern das Stoffwechselgeschehen

Stoffwechselschritte werden von **Enzymen** katalysiert. Manche „Haushaltsenzyme", z. B. solche, die in die Zellatmung involviert sind, werden laufend produziert. Andere werden nur in bestimmten Situationen gebraucht, etwa in Phasen der Entwicklung. Da auch viele Körperfunktionen alternativ zueinander fungieren, leuchtet es ein, dass nicht alle Gene gleichzeitig aktiv sind.

Vor einem Strukturgen, dem Abschnitt des Gens, der die Aminosäuresequenz codiert, liegt ein DNA-Abschnitt, der Regulationsfunktionen hat und als Erkennungsstruktur für die RNA-Polymerase fungiert. Er wird als **Promotor** bezeichnet (Abb. 6.6). Oft haben mehrere Gene einen gemeinsamen Promotor – die gesamte Einheit wird dann auch als Operon bezeichnet. Es ist oft ökonomisch, wenn Gene gemeinsam reguliert werden, die in denselben Reaktionsweg involviert sind.

 **Die genetische Steuerung des Stoffwechsels am Beispiel des Insulins**

Insulin ist ein wichtiges Peptidhormon, eines der Hormone, die den Glucose-stoffwechsel und damit den Zuckerspiegel im Blut regulieren. Insulin wird in den Langerhans'schen Inseln des Pankreas (der Bauchspeicheldrüse) herge-stellt. Zwar kann man das Insulingen durchaus als Housekeeping-Gen (Gen, das laufend transkribiert wird) betrachten, jedoch wird das Insulingen durch Glucose zusätzlich aktiviert. Allerdings ist es genau betrachtet ein Gen für Proinsulin, die inaktive Vorratsform des Insulins. In der Aminosäurekette gibt es einen Abschnitt, das C-Peptid, der das Insulin noch inaktiv hält.

Proinsulin wird auf Vorrat produziert. Wird Insulin benötigt, wird das C-Peptid enzymatisch herausgeschnitten und das entstandene Insulin von den Zellen ausgeschüttet. Interessanterweise aktiviert nicht die Glucose direkt das Proinsulingen. Das tut vielmehr das Succinat, ein Produkt des Glucoseab-baus, das im Citratzyklus (siehe Abb. 4.6) in den Mitochondrien entsteht. Succinat aktiviert sowohl die Transkription des Proinsulingens als auch die Translation der Proinsulin-mRNA.

Das Insulin ist ein Beispiel dafür, dass nicht alle Proteine Enzymfunktion haben. Insulin bindet an den Insulinrezeptor, der daraufhin die IRS-Proteine (Insulin-Rezeptor-Substrat-Proteine) phosphoryliert. Phosphoryliertes IRS löst in der Zielzelle die Freisetzung von Carrier-Proteinen (GLUT4) aus, die dann Glucose durch die Zellmembran transportieren. Phosphoryliertes IRS aktiviert weiter die Glucokinase, die die Phosphorylierung der Glucose kata-lysiert. Das entstehende Glucose-6-Phosphat kann in der Glykolyse abgebaut werden oder auch in die Glykogensynthese eingehen. Phosphoryliertes IRS stimuliert weiter die Synthese des Speicherpolysaccharids Glykogen. Ein aktivierter Insulinrezeptor kann viele IRS-Proteine phosphorylieren, und ein phosphoryliertes IRS kann viele Enzyme aktivieren. Das führt zu einer erheb-lichen Verstärkung des Insulinsignals.

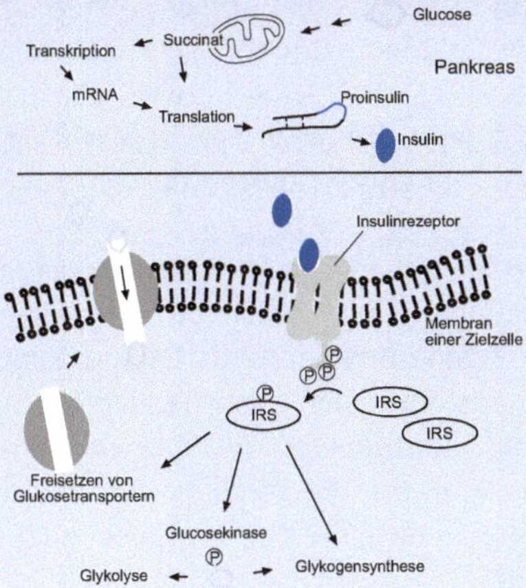

Wird ein Enzym gebraucht, wird das codierende Gen aktiviert. Es wird transkribiert und die mRNA wird translatiert. Das entstandene Polypeptid wird korrekt gefaltet, nicht selten noch sekundär verändert. Manchmal dimerisiert (Bildung eines Dimers aus zwei Molekülen) es auch noch mit einem zweiten Polypeptid zu einem größeren Protein. Es kann dann ggf. als Enzym wirksam werden und einen Stoffwechselschritt katalysieren. Der Prozess der Proteinbiosynthese, beginnend mit der Inaktivierung eines Genrepressors bis hin zur Umsetzung eines Substrats durch ein Enzym, ist in dieser oder ähnlicher Weise für viele Stoffwechselwege verwirklicht.

## 6.3  Genwirkung

Der Stoffwechsel wird von Enzymen katalysiert, der Einfluss der Gene und die Genwirkung sind damit einsichtig. Selbst die genetische Grundlage einfacher Verhaltensweisen wie der **Schreckreaktion von Paramecien** (▶Kap. 9.2.4) ist somit leicht zu erklären; in *Paramecium*-Mutanten mit defekten Ca$^{++}$-Kanälen kann nach Reizung kein Ca$^{++}$ einströmen, die Zellen zeigen keine Cilienschlagumkehr. Das *Paramecium* kann keine Schreckreaktion zeigen.

Anders als bei *Paramecium*, wo die „Entscheidung", rückwärts zu schwimmen, direkt mit dem Reiz verknüpft ist, ist die Steuerung von Verhaltensweisen bei Tieren komplexer. Man findet auch bei der Fruchtfliege *Drosophila melanogaster*, bei Mäusen und anderen Tieren **Verhaltensmutanten**, die aufgrund von genetischen Defekten Verhaltensänderungen zeigen, und kann mit Kreuzungen die Vererbung bestimmter Verhaltensweisen zeigen. Diese Verhaltensweisen sind immer polygen gesteuert; viele Gene, ja ganze Netzwerke von Genen, beeinflussen das Verhalten. Manche Gene wirken einander entgegengesetzt, andere haben einander unterstützende Funktion.

Trotz komplexer genetischer Grundlage des Verhaltens gelang es z. B., Honigbienen zu züchten, die kaum noch aggressiv sind, und Hunderassen mit speziellen Eigenschaften. Eigenschaften wie Intelligenz oder Musikalität scheinen besonders komplex vererbt zu sein. Hinzu kommt besonders bei menschlichem Verhalten, dass es in hohem Maße von Erziehung und Lernen sowie vom intellektuellen und sozialen Umfeld geprägt wird. Eine – offenbar genetisch begründete – Eigenschaft des menschlichen Gehirns ist es, dass seine Entwicklung von äußeren Anforderungen und Reizen beeinflusst wird. Dennoch hat die **Zwillingsforschung** gezeigt, dass auch Verhaltensweisen und Hirnleistungen des Menschen genetische Grundlagen haben.

Um die genetische Steuerung von Verhalten zu untersuchen, ist es notwendig, relativ einfache Verhaltensweisen von Tieren zu betrachten. Untersuchungen zum Paarverhalten von Wühlmäusen können als Beispiel dienen. Bei zwei Wühlmausarten hat offenbar in einzelnes Gen einen großen Einfluss darauf, ob ein Männchen sich überwiegend monogam verhält oder eher promisk ist, also Paarungen mit vielen Weibchen sucht. Für das fragliche Gen wurden bei den beiden Wühlmausarten zwei Allele gefunden, das eine als Treue-Allel und das andere als Seitensprung-Allel bezeichnet. Beide Allele codieren für ein Protein, das auf bestimmten

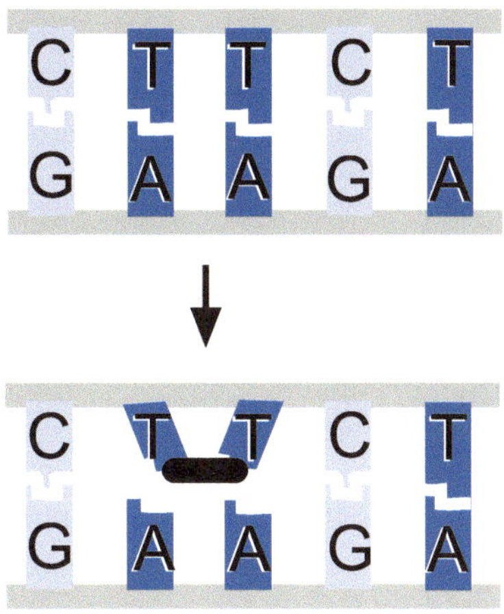

**Abb. 6.6** Thymindimerisierung. Zwei benachbarte Thymine können durch UV-Strahlung fest verbunden werden. Die schwache Basenpaarung mit den komplementären Adeninen geht verloren.

Hirnzellen als Rezeptor für den Botenstoff **Vasopressin** fungiert. Vasopressin wird unter anderem bei sexueller Aktivität gebildet. Bindet es an Rezeptoren, wird eine Art Belohnungsreaktion ausgelöst; über Nerven- und Hormonsystem stellt sich ein Gefühl der Zufriedenheit ein. Das Zufriedenheitsgefühl dauert begrenzte Zeit an. Das Treue-Allel ist im Vergleich deutlich aktiver. Es wird einfach öfter transkribiert als das Seitensprung-Allel. Mehr mRNA-Moleküle und mehr Rezeptorproteine werden gebildet. Gibt es viele Rezeptoren auf den Nervenzellen, finden die Vasopressinmoleküle, die bei sexueller Aktivität gebildet wurden, leicht einen Rezeptor. Schon gelegentliche Paarungen können zum Gefühl der Zufriedenheit führen.

Das Seitensprung-Allel codiert für dasselbe Rezeptorprotein. Allerdings bindet die RNA-Polymerase weniger leicht, und es wird weniger mRNA produziert. Ist aber infolgedessen die Vasopressinrezeptordichte gering, wird das Glücksbedürfnis der Männchen von der begrenzten sexuellen Aktivität bei monogamem Verhalten nicht befriedigt. Das Seitensprung-Allel fördert deshalb polygames Verhalten der Männchen. Dieser Fall zeigt beispielhaft, wie Verhalten genetisch beeinflusst werden kann. Es hat sich allerdings herausgestellt, dass auch bei Wühlmäusen das Paarverhalten der Männchen von weiteren Genen beeinflusst wird. Ohne Zweifel ist die Situation bei Menschen noch erheblich komplexer – von Treue- oder Seitensprung-Allelen zu reden, wäre äußerst leichtfertig, ja falsch (Fink u.a. 2006).

## 6.4 Mutationen

Bei aller Komplexität ist der genetische Apparat erstaunlich stabil, die Abläufe sind präzise und reproduzierbar. Reparaturmechanismen können Fehler beheben, was beispielsweise dazu führt, dass bestimmte Zellen seit Jahrzehnten im Labor vermehrt werden, ohne dass sie Alterserscheinungen zeigen (▶Kap. 7.9). Dennoch treten Veränderungen im Genom regelmäßig auf, sind offenbar in gewissem Maße akzeptiert und die Grundlage der stammesgeschichtlichen Entwicklung der

Lebewesen. Veränderungen im Genom können dabei auf verschiedenen Ebenen erfolgen.

## Genmutationen

Im einfachsten Fall ist eine Base betroffen. Sie könnte gegen eine andere ausgetauscht werden. Der Code wäre verändert, was möglicherweise zu einer anderen Aminosäurebedeutung führen würde. Ist die codierte Aminosäure an dieser Stelle für ein Protein wichtig, wäre vielleicht das Protein defekt. Die Folge könnte gravierend sein. Der Verlust einer Base könnte zu einer **Rasterverschiebung** im folgenden Genabschnitt führen, der Sinn der Sequenz wäre verloren gegangen. Veränderungen einzelner Basen können durch ionisierende Strahlung (z. B. UV-, Röntgen- und Gammastrahlung), durch chemische Agenzien (z. B. Nikotin) und zum Teil spontan erfolgen.

Eine häufige Genmutation ist die UV-induzierte **Thymindimerisierung** (Abb. 6.7), die auch als Folge eines Sonnenbades auftreten kann. Wird das Thymindimer nicht repariert, wird es von der Polymerase evtl. übersprungen. Auch das führt zu einer Rasterverschiebung. Die Zelle stirbt möglicherweise sogar ab oder entartet. Hautkrebs könnte die Folge sein.

## Chromosomenmutationen

Bedingt durch ionisierende Strahlung oder chemische Agenzien können Chromosomenbrüche, dadurch bedingt **Deletionen** (Stückverluste), **Translokationen** (Stücke werden von einem Chromosom an ein anderes gehängt), **Inversionen** (Abschnitte eines Chromosoms werden herausgeschnitten und verkehrt herum wieder eingebaut) oder andere Veränderungen der Chromosomen auftreten. Das hat manchmal erstaunliche Auswirkungen, z. B. weil auf diese Weise ein Gen unter die Kontrolle eines anderen Promotors gelangen kann. Chromosomenmutationen können Ursache genetischer Separation sein (▶Kap. 14.2.2).

## Genommutationen

Als Genommutationen werden komplette oder partielle (einzelne Chromosomen) Vervielfachungen des Chromosomensatzes verstanden. Viele Kulturpflanzen sind **polyploid**, haben also mehr als zwei Chromosomensätze, sind tri- oder tetraploid (dreifacher oder vierfacher Chromosomensatz) oder mehr. Bei Tieren werden Veränderungen im Ploidiegrad nur bei wenigen Arten toleriert. Liegen einzelne Chromosomen mehrfach vor, führt das – allgemein gesprochen – meist zu einer Störung der Genbalance. Von einzelnen Genen wird dann zu viel mRNA hergestellt, wodurch die davon codierten Enzyme in zu hoher Kopienzahl vorliegen und der von ihnen katalysierte Stoffwechselschritt übermäßig aktiv wird. Im Fall der X-Chromosomen des Menschen wird im weiblichen Organismus früh in der Entwicklung eines der X-Chromosomen inaktiviert. Während der ersten Furchungsteilungen sind noch beide X-Chromosomen aktiv.

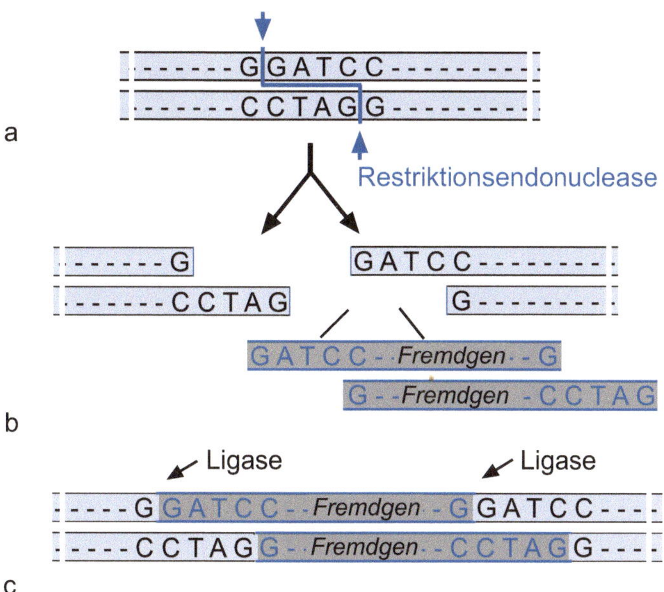


**Abb. 6.7** Restriktionsendonucleasen und Ligasen. Restriktionsendonucleasen setzen einen „Schnitt" innerhalb einer Nucleinsäure (Exonucleasen schneidet vom Molekülende ab). Bakterien produzieren unterschiedliche Enzyme. BAM H1 stammt z. B. von *Bacillus amyloliquifaciens*. Es erkennt die in der Abbildung gezeigte Basensequenz. Da BAM H1 immer dieselbe Sequenz schneidet, können unterschiedlichste DNA-Stücke zusammengefügt werden.

Für überzählige Autosomen (das sind die Nichtgeschlechtschromosomen) gibt es offenbar keinen geeigneten Mechanismus, sie einfach zu inaktivieren. Vielmehr können überzählige Autosomen zu Störungen in der Entwicklung und im Stoffwechsel führen. Bei der **Trisomie 21** liegen einzelne Abschnitte oder das ganze Chromosom Nr. 21 dreifach vor. Daraus resultiert – unterschiedlich gravierend – das Down-Syndrom. Symptome sind unter anderem beeinträchtigte Intelligenz, Anomalien von Händen und Gesichtszügen, nicht selten Herzfehler, andererseits nicht selten Stärken im Sozialverhalten und häufig eine positive Stimmungslage.

## 6.5  Vom springenden Gen zur Gentechnik

Barbara McLintock hatte gezeigt, dass manche Sequenzen ihren Ort auf den Chromosomen wechseln können. Später fand man, dass **Virus**genome in die chromosomale DNA eingebaut und andererseits ganze Abschnitte aus der DNA (enzymatisch) herausgeschnitten und an anderer Stelle wieder eingebaut werden können. Es gelang mehr und mehr, die Werkzeuge (Enzyme bzw. ihre codierenden Gene) der Zellen zu isolieren, zu vermehren und sogar gezielt zu verändern.

Die meisten Werkzeuge sind Enzyme. Wichtige Werkzeuge sind Enzyme, die die DNA-Doppelhelix an bestimmten Stellen „zerschneiden", sogenannte

**Abb. 6.8** Die Polymerasekettenreaktion (PCR). Die DNA wird geschmolzen (durch Denaturieren einzelsträngig gemacht), dann abgekühlt, wobei die zugesetzten Primer anbinden können und die Taq-Polymerase einen DNA-Strang synthetisieren kann. Dann wird erneut auf 94 °C erhitzt und der nächste Zyklus beginnt. Mit jedem Zyklus wird die DNA verdoppelt, was zu großen DNA-Mengen führt.

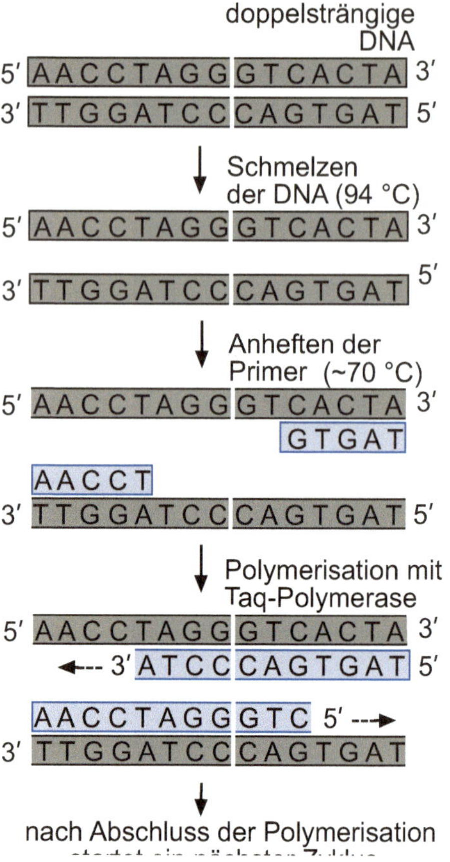


**Restriktionsendonucleasen**. Sie erkennen spezifische Sequenzen in der Doppelhelix. Die entstehenden Schnittstellen haben überhängende Enden jeweils eines DNA-Stranges. Treffen solche Stücke auf ein passendes überhängendes Ende eines anderen DNA-Moleküls, so binden die beiden Enden leicht aneinander. Mithilfe eines weiteren Enzyms werden dann die Phosphodiesterbindungen geknüpft und so die Lücken geschlossen. Man sagt, die DNA-Stücke werden ligiert; das Enzym nennt man deshalb **Ligase** (Abb. 6.8).

Es gibt viele verschiedene Restriktionsendonucleasen, die jeweils unterschiedliche Sequenzen erkennen und schneiden können. Auch DNA-Polymerasen (Abb. 6.9) und RNA-Polymerasen werden in der Gentechnik als Werkzeuge genutzt. Große Bedeutung hat eine extrem hitzestabile DNA-Polymerase, die **Taq-Polymerase**, die aus dem Bakterium *Thermophilus aquaticus* gewonnen wurde. *Thermophilus aquaticus* lebt in heißen Quellen. Taq-Polymerase wird bei der sogenannten **Polymerasekettenreaktion** (*polymerase chain reaction*, **PCR**) eingesetzt. In dem Reaktionszyklus der PCR werden die Ansätze regelmäßig auf 94 °C erhitzt (Abb. 6.9). Dabei darf die Polymerase nicht zerstört werden. Eine solche Temperaturresistenz ist für Proteine ungewöhnlich.

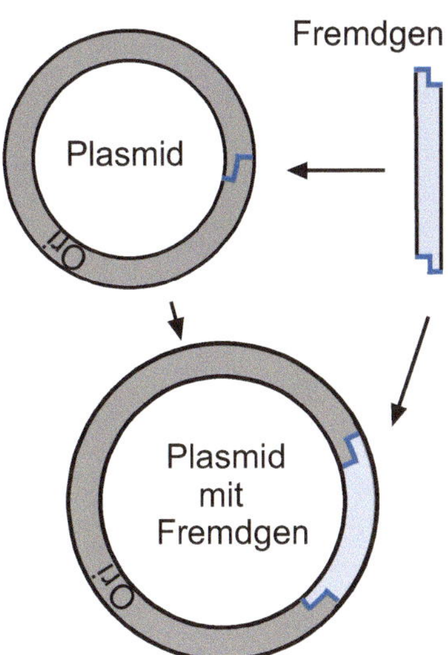


**Abb. 6.9** Plasmide als Vektoren für Gene. Mithilfe von Restriktionsendonucleasen kann (auch im Reagenzglas) ein Plasmid geöffnet und ein fremdes DNA-Molekül darin eingesetzt werden. Das Plasmid kann dann in einem Bakterium vermehrt und das Fremdgen ggf. exprimiert, also abgelesen werden. Ori = Ort, wo die DNA-Polymerase die Replikation beginnen kann.

Eine bei Viren gefundene **Reverse Transkriptase** katalysiert die Polymerisation von DNA an einer RNA-Matrize. RNA-Viren wie das **HIV** (Humanes Immundefizienz-Virus) oder **HCV** (Hepatitis-C-Virus) können damit ihre RNA-Genome umschreiben in eine DNA, die dann in ein Chromosom der Wirtszelle eingebaut wird.

Wichtige Werkzeuge in der Gentechnik sind auch Plasmide (Abb. 6.9). Ein **Plasmid** ist ein transposables genetisches Element (**Transposon**), ein (ringförmiges) DNA-Molekül, das alle für die Replikation (in Bakterien) notwendigen Strukturen (DNA-Sequenzen) hat und in einem Bakterium als genetisches Element erhalten bleibt, aber auch in andere Bakterien wechseln kann. Eine solche Sequenz ist der sogenannte origin (*origin of replication*; ori). Dort kann die DNA-Polymerase anbinden und die Replikation beginnen. Plasmide können von Bakterien aufgenommen werden, sich darin vermehren und weitervererben. Bei Eukaryoten sind Plasmide und andere transposable (übertragbare) genetische Elemente ebenfalls bekannt. Auch Viren kann man zu diesen Elementen rechnen.

Eine aussichtsreiche Methode ist die gezielte Mutagenisierung. Damit kann die Basensequenz ausgewählter Gene verändert werden. Ziel ist oft, Proteine für eine gewünschte Funktion zu optimieren. Mit der Bioinformatik werden zunächst unterschiedliche Proteinkonformationen untersucht. Mit dem Computermodell wird geprüft, ob ein verändertes Enzym einen gewünschten Stoffwechselschritt besser katalysieren oder z. B. ein verändertes Substrat umsetzen kann. Entsprechend der im Computermodell gefundenen Aminosäuresequenz wird dann die Basensequenz des codierenden Gens über gezielte Mutagenisierung verändert.

Das Auftreten von Vielzellern in der Geschichte der Lebewesen ist eigentlich eine Ungeheuerlichkeit. Im Stammbaum der Lebewesen findet man nämlich fast ausschließlich Einzeller. Diese arbeiten ganz überwiegend egoistisch, für die eigene Zelle. Unterstützen sich mehrere Zellen einer Einzellerart, so sind sie doch gleich und erbringen keine unterschiedlichen Leistungen. Genau das ist bei Vielzellern anders. Die vielen Zellen eines Individuums entwickeln sich unterschiedlich und kooperieren dann; meist tragen nur noch wenige zur Fortpflanzung bei.

Aus einem Ei entwickelt sich über zahlreiche Zellteilungen ein vielzelliges Individuum mit unterschiedlichsten Organen. Diese Entwicklung wird von einem komplexen genetischen Programm kontrolliert. Die vielen Gene des Individuums werden in einem zeitlichen und räumlichen Muster durch innere und äußere Signale differenziell gesteuert. Bestimmte Gene werden im Entwicklungsverlauf zeitweilig an- und ggf. wieder abgestellt. Erzeugte Genprodukte beeinflussen die Aktivität weiterer Gene, sind also Regulationsfaktoren für Genaktivität. Dabei spielt oft die Konzentration solcher Morphogene eine entscheidende Rolle. Die einzelne Zelle befindet sich häufig in Gradientensystemen unterschiedlicher Morphogene, wodurch ihr Entwicklungsschicksal filigran abgestimmt werden kann.

Viele Entwicklungsmechanismen gibt es schon am Anfang des Stammbaumes der Tiere, ähnlich bei Pflanzen. Strukturen, die in der Entwicklung von Tieren durchgängig auftreten, sind die sogenannten Keimblätter – gewissermaßen Module der Entwicklung. Aus ihnen entstehen stets keimblattspezifische Organe. Vergleichbar gibt es auf genetischer Ebene „Module" aus bestimmten Genen, die hierarchisch abgestimmt und vernetzt die Entwicklung steuern.

Die Kooperation von Zellen und Organen macht Vielzeller ungemein erfolgreich. Es verwundert nicht, dass das Prinzip der Kooperation schon für die Entwicklung selbst genutzt wird. Benachbarte Zellen des Embryos kommunizieren, und selbst entfernt voneinander liegende Zellen können über Hormone ihre Entwicklung gegenseitig beeinflussen.

## 7.1 Entwicklung zum Vielzeller

Als Entwicklung (Ontogenese) wird ausgehend von der befruchteten Eizelle die Ausbildung des Individuums mit sämtlichen Lebensphasen bis zum Tod bezeichnet. Darin eingeschlossen sind die Embryogenese (Embryonalentwicklung), ggf. eine

© Springer-Verlag GmbH Deutschland, ein Teil von Springer Nature 2012
H.-D. Görtz und F. Brümmer, *Biologie für Ingenieure*,
https://doi.org/10.1007/978-3-662-59608-1_7

Larvenphase, die Adoleszenz (das Heranwachsen), die Phase der Geschlechtsreife und die Seneszenz (Altersphase). Auch bei Pilzen, ja sogar bei Einzellern, findet eine Entwicklung statt, die Ontogenese bei Tieren und Pflanzen ist aber komplexer und tiefgreifender. Die Mechanismen der Entwicklung sollen deshalb für Tiere, einige Aspekte auch für Pflanzen dargestellt werden.

Gesteuert durch genetische Programme differenzieren die Zellen im Entwicklungsprozess und bilden Gewebe und Organe. Dazu werden entwicklungssteuernde Gene zu unterschiedlichen Zeiten und nur in bestimmten Zellen aktiviert (differenzielle Genaktivierung). Die Zellen kommunizieren zudem biochemisch und elektrisch und beeinflussen so die Differenzierung benachbarter, aber auch entfernter Zellen, und ihre Leistungen. Gene, die die Entwicklung steuern, sind hierarchisch in diese Prozesse eingebunden. Das Prinzip der genetischen Steuerung der Entwicklung wird unten am Beispiel der Frühentwicklung der Fruchtfliege (*Drosophila melanogaster*) dargestellt.

Aus der Eizelle gehen genetisch gleiche Zellen hervor, die zu unterschiedlicher Form und Funktion differenzieren, auf vielfältige Weise kommunizieren und in abgestimmter Arbeitsteilung kooperieren. Das Individuum wird dadurch viel anpassungs- und leistungsfähiger als jeder Einzeller. Dieses Konzept der Vielzelligkeit wird in der Entwicklung eines Tieres wie einer Pflanze realisiert.

Mit der Vielzelligkeit wird das Konzept der Kooperation genetisch gleicher, aber unterschiedlich spezialisierter Zellen umgesetzt. Aufgrund unterschiedlicher Differenzierung übernehmen genetisch gleiche Zellen verschiedene Funktionen, wobei fast alle Zelltypen ihre Fortpflanzungsfähigkeit aufgeben. Es gibt dabei eine filigran abgestimmte Arbeitsteilung, wodurch das Individuum zu großen Leistungen befähigt wird. Vielzeller sind anpassungsfähiger und können flexibler auf Umweltveränderungen reagieren als Einzeller. Eigenschaften wie zelluläre Gestaltänderung und die unterschiedlichsten Stoffwechselleistungen sind schon bei Einzellern vorhanden. Bei der Evolution spezieller Leistungen von Einzellern ist es aber zwangsläufig eine Vorgabe bzw. eine Einschränkung für neue Entwicklungen, dass Einzeller vollständige Organismen sind, sich eben nicht nur auf einzelne Funktionen beschränken können. Dagegen können sich die einzelnen, spezialisierten Körperzellen eines Vielzellers jeweils auf wenige Aufgaben „konzentrieren", etwa die Verdauung, den Strukturerhalt oder die Pathogenabwehr. Immunzellen brauchen nicht die Körperform zu stützen, Darmzellen brauchen keinen Pigmentschutz gegen UV-Licht usw. Allerdings, und das ist die große Herausforderung an die genetische Steuerung, müssen die Entwicklung und die spätere Kommunikation abgestimmt und ökonomisch erfolgen. Die Prinzipien der Entwicklung und ihrer Steuerung sollen hier dargestellt werden.

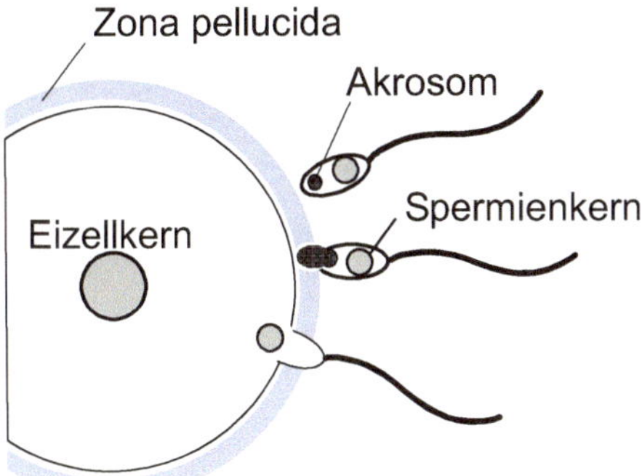


**Abb. 7.1** Besamung und Befruchtung. Eizellen sind von einer Hülle umgeben, die ein unkontrolliertes Verschmelzen mit Spermien verhindert. Die Hülle, bei Säugetieren als Zona pellucida (ZP) bezeichnet, ist eine Struktur der extrazellulären Matrix. Bindet ein Spermium an ein bestimmtes Glykoprotein der ZP, wird die Akrosomenreaktion ausgelöst: Aus dem Akrosom, einem Zellorganell des Spermiums, wird eine Protease freigesetzt, die das Proteinnetz der ZP lokal abbaut. So wird biochemisch ein Gang durch die ZP „gebohrt". Schließlich fusionieren die Zellmembranen von Eizelle und Spermium, und der Spermienkern kann zum Eizellkern gebracht werden.

## 7.2 Besamung und Befruchtung

Charakteristisch für geschlechtliche Fortpflanzung sind das Auftreten der Meiose, die Bildung von Gameten und die Befruchtung. Recht früh in der Embryogenese entstehen Zellen, die später Gameten bilden, während aus den meisten Zellen des Embryos der Körper entsteht. Keimzellen und Keimzellbildungszellen bilden über Generationen hinweg eine Fortpflanzungslinie, die Keimbahn, von der in jedem Individuum die Körperzellen, das Soma, gewissermaßen abzweigt. In der Keimbahn wird das Genom erhalten und weitergegeben. Das Soma stirbt mit dem Individuum. Ausnahmen sind Zellen und Gewebe mancher Tiere und vieler Pflanzen, die sich ungeschlechtlich fortpflanzen können.

Die Entwicklung beginnt, indem sich die befruchtete Eizelle teilt. Der Befruchtung geht die Besamung voraus (Abb. 7.1), das ist die Verschmelzung des Spermiums mit der Eizelle (das „Eindringen" des Spermiums). Dazu müssen sich Eizelle und Spermium biochemisch erkennen. Es muss sichergestellt werden, dass nur ein Spermium „eindringt". Die Fusion von mehr als einem Spermienkern mit dem Eizellkern würde zu falschen Chromosomensätzen führen. Die Ausgewogenheit der Genfunktionen, als Genbalance bezeichnet, wäre gestört. Deshalb verhindert unmittelbar nach einer Besamung eine Besamungssperre das Eindringen überzähliger Spermien.

Mit der Besamung, also der Verschmelzung von Spermium und Eizelle, haben die beiden folgerichtig eine gemeinsame Zellmembran. Befruchtung im engeren Sinne ist die Fusion der beiden Gametenkerne (Eizellkern und Spermienkern). Man spricht dann von der befruchteten Eizelle. Durch die Fusion der beiden

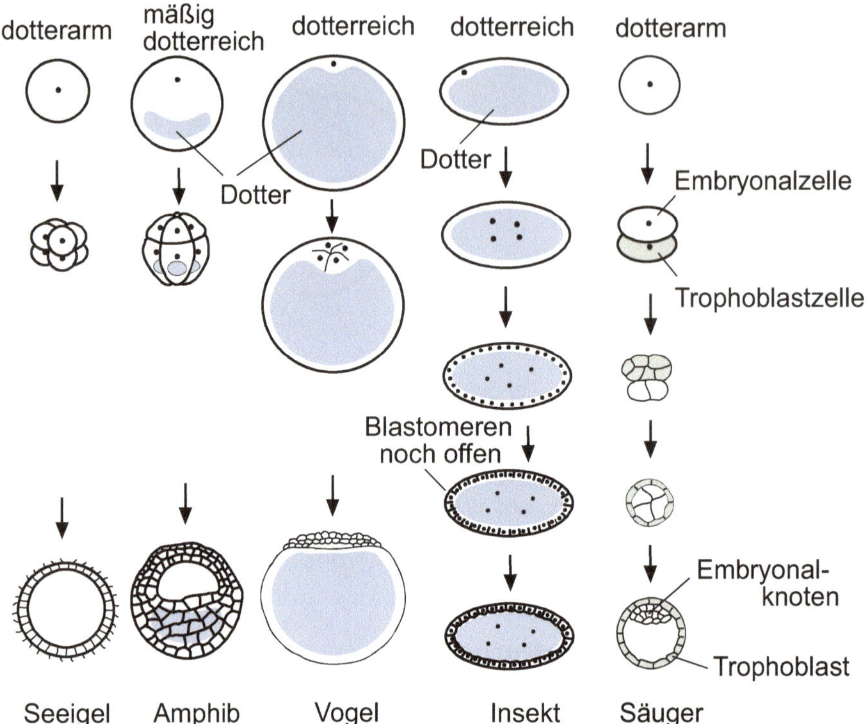



**Abb. 7.2** Furchungstypen. Die Furchungsteilungen des recht dotterarmen Eies eines Seeigels verlaufen total und äqual, also ganz und gleichteilig, die Zellen der Blastula sind nahezu gleich groß. Auf dem dotterreichen Ei eines Vogels bildet sich nur eine kleine Keimscheibe; bei den ersten Teilungen wird die Zellmembran nur ein Stückchen nach innen gezogen. Der Dotter wird erst spät in der Embryogenese aufgebraucht. Das mäßig dotterreiche Ei der Amphibien teilt sich total, aber äqual. Selbst in der Blastula sind die dotterreicheren Zellen noch größer als die dotterarmen. Im dotterreichen Ei eines Insekts teilen sich zunächst nur die Kerne; Zellen werden erst später an der Peripherie des Eies abgetrennt. Das Säugerei hingegen ist sehr dotterarm. Aus einer der beiden ersten Blastomeren (Furchungszellen) entwickelt sich der eigentliche Embryo, die zweite Zelle wird zum Trophoblast, der den Embryo schützt und ernährt. Der Embryo ist auf die Ernährung durch die Mutter – über den Trophoblast – angewiesen.

Gametenkerne ist der Eikern, auch als Synkaryon bezeichnet, diploid geworden, besitzt also von jedem Chromosomentyp zwei Exemplare.

Im Augenblick der Fusion von Eizelle und Spermium verändert sich das Membranpotenzial der Zelle, und kein weiteres Spermium kann mit der Eizelle fusionieren. Die Veränderung des Membranpotenzials ist also eine Besamungssperre, ein schneller Block gegen Polyspermie. Bald darauf werden aus dem Ei Enzyme freigesetzt, die die ursprüngliche Eihülle, die Zona pellucida (ZP), chemisch modifizieren. Der Zugang zur Zellmembran für weitere Spermien wird damit endgültig verhindert. Dies ist ein zweiter, dauerhafter Block gegen Polyspermie.

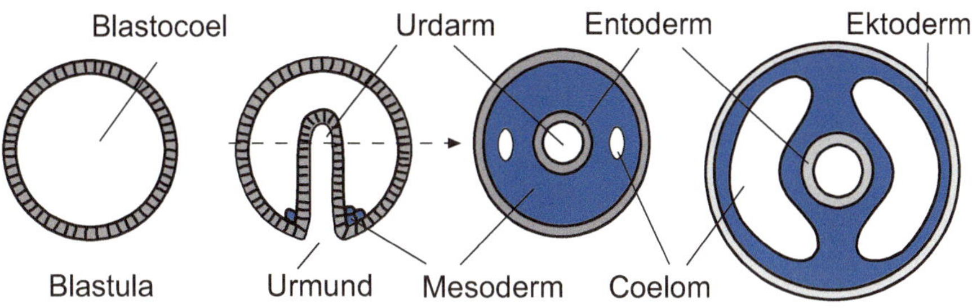


**Abb. 7.3** Gastrulation und Coelomentstehung bei Anneliden. Zunächst stülpt sich das Blastoderm an einer Stelle ein. Das entstehende blind endende Säckchen bildet den Urdarm des Embryos mit dem Urmund. Die Wandzellen des Urdarmes stellen das innere Keimblatt dar, das Entoderm. Die noch außen liegenden Zellen des Blastoderms bilden das äußere Keimblatt, das Ektoderm. Im Randbereich des Urmunds wird bei einer Zellteilung eine Zelle in das Blastocoel vorgeschoben. Aus dieser Zelle geht dann das dritte Keimblatt hervor, das Mesoderm. Es füllt schließlich das Blastocoel ganz aus, worauf sich in der Mesodermzellmasse zu beiden Seiten des Urdarmes durch Zellwanderungen und Zelltod Hohlräume bilden. Diese Hohlräume stellen die sekundäre Körperhöhle dar, die als Coelom bezeichnet wird.

## 7.3 Embryogenese

Nach der Befruchtung beginnt mit der Furchung die Embryogenese. Die ersten Teilungen werden als Furchungsteilungen bezeichnet. Je nach Aufbau der Eizellen laufen die Furchungsteilungen unterschiedlich ab (Abb. 7.2), wobei auch die Menge des Dotters (Reserveproteine der Eizelle) und das Cytoskelett eine große Rolle spielen.

Bei vielen Tierarten behalten die ersten Zellen noch das komplette Entwicklungspotenzial. Jede der ersten vier oder sogar acht Furchungszellen (Blastomeren) kann als universelle Stammzelle noch ganze Embryonen generieren. Deshalb können auch entsprechend viele eineiige Geschwister entstehen. Bei manchen Arten behalten viele Blastomeren ihre Entwicklungspotenz lange, während bei anderen Arten das Entwicklungsschicksal der Zellen früh determiniert (festgelegt) ist. Die Blastomeren ordnen sich zu einem beerenförmigen Bällchen (Morula) an. Danach wird eine kleine Hohlkugel, die Blastula, geformt. Ausgehend davon werden sogenannte Keimblätter gebildet, aus denen später die Organe entstehen. Dieses Prinzip der Keimblattbildung, aus denen die Organe entstehen, ist typisch für Tiere.

### Bildung der Keimblätter – die Gastrulation

Nach der Ausbildung der Blastula mit der primären Leibeshöhle (Blastocoel) im Inneren entstehen drei Keimblätter: das Ektoderm, das Entoderm und das Mesoderm. Die Keimblätter sind Zellschichten mit jeweils typischem Entwicklungspotenzial (Tab. 7.1). Ihr Entwicklungsmodus ist in den Tierstämmen sehr unterschiedlich. Bei Ringelwürmern (Anneliden, dazu gehört der Regenwurm), ist die Keimblattentstehung besonders übersichtlich (Abb. 7.3).

**Tab. 7.1** Entwicklungspotenzial der Keimblätter

| Keimblatt | Organe, die aus dem Keimblatt gebildet werden |
|---|---|
| Ektoderm | Nervensystem, Gehirn, Oberhaut (Epidermis), Pigmentzellen |
| Entoderm | Darmsystem, Leber, Bauchspeicheldrüse, Lunge, Harnblase |
| Mesoderm | Blutgefäße, Herz, Keimdrüsen, Nieren, Muskeln, Bindegewebe |

In der Stammesgeschichte der Tiere haben sich bestimmte Entwicklungsmechanismen und embryonale Strukturen bewährt und durchgesetzt. Die Keimblätter sind tierische Entwicklungsmodule, aus denen stets bestimmte Organe entstehen. Den Keimblättern der Tiere vergleichbar sind die Meristeme der Pflanzen.

Nur ganz einfache Tiere wie Schwämme und Nesseltiere haben kein Mesoderm und damit keine sekundäre Leibeshöhle (Coelom). Das Coelom bleibt von einer Mesodermzellschicht, dem Coelomepithel, umgeben. Die dünnen Epithelien aneinandergrenzender Coelomsäckchen bilden Häutchen, sogenannte Mesenterien, die der Aufhängung des Darmes und anderer Organe in der Leibeshöhle dienen.

## Organbildung

Bei Wirbeltieren wird nach Fertigstellung der Gastrula das Neuralrohr gebildet, erstes Element des Zentralnervensystems. Damit beginnt die Organbildung. Noch während sich die Keimblätter entwickeln, wirken ihre Zellen bereits auf benachbarte Zellen ein, gerade auch auf Zellen der anderen Keimblätter. Durch biochemische Signale induziert verändern Zellen ihre Form. Manche teilen sich zudem verstärkt. Beides bewirkt lokale Morphogenesen (Gestaltbildungen) (Abb. 7.4).

Auch die Entwicklung anderer Organe beinhaltet ähnliche Gestaltbildungsprozesse wie die Neuralrohrbildung. Immer erfolgen solche Morphogenesen durch Zellverformungen und Zellvermehrungen, Epithelfaltungen und Gewebeverdickungen und nicht selten auch formgebendes Absterben bestimmter Zellen. Das führt zu erstaunlichen Formen wie etwa den merkwürdigen Knochenstrukturen der Insektenflügel oder so komplexen Organen wie Augen (Abb. 7.5). Während die Morphogenese auf anatomischer Ebene schon optisch zu verfolgen ist, übernehmen die Zellen der entstandenen Organe aber auch neue Funktionen, zeigen dann typische Leistungsprofile und Stoffwechselrepertoires wie z. B. Nervenzellen, Verdauungszellen oder Muskelzellen.

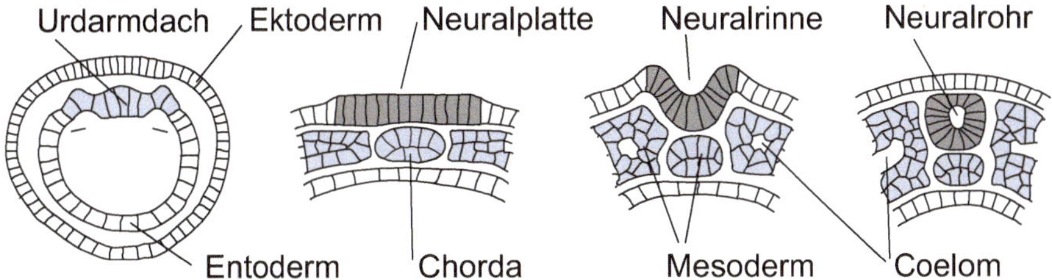


**Abb. 7.4** Neurulation – Beginn der Organbildung. Die Neurulation beim Lanzettfischchen läuft relativ einfach, aber durchaus typisch für Chordatiere, zu denen auch die Wirbeltiere gehören, ab. Aus dem Urdarmdach entsteht das Mesoderm, das dann die Chorda dorsalis bildet. Induziert durch die Chorda dorsalis flacht sich das Ektoderm darüber zur Neuralplatte ab. Diese faltet sich zur Neuralrinne ein, die sich dann zum Neuralrohr schließt. Diese Formbildung geschieht durch Wachstum und Verformung von Zellen. Im Mesoderm zu beiden Seiten der Chorda entsteht das Coelom.

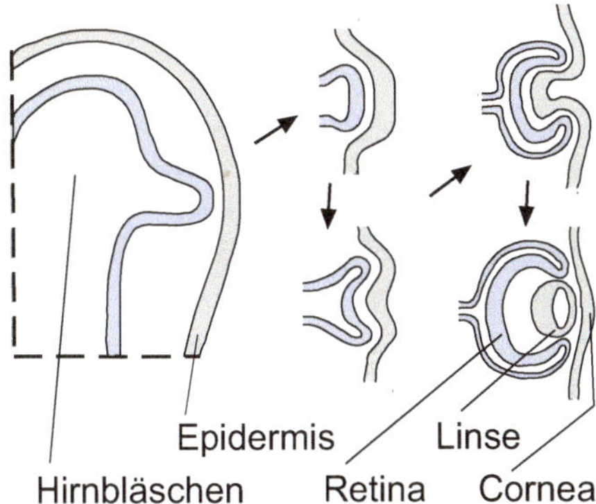


**Abb. 7.5** Augenentwicklung. Ein schönes Beispiel für Organentwicklung ist die Bildung des Auges. Aus dem entstehenden Vorderhirn wölbt sich zu beiden Seiten je ein Augenbläschen hervor. Das Augenbläschen stimuliert die darüber liegenden Epidermiszellen, sich zu strecken und zu verformen. Sie folgen dem sich napfförmig einstülpenden Augenbläschen und entwickeln sich zur Linse. Die innere Wand des Augennapfes wird zur Retina (Netzhaut). Über der Linse wird die Epidermis zur Cornea (Hornhaut). Damit ist der Grundaufbau des Wirbeltierauges verwirklicht.

## 7.4 Genetische Entwicklungssteuerung

Die vielen Gene einer Zelle sind nicht alle gleichzeitig aktiv. Gene werden vielmehr durch innere oder äußere Signale aktiviert, wenn ihre Produkte gebraucht werden. Man nennt dies differenzielle Genaktivierung (Abb. 7.6). Das Prinzip ist gerade in der Entwicklung gut zu erkennen, wo sich auch zeigt, dass jede Zelle ihr eigenes Genaktivitätsmuster hat.

Gene, die Entwicklung steuern, codieren oft selbst für genregulatorische Proteine, die dann direkt andere Gene aktivieren oder inaktivieren oder als Signale

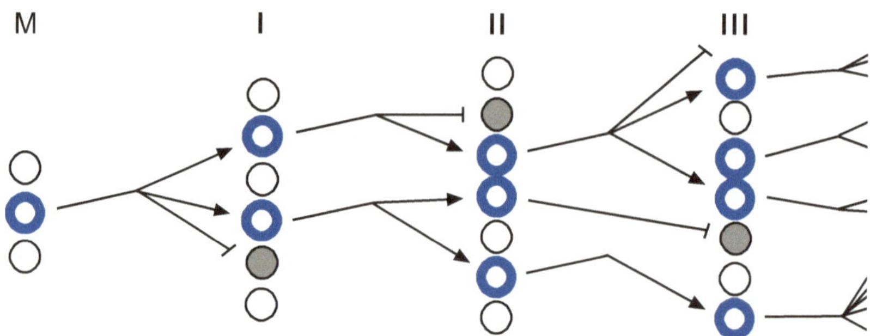

**Abb. 7.6** Differenzielle Genaktivierung in der Entwicklung. Ausgehend vom Genprodukt eines Maternaleffektgens (Hierarchiestufe M), einem regulatorischen Protein, werden erste Gene embryonaler Zellkerne (Hierarchiestufe I) aktiviert (blau) oder auch gehemmt (grau). Diese Gene codieren für Regulationsfaktoren, die nachgeordnete Gene (Hierarchiestufe II) aktivieren oder hemmen. Schließlich werden auch homeotische Gene bzw. Masterkontrollgene (hier Hierarchiestufe III) aktiviert, die in der Folge wiederum Gene weiterer Hierarchiestufen steuern und damit den Aufbau eines Organs regulieren. Die Darstellung ist schematisch und vereinfachend.

über Membranrezeptoren wirksam werden. Dadurch werden sukzessive bestimmte Signalkaskaden und Stoffwechselwege angeworfen, andere werden inaktiviert. Das Prinzip der genetischen Steuerung von Entwicklungsvorgängen ist besonders gut bei der Fruchtfliege *Drosophila melanogaster* untersucht. Man erkennt das Prinzip der hierarchischen Steuerung. Die ersten drei Hierarchiestufen sind die folgenden:

1. Im Ei legen Gradienten mütterlicher (maternaler) Genprodukte die polare Organisation des Keims fest. Es sind regulatorische Proteine. Eines ist das Protein Bicoid, ein vorderpolbestimmender Faktor (Kopffaktor), codiert von dem *bicoid*-Gen in den mütterlichen Nährzellen der Eizelle. Wo das Bicoid im Ei lokalisiert ist, befindet sich also der Vorderpol; dort entstehen Kopfstrukturen wie Mundwerkzeuge und Gehirn. Ein hinterpolbestimmender Faktor, auch von den mütterlichen Nährzellen produziert, wird am entgegengesetzten Ende der Eizelle eingelagert. Dort entstehen unter anderem der After und die hinteren Atemöffnungen u. a. Vorderpol- und hinterpolbestimmende Faktoren werden wie gesagt von Genen der Mutter (maternalen Genen) codiert. Die mRNAs dieser Gene, also z. B. die *bicoid*-mRNA, werden aus den Nährzellen an „ihren" Ort in der Eizelle gebracht, wo sie später translatiert, d. h. zu einem Protein „übersetzt" werden. Man nennt solche Gene Maternaleffektgene.

2. Maternaleffektproteine aktivieren bestimmte Gene des Embryos, inaktivieren andere und steuern so die grundlegende Körperorganisation. Man nennt diese nachgeschalteten Gene, die praktisch die zweite Hierarchieebene der Entwicklungssteuerung darstellen, Lückengene oder Segmentationsgene. Es sind die ersten Gene, die im Embryo selbst aktiv werden. Ein Beispiel ist das Gen *krüppel*. Es ist für die korrekte Ausbildung der grundlegenden Segmentierung der Larve notwendig.

3. Von Segmentationsgenen werden Gene aktiviert, die das Schicksal von ganzen Körperteilen und Organen festlegen, sogenannte homeotische Gene (auch: homöotische Gene). Mutiert ein solches Gen, entsteht ein für eine Position

falsches Körperteil, ein falsches Organ. Ist z. B. das Gen *antennapedia* defekt, entsteht am Kopf einer Fliege keine Antenne, sondern ein Füßchen. Die Bezeichnung des Gens bzw. der Mutante soll dies ausdrücken. Man könnte Antennapedia mit „Antennenfuß" übersetzen.

Entwicklung wird nach dem Prinzip der differenziellen Genaktivierung gesteuert. Wird in einem Zellkern, aufgrund seiner Position im Embryo, ein bestimmtes Gen aktiviert, so wirkt das Produkt dieses Gens regulierend auf nachgeschaltete Gene usw. Es sind also bestimmte, entsprechend der Position der Zellen im Embryo unterschiedliche Gene aktiv, und nur bestimmte Genkaskaden werden aktiviert. Interaktionen (vor allem) benachbarter Zellen wirken zusätzlich entwicklungssteuernd.

**Bezeichnung der Gene**
Gene werden in der klassischen Genetik nach dem Erscheinungsbild der entsprechenden Defektmutante bezeichnet. Ist das Gen *krüppel* defekt, fehlen einige Körperglieder und die Larve ist verkrüppelt. Lückengene sind für die Ausbildung der grundlegenden Segmentierung notwendig. Ist ein Lückengen defekt, zeigt die Segmentierung der Larve eine „Lücke". Üblicherweise werden die Bezeichnungen der Gene, ihrer mRNAs und Mutanten kursiv und klein geschrieben. Die Namen des codierten Proteins werden dagegen groß und nicht kursiv geschrieben, z. B. die *bicoid*-Mutante, das Gen *bicoid*, die *bicoid*-mRNA, aber das Bicoid-Protein bzw. Bicoid (ein Morphogen).

## Homeose und homeotische Gene

Homeotische Gene sind entscheidende genetische Schalter für die Ausbildung ganzer Organe. Bei Defekt eines homeotischen Gens entwickelt sich eine Struktur zu einem – für den anatomischen Ort – falschen Organ. Dieses Phänomen, die Transformation eines Körperteiles in die entsprechende Struktur eines anderen Körpersegments, wird als Homeose bezeichnet. Homeotische Gene (*hom*-Gene bzw. *hox*-Gene) codieren für Proteine, die als Regulationsfaktoren an andere Gene binden und diese regulieren können. Dazu müssen die Proteine eine Struktur (in ihrer Aminosäuresequenz) besitzen, die an Genpromotoren, also an bestimmte DNA-Abschnitte, binden kann. Solche DNA-bindenden Strukturen werden auch als Homeodomänen bezeichnet. Den für eine Homeodomäne codierenden Genabschnitt (die DNA-Sequenz) nennt man Homeobox. Nicht nur homeotische Gene, auch die Gene anderer Regulationsfaktoren, z. B. Bicoid, besitzen Homeoboxen.

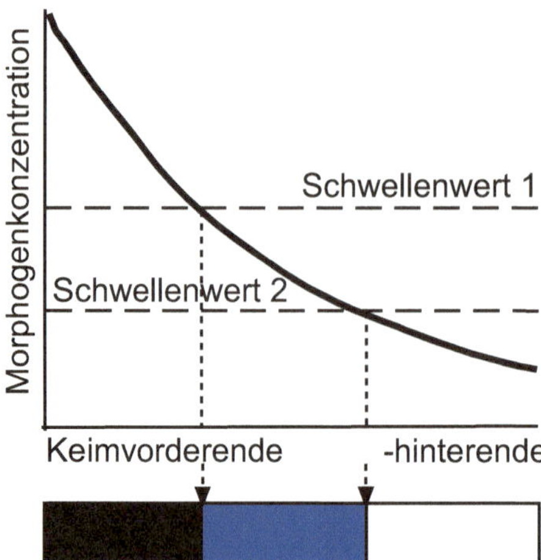


**Abb. 7.7** Morphogengradienten als Grundlage von Musterbildung. Morphogene sind Proteine oder Moleküle anderer Natur, die direkt oder indirekt Gene aktivieren oder inaktivieren können. Oft muss ein Schwellenwert erreicht werden, damit ein Gen durch das Morphogen aktiviert wird. Schon der Konzentrationsgradient eines einzelnen Morphogens kann daher musterbildend wirken. Ob beispielsweise ein Gen durch Bicoid aktiviert wird, hängt von dessen Konzentration vor Ort ab. *Bicoid*-mRNA wird am Vorderende des Eies deponiert. Von dort bildet sich im Ei nach der Translation der mRNA ein Gradient des Bicoid-Proteins von vorn nach hinten aus. Über die schwellenwertabhängige Aktivierung von Segmentationsgenen wird so eine Grundsegmentierung des Embryos erreicht. Gegenläufige Gradienten zweier Morphogene können schon erheblich differenziertere Muster erzeugen.

Nachdem die anteroposteriore (vorn-hinten) Körperachse durch Bicoid und andere maternale Faktoren festgelegt wurde, werden entlang dieser Achse einem bestimmten Muster bzw. einer bestimmten Position entsprechend eine Reihe von *hox*-Genen aktiviert. Ob an einem Ort des jungen Embryos ein *hox*-Gen aktiviert wird, hängt etwa von der Konzentration des Morphogens, z. B. Bicoid, ab. So kann schon durch den Konzentrationsgradienten nur eines Morphogens ein Muster erzeugt werden (Abb. 7.7).

Durch Interaktionen benachbarter Zellen können zwei- und dreidimensionale Musterbildungen erklärt werden. Schon einfachen Regeln folgende Interaktionen (z. B. signalinduzierte Hemmung oder Verstärkung von Zellvermehrung), einfache Rückkoppelungen und Iterationen solcher Interaktionen können zur Bildung komplexer Muster, z. B. zur Ausbildung/Anordnung verschiedener Zelltypen, in Geweben führen. Solche Vorgänge lassen sich gut modellieren (z. B. Gardner 1970; Camazine et al. 2003).

*Hox*-Gene initiieren, wie am Beispiel von *antennapedia* beschrieben, über ihre Genprodukte in den verschiedenen Körperabschnitten die Entwicklung bestimmter Strukturen. So wird etwa beim Hühnchen im Vorderextremitätenbereich die Bildung von Flügeln induziert, im Hinterextremitätenbereich die Bildung von Beinchen. Während also vorn das Flügelbildungsgen *hoxd9* aktiviert wird, wird dort das Entwicklungsgen für Beinchen *hoxc9* unterdrückt. Das Genprodukt von *hoxd9* kann dann verschiedene Gene aktivieren, die schließlich zur Gestaltung eines Flügels führen. Umgekehrt wird hinten, wo das Beinchengen aktiviert wird, das Flügelgen unterdrückt: Es entsteht ein Beinchen. Die unterschiedliche Gestaltbildung von Flügel oder Beinchen mit den sich daraus ergebenden Funktionen wird unter anderem durch unterschiedliches Wachstum der „Grundkomponenten" verwirklicht. Muskeln und Knochen etwa entstehen aus mesodermalem Gewebe; Hautkomponenten, auch Federn und Haare, werden aus Ektoderm und Mesoderm gebildet.

Für manche Regulationsgene wurde auch positiv gezeigt, dass sie ein entsprechendes entwicklungssteuerndes Potenzial haben. Das beste Beispiel ist ein Gen für Augenbildung, das sogenannte *pax6*-Gen. Implantiert man dieses Gen einer Fliege in beinbildendes Gewebe, entwickelt sich ein zusätzliches Auge am Bein. Gene wie *pax6* sind als Masterkontrollgene der Entwicklung zu betrachten.

Musterbildungen sind besonders augenfällige Beispiele dafür, dass Entwicklungsvorgänge den Mechanismen der Synergetik folgen. Embryonale (benachbarte) Zellen interagieren, ggf. angeregt etwa durch ihre Position im Konzentrationsgradienten eines Morphogens. Dabei können Produkte bestimmter Gene, z. B. von Masterkontrollgenen, die Rolle von sogenannten Ordnern übernehmen, die schließlich die Entwicklung ganzer Organe bestimmen.

**Homeotische Gene und Masterkontrollgene**
Homeotische Gene legen das Entwicklungsschicksal ganzer Körperabschnitte oder Organe fest. Bei Defekt eines homeotischen Gens entwickelt sich eine Struktur zum falschen Organ. Ist das *antennapedia*-Gen der Fruchtfliege defekt, entwickelt sich an ihrem Kopf anstelle einer Antenne ein Bein. Homeotische Gene, die definitiv die Entwicklung eines bestimmten Organs induzieren, wie das *pax6*-Gen, werden auch als Masterkontrollgen bezeichnet. Sie „werfen" konsequent den gesamten genetischen Apparat für die Entwicklung eines Organs an. Wird *pax6* induziert oder das aktive Gen in eine Zelle injiziert, entwickelt sich dort unweigerlich ein Auge. So konnte am Fliegenbein die Ausbildung eines zusätzlichen Auges induziert werden.

## 7.5 Geschlechtsbestimmung

Ein interessantes Detail der Entwicklung ist die Geschlechtsbestimmung. Männchen und Weibchen unterscheiden sich in den Geschlechtsorganen und oft auch in markanten sekundären Geschlechtsmerkmalen, z. B. Milchdrüsen, Schmuckfedern, Geweihen, Farbmustern oder Körpergröße. Hier soll die Steuerung der Geschlechtsentwicklung, also die Geschlechtsbestimmung, dargestellt werden. Traditionell wird zwischen genotypischer und phänotypischer Geschlechtsbestimmung unterschieden. Beim Menschen werden Individuen, die ein Y-Chromosom besitzen, zu Männern. Tatsächlich trägt das Y-Chromosom ein männchenbestimmendes Gen

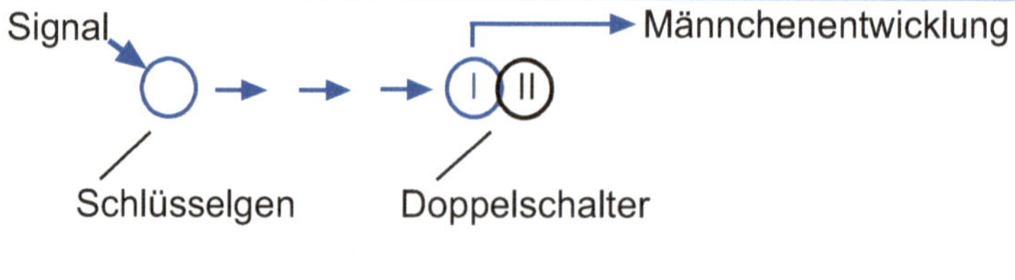


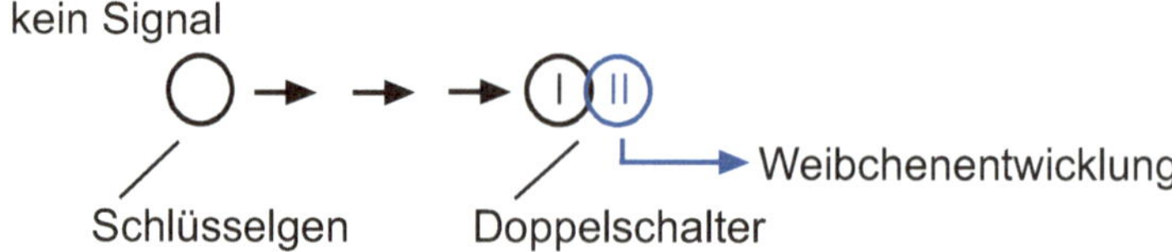


**Abb. 7.8** Steuerung der Geschlechtsbestimmung. Die Aktivierung (oder eben die Nichtaktivierung) eines Schlüsselgens durch ein artspezifisches Signal (ein genetisches oder ein äußeres Signal) führt zur Ausbildung eines Faktors, der ein abhängiges Gen aktiviert. Auf eine mehr oder weniger lange Genkaskade folgt schließlich stets ein Doppelschalter, der bei verschiedenen Arten sehr unterschiedlich funktioniert. Entscheidend ist, dass von dem Doppelschalter in jedem Fall ein positiver Trigger ausgeht: Bei der einen Schalterstellung wird ein männchenbestimmender Regulationsfaktor codiert, bei der anderen Schalterstellung ein weibchenbestimmender. Aktiviert ein adäquates Signal das Schlüsselgen, führt dessen Genprodukt zur Aktivierung nachgeschalteter Gene und somit zur Aktivierung der Doppelschalterstellung I: Die Männchenentwicklung wird induziert. Fehlt ein Signal, aktiviert das Schlüsselgen die nachgeschalteten Gene nicht. Dies führt zur Aktivierung der Doppelschalterstellung II und dadurch zur Weibchenentwicklung.

(TDF; *testis determining factor gene*). Das TDF-Protein sorgt für die Freisetzung eines Faktors, der in den Hodenkanälchen die Bildung von Testosteron bewirkt und so zur Entwicklung des Hodens führt. Bei der Fliege *Drosophila* werden Individuen, die zwei X-Chromosomen haben, zu Weibchen. Bei anderen Tieren sind äußere Einflüsse geschlechtsbestimmend. Bei Krokodilen ist die Temperatur während der Embryonalentwicklung entscheidend.

Es hat sich herausgestellt, dass die genetische Steuerung der genotypischen Geschlechtsbestimmung und der phänotypischen Geschlechtsbestimmung im Wesentlichen gleich sind. Immer gibt es ein Schlüsselgen, das in einem Fall durch äußere Einflüsse aktiviert oder reprimiert (abgestellt) werden kann, in anderen Fällen aber durch innere Faktoren, etwa eine Genkonstellation (z. B. ein Gen des Y-Chromosoms), gesteuert wird (Abb. 7.8).

## 7.6  Entwicklungssteuerung bei Pflanzen

Die Entwicklung von Tier und Pflanze läuft nach ähnlichen Prinzipien ab. Auch die morphogenetischen Mechanismen wie unterschiedlich rasches Zellwachstum und -vermehrung, Gestaltung der Zellform durch das Cytoskelett und mithilfe des Zellinnendrucks (Turgor) sind vergleichbar. Schon mit der ersten Zellteilung wird die Polaritätsachse des Pflanzenembryos festgelegt, und nach wenigen Zellteilungen sind die Hauptbildungsgewebe für die Spross- und Wurzelentwicklung ausgebildet (Abb. 7.9).

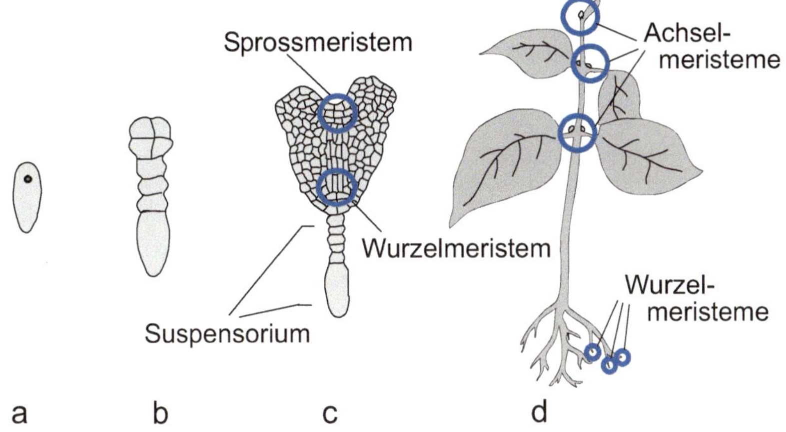


**Abb. 7.9** Entwicklung der höheren Pflanze. Schon mit der ersten Teilung der befruchteten Eizelle (Zygote; a) wird die Polarität des Pflanzenembryos festgelegt. Schon im Oktant (Keim mit acht Zellen; b) ist der Grundaufbau der späteren Pflanze angelegt, und im herzförmigen Stadium (c) sind Spross- und Wurzelmeristeme erkennbar. Sie sind als Entwicklungsmodule den Keimblättern der Tiere vergleichbar. Das Suspensorium stirbt nach der Embryonalentwicklung ab. Die adulte Pflanze (d) besitzt besonders an den Sprossspitzen, in den Blattachseln und an den Wurzelspitzen Meristeme für neues Wachstum.

Bildungsgewebe werden bei Pflanzen als Meristeme bezeichnet. Darin liegen Stammzellen, aus denen sich verschiedenste Gewebe entwickeln können. Für die Spross- und Wurzelmeristeme des Embryos hat man Anlagepläne erstellen können, die das Entwicklungsschicksal der einzelnen Zellen aufzeigen. Vom Prinzip her erscheinen diese Meristeme den Keimblättern der Tiere vergleichbar. Das Stammzellreservoir wird mit dem Wachstum der Pflanzen nicht erschöpft, vielmehr werden bei den Teilungen der Stammzellen immer auch neue Stammzellen behalten. Die Spross- und Wurzelscheitel älterer Pflanzen haben ebenfalls solche Stammzellen, und auch in Blütenknospen und vielen Blattachseln liegen Meristeme mit Stammzellen bereit. So ist es möglich, dass aus Ablegern und Stecklingen neue vollständige Pflanzen erwachsen.

Pflanzen besitzen an Spross- und Wurzelspitzen Meristeme, d. h. Gruppen undifferenzierter, teilungsfähiger Zellen, die zu Wachstum induziert werden können. Stets bleiben bei den inäqualen Teilungen solcher Zellen meristematische, also totipotente, Zellen erhalten.

Auch bei Pflanzen basiert die Regulation der Individualentwicklung auf differenzieller Genaktivierung. Auch bei Regulationsgenen von Pflanzen ebenso wie von Pilzen wurden Homeoboxen gefunden. So bestimmt eine Reihe homeotischer Gene die Entwicklung der Blütenwirtel. Mutationen können auch hier zu homeotischen Veränderungen führen. Dadurch werden z. B. Kronblätter anstelle von Staubblättern gebildet oder umgekehrt. Wie bei Tieren erkennt man das Prinzip der hierarchisch organisierten differenziellen Genaktivierung.

Ein wichtiger Regulationsfaktor der Pflanzen ist Auxin (Indolessigsäure, IAA). Dieses Signalmolekül beeinflusst den Abbau (die Abbaurate) anderer Regulationsfaktoren und die Aktivierung von auxinabhängigen Genen, die das Wachstum der Meristeme anregen. Mithilfe von Transportproteinen wird Auxin transportiert, um lokal (im Spross oder in der Wurzel) Wachstum zu induzieren.

Auch die Proliferation (Wachstum und Vermehrung) der Stammzellen wird genetisch reguliert. Durch Regulationsfaktoren (Transkriptionsfaktoren) von Stammzellen und den Zellen von Organisationszentren der Meristeme werden die Größe des Organisationszentrums und die Dynamik der Stammzellvermehrung geregelt.

## 7.7  Entwicklungsstrategien und Lebensstrategien

Oft haben verwandte Arten konträre Lebensstrategien und, folgerichtig, ganz unterschiedliche Entwicklungsstrategien. Dabei ist die Frage, welche Strategie denn besser sei, nur unter Berücksichtigung der Lebensräume und Lebensumstände zu beantworten. Oft haben sich einzelne Strategien anscheinend sehr konsequent und divergierend entwickelt. Man meint vereinfachend regelrechte Strategiepaare zu erkennen. Im Folgenden sollen jeweils zwei Strategiepaare gegenübergestellt werden:

1. Entwicklungen mit anhaltender Entwicklungsflexibilität versus frühe Determiniertheit der Embryonalzellen,
2. direkte Entwicklung versus Lebenszyklen mit Metamorphose.

Ein weiteres „Strategiepaar", nämlich die Alternative der Fortpflanzung in einfachen Lebenszyklen bzw. in Lebenszyklen mit Generationswechsel, ist in ▶Kap. 5 dargestellt.

### Entwicklungsflexibilität versus Determiniertheit

In der Entwicklung der Maus und anderer Säugetiere behalten Embryonenzellen über einige Teilungen ihre komplette Entwicklungspotenz, bleiben also totipotent. Tatsächlich schadet es dem Säugerembryo nicht, wenn man auf dem Acht-Zell-Stadium einzelne Zellen abtötet oder entnimmt. Die verbleibenden fangen den Verlust durch zusätzliche Zellteilungen auf. Es ist sogar möglich, junge Embryonen des Acht-Zell-Stadiums nach Entfernen der Zona pellucida miteinander zu fusionieren: Eine normale Maus entsteht. Genetisch ist ein solches Individuum ggf. ein Mosaik, d. h., es enthält genetisch unterschiedliche Zellen. Säugerkeime zeigen also eine erstaunliche Entwicklungsflexibilität.

Ganz anders verläuft z. B. die Entwicklung der Fadenwürmer (Nematoden). Im Embryo des kleinen Fadenwurmes *Caenorhabditis elegans* werden schon mit den ersten Teilungen die Entwicklungsschicksale der Blastomeren weitgehend festgelegt. Man spricht von Mosaikkeimen im Gegensatz zu Regulationskeimen, bei denen das Schicksal der Zellen lange regulierbar bleibt. Mit dem „Eindringen" des Spermiums wird die Polarität des Eies festgelegt. Schon die erste Furchungsteilung ist inäqual, und die Schicksale der beiden Tochterzellen unterscheiden sich. Auch mit den folgenden, ebenfalls asymmetrischen, Teilungen werden die Zellschicksale weiter determiniert bzw. festgelegt. Zerstörte Zellen können meist nicht ersetzt werden.

Fadenwürmer müssen sich häuten, um wachsen zu können. Nach der ersten Häutung besteht der kleine Wurm aus genau 558 Zellen; jedes Individuum hat 558 Zellen. Nach der letzten, der vierten Häutung sind es 959 Zellen (beim Hermaphrodit [Zwitter]. Das Männchen hat 1 031 Zellen zuzüglich Keimzellen). In der Entwicklung sind programmgemäß 131 Zellen abgestorben. Nicht nur Fadenwürmer, auch andere Tiere zeigen diesen unflexiblen Entwicklungstyp, der auch als Mosaikentwicklung bezeichnet wird. Eine Konsequenz der Mosaikentwicklung kann wie bei den Nematoden weitgehende Zellkonstanz sein.

## Direkte Entwicklung versus Entwicklungszyklen mit Metamorphose

Die Entwicklung des Menschen erscheint uns biologisch konsequent, gezielt auf die Erwachsenenphase ausgerichtet. Entsprechend der größeren Leistungsfähigkeit des Erwachsenen ist die Jugendphase relativ kurz. Dass es auch andere Konzepte geben kann, zeigt ein Blick auf die Entwicklung von Tieren mit morphologisch und funktionell vom erwachsenen Tier verschiedenen Larvenphasen. So entwickeln sich viele Amphibien über wasserlebende Kaulquappenstadien, während die erwachsenen Tiere Beine ausbilden und an Land gehen.

Aus dem Ei einer Libelle schlüpft eine räuberische Larve. Sie hat keine Flügel und mag dem Laien eher wie ein Käfer erscheinen. Sie lebt viele Monate im Wasser, fängt kleine Tiere, häutet sich mehrfach und wächst zu erstaunlicher Größe heran. Schließlich schlüpft daraus die flugfähige Libelle. Nun werden Lebensweise und Stoffwechsel völlig umgestellt. Erwachsene Libellen jagen im Luftraum. Libellenlarven atmen vielfach mithilfe ihres Enddarmes, in den sie Wasser einsaugen, ihm Sauerstoff entnehmen und es wieder ausstoßen. Die Imagines (die erwachsenen Insekten) atmen mit ihrem Tracheensystem. Das ist ein Netz von Luftleitungen, das im Körper alle Organe erreicht. Die Imagines leben meist nur wenige Wochen. Während dieser Zeit paaren sie sich, um sich so geschlechtlich fortzupflanzen.

Tiefgreifender noch als bei den Libellen erscheinen die Umformungen im Leben einer Fliege (Abb. 7.10). Verpuppt sich die Fliegenmade, werden im Prozess der Metamorphose viele Organe völlig abgebaut, und neue Organe wie die Flügel entwickeln sich. Man spricht deshalb von „katastrophaler Metamorphose", weil bei diesen Neustrukturierungen Abbau und Neuentwicklungen in großem Ausmaß stattfinden.

Es ist unzweifelhaft, dass der Wechsel des Lebensraumes verbunden mit einer Umstellung der Lebensweise für die Insekten vorteilhaft ist. Selbst der Aufwand der Verpuppung und der katastrophalen Metamorphose scheint sich zu lohnen. Die

**Abb. 7.10** Lebenszyklus der Fliege. Die Entwicklung wird hormonell gesteuert. Über die Ausschüttung des Häutungshormons Ecdyson wird jeweils die Häutung ausgelöst. Wird gleichzeitig Juvenilhormon wirksam, kommt es zur Larvalhäutung, bei nur wenig Juvenilhormon zur Verpuppung. Lediglich Ecdyson führt dann zur Metamorphose und damit zur Imago. Ecdyson und Juvenilhormon sind Steroidhormone, die genregulatorisch wirken können.

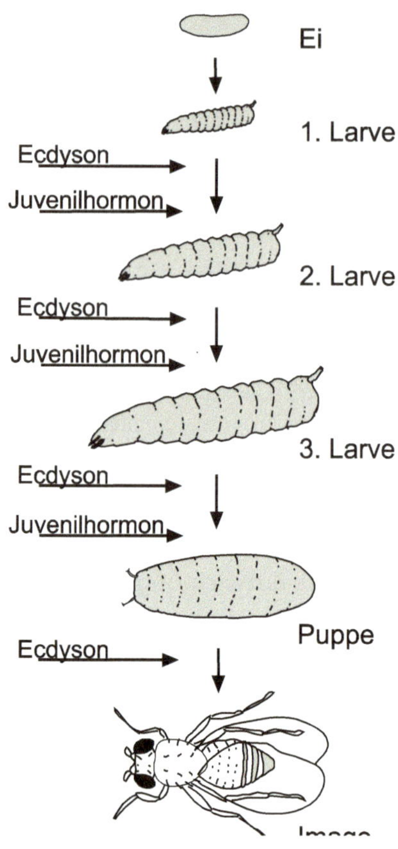


Verpuppung macht einen kategorischen Strategiewechsel möglich. Das Heranwachsen als relativ einfach organisierte Larve (etwa der Fliegenmade) im Vergleich zum komplexen flugfähigen Insekt ist wohl in vielen Fällen ökonomischer, während für Balz und innergeschlechtliche Konkurrenz offenbar ein erheblich höherer Aufwand lohnend ist.

## 7.8 Regeneration

Bei der Regeneration werden verloren gegangene Teile eines Individuums ersetzt. Während zwar viele Gewebe im Körper des Menschen ständig erneuert werden – so die Oberhaut, die Schleimhaut im Mund und im ganzen Verdauungstrakt, auch die Blutzellen –, ist die Regenerationsfähigkeit unserer Organe gering. Tiere geringerer Entwicklungshöhe haben da mehr Möglichkeiten. Man kennt ja den relativ kompletten Ersatz des abgeworfenen Schwanzes einer Eidechse. Manche junge Amphibien können abgebissene Beinchen und andere Organe ersetzen. Bei einfachen Tieren wie dem Süßwasserpolypen oder Plattwürmern kann aus wenigen Zellen ein ganzes Individuum regeneriert werden.

Weitergehend als beim einfachen Wundverschluss entwickeln sich bei der Regeneration aus undifferenzierten, ggf. dedifferenzierten Zellen unterschiedliche Gewebe neu. Solche Zellen nennt man Stammzellen. Sie haben jeweils ein bestimmtes Entwicklungspotenzial. Schon in der Normalentwicklung werden Stammzellen durch äußere Signale, die normalerweise Ausdruck der Position einer Zelle im Embryo sind, in eine bestimmte Entwicklung gedrängt. Dazu werden genetische Programme angestoßen.

Für die Regeneration braucht es Stammzellen mit dem ausreichenden Potenzial und zusätzlich gezielte Signale, also die richtigen Wachstumsfaktoren. Es gelingt mehr und mehr, Hautplantate im Labor zu generieren, etwa um großflächige Wunden zu behandeln oder an künstlicher Haut die Wirkung von Medikamenten und Kosmetika zu testen. Auch andere Organe scheint man in Zukunft ersetzen zu können. In der Forschung wird z. B. fieberhaft daran gearbeitet, die Bedingungen für die Entwicklung einer künstlichen Leber zu etablieren.

Führt die Entwicklung von Zellen zu bestimmten Spezialisierungen, werden Gene für andere Funktionen nicht mehr aktiviert – also im ganzen Leben nicht mehr. Bei Regenerationen ebenso wie in abnormalen Situationen, etwa bei bestimmten Erkrankungen, können gelegentlich Zellen oder ganze Organe nachträglich umfunktioniert werden. Man spricht von Umdifferenzierung. Dafür gibt es im Tierreich viele Beispiele. Am bekanntesten sind wohl solche Prozesse bei der Geschlechtsumkehr etwa bei Würmern oder Fischen. Oft erkennt man, dass es zunächst zu einer Dedifferenzierung kommt. Dedifferenzierte Zellen erlangen dabei sekundär wieder eine größere Entwicklungspotenz. Danach können sie auf geeignete Morphogene reagieren und erneut differenzieren.

## 7.9 Altern

Nach unserer Lebenserfahrung erscheint uns Altern als ein Abnutzungsprozess. Irgendwann scheint der Körper verbraucht zu sein. Näher besehen altern aber die Lebewesen sehr unterschiedlich schnell. Belastung und Abnutzung spielen sicher eine Rolle und können die unmittelbaren Ursachen des Alterns sein und damit dessen proximate Erklärung. Solche Ursachen zu kennen und auch zu verstehen, wie sie wirken, könnte helfen, den Alterungsprozess zu beeinflussen. Außerdem ist aber interessant, welchen biologischen Sinn das Altern hat und welche Strategien sich hinter unterschiedlichen Lebenserwartungen einzelner Arten verbergen. Das ist die Frage nach der ultimaten Erklärung des Alterns – der Frage, wie es in der Stammesgeschichte dazu gekommen ist.

Tatsächlich scheint das Altern weder als Abnutzungsprozess schlicht „naturgegeben" zu sein noch grundsätzlich unabdingbar. Vielmehr scheint es eine Eigenschaft zu sein, die sich in der Stammesgeschichte durchgesetzt hat. Einzeller wie z. B. Paramecien pflanzen sich durch Teilung fort. Sie können sich aber nicht beliebig oft teilen. Wir erkennen bei vielen Einzellern ein Klonaltern (d. h., sämtliche Zellen, die durch mitotische Teilungen aus einer Vorfahrzelle hervorgegangen sind, stellen einen Klon dar). *Paramecium aurelia* beispielsweise kann sich ca. 250-mal teilen, dann sind die Zellen alt. Haben sie sich aber rechtzeitig vor dem Altwerden sexuell fortgepflanzt – sie paaren sich und tauschen dabei Spermienkerne aus –, sind sie wieder jung und können sich weiter teilen.

*Paramecium bursaria* dagegen kann sich ca. 6000-mal teilen, bevor die Zellen alt sind. Ähnliche Unterschiede in der Lebenserwartung gibt es bei Insektenarten und Säugetieren. Auch wenn Abnutzungsprozesse proximat fraglos eine Rolle spielen, liegt dem Altern doch ein genetisches Programm zugrunde.

Abnutzung und Verschleiß sind proximate (unmittelbare) Erklärungen von Alterserscheinungen. Altern hat aber offenbar einen biologischen Sinn, der zur Entstehung des Alterns geführt hat (ultimate Erklärung). So können unterschiedliche Lebenserwartungen mit verschiedenen Lebensstrategien der Arten erklärt werden. Das Altern ist offenbar Programm, und dieses Programm kann sogar defekt werden, wodurch Zellen nicht mehr altern können.

Pflanzen altern nicht in der Weise, wie Tiere das tun. Nehmen wir an, eine alte Eiche ist z. B. durch Abnutzungen und Pilzinfektionen kurz vor dem Zusammenbrechen. Entfernt man von diesem Baum einen Zweig und pflanzt ihn ein, so wächst daraus ein neuer, junger Baum, der wieder sehr alt werden kann. Solche Baumarten verfolgen offenbar ganz andere Lebensstrategien als Tiere. Das kurzlebige *Paramecium aurelia* wird durch sein rasches Altern zur sexuellen Fortpflanzung in kurzen Abständen genötigt. In den Populationen dieser Paramecien wird durch die häufige sexuelle Fortpflanzung mit ihren Rekombinationsmechanismen große Vielfalt erzeugt bzw. erhalten. Ändern sich Umweltparameter, ist die Art immer gut vorbereitet. Populationen des langlebigen grünen Parameciums, *P. bursaria*, brauchen selten sexuelle Fortpflanzung und zeigen wenig Vielfalt. Sie kommen besonders in Lebensräumen von Stehgewässern mit relativ konstanten Bedingungen vor. Auf plötzliche Umweltveränderungen ist *P. bursaria* folglich nicht so gut vorbereitet. Die Zusammenhänge von Umweltveränderungen, Vielfalt und Selektion werden in ▶Kap. 14 besprochen.

## 7.10 Entwicklungstechnologie und Medizin

Je mehr wir die Entwicklungsvorgänge verstehen, umso näher liegt es zu versuchen, sie zu beeinflussen. Längst schon wird dies bei Kulturpflanzen und Nutztieren versucht. Für solche Eingriffe sind aber neben ökologischer und gesundheitlicher Sicherheit die Klärung rechtlicher Fragen und ein weitgehender gesellschaftlicher Konsens Voraussetzung.

Lange schon zeichnet sich auch die Möglichkeit ab, dass Stoffwechselstörungen und Fehlentwicklungen z. B. des Gehirns mit molekulargenetischen Mitteln

**Eingriffe in die Entwicklungssteuerung**
Zunehmend verstehen wir die genetischen Grundlagen der Entwicklung. Mit der Gentechnik und den Kenntnissen der Fortpflanzungsbiologie werden wir mehr und mehr reparierend und steuernd eingreifen können, selbst auf der Ebene der Keimbahn. Hierzu sind ethische Entscheidungen zu treffen. Nicht das biologisch Machbare, vielmehr der gesellschaftliche Konsens muss Handlungsgrundlage sein.

behandelt werden können. Bereits heute lassen sich Stoffwechselkrankheiten oder andere Defekte an frühen Embryonen erkennen. Dies eröffnet zunächst biologisch die Möglichkeit der Auswahl, die beim Menschen ethisch problematisch ist. Biologisch und medizinisch reizt es aber auch in Kenntnis zu erwartender Defizite, „Reparaturen" zu versuchen. Dies ist beim Menschen ebenfalls heute schon vorstellbar.

Solche „Reparaturen", denkbar sogar in der Keimbahn, erscheinen manchem sogar als Chance, einer sonst vermeintlich unabdingbaren genetischen Dekadenz des Menschen Einhalt zu gebieten. So segensreich aber zumal die genetische „Reparatur" von Defekten des heranwachsenden Individuums zunächst erscheint, ist doch die Vorstellung weitreichender Manipulation erschreckend. Die Diskussionen um die Stammzellengewinnung und ihre Nutzung oder um die Erlaubtheit der Auswahl gesunder (geeigneter?) menschlicher Embryonen nach künstlicher Befruchtung zeigen, dass ethischer Konsens in der Gesellschaft und Rechtssicherheit notwendig sind.

Man darf annehmen, dass in wenigen Jahrzehnten in vielen Ländern gen- bzw. entwicklungstechnische Therapien für zahlreiche Krankheiten und „Defekte" zur Verfügung stehen, zumal dann Stammzellen, aus denen verschiedenste Zelltypen entstehen können, nicht mehr nur aus Embryonen isoliert werden können. Für viele Zwecke werden Stammzellen aus den Geweben Erwachsener gewonnen werden.

# Teil 3: Biologische Vielfalt, Bau und Funktion der Lebewesen

# Vielfalt und Stammbaum der Lebewesen 8

Alle Lebewesen gehen auf einen Ursprung zurück; sie sind monophyletisch. In der Stammesgeschichte hat sich eine immense Vielfalt entwickelt. Insbesondere die Diversität der Eukaryoten ist groß. Die fünf Hauptäste des Eukaryotenstammbaumes sind von Protisten (Einzellern) geprägt, aus denen an wenigen Stellen eine Entwicklung zur Vielzelligkeit zu erkennen ist.

Um Pflanzen und Tiere systematisch zu ordnen, hatte Carl von Linné zahlreichen Arten binäre Namen gegeben. Heute erstellt man phylogenetische Stammbäume, um in dem System auch die Verwandtschaftsbeziehungen aufzuzeigen. Grundlage sind gestufte Ähnlichkeiten, homologe Merkmale also, die sich in einer stammesgeschichtlichen Abfolge verändert haben. Für die stammesgeschichtliche Zuordnung müssen ursprünglich gleiche Merkmale (Plesiomorphien) von neuen bzw. abgeleiteten (Apomorphien) unterschieden werden. Verwandtschaft wird dann durch gemeinsame Apomorphien (Synapomorphien) erkennbar.

Die Vielfalt der Lebewesen ist augenfällig. Je näher man hinschaut, desto mehr werden einerseits Unterschiede und spezielle Anpassungen erkennbar, andererseits zeigen sich offensichtliche Ordnungsprinzipien. Es gelingt, die Lebewesen aufgrund gestufter Ähnlichkeiten systematisch zu ordnen. Viele Ähnlichkeiten zwischen allen Lebewesen sind dabei so groß und generell zu finden, dass Verwandtschaft aller Lebewesen angenommen wird (Abb. 8.1). Die Zellen aller Lebewesen haben eine prinzipiell ähnlich gebaute **Zellmembran** (auch Plasmamembran oder Plasmalemma), **Nucleinsäuren** speichern die genetische Information, alle Lebewesen haben denselben **genetischen Code**, im Cytoplasma finden sich im Wesentlichen gleich gebaute **Ribosomen**, erkennbar verwandte Proteine regulieren den Stoffwechsel etc. Auch viele Eigentümlichkeiten des Stoffwechsels, Vererbungsmechanismen und zelluläre Baumerkmale lassen die Abstammung von einem gemeinsamen Vorfahren erkennen. Das Phänomen des gemeinsamen Ursprungs aller heutigen und fossil dokumentierten Lebewesen wird als **Monophylie** (Stammbaum mit nur einem Ursprung) bezeichnet.

## 8.1 Ordnung der Vielfalt

Die einfachsten Lebewesen sind **Prokaryoten**, wozu Bakterien und Archaea gehören. Sie haben einen gemeinsamen Vorfahren und haben sich über Milliarden Jahre an ihre Lebensräume bzw. Lebensweise angepasst. Sie sind im Vergleich

© Springer-Verlag GmbH Deutschland, ein Teil von Springer Nature 2012
H.-D. Görtz und F. Brümmer, *Biologie für Ingenieure*,
https://doi.org/10.1007/978-3-662-59608-1_8

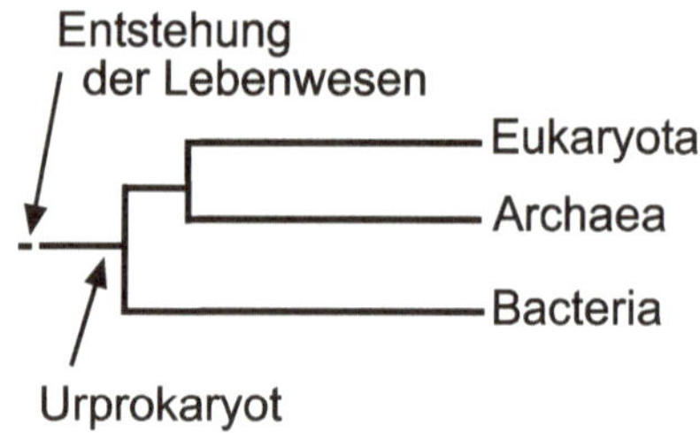

**Abb. 8.1** Die drei Domänen der Lebewesen. Aus einem Urprokaryot sind Bacteria, Archaea und Eukaryota entstanden.

zu Eukaryoten relativ einfach gebaut, aber nicht primitiv. Vielmehr sind sie äußerst funktionell und zeigen besonders in ihrem Stoffwechsel unterschiedliche Komplexität.

## Prokaryoten

Zellen der Prokaryoten sind nicht kompartimentiert, haben also keine membrangebundenen Zellorganellen, auch keinen Zellkern. Deshalb sind sie bis auf wenige Ausnahmen kaum größer als einige Mikrometer in Durchmesser und Länge. Der Aufbau der Prokaryotenzelle ist in Abb. 3.2 dargestellt.

Die Vielfalt der Prokaryoten ist verglichen mit den Eukaryoten nicht sehr groß, dennoch sind die beiden großen Prokaryotengruppen, **Bacteria** (Eubakterien) und **Archaea** (Archaebakterien), so grundsätzlich verschieden, dass sie im Stammbaum der Lebewesen als eigene Domänen (Hauptstämme) neben der Domäne der Eukaryoten aufgefasst werden. Der gemeinsame Ursprung der beiden liegt im Dunkeln. Jedenfalls wird es vorher die Protocyte, eine einfache Vorläuferzelle, gegeben haben.

Die meisten Bakterien sind heterotroph, einige wenige Gruppen, vor allem die **Cyanobakterien** (auch als blaugrüne Algen oder Blaualgen bezeichnet), haben Photosynthesepigmente, sind photosyntheseaktiv und können auch Stickstoff fixieren (▶Kap. 9.1.1). Früher wurden Prokaryoten nach ihren Stoffwechselleistungen eingeteilt, also danach, welche Stoffe sie brauchen bzw. umsetzen können und welche biochemischen Besonderheiten sie zeigen. Schließlich sind morphologisch-strukturelle Merkmale rar, die bei Pflanzen und Tieren ja reichlich zur Verfügung stehen. Heute werden Verwandtschaftsverhältnisse bei Prokaryoten mit molekularen Methoden untersucht. Dabei vergleicht man die Basensequenzen von Genen, hauptsächlich von Genen der ribosomalen RNA. Verwandtschaftslinien lassen sich so meist gut verfolgen. So kann man heute auch zweifelsfrei unter den Bakterien die nächsten Verwandten der Mitochondrien und Chloroplasten ermitteln.

Vereinbarungsgemäß werden Bakterien, deren 16S-rDNA-Sequenz zu 97–98 % übereinstimmt, als eine **Art** betrachtet. Es bleibt aber diskussionswürdig, ob es bei Bakterien überhaupt sinnvoll ist, von Arten zu reden (zur Artdefinition siehe ▶Kap. 13 und ▶Kap. 14). Schließlich sind die Rekombinationsbarrieren zwischen Bakterien gering. Es zeigt sich auch, dass es vielfältigen **Gentransfer** gibt, der ggf. den Stoffwechselerfordernissen zu folgen scheint.

## Eukaryoten

Die Abstammungsgeschichte oder **Phylogenie** der **Eukaryoten** wurde früher und intensiver bearbeitet als die der Prokaryoten. Bei den Eukaryoten sind die Arten schon aufgrund morphologischer und entwicklungsbiologischer Merkmale eben auch besser zu diagnostizieren und zu beschreiben. Es ist deshalb sinnvoll, die Prinzipien der Stammbaumerstellung bei den Eukaryoten darzustellen.

Als Teilgebiet der Biologie beschäftigt sich die **Taxonomie** mit der Klassifizierung und Benennung der Lebewesen und Gruppen von Lebewesen. Ausgehend von der Art als Grundeinheit der Klassifizierung werden auf höheren Stufen des Systems weitere Gruppierungen von Lebewesen definiert (Tab. 8.1). Sie werden als Taxa bezeichnet (Singular: **Taxon**). Nach der **Art** als basales Taxon werden auf höheren Stufen weitere Taxa eingerichtet. Das taxonomische System mit der **binären Nomenklatur** von Arten wurde schon von Carl von Linné (1707–1778) entwickelt

**Tab. 8.1** Taxonomische Zuordnung von *Apis mellifera* (Honigbiene)

| Kategorie | Taxon |
| --- | --- |
| Reich (*regnum*) | Metazoa, Animalia (Tiere) |
| Stamm (*phylum*) | Arthropoda (Gliederfüßler) |
| Klasse | Insecta (Insekten) |
| Ordnung | Hymenoptera (Hautflügler) |
| Familie | Apidae |
| Gattung (*genus*) | *Apis* |
| Art (*species*) | *Apis mellifera* |

## 8.2 Stammesgeschichtliche Entwicklung

Auch wenn die Abläufe noch immer diskutiert werden, gibt es doch eine Fülle guter Indizien für die stammesgeschichtliche Entwicklung (**Phylogenie**) der Lebewesen. Das Prinzip der schon von Darwin formulierten **Evolution**, der Selektion aus großer Vielfalt, ist im Laborversuch natürlich nicht beliebig nachstellbar; es gibt aber zahlreiche Argumente bzw. Arbeitsgebiete, wo mit sehr unterschiedlichen Methoden die Stammesgeschichte untersucht wird.

Bereits bei einfacher Betrachtung erkennt man mehr oder weniger große Ähnlichkeiten zwischen verschiedenen Lebewesen. Ein Tier lässt sich meist auf den ersten Blick von einer Pflanze unterscheiden, ein Nadelbaum von einem Laubbaum usw. Nahe verwandte Arten zeigen Unterschiede zueinander und lassen sich daher oft leicht voneinander unterscheiden, etwa die Blaumeise von der Kohlmeise; sie zeigen aber auch deutliche Ähnlichkeiten. Die Ähnlichkeiten zwischen entfernt verwandten Arten sind geringer. So kann selbst der Laie Katzenartige von Hundeartigen unterscheiden und etwa die Wölfe den einen, die Löwen den anderen zuordnen. Es gibt Merkmale, weshalb beide zu den Raubtieren gerechnet werden. Aufgrund

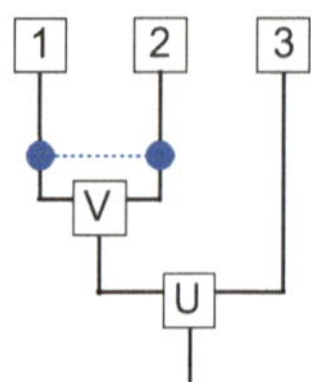

**Abb. 8.2** Die Apomorphie als Verwandtschaftshinweis. Ein bei V erstmals aufgetretenes und damit abgeleitetes Merkmal (blaue Scheibe) ist bei allen aus V hervorgegangenen Arten zu finden. Selbst wenn V ausgestorben ist, deutet die Synapomorphie auf gemeinsamen Ursprung der Arten 1 und 2 hin. Die Art 3 zeigt das Merkmal nicht. Es wird demnach auch bei der Vorgängerart U nicht vorhanden gewesen sein.

ihrer Haare und Mammae (Milchdrüsen) sind die Raubtiere ebenso wie die Nagetiere und die Huftiere zu den Säugetieren zu rechnen.

Abgestufte Ähnlichkeiten von Organismen sind die Basis für das Aufstellen von Stammbäumen. Als Begründung wird gesehen, dass neu auftretende, abgeleitete Merkmale, sogenannte **Apomorphien**, bei den Nachkommen beibehalten werden. Den verwandten Taxa gemeinsame Apomorphien werden **Synapomorphien** genannt. Hatten sich aus den Kieferlosen die ersten Kiefermäuler entwickelt, hatten alle deren Nachkommen Kieferknochen als Synapomorphie. Nach ihrer Entstehung treten Apomorphien im Stammbaum auch bei den folgenden (verwandten) Taxa auf, z. B. bei Schwesterarten. Synapomorphien gelten daher als Indiz für gemeinsame Abstammung. Phylogenetische Systeme beruhen auf dem Erkennen von Synapomorphien (Abb. 8.2). Ursprüngliche (stammesgeschichtlich alte) Merkmale werden als **Plesiomorphien** bezeichnet.

Jedes (neue) Taxon im Stammbaum weist ein (oder mehrere) neues bzw. abgeleitetes Merkmal (eine Apomorphie) auf.

Apomorphe Strukturen (oder Verhaltensweisen) haben sich aus Vorhandenem entwickelt. Sie sind der Ursprungsstruktur und einander homolog. Selbst wenn sie sich in unterschiedlicher Weise weiterentwickeln, bleiben sie abstammungsgemäß homolog. Flügel sind die Vorderextremitäten der Vögel. Sie sind den Vorderextremitäten anderer Wirbeltiere homolog. Dies ist auch in der Embryogenese zu erkennen. Die Flügel entwickeln sich aus den vorderen Extremitätenknospen, die in frühen Stadien denen der Vorderbeinknospen von Amphibien, Reptilien und Säugetieren gleich sind. Diese Ähnlichkeit in der Embryogenese, aber auch in manchen anatomischen Details, gilt selbst für einzelne Knochen der Flügel im Vergleich etwa zu den Armen von Affen ebenso wie zu den Beinen von anderen Wirbeltieren. Organe, Verhaltensweisen, ja selbst Stoffwechselwege gemeinsamer stammesgeschichtlicher Herkunft werden als **homolog** bezeichnet (Abb. 8.3). Werden Homologien als solche erkannt, können sie zur Analyse von Verwandtschaften und zur Erstellung von Stammbäumen herangezogen werden.

Auch Gene verschiedener Arten, die von Genen gemeinsamer Vorfahren abstammen, sind als homolog zu bezeichnen (homologe Gene). Dies ist unabhängig davon,

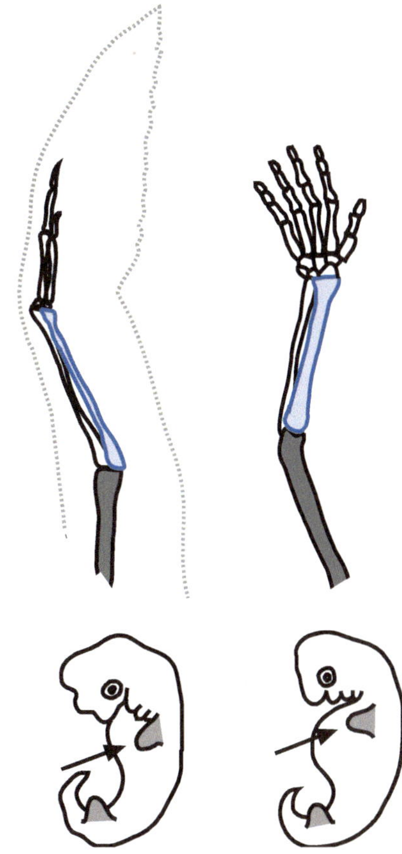

**Abb. 8.3** Flügel und Vorderbeine sind homolog. Dies gilt auch für einzelne Knochen (die Ellen sind blau gefärbt). Frühe Embryonen von Vögeln und Säugern sind kaum zu unterscheiden. Flügel und Vorderbeine (oder Arme) entwickeln sich aus den vorderen Extremitätenknospen (Pfeile).

wie sehr die Basensequenzen (noch) übereinstimmen, die Abstammung von einem gemeinsamen Vorfahrgen ist das entscheidende Kriterium. **Homologie** ist kein quantitatives Phänomen. Mit einer gewissen Frequenz auftretende Mutationen können die Sequenzen von Genen verändern. Dadurch entwickeln sich Gene in verschiedenen Arten unterschiedlich. Entsprechend der verstrichenen Zeit seit der Trennung von zwei Arten sind viele oder wenige Mutationen zu erwarten. Praktisch wird die Sequenzähnlichkeit als Hinweis auf Homologie gewertet, wodurch die Erstellung von Stammbäumen möglich wird.

Homologe Gene gleicher Funktion in unterschiedlichen Arten werden als **ortholog** bezeichnet. Im Unterschied dazu können Genduplikationen auch innerhalb eines Individuums zu Homologen eines Gens führen. Solche homologen Gene innerhalb des Individuums werden als **paralog** bezeichnet. Sie können schließlich unterschiedliche, oft aber ähnliche Funktion haben. So sind in Säugetieren sechs verschiedene **Actin**gene bekannt (Tab. 8.2).

**Tab. 8.2** Actingene des Menschen und ihr Vorkommen im Körper

| Actinparalog | Vorkommen |
| --- | --- |
| *ACTA1* | Muskulatur |
| *ACTA2* | Muskulatur |
| *ACTB* | Cytoskelett |
| *ACTC1* | Herzmuskel |
| *ACTG1* | Cytoskelett |
| *ACTG2* | glatte Muskulatur |

Vielfach sind Ähnlichkeiten nicht abstammungsbegründet. Organe haben sich in solchen Fällen durch gleichgerichtete selektive Drücke zu verblüffender Ähnlichkeit entwickelt. Eine solche gleichgerichtete Entwicklung aus unterschiedlicher Ausgangslage wird als **Konvergenz** bezeichnet. Durch Konvergenz entstandene Ähnlichkeiten nennt man **Analogien**.

In der **phylogenetischen Systematik** (**Kladistik**) dient die Monophylie von Taxa zur Klassifizierung und Erstellung von Stammbäumen. Arten (oder andere Taxa), die jeweils auf einen gemeinsamen Vorfahren zurückgehen, gelten als monophyletisch (Abb. 8.4). Bei der Entstehung von **Schwesterarten** erlischt die Ursprungsart. Diese Methode geht auf den Entomologen Willy Hennig (1913–1976) zurück.

## Paläontologie

Schon frühe Formen des Lebens haben Spuren hinterlassen, (harte) Teile von Lebewesen oder deren Spuren blieben fossil erhalten. Der Geologe Charles Lyell (1797–1857) stellte das **Aktualitätsprinzip** vor. Danach sind für frühere geologische Prozesse entsprechende Mechanismen anzunehmen, wie sie heute erkannt werden. Die Veränderungen der Erdoberfläche haben daher allmählich stattgefunden. Damit musste die Erde viel älter sein als früher angenommen, und es musste auch genügend Zeit für die stammesgeschichtliche Entwicklung der Lebewesen zur Verfügung gestanden haben. Veränderungen von Gesteinen, Meeren und Atmosphäre, aber auch **Fossilien** konnten zeitlich widerspruchsfrei in die Erdgeschichte eingeordnet werden. Dabei wurde auch offenkundig, dass die Lebewesen unseren Planeten gravierend verändert haben. Erst photosyntheseaktive Lebewesen haben Sauerstoff freigesetzt; heute bestehen 20 % der Atmosphäre aus freiem Sauerstoff. Riesige Gebirge bestehen aus Kalk, der von Lebewesen über Jahrmillionen abgeschieden wurde. Geologische Forschung konnte nicht nur zeigen, wie sehr das Leben den Planeten mit geformt hat, sie zeigt auch deutlich die unwahrscheinliche Häufung von Voraussetzungen für die Entwicklung des Lebens, die die Erde bietet.

Fossilien lieferten erste Hinweise auf eine stammesgeschichtliche Entwicklung. Immer mehr gefundene Fossilien konnten in Stammbäume aufgenommen werden, die aufgrund von vergleichend anatomischen und entwicklungsbiologischen Befunden formuliert wurden. Natürlich fossilieren überhaupt nur bestimmte dauerhafte Strukturen, selbst dann nur unter bestimmten Bedingungen. Nachweislücken sind also zu erwarten, und lückenlose Stammbäume aufgrund von Fossilien kann es

**Abb. 8.4** Die Taxa monophyletischer Gruppen haben eine gemeinsame Stammart; die Gruppe schließt alle Nachkommen dieser Stammart ein (links). Paraphyletische Gruppen enthalten nicht alle Nachkommen einer gemeinsamen Stammart (rechts). Gehen Taxa einer Gruppe nicht auf eine gemeinsame Stammart zurück, sind sie polyphyletisch (nicht gezeigt).

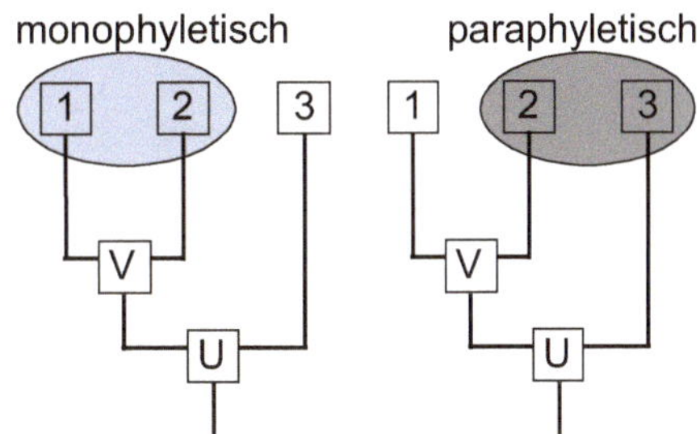


nicht geben. Das Nichtauffinden von vermuteten Arten im Stammbaum kann natürlich nicht als Negativhinweis verwendet werden. Jedenfalls wird eine möglichst genaue Datierung der Fossilien bzw. der Gesteinsschichten, in denen sie gefunden wurden, angestrebt, um den zeitlichen Verlauf der Stammesgeschichte zu ermitteln. Für die Datierung werden unterschiedliche Methoden genutzt, die sich ergänzen bzw. sich korrigieren können.

Es gibt eine Reihe von Datierungsmethoden für Fossilien. Schon die relative Lage in Sediment- bzw. Gesteinsschichten ist aussagekräftig. Ältere Schichten sind unter jüngeren zu erwarten. Für relativ junge Funde kann die **Dendrochronologie** (Abb. 8.5) aussagekräftig sein, die allerdings wegen der geringen Zeiträume nur für die Archäologie von Interesse ist.

Eine weiter zurückreichende Methode ist die **$^{14}$C-Datierung** (**Radiometrie**). Durch Höhenstrahlung entsteht in den oberen Schichten der Atmosphäre mit im Wesentlichen gleichbleibender Regelmäßigkeit in geringem Umfang aus Stickstoffatomen ($^{14}$N) das radioaktive Isotop des Kohlenstoffs $^{14}$C. Es zerfällt mit einer Halbwertszeit von 5730 Jahren. Da durch die Neubildung in der oberen Atmosphäre laufend $^{14}$C nachgeliefert wird, bleibt das Verhältnis von $^{14}$C und dem nichtradioaktiven $^{12}$C-Isotop, das mengenmäßig überwiegt, sehr konstant.

Pflanzen unterscheiden bei der Kohlenstofffixierung in der Photosynthese nicht zwischen den Kohlenstoffisotopen $^{12}$C und $^{14}$C. Sie bauen beide Isotope im Verhältnis ihres aktuellen Vorkommens in der Atmosphäre ein. Stirbt eine Pflanze und fossilisiert ggf., so zerfällt im Fossil das $^{14}$C weiter. Das Verhältnis zwischen $^{14}$C und $^{12}$C verschiebt sich also. Nach 60 000 bis 65 000 Jahren ist kein $^{14}$C mehr nachweisbar. Deshalb kann die $^{14}$C-Methode nur zur Datierung von Fossilien genutzt werden, die wenige Tausend bis ca. 60 000 Jahre alt sind. Evolutiv relevante Zeiträume sind also kaum zu erfassen; die Methode ist eher geeignet, um das Prinzip absoluter Datierung zu beschreiben. Bei Funden bis ca. 10 000 Jahre können ggf. beide, die Dendrochronologie und die $^{14}$C-Methode, genutzt werden, was einer Überprüfung der Methoden dienen kann. Andere Isotope mit längeren Halbwertszeiten als $^{14}$C lassen sich zur Datierung älterer Fossilien nutzen.

Längere Zeiträume können mit der **Kalium-Argon-Datierung** erfasst werden. Das radioaktive $^{40}$K hat eine Halbwertszeit von 1,3 Milliarden Jahren. Es zerfällt in Argon ($^{40}$Ar). Argon als Edelgas entweicht schnell, bleibt aber in Gesteinen erhalten. Nach Verfestigung von Gesteinen steigt also das Verhältnis von $^{40}$K zu $^{40}$Ar allmählich an.

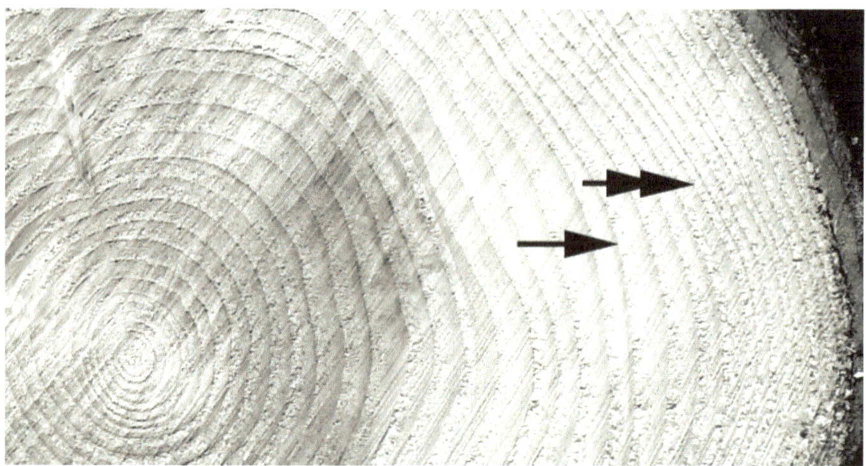

**Abb. 8.5** Ausschnitte eines Fichtenquerschnitts. Breite (Pfeil) und schmale (Doppelpfeil) Jahresringe wechseln aufgrund der unterschiedlichen Witterung besonders in den Frühjahren ab. Die entstehenden Jahresringmuster sind somit Zeugnisse des Klimas und geben Auskunft darüber, wann ein Baum gelebt hat, zu welcher Zeit also eine Sedimentschicht mit einem gefundenen fossilen Baumstamm gebildet wurde. Mit dieser Methode der Dendrochronologie können Sedimentschichten bis etwa 10 000 Jahre vor unserer Zeit datiert werden.

Eine weitere, allerdings seltener nutzbare Datierungsmethode verwendet die Magnetfeldumkehrung der Erde (**Magnetostratigrafie**). Vor etwa 780 000 Jahren haben Nord- und Südpol des Erdmagnetfeldes gewechselt, wie aus der Geologie bekannt ist. Die Ausrichtung eisenhaltiger Mineralien kann also Informationen darüber geben, in welcher Magnetfeldsituation bzw. vor welcher Zeit die in diesen Schichten zu findenden Organismen fossilisiert wurden.

Bei der Beurteilung von Fossilfunden sind zahlreiche Phänomene von Bedeutung, von denen hier nur wenige kurz angesprochen werden können. So werden meist Fossilien unterschiedlicher Organismen am selben Ort gefunden und geben somit Hinweise auf die Biozönose (Lebensgemeinschaften) und die seinerzeit herrschenden ökologischen Bedingungen. Der geografische Ort eines Fundes kann weiter über die stammesgeschichtliche Entwicklung und Wanderungsbewegungen von Arten Auskunft geben, kann sogar geologische Befunde z. B. über die Kontinentalverschiebung oder Impaktkatastrophen (das Auftreffen eines Asteroiden) unterstützen.

## Molekulare Phylogenetik

Die grundlegende Organisation des Erbguts aller Lebewesen ist identisch. Besonders die Universalität des genetischen Codes (▶ Kap. 6.2) weist dabei auf die **Monophylie** des Stammbaumes, also auf einen gemeinsamen Ursprung aller Lebewesen, hin. Auch der bei allen Organismen weitgehend gleiche Mechanismus der Proteinbiosynthese kann als Indiz für die Monophylie der Lebewesen auf der Erde gesehen werden – ähnlich wie zahlreiche weitere genetische Phänomene.

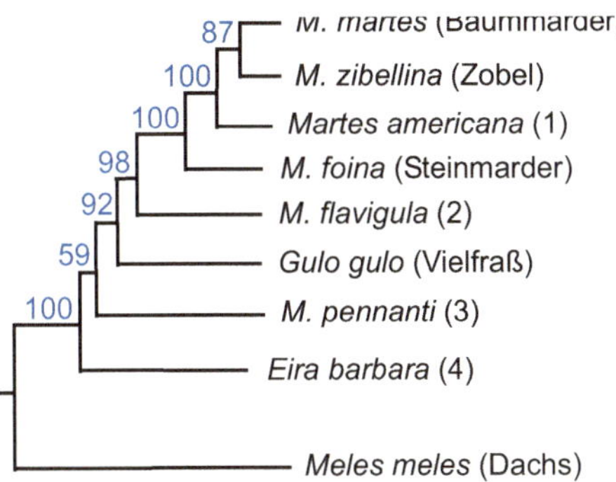



**Abb. 8.6** Stammbaum der Marder (Echten Marder, Martinae) als Beispiel für einen molekularen Stammbaum. Der Dachs (gehört zu den Dachsen, Melinae) wurde als Außengruppe gewählt. Wiesel und Otter gehören (wie auch die Dachse) zu den Mardern (Mustelidae), aber nicht zu den Echten Mardern. Die blauen Zahlen geben die Bootstrap-Werte an. Die Balkenlängen sind proportional und entsprechen den Basensubstitutionen. M = Martes; (1) = Fichtenmarder (Nordamerika); (2) = Buntmarder (Südostasien); (3) =Fischmarder; (4) = Tayra (Südamerika).

Gene, die gemeinsamen Ursprungs sind, sind homolog. Durch Mutationen verändert sich die Nucleotidsequenz der Gene. Tritt bei Bakterien mit jeder Zellteilung etwa eine Mutation auf $10^6$ Gene auf, werden beim Säuger Häufigkeiten von einer Mutation auf $10^9$ bis $10^8$ Gene angegeben. Während in bestimmten Genen (**konservativen Genen**) nur wenige Mutationen beobachtet werden, weil die meisten Fehler zu Funktionsverlust führen und daher nicht beobachtet werden, sind Mutationen in anderen Genen recht häufig und können zur Verwandtschaftsanalyse herangezogen werden (Abb. 8.6). Auch in verschiedenen Genabschnitten treten Mutationen mit unterschiedlichen Häufigkeiten auf. Bei Vergleichen auf Artniveau hilft es wenig, Basensequenzen sehr konservativer Gene zu betrachten. Hier sind variable Gene heranzuziehen, bei denen die Mutationsraten hoch sind. Andererseits sind die Sequenzen hochvariabler Gene bei der Verwandtschaftsanalyse höherer Taxa nicht aussagekräftig, da sie sich zu schnell verändern.

Bei der Erstellung von Stammbäumen aus Basensequenzvergleichen werden verschiedene statistische Verfahren angewandt. So wird bei der **Maximum-Parsimony-Methode** (Sparsamkeitsmethode) der Stammbaum mit der geringsten Zahl der Merkmalsänderungen (Nucleotidsubstitutionen bzw. Basenänderungen) errechnet. Bei der **Neighbour-Joining-Methode** (Distanzmethode) wird ein Stammbaum durch paarweise Betrachtung der einbezogenen Taxa (z. B. Arten) errechnet. Als weiteres Verfahren untersucht die **Maximum-Likelihood-Methode** (Verfahren der größten Wahrscheinlichkeit), welcher Stammbaum am ehesten zu einem angenommenen Modell passt. Je nach Verfahren können sich die Stammbäume unterscheiden, und es sind verschiedenste Fehlerquellen zu gewärtigen. Die Verlässlichkeit der einzelnen Knoten/Verzweigungen im Stammbaum lässt sich statistisch mit der **Bootstrap-Methode** (auf der Basis der Bayes-Statistik) prüfen. Dabei werden verschiedenste (Teil-)Datensätze im Hinblick auf die Wahrscheinlichkeit jeder einzelnen Verzweigung durchgerechnet. Sind die Werte z. B. unter 70 %, hätte eine alternative Position der Verzweigung im Stammbaum eine Wahrscheinlichkeit von 30 %. Oft werden die Bootstrap-Werte für die einzelnen Verzweigungen in den Stammbäumen angegeben.

Wendet man unterschiedliche Verfahren an, sind inzwischen die erhaltenen Stammbäume mindestens auf der Ebene höherer Taxa recht gesichert, zumal sie sich meist mit denen decken, die mit klassischen Methoden gewonnen wurden. Ein großer Vorteil der molekularen Methode ist, dass sie auch dort Stammbäume liefern kann, wo die Untersuchungen auf klassischem Wege keine sicheren Stammbäume ermöglichen. Aus Meerwasser, aus Seen, aus Bodenproben lässt sich DNA in ausreichenden Mengen isolieren, um sie anzureichern, in vitro (zellfrei, im „Reagenzglas") zu vermehren und zu sequenzieren. Bei einigen Protistengruppen, z. B. bei Foraminiferen des Süßwassers, hat man inzwischen umfangreiche Stammbäume und zahlreiche Arten, Gattungen und sogar Familien benannt, obschon die Organismen bisher noch gar nicht gesehen wurden. Zu beachten ist aber, dass in der molekularen Phylogenetik die Stammbäume nicht Arten bzw. höhere Taxa zeigen, sondern deren Gene bzw. Sätze von Genen.

## 8.3  Stammbaum

Schaut man auf den **Stammbaum der Eukaryoten**, so muss man die **Landpflanzen** und die **Tiere** zunächst regelrecht suchen. Überall im Stammbaum sind **Protisten** zu finden. Alle großen Äste des Eukaryotenstammbaumes tragen zunächst einmal Protisten. Schon bis zur Entstehung der **Vielzeller** ist dabei die Vielfalt enorm. An wenigen Beispielen wird in ▶Kap. 9 die Vielfalt unter den Protisten vorgestellt, die als freilebende Arten oder als Parasiten erhebliche Bedeutung für Ökosysteme und für den Menschen haben.

Bevor sich erste Vielzeller entwickelt hatten, war die Diversität der Eukaryoten bereist sehr groß.

Im Stammbaum der Eukaryoten kann man **fünf Hauptäste/Hauptgruppen** erkennen (Tab. 8.3). Jeder Hauptast hat viele Unteräste, Zweige und Zweiglein. Der Hauptast mit den Grünalgen hat auch die höheren Pflanzen hervorgebracht. Ein anderer Hauptast, an dessen Basis kleine begeißelte Einzeller stehen, hat die Pilze und die Tiere hervorgebracht. Die zu den **Unikonta** gehörenden Tiere stellen schon lange den artenreichsten Ast. Ausführlichere Beschreibungen der Protisten werden in ▶Kap. 9 gegeben. Die Vielzeller, Landpflanzen, Pilze und Tiere werden in den ▶Kap. 10 bis ▶Kap. 12 beschrieben.

**Tab. 8.3** Die Hauptgruppen der Eukaryoten. Bei den Untergruppen wurden die bekannteren aufgeführt.

| Hauptgruppe | Untergruppen (u. a.) | bekannte Arten/Taxa | Merkmale |
|---|---|---|---|
| Excavata | Euglenozoen<br>Diplomonaden | *Euglena*<br>*Trypanosoma*<br>*Leishmania* | mit typischer Aushöhlung am Vorderende, dort Nahrungsaufnahme, auch die Geißel(n) |
| Unikonta | Opithokonta<br>Amoebozoen | Tiere<br>Chitinpilze<br>*Amoeba proteus* | ursprünglich (nur) eine Geißel |
| Plantae | Grünalgen<br>Landpflanzen<br>Rotalgen | Blütenpflanzen | grün durch primäre Symbiosen mit Cyanobakterien |
| Chromalveolata | Ciliaten<br>Dinoflagellaten<br>Apicomplexe<br>Braunalgen<br>Kieselalgen | *Paramecium*<br>*Plasmodium* (Malaria) | Alveolate haben Alveolen, flache Vesikel unter der Zellmembran |
| Rhizaria | Radiolarien<br>Foraminiferen | bekannt durch Radiolarien- und Foraminiferensände | meist mit filigranen Pseudopodien |

Protisten sind also extrem divers und stellen kein monophyletisches Taxon dar. Selbst große Algen werden dazugerechnet. Von einem Reich zu reden, ist deshalb nicht sinnvoll. Zu den Protisten gehören die am meisten basalen Eukaryoten, aber auch hochentwickelte Einzeller. Grüne Protisten werden auch als **Protophyten**, farblose dagegen als **Protozoen** bezeichnet. Die Vielzeller, höhere Pflanzen, Tiere und Pilze, sind aus Protisten entstanden. Definitionsgemäß sind Protisten Eukaryoten, die als ein- oder mehrkernige Einzeller oder in Zellverbänden (Kolonien) leben. In Zellverbänden kann es zur Differenzierung von generativen und somatischen Zellen (**Keimbahn** und **Soma**/Körper) kommen. Eine Differenzierung innerhalb des Soma oder eine Ausbildung verschiedenartiger Gewebe oder von Organen wird dagegen als Merkmal von Vielzellern verstanden. Die Hauptäste des Stammbaumes der Eukaryoten sind in Tab. 8.3 dargestellt, die groben Verwandtschaftbeziehungen sind in Abb. 8.7 veranschaulicht.

Wenn man die Verwandtschaft und Stammesgeschichte vieler Taxa betrachtet, ist eine stammbaumartige Darstellung in mancher Hinsicht vereinfachend. So gibt es unter anderem Querverbindungen in Stammbäumen zwischen unterschiedlichsten Taxa, die durch **Symbiosen** oder auch durch **Viren** geschaffen werden. Durch Viren kann es zu **lateralem Gentransfer** kommen. Bei Eukaryoten ist der laterale Gentransfer jedoch offenbar weniger gravierend als bei Prokaryoten. Auch die Aufnahme von **Chloroplasten** etwa durch **Phagocytose** und Beibehalt von Teilen/Organellen phagocytierter Beute kann zu Querverbindungen im Stammbaum führen.

Bei so vielen Einzellern fragt man sich, warum dennoch die Vielzellergruppen – höhere Pflanzen, Pilze, Tiere – die Biosphäre dominieren. **Vielzeller** nutzen die

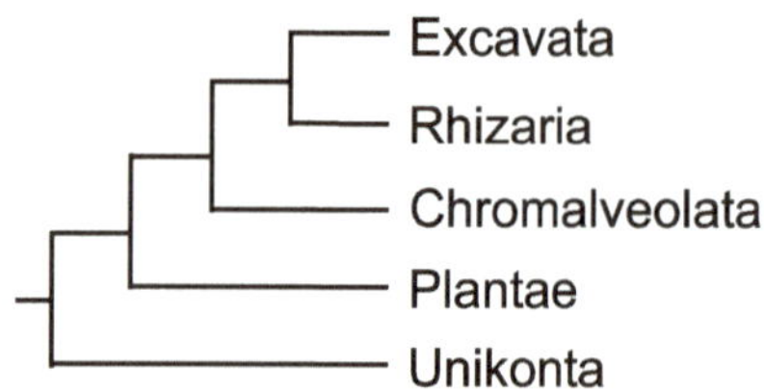


**Abb. 8.7** Stammbaum der Eukaryoten. Dargestellt sind die Hauptgruppen (siehe Tab. 8.3).

Prinzipien Kooperation und Differenzierung: Genetisch gleiche Zellen spezialisieren sich, fast alle geben ihre eigene Fortpflanzungsfähigkeit auf, „ordnen sich" funktionell dem gemeinsam gebildeten Individuum unter (▶Kap. 12.2). Einzeller, auch wenn sie als Klon (durch Teilungen aus einer Vorfahrenzelle entstanden) genetisch gleich sind, „arbeiten" egoistisch. Sie müssen ja alle Lebensfunktionen in ihrer einen Zelle vereinen.

Die Vielzelligkeit ist also dreimal unabhängig voneinander (Pflanzen, Pilze, Tiere) entstanden, wobei man auch bei einzelnen Algengruppen eine beginnende Vielzelligkeit erkennen kann. Trotz der Dominanz von Vielzellern gibt es auch heute noch sehr erfolgreiche Einzeller. So bevölkern etwa die Dinoflagellaten mit großer Individuenzahl und Biomasse die Weltmeere und leisten einen Großteil der Sauerstofffreisetzung durch Photosynthese.

# Mikroorganismen und Algen 9


Mikroorganismen sind die kleinsten Lebewesen, die aber für das Leben in speziellen Umgebungen und ebenso speziellen Situationen hervorragend angepasst sind. Im Einzelnen gehören zu den Mikroorganismen Prokaryoten mit Bakterien und Archaeen und die einzelligen Eukaryoten. Wenn Mikroorganismen im Hinblick auf ihre Nutzbarkeit in der Biotechnologie betrachtet werden, werden oft auch die Pilze dazugerechnet. Eine solche „Sammlung" ist natürlich willkürlich, nach dem Motto: Hier wird behandelt, was woanders nicht behandelt wird. So definiert machen die Mikroorganismen fast den gesamten Stammbaum der Lebewesen aus – mit Ausnahme der Pilze, der Landpflanzen und der Tiere. Zwar dominieren diese drei Gruppen unsere Biosphäre, was die Artenzahl, die Größe von Individuen, die Formenvielfalt und die Biomasse angeht, jedoch bleiben die Mikroorganismen immens wichtig. Pflanzen wie Tiere wären ohne sie nicht überlebensfähig.

Fast ebenso problematisch wie der Begriff „Mikroorganismen" ist auch der Begriff „Algen". Darunter werden ursprünglich alle grünen Organismen mit Ausnahme der Landpflanzen zusammengefasst. Anders als die Landpflanzen sind die Algen einzellig oder bestehen aus vielen, aber nicht differenzierten Zellen. Es hat sich gezeigt, dass die Algen zu unterschiedlichen Ästen des Stammbaumes gehören. So groß ihre ökologische Bedeutung zwar ist, können sie doch nur knapp vorgestellt werden.


Zu den Mikroorganismen rechnet man die **Prokaryoten** und die einzelligen **Eukaryoten**. Bisweilen werden selbst die mehrzelligen Pilze hinzugerechnet – sie sollen hier in einem eigenen Kapitel (▶ Kap. 11) behandelt werden, zumal sie verwandtschaftlich einen eigenen Ast im Stammbaum darstellen. In dem vorliegenden Kapitel werden die Prokaryoten und die einzelligen Eukaryoten behandelt. Knapp werden auch die wichtigsten **Algen** aufgeführt, von denen keine über komplette Differenzierungen schließlich den Schritt zur Vielzelligkeit wirklich vollzogen haben.

## 9.1 Prokaryoten

Prokaryoten sind die einfachsten heute existierenden Lebewesen. Sie sind dabei keineswegs primitiv, können vielmehr sehr speziell angepasst sein und erstaunliche Stoffwechselleistungen zeigen.


© Springer-Verlag GmbH Deutschland, ein Teil von Springer Nature 2012
H.-D. Görtz und F. Brümmer, *Biologie für Ingenieure*,
https://doi.org/10.1007/978-3-662-59608-1_9

### 9.1.1  Bacteria (Eubakterien)

Die Zellen von Eubakterien sind klein und einfach gebaut (siehe Abb. 1.1, Abb. 3.2 und Abb. 9.1). Ihre Zellwand gibt Form und vor allem osmotische Stabilität. Zumal im Süßwasser enthält das Cytoplasma viel mehr gelöste Teilchen als die Umgebung. Durch den Einstrom von Wasser würde die Zelle platzen, wenn die Zellwand nicht dem **osmotischen Druck** entgegenstünde. Dieser Innendruck der Bakterien kann durchaus 20 bar (20 MPa) betragen. Im Wesentlichen besteht die **Bakterienzellwand** (▶Kap. 3.2) aus einem Netz aus Zuckerketten, die über kurze Peptidketten vernetzt sind.

**Antibiotika** wie **Penicillin** verhindern die Vernetzung der Zuckerketten der Zellwand, wodurch wachsende Bakterien platzen. Da der Mensch und andere Eukaryoten keine Bakterienzellwände haben, sind sie unempfindlich gegen Penicillin. Andere Antibiotika (Singular: Antibiotikum) stoppen die Proteinsynthese von Bakterien; sie können bei hoher Dosierung auch auf Mitochondrien wirken, weshalb die Dosierung und die Anwendungsdauer möglicherweise kritisch sind.

Bakterien können keine festen Stoffe aufnehmen oder abgeben. Allerdings haben sie Sekretionsmechanismen für Proteine (Enzyme), mit denen sie z. B. tierisches Gewebe zersetzen können. Sie besitzen auch Mechanismen für in die Zelle gerichteten Transport von Aminosäuren, Zuckern und verschiedenen anderen Stoffen.

Sexualität, wie sie bei Eukaryoten definiert ist (▶Kap. 5), gibt es bei Prokaryoten nicht. Andererseits haben auch Bakterien Mechanismen, genetisches Material auszutauschen. Man spricht von **Parasexualität**, weil weder Meiose noch Gametenbildung zu erkennen sind. Bakterien werden von **Bakteriophagen** (Viren) und **Plasmiden** infiziert (▶Kap. 6), wodurch quer über den gesamten Bakterienstammbaum hinweg vielfältige Gentransfers (**horizontaler Gentransfer**) beobachtet werden. Daraus resultiert auch, dass bei Bakterien die Arten genetisch weniger klar getrennt sind als bei Eukaryoten.

Eine wichtige Bakteriengruppe sind die **Cyanobakterien** (Blaualgen). Sie haben Chlorophyll, können Photosynthese durchführen, damit den Kohlenstoff aus dem $CO_2$ in organische Moleküle einbinden (Kohlenstofffixierung), und sie setzen Sauerstoff frei. Außerdem sind Cyanobakterien und andere Bakterien zur **Stickstofffixierung** in der Lage, können also den Luftstickstoff in eine von Pflanzen nutzbare Form überführen. Sie haben ein Enzym, das die Umsetzung von $N_2$ in Ammoniak katalysiert. Ammoniak kann von Pflanzen nicht genutzt werden, es ist für sie giftig. Weitere Bodenbakterien können aber Ammoniak zu Nitrationen ($NO_3^-$) oxidieren (**Nitrifikation**), das von Pflanzen genutzt werden kann. Wie die Photosynthese sind auch die Vorgänge der Stickstofffixierung essenziell für die gesamte Biosphäre. Tiere sind auf den Stickstoff aus pflanzlicher Biomasse angewiesen. Aus ihren Ausscheidungen und aus Tierleichen wird der Stickstoff von Bakterien wieder als $N_2$ in die Atmosphäre entlassen (**Denitrifikation**).

Die meisten Bakterien sind auf organische Moleküle angewiesen, können weder Kohlenstoff noch Stickstoff fixieren. Es wundert deshalb nicht, dass Bakterien symbiontisch und besonders auch parasitisch leben. Parasitische Mikroorganismen von Mensch und Tier, zumal wenn sie bösartig sind, werden als **Pathogene** bezeichnet.

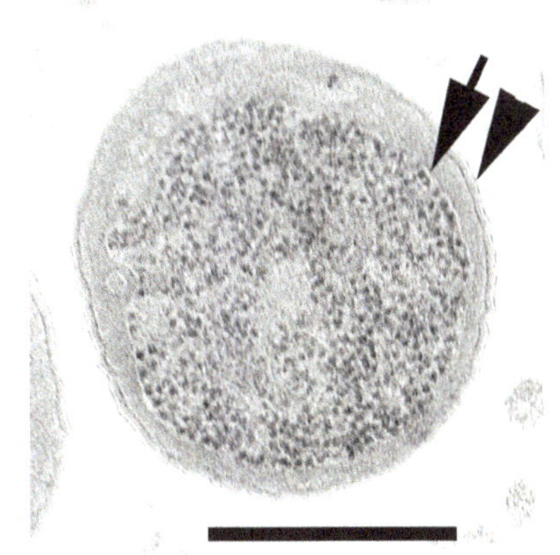

**Abb. 9.1** Elektronenmikroskopische Aufnahme eines Bakteriums (Querschnitt). Im Cytoplasma des Bakteriums sind bis auf kleine Punkte (Ribosomen) keine Strukturen zu erkennen. Pfeil = Zellmembran; Pfeilspitze = äußere Membran. Die dunkle Linie direkt unter der äußeren Membran ist die Zellwand. Zwischen Zellwand und Zellmembran liegt das Periplasma (grau). Maßstab 0,5 $\mu$m.

Viele Pathogene haben einen reduzierten Stoffwechsel, können sie doch wichtige Metabolite leicht aus dem Stoffwechsel der Wirte beziehen. Oft schädigen sie ihre Wirte erheblich, manche führen zu tödlichen Erkrankungen. Dazu gehören das pathogene *Mycobacterium tuberculosis* (der Erreger der **Tuberkulose**), aber auch bakterielle Erreger der Lepra und der Pest und viele andere. Selbst von symbiontischen, gutartigen Bakterien wie den **Colibakterien** (*Escherichia coli*) aus unserem Darm kann es bösartige Varianten geben, z. B. den EHEC-Stamm.

Weitere Pathogene gehören zu den Proteobakterien und z. B. zu den Chlamydien. *Legionella pneumophila*, der Erreger der **Legionärskrankheit**, gehört zu den Proteobakterien. Zu den Chlamydien, das sind besonders kleine, parasitische Bakterien, gehört unter anderem *Chlamydia psittaci*, der Erreger der Papageienkrankheit. *Mycobacterium tuberculosis*, der Erreger der Tuberkulose, lebt intrazellulär und ist daher für unser Immunsystem schlecht zu erreichen.

Zwar können viele Bakterien prinzipiell mit **Antibiotika** gut bekämpft werden, jedoch gibt es nicht selten resistente Stämme. Manche Arten wie das Tetanusbakterium *Clostridium tetani* geben zudem starke Gifte ab, andere vermehren sich äußerst rasant. In all diesen Fällen ist eine Antibiotikatherapie oft nicht wirksam. Dann sind Impfungen, die die nachhaltige Bildung spezifischer Antikörper bewirken, unerlässlich und hervorragend wirksam.

Typisch für freilebende Bakterien ist die Bildung von **Biofilmen**. In solchen oft festen, membranartigen Filmen an Gewässeroberflächen oder auf weichen oder festen Unterlagen sind Bakterien oft assoziiert mit einzelligen Eukaryoten oder Pilzen. In Biofilmen interagieren die Arten und unterstützen sich, indem sie wechselseitig Stoffwechselprodukte nutzen. Sowohl Eubakterien als auch Archaebakterien gehen **Symbiosen** mit Pflanzen oder Tieren ein. Zu den bekanntesten gehören die Symbiosen von Schmetterlingsblütlern (Leguminosen) mit **Knöllchenbakterien**. Die Bakterien dringen in die feinen Wurzeln der Wirtspflanzen ein, wo sie Stickstoff fixieren, den sie dann auch an die Pflanze weitergeben. Pflanzen können selbst keinen Stickstoff fixieren, nutzen den bakteriell hergestellten Ammoniak bzw. die Ammoniumionen.

### 9.1.2  Archaea (Archaebakterien)

Im Vergleich zu den Eubakterien zeigen Archaea (Archaebakterien) einen anderen Membranenaufbau und anders gebaute Zellwände. Sie haben außerdem größere Ribosomen, die fast vom Typ der Eukaryotenribosomen sind. Auch viele Enzyme der Archaea unterscheiden sich von denen der Eubakterien. Weiter sind ihre Gene eher eukaryotenähnlich organisiert, haben z. B. **Introns** (▶Kap. 6.2).

Viele Archaea sind an das Leben unter extremen Bedingungen angepasst (**Extremophile**). Manche Arten leben in heißen Quellen (**Thermophile**), andere kommen bei hohen Salzkonzentrationen vor (**Halophile**) oder im sehr sauren Milieu (**Acidophile**). **Methanogene** Archaea nutzen Wasserstoff zur Methanbildung, der im Faulschlamm, im Darm von Termiten oder etwa im Pansen der Wiederkäuer (bei der Fermentation von Cellulose) in nennenswerten Mengen zur Verfügung steht. Gerade in den symbiontischen Situationen im Pansen oder im Termitendarm ist die Methanproduktion eine nennenswerte Reaktion zur „Entsorgung" des Wasserstoffs.

Im Pansen von Wiederkäuern und im Termitendarm (Enddarm der Termiten) wird der Wasserstoff beim Verdau von **Cellulose** durch Darmprotozoen erzeugt. So hilfreich die Methanproduktion für die Protozoen aber ist, die im Pansen erzeugten Mengen des klimaschädlichen Methans sind erheblich. Dabei wäre es ohne Probleme möglich, protozoenfreie Rinder zu halten und so den Methanausstoß zu verhindern.

## 9.2  Eukaryoten

Eukaryotische Einzeller werden **Protisten** genannt. Auch Protisten sind klein (meist zwischen 10 und 500 $\mu$m im Durchmesser), jedoch durchschnittlich größer als Bakterien (meist zwischen 25 und 1 000 nm im Durchmesser). Protisten haben einen oder mehrere Zellkerne. Manche leben in **Zellkolonien**. Farblose Protisten werden auch Protozoen genannt, grüne werden auch als Protophyten bezeichnet. Aus der großen Vielfalt der Protisten und als Stellvertreter der Hauptäste des Eukaryotenstammbaumes sollen einige wenige vorgestellt werden, die als freilebende Arten oder als Parasiten von Bedeutung sind.

### 9.2.1  Excavata

Zu den Excavata gehört Euglena, das „Augentierchen", das gelegentlich in der Schule vorgestellt wird. Als Funktionstyp ist *Euglena* ein **Flagellat**, bewegt sich also mithilfe einer Geißel (Abb. 9.2).

Verwandt mit *Euglena* sind die **Trypanosomen**. Das sind parasitische Flagellaten. Die afrikanischen Trypanosomen sind Erreger der **Schlafkrankheit**, bei der die Patienten auffallenden Kräfteverlust erleiden. Trypanosomen leben im Blut von Wirbeltieren. Die **Infektion** geschieht mit der Übertragung durch den Biss der **Tsetsefliege**. Im Blut schützen sich die Trypanosomen gegen Angriffe des **Immunsystems** ihres Wirtes durch einen Mantel aus variablen Oberflächenproteinen. Nach

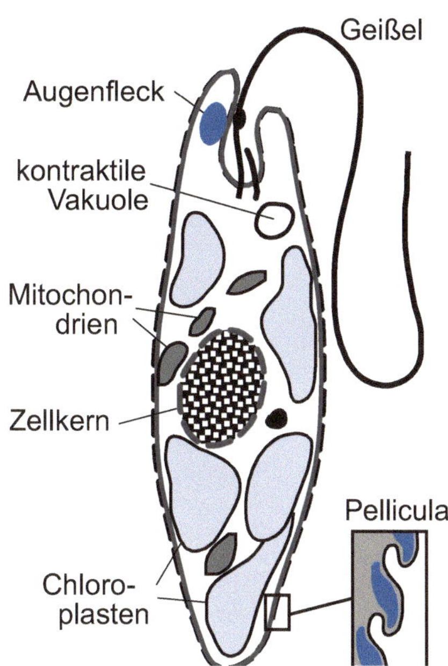


**Abb. 9.2** *Euglena*, das Augentierchen. Aus der für die Excavata typischen Grube entspringt die Zuggeißel. Eine zweite, kurze Geißel ragt nicht einmal aus der Grube heraus. Auf Höhe des Augenflecks, einem Organell mit lichtabsorbierenden Pigmenten, zeigt die lange Geißel eine Verdickung, der in Zusammenarbeit mit dem Augenfleck eine Rolle bei der Orientierung zugeschrieben wird. *Euglena* hat mehrere Chloroplasten, in denen eine spezielle Stärkeform gespeichert wird, und ansonsten die typische Organellenausstattung der Eukaryoten. Unter der Zellmembran liegen dachziegelartig Skelettplatten mit Cellulose, die gegeneinander bewegt werden können. Zellmembran und darunterliegende Strukturen werden als Pellicula bezeichnet. Im Süßwasser lebende *Euglena* haben eine kontraktile Vakuole, mit der Wasser aus der Zelle gepumpt wird. Dies ist notwendig, weil aufgrund des hohen osmotischen Wertes des Cytoplasmas ständig Wasser durch die Zellmembran einströmt und dem entstehenden Druck nicht wie bei den Landpflanzen eine Zellwand entgegensteht (▶Kap. 10.1).

einer Infektion tragen zunächst alle Flagellaten identische Oberflächenproteine. Diese bewirken im Wirt eine **Antikörper**produktion. Nach etwa fünf Tagen werden die Parasiten tatsächlich von den Antikörpern unschädlich gemacht (Abb. 9.3). Etwa einer von 1 000 Parasiten hat aber zu diesem Zeitpunkt schon seinen Oberflächenproteinmantel gewechselt. Er entgeht dem Immunangriff. Der Wirt muss nun seine Antikörperproduktion ganz neu anwerfen.

*T. brucei* hat etwa 200 Gene für verschiedene Oberflächenproteine. Nur eins davon wird jeweils genutzt. Die Reihenfolge der Expression ist weitgehend zufällig. Deshalb kann sich weder das menschliche Immunsystem wirksam gegen die Infektion wehren, noch konnte bisher gegen die Oberflächenproteine ein effektiver Impfstoff hergestellt werden.

Obwohl die Parasitämie auf über 106 Flagellaten pro Milliliter Blut ansteigen kann, schädigt der Befall selbst den Wirt erstaunlich wenig. „Greift" aber das Immunsystem zu, werden viele Parasiten durch die Antikörperattacke getötet und

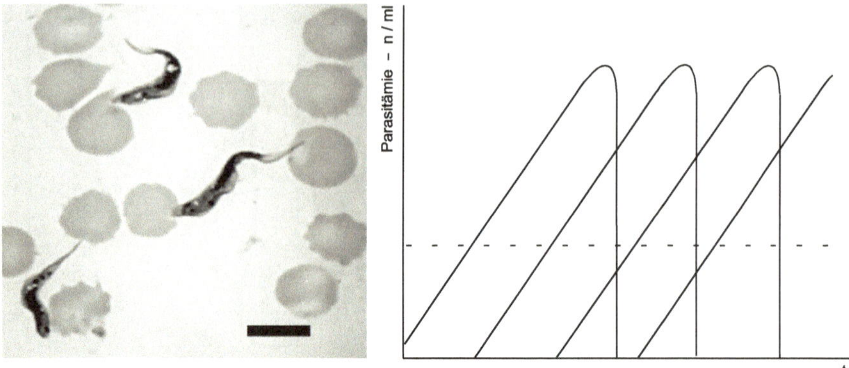



**Abb. 9.3** *T. brucei* und Parasitämie. Foto: Blutausstrich mit Erythrozyten (roten Blutzellen) und drei Trypanosomen. Maßstab 5 $\mu$m. Grafik: Modell der Trypanosomenparasitämie (Auftreten von Parasiten bzw. Zelldichte der Parasiten im Blut; n/ml). Die Trypanosomenzahl steigt über etwa fünf Tage an, worauf die Population dann zusammenbricht. Bereits bei ca. 1 000 Trypanosomen/ml treten einzelne Parasiten mit neuen Oberflächenproteinen auf. Ihre Population wächst wieder für etwa fünf Tage heran, bis das Immunsystem erneut zuschlägt. Längst ist aber eine Population mit neuen Oberflächenproteinen herangewachsen.

frei werdende Zellinhaltsstoffe der sterbenden Trypanosomen rufen heftige Fieberschübe hervor. Es sind nicht die lebenden, sondern die sterbenden Parasiten, die dem Patienten Probleme machen. Eine medikamentöse Behandlung ist in den betroffenen Ländern zu teuer, die Ausrottung der Trypanosomen zudem logistisch schwer möglich.

Verwandt mit den Trypanosomen sind Parasiten der Gattung *Leishmania*, die auch im Mittelmeerraum vorkommen. Die unterschiedlichen Arten rufen gewebezerstörende flächige Hautgeschwüre oder schwerwiegende Erkrankungen innerer Organe hervor. Problematisch ist, dass Hunde und einige andere Säuger als Reservoirwirte dienen können. Im Säugerwirt leben sie intrazellulär, sogar in Makrophagen, die ja an sich für die Bekämpfung eindringender Keime „zuständig" sind.

### 9.2.2  Unikonta

Zu den Unikonta gehören die Amoebozoa (siehe unten) und die Opisthokonta (Tab. 8.3) mit den Pilzen, den Choanoflagellaten und den Tieren (▶Kap. 11 und ▶Kap. 12).

### Choanoflagellaten

Die planktisch lebenden Choanoflagellaten haben eine Geißel, mit der sie sich sowohl fortbewegen wie auch Nahrung heranstrudeln. Um die Geißel orientiert ist ein Kragen aus **Mikrovilli**, fingerförmigen Ausstülpungen der Zellmembran, die von Actinfilamenten gestützt werden. Die sehr kleinen (unter 10 nm lang) Choanoflagellaten, die sich von planktischen Bakterien und anderen Mikroorganismen

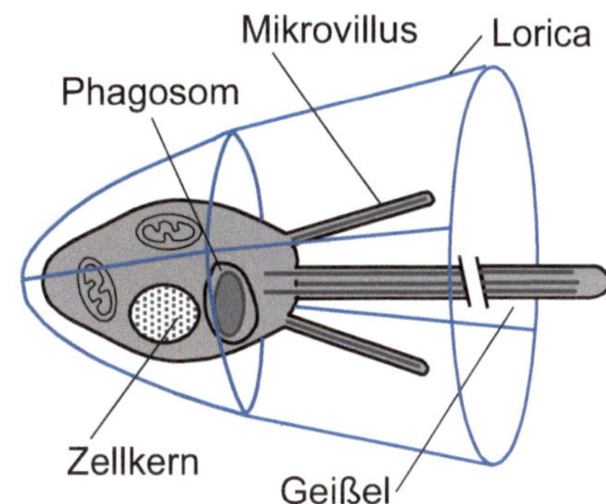


**Abb. 9.4** Choanoflagellat. Die filigrane Silikatlorica (blau) ist oft noch wesentlich größer. Sie dient vermutlich als Schutz- und Schwebvorrichtung. Ihren Namen, Choanoflagellaten (Kragengeißler), haben diese Einzeller von den kragenbildenden Mikrovilli (in dem skizzierten Anschnitt sind zwei eingezeichnet). Mikrovilli werden durch Bündel von Actinfilamenten gestützt und sind unbeweglich. Choanoflagellaten sind meist kleiner als 10 $\mu$m.

ernähren, tragen zu ihrem Schutz und um ihre Schwebeeigenschaften zu verbessern häufig eine zarte **Silikatlorica** (Abb. 9.4).

Unter den Choanoflagellaten gibt es verschiedene koloniale Formen, wobei in den Kolonien unterschiedliche Zelltypen vorkommen können. Es ist auch deshalb vorstellbar, dass sich in der Stammesgeschichte die Schwämme aus Choanoflagellatenkolonien entwickelt haben. Die Pilze und die Tiere, die gemeinsame Vorfahren mit den Choanoflagellaten haben, werden in ▶Kap. 11 und ▶Kap. 12 behandelt.

## Amoebozoa

Amöben bilden **Pseudopodien** (auch als Scheinfüßchen bezeichnete Bewegungsstrukturen; actingestützt) aus und bewegen sich damit fort. Die amöboide Bewegung beruht auf actinvermittelten Kontraktionen und Formveränderungen. Diese Bewegungsweise ist z. B. auch für **Makrophagen** und andere weiße Blutzellen der Säugetiere typisch. Manche Arten sind beschalt, andere nackt (ohne Schale). Die meisten Amöben sind freilebend (Abb. 9.5) und ernähren sich phagocytotisch von unterschiedlichsten Mikroorganismen; einige leben aber auch parasitisch. Zu den Amoebozoa gehört auch *Amoeba proteus*, die aus dem Biologieunterricht bekannt sein dürfte.

Biologisch besonders interessant sind die zellulären Schleimpilze. Gut untersucht ist die Art *Dictyostelium discoideum* (Abb. 9.6). Die Individuen leben als kleine Einzelamöben (5–10 $\mu$m). Wird die Nahrung (Bakterien) knapp, aggregieren zahlreiche, oft Hunderte Zellen, bilden einen massiven kleinen Fruchtkörper (bis zu mehreren Zentimetern lang) und entwickeln dann Sporen. Sporen sind Dauerstadien, die kaum Wasser enthalten und meist widerstandsfähige Schalen haben.

Nur diese Sporen werden schließlich aus dem reifen Sporangium „in alle Winde" verstreut. Aus jeder Spore kann wieder eine Einzelamöbe schlüpfen. Amöben, die die Stielbildung übernommen hatten, sterben ab, haben also selbst keine Nachkommen. Durch den geschilderten selbstverstärkenden Zyklus entstehen rhythmische Wellen der **cAMP**-Konzentration, worauf die Amöben ebenfalls rhythmisch reagieren. Extrazelluläres cAMP wird von membranständigen Phosphodiesterasen (Enzymen, die cAMP spalten) abgebaut, wodurch die Halbwertszeit des cAMP in der Umgebung niedrig gehalten wird.

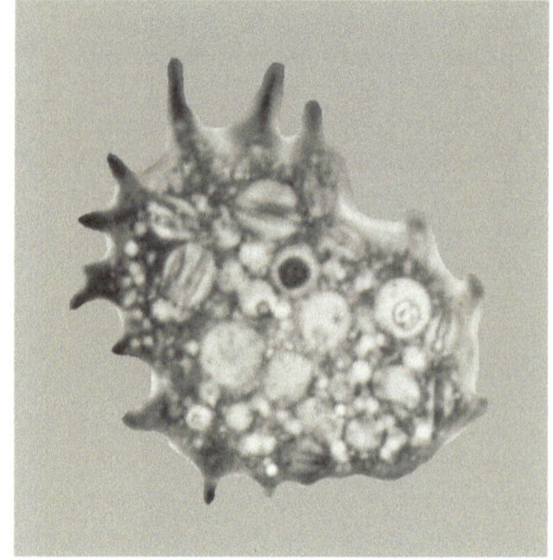

**Abb. 9.5** Kleine freilebende Amöbe (ca. 10 μm im Durchmesser). Typisch für Amöben mit ihren fingerförmigen Pseudopodien ist das gelappte Erscheinungsbild, das mit dem Begriff „Wechseltierchen", wie Amöben auch genannt werden, gut beschrieben wird. Amöben sind heterotroph und ernähren sich von Mikroorganismen, einige können auch Gewebe von Tieren zersetzen.

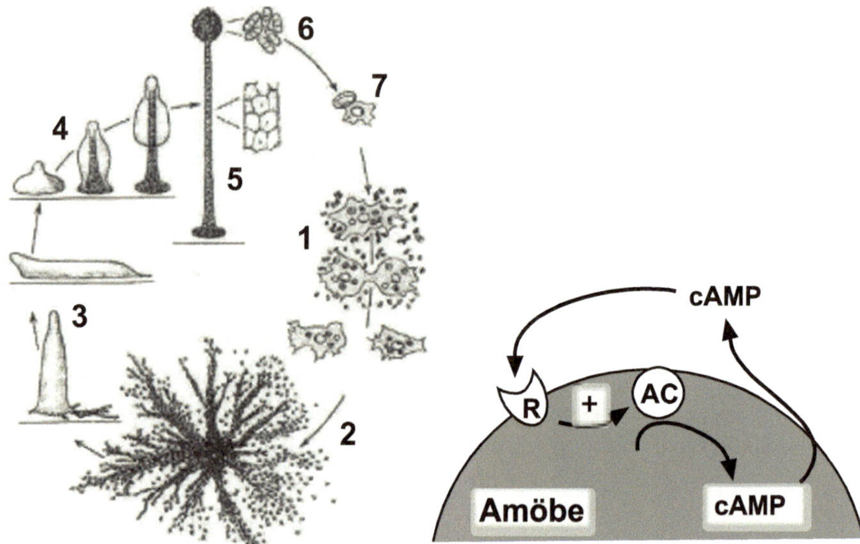


**Abb. 9.6** *Dictyostelium discoideum*, ein zellullärer Schleimpilz. (a) Lebenszyklus. 1. Amöben fressen Bakterien, vermehren sich durch Zweiteilung. 2. Bei Nahrungsmangel aggregieren Hunderte Amöben. Damit beginnt die vielzellige Phase. 3. Die Amöben bilden ein nacktschneckenartiges Zellaggregat (mehrere Millimeter lang), das sich als Einheit bewegt. 4. Schließlich richtet sich ein Sporenständer auf. 5. Zahlreiche Zellen bilden einen Stiel. Sie sterben später. 6. Andere Zellen entwickeln sich zu Sporen. 7. Die reifen Sporen werden im weiten Umkreis verstreut; bei günstigen Bedingungen schlüpfen daraus Amöben (aus Grell 1973). (b) cAMP-Zyklus. Hungernde Amöben scheiden cAMP aus. Wenn cAMP an den Rezeptor (R) bindet, wird ein Enzym (AC) aktiviert, das aus ATP das cAMP generiert. Die Zelle sezerniert erneut cAMP. Allerdings überführt eine hohe extrazelluläre cAMP-Konzentration den Rezeptor in eine inaktive Form (hier nicht dargestellt; Camazine et al. 2003).

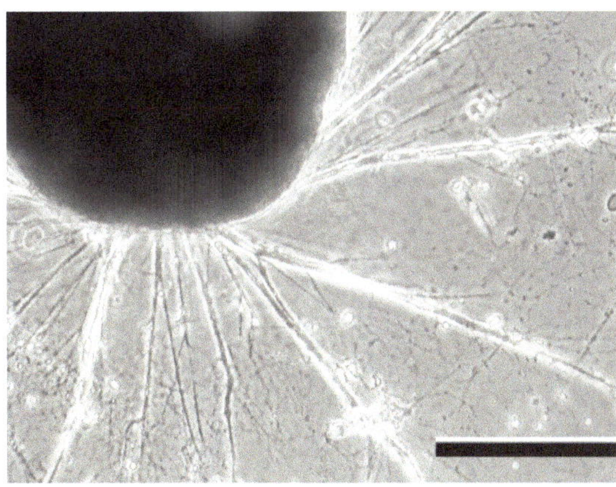

**Abb. 9.7** *Allogromia*, eine Foraminifere mit Reticulopodiennetz. Das Reticulopodiennetz wächst durch eine Schalenöffnung, das Foramen, hinaus und kann wieder eingezogen werden. Es kann leicht eine Fläche von 1 cm$^2$ abdecken. Alle Reticulopodien werden von der einen Zellmembran umgeben. Maßstab 100 $\mu$m.

### 9.2.3 Rhizaria

Rhizaria sind einzellige Eukaryoten mit amöboider Beweglichkeit. Sie bilden strahlenförmige oder netzartige filigrane Zellausstülpungen, sogenannte **Filopodien** (sehr feine Pseudopodien) bzw. Reticulopodien (regelrechte Filopodiennetze; Abb. 9.7), die von Mikrotubulibündeln gestützt werden.

Manche Foraminiferen nehmen Kieselalgen, Dinoflagellaten oder Grünalgen als Symbionten auf und lassen sich von diesen mit Zuckern versorgen. In den nährstoffarmen tropischen Meeren haben Foraminiferen lokal erheblich zur Riffbildung beigetragen.

### 9.2.4 Chromalveolata

Chromalveolata sind durch den Aufbau ihrer Zellmembransysteme gekennzeichnet und dadurch, dass viele der Arten **Chloroplasten** aus sekundären **Endosymbiosen** besitzen. Zu den Chromalveolata gehören auch die Dinoflagellaten, die Ciliaten und die parasitischen Apicomplexa, aber auch die Kieselalgen und die Braunalgen.

#### Dinoflagellata (Panzergeißler)

Dinoflagellaten sind ursprünglich heterotrophe Einzeller. Sie leben im Meer oder Süßwasser, ernähren sich von Protisten und Bakterien, andere sind Parasiten. Einige Arten haben kleinere eukaryotische Algen (Protophyten) als Symbionten aufgenommen, haben meist bis auf den Chloroplasten die Beutezelle verdaut und sind mit dem so erworbenen Chloroplasten photosyntheseaktiv geworden. Diese Form der **Symbiose** wird als sekundär bezeichnet. Primär hat ursprünglich ein Eukaryot ein Cyanobakterium aufgenommen, das zum Chloroplasten wurde. Dieser grüne Protist hat dann, sekundär, dem Dinoflagellaten zu einem Chloroplasten verholfen.

Dinoflagellaten haben typischerweise einen (intrazellulären) Panzer aus Celluloseplatten (Abb. 9.8). Mit ihren Geißeln bewegen sie sich taumelnd. Viele Dinoflagellaten bilden **Toxine** (**Dinotoxine**), die wie die Okadasäure oder das Saxitoxin Ionenkanäle blockieren können und deshalb gefährliche Neurotoxine darstellen. *Noctiluca miliaris* und einige andere Dinoflagellaten können durch Biolumineszenz

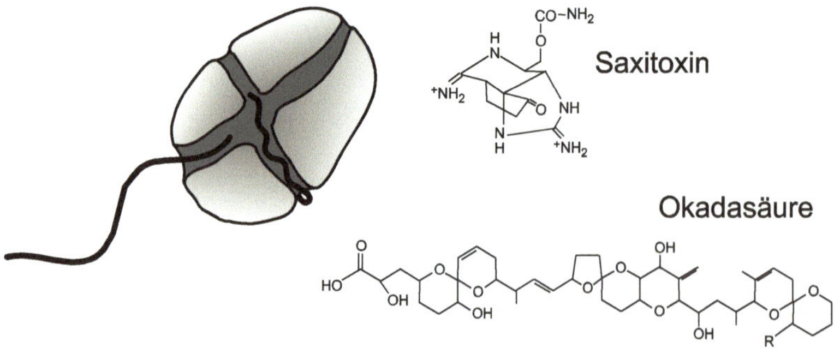

**Abb. 9.8**  Dinoflagellat (ca. 40 $\mu$m lang) und Dinotoxine. Der Panzer der Dinoflagellaten ist aus intrazellulären Celluloseplatten aufgebaut. Saxitoxin und Okadasäure sind Dinotoxine.

Meeresleuchten erzeugen. Dabei wird in einer energieverbrauchenden Reaktion chemisch Licht erzeugt. Auch die Symbionten der Korallen gehören zu den grünen Dinoflagellaten ($\blacktriangleright$Kap. 13.4.2).

**Toxische Algenblüten**

Immer wieder einmal bilden sich meist in küstennahen Meeresregionen Algenblüten, die in Extremfällen zu quadratkilometergroßen Algenteppichen heranwachsen. Die Organismen, oft als Mikroalgen bezeichnet, sind meist grüne Dinoflagellaten. Nicht selten produzieren diese Dinoflagellaten, gelegentlich auch die mit ihnen assoziierten Bakterien, sogenannte „Dinotoxine". Die chemisch sehr heterogenen Toxine sind Ionenkanalblocker, blockieren also bestimmte Ionenkanäle. Sie wirken deshalb vielfach als Nervengifte, die zu unterschiedlichen Symptomen führen.

## Apicomplexa

Apicomplexa sind kleine Einzeller, die fast stets als intrazelluläre Parasiten leben. Typisch für die Zellen ist eine Gruppe von Organellen, die den **Apikalkomplex** bilden. Ihre Inhaltsstoffe sind für die **Invasion** (das Eindringen in eine Wirtszelle) wichtig. Ein weiteres ungewöhnliches Organell der Apicomplexen ist der sogenannte **Apicoplast**, offenbar ein rudimentärer Chloroplast. **Rudimente** sind Organe, Strukturen oder Verhaltensweisen, die in der Stammesgeschichte meist wichtig waren, aber schließlich weitgehend funktionslos geworden sind. Offenbar waren die Vorfahren der Apicomplexen zur Photosynthese befähigt.

### *Plasmodium*

Die wichtigsten Apicomplexa sind die **Malaria**-Erreger, die *Plasmodium*-Arten (Abb. 9.9). Die Malaria stellt nach wie vor ein großes Problem dar. Viele Millionen Menschen sind befallen, Millionen sterben jährlich daran. Die Bekämpfung

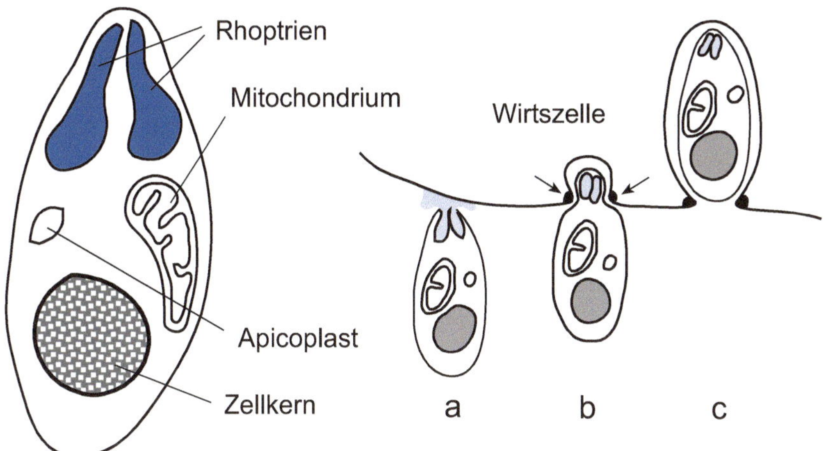


**Abb. 9.9** *Plasmodium*, der Erreger der Malaria. Links ist das infektiöse Stadium (Sporozoit) dargestellt. Wichtige Organellen sind die Rhoptrien, deren Inhaltsproteine die Invasion in eine Wirtszelle ermöglichen. (a), (b) und (c) zeigen den Invasionsvorgang in die Wirtszelle. Die Zellmembran wird nicht perforiert, vielmehr bildet die Wirtszelle eine Vakuole, in die der Parasit aufgenommen wird. Ein enger Cytoskelettring lässt dabei dem eindringenden Parasiten nur eine enge Einschlupföffnung frei.

der Malaria ist schwierig. Mücken sind oft resistent gegen Insektizide, Plasmodien werden resistent gegen Medikamente.

Schon die Lebensweise von *Plasmodium* zeigt, weshalb diese Parasiten so gefährlich sind. Ihr Lebenszyklus enthält einen **Generationswechsel**, bei dem unterschiedliche ungeschlechtliche Vermehrungsphasen abwechseln. Schließlich hält die geschlechtliche Fortpflanzung in der *Anopheles*-Mücke immer wieder die genetische Vielfalt aufrecht (Abb. 5.10). Immer wieder „sehen" die **Sporozoiten** (die infektiösen Stadien) für das Immunsystem neu aus, tauchen außerdem schnell in eine Leberzelle ab, wo sie sich gut geschützt vermehren können. Wird ein Erreger von Antikörpern attackiert, kann er seinen Proteinmantel mit den Antikörpern abstreifen und dem Angriff entkommen. Auch im Blut lebt *Plasmodium* intrazellulär, in den Erythrocyten, den roten Blutzellen. Gleichzeitig haben sich die Parasiten in den Blutzellen vermehrt und bringen sie zum Platzen. So gelangen nicht nur frische Erreger aus der ungeschlechtlichen Vermehrung, die **Merozoiten**, frei in das Blut, alle möglichen Zelltrümmer, auch membranzerstörende Enzyme werden frei. Diese Enzyme, unter anderem **Phospholipasen** (die Phospholipide abbauen), richten Schaden an. Das Immunsystem wehrt sich schlagartig. Ein heftiger Schwächeanfall und ein starker Fieberschub zeigen das äußerlich. Wie bei der Schlafkrankheit, wo Zigtausende Trypanosomen im Blut schwimmen, bevor das Immunsystem zuschlägt und fast alle umbringt, sind nicht die lebenden Parasiten das größte Problem. Wieder sind es die sterbenden Parasiten und die Zellinhaltsstoffe der aufgebrochenen körpereigenen Wirtszellen, die dem Patienten zusetzen.

Versuche, wirksame Impfstoffe zu entwickeln, scheiterten bisher. Bei Immunisierungen mit strahleninaktivierten Sporozoiten werden Antikörper gegen

Circumsporozoit-Antigene gebildet. Circumsporozoit-Antigene sind solche Oberflächenproteine, die die Sporozoiten ummanteln. Immunität wird dennoch nicht erreicht. Die Oberflächenproteine sind zu variabel. Zudem können die Sporozoiten ihren Proteinmantel abstreifen (Capping). Immer wieder versuchen Zellbiologen, mit gentechnischen Tricks künstliche Proteine herzustellen, die Eigenschaften der *Plasmodium*-Oberflächenproteine haben und das Immunsystem stimulieren. Erweist sich der Impfschutz dann als zu gering, ist es nicht verantwortbar, ihn in der Praxis einzusetzen.

*Toxoplasma gondii*

*Toxoplasma gondii* ist der Erreger der **Toxoplasmose**. Ähnlich wie *Plasmodium* lebt der Parasit nur intrazellulär. Lediglich in Darmzellen der Katze werden die sexuellen Stadien gebildet. Die befruchteten Eizellen werden in den Oocysten mit dem Katzenkot ausgeschieden. Daraus können in Mäusen oder anderen Säugetieren die vegetativen Stadien frei werden, die dann Muskelzellen oder auch Nervenzellen befallen können und sich dort in ungeschlechtlichen Generationen vermehren. Abgekapselt warten die Erreger schließlich darauf, dass die infizierte Maus wieder von einer Katze gefressen wird, wo der Lebenszyklus mit der sexuellen Fortpflanzung im Darm abgeschlossen wird. Auch der Mensch kann sich mit *Toxoplasma* infizieren. Erwachsene erkranken normalerweise nicht erkennbar, während Säuglinge oder auch Ungeborene durch Infektion von Nervenzellen stark geschädigt werden können.

## Ciliata (Wimperlinge)

Ciliaten sind freilebende, heterotrophe Protisten. Sie sind bewimpert, daher der Name Wimperlinge/Wimpertierchen bzw. Ciliaten. Weiteres Kennzeichen ist der **Kerndualismus**. Neben einem oder mehreren diploiden **Mikronuclei** (Kleinkernen), die das gesamte Genom enthalten, haben sie einen **Makronucleus** (Großkern; Abb. 9.10). Im Großkern ist meist nur ein Teil der Gene enthalten, diese liegen aber enorm vermehrt vor. Es sind eben jene Gene, die für das vegetative Leben benötigt werden.

Ciliaten vermehren sich durch Zweiteilung (Querteilung). Durch aufeinanderfolgende Zellteilungen entsteht so aus einer Zelle ein Klon genetisch identischer Individuen. Gelegentlich machen sie aber eine sexuelle Fortpflanzung durch, die man bei Ciliaten als **Konjugation** bezeichnet (Abb. 9.11). Sie sind dazu „gezwungen", weil sie altern. Ciliaten können sich nur begrenzt oft teilen. Das Pantoffeltierchen *Paramecium caudatum* kann sich ca. 750-mal teilen, dann sterben die Zellen des Klons. Man spricht daher von **Klonaltern** (▶Kap. 7.9). Konjugieren einzelne Zellen rechtzeitig, bevor sie alt sind, sind sie dadurch verjüngt und können sich weiter teilen. Altern ist offenbar genetisch programmiert. Tatsächlich gibt es Ciliatenstämme, z. B. *Tetrahymena pyriformis*, dessen Alterungsprogramm defekt ist. *T. pyriformis* altert nicht mehr, kann aber auch nicht mehr konjugieren.

Genetiker haben von den Ciliaten viel gelernt. So haben Ciliaten zum Teil einen abweichenden genetischen Code. Noch interessanter ist aber wohl der bei Ciliaten beobachtete **epigenetische** Steuerungsmechanismus der Kernentwicklung. Der

**Abb. 9.10** Ciliat. Neben den im Text beschriebenen Zellorganellen sind die kontraktilen Vakuolen zu erkennen, die bei Süßwasser- und Brackwasserprotozoen das durch die Zellmembran einströmende Wasser aus der Zelle pumpen. Der trichterförmige Zellmund ist der Ort, an dessen Basis die Phagosomen (Endosomen bzw. Nahrungsvakuolen) gebildet werden. Ciliaten sind meist zwischen 10 und 500 $\mu$m lang.

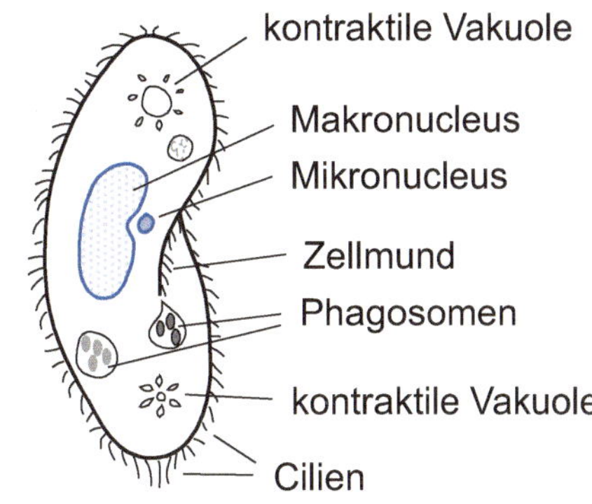


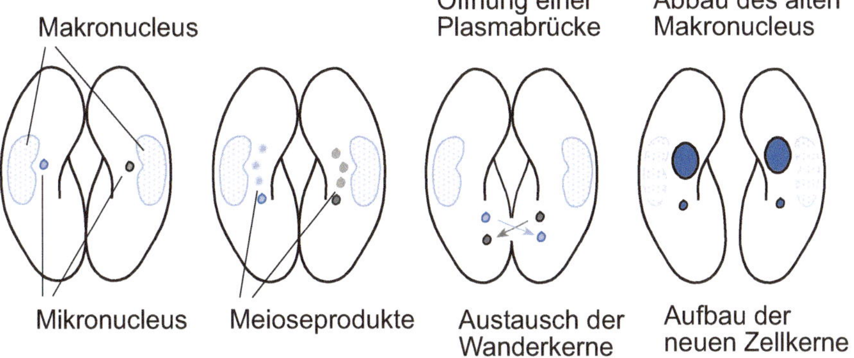


**Abb. 9.11** Ciliatenkonjugation. Zellen unterschiedlichen Paarungstyps finden sich durch chemische Signale, verschmelzen lokal und tauschen Meioseprodukte aus. Genauer gesagt teilt sich bei beiden Partnern je eines der (haploiden) Meioseprodukte. Eines der Mitoseprodukte wird mit dieser Teilung als Wanderkern in die Partnerzelle geschoben. Jede Zelle spendet also einen Wanderkern, erhält aber von der Partnerzelle deren Wanderkern, der jeweils mit dem stationär gebliebenen Kern verschmilzt. Aus diesem nun diploiden Zellkern werden nach einer Mitose ein neuer Mikronucleus und ein neuer Makronucleus aufgebaut.

Aufbau des neuen Makroncleus wird zum Teil vom alten Makronucleus kontrolliert. Die alten Makronucleusgene diktieren, welche Gene zum Aufbau des neuen Makronucleus verwendet werden und welche nicht. Dazu werden von allen Genen des alten Makronucleus vor seinem Abbau RNA-Kopien hergestellt. Allgemein überlagern epigenetische Phänomene die Auswirkungen der Gene. Gene werden teilweise nachträglich verändert (z. B. kann die DNA methyliert werden), was mindestens über viele Mitosen beibehalten werden kann.

Ciliaten sind Modellorganismen für die Steuerung und Genetik von Verhalten. Eine sehr einfache Verhaltensweise ist die sogenannte **Schreckreaktion** (*avoiding reaction*) von Paramecien. Schwimmt ein *Paramecium* gegen ein Hindernis, so reagiert ein **Mechanorezeptor** in der Zellmembran und gibt den $Ca^{++}$-Einstrom in die Zelle frei. Daraus resultiert über die Membran des ganzen Zellkörpers hin ein $Ca^{++}$-basiertes Aktionspotenzial (▶Kap. 3.3). Das Aktionspotenzial führt dazu, dass nun die $Ca^{++}$-Kanäle der Cilienmembranen geöffnet werden. Der $Ca^{++}$-Einstrom in

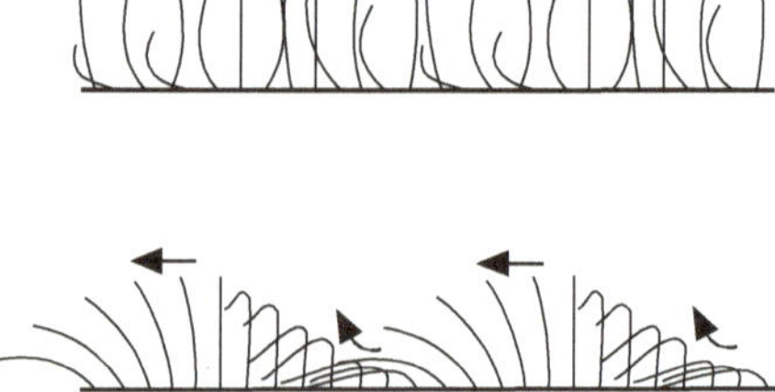

**Abb. 9.12** Metachroner Cilienschlag. In der oberen Skizze schlagen die Cilien unkoordiniert, in der unteren zeitlich versetzt, wodurch eine Wellenbewegung entsteht. Die Pfeile zeigen die Bewegungsrichtung der Welle bzw. der Cilien.

die Cilien führt bei diesen zur Schlagumkehr. In der Übergangsphase taumelt die Zelle kurz, schwimmt dann rückwärts. Bald wird das Ruhepotenzial wiederhergestellt, und das *Paramecium* schwimmt wieder vorwärts.

## Metachronie des Cilienschlages

Aus Bau und Bewegung der Einzelcilien zunächst unerklärt ist das Phänomen des metachronen Cilienschlages. Eng stehende Cilien einer Zelle, ja auch die Cilien benachbarter Bronchienzellen, schlagen metachron, also nicht gleichzeitig, synchron, sondern zeitlich versetzt, wodurch eine Wellenbewegung entsteht – ähnlich einer La-Ola-Welle im Fußballstadion. Erst die metachrone Koordinierung macht den Schlag der etwa 3000 Cilien einer *Paramecium*-Zelle effektiv. So können auch die Cilien unserer Bronchienoberfläche Schleim und Fremdpartikel nach außen transportieren. Um den Vorteil koordinierter Bewegung zu erklären, mag der Vergleich mit einem Ruderboot dienen, wobei die Ruderer allerdings synchron schlagen. Metachronie ist der Synchronie bei der Fortbewegung oft überlegen, weil der Vortrieb und damit die Bewegung des *Paramecium* oder z. B. des Bronchialschleimes gleichmäßig und nicht ruckartig erfolgt. Beim Ruderboot ist Metachronie nicht möglich, weil die Ruder ja in einer Ebene bewegt werden; um sich nicht ins Gehege zu kommen, müssen sie synchron schlagen. Der Cilienschlag ist dagegen nicht zweidimensional, die einzelnen Cilienpunkte bewegen sich vielmehr elliptisch. Abb. 9.12 zeigt eine Projektion des Cilienschlages.

Bei mikroskopischer Betrachtung drängt sich das Empfinden auf, der metachrone Cilienschlag sei Kennzeichen einer lebenden Zelle, ja ein „Lebensphänomen". Zerstört man die Zellmembran eines *Paramecium* (etwa durch ein Detergens, wie es in Spülmitteln enthalten ist) und tötet damit die Zelle, hören die Cilien in Bruchteilen einer Sekunde auf zu schlagen. Geht man vorsichtig zu Werke, bleiben die Strukturen des Cytoskeletts und auch die Cilien (ohne ihre Membran natürlich) sowie ihre Befestigung im Cytoskelett der Zelle erhalten. Man hat ein Zellmodell gewonnen, an dem verschiedene biochemische und selbst mechanische Funktionen der Zelle untersucht werden können. Gibt man ATP und zusätzlich Magnesiumionen in das Medium, so beginnen einzelne Cilien wieder zu schlagen – zunächst unkoordiniert, d. h. asynchron. Schließlich fangen aber mehr und mehr Cilien zu schlagen an. Man beobachtet dann, dass der Cilienschlag benachbarter Cilien „sich koordiniert"; Gruppen von Cilien „pendeln" ihren Schlag metachron ein.

Als Ursache der Metachronie gelten hydromechanische Wechselwirkungen, quasi ein „Mitnehmen" benachbarter Cilien aufgrund kleinräumig wirksamer Strömungen. Weder sind innerhalb oder außerhalb der Zelle strukturelle Verbindungen

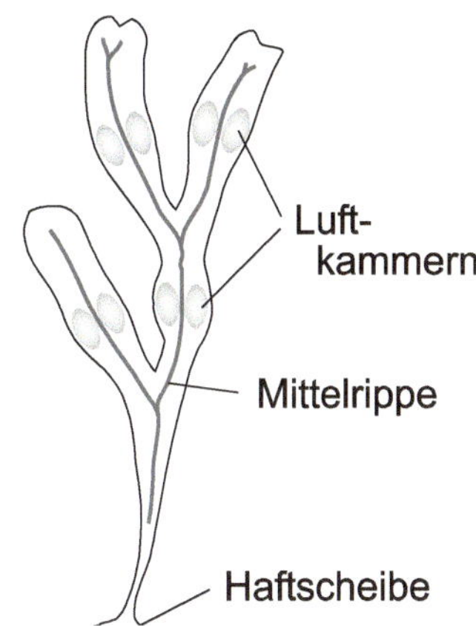



**Abb. 9.13** Der Blasentang (*Fucus*-Arten) ist eine der großen Braunalgen, die im Meer ganze Wiesen bilden. Bohnengroße Luftkammern sorgen für Auftrieb. Die Mittelrippe ist offenbar eine Versteifung des oft meterlangen lappenartigen Thallus. An der Mittelrippe ist das Prinzip der dichotomen (Y-artigen) Verzweigung besonders schön zu erkennen.

zwischen den Cilien zu finden, noch sind elektrische oder biochemische Koordinierungen zu erkennen. Das konnte inzwischen auch im Experiment mit künstlichen Cilien gezeigt werden. Wichtig scheinen einzig die hinreichende Nähe der Cilien zueinander sowie die gleiche Ausrichtung und Dynamik ihres Schlages zu sein. Vorteil der Metachronie der Cilien eines Cilienfeldes ist zunächst, dass sich die Cilien nicht wechselseitig stören – vergleichbar der Situation beim Marschieren.

### Phaeophyceen (Braunalgen)

Die fädigen, oft büschelförmigen oder auch flächig wachsenden, manchmal stark verkalkten Braunalgen sind durch ihre bräunlichen Pigmente charakterisiert. Das ist im Einzelfall, zumal mit bloßem Auge, oft nicht leicht zu erkennen. Die meisten der häufig recht großen Braunalgen (z. B. der Blasentang; Abb. 9.13) kommen in mäßig warmen oder kalten Meeresteilen oft in Massen vor.

### Diatomeen (Kieselalgen)

Kennzeichnendes Merkmal dieser kleinen Einzeller aus Meer und Süßwasser sind ihre Silikatschalen, die käseschachtelartig aus einer größeren oberen und einer kleineren unteren „Hälfte" bestehen (Abb. 9.14). Da sie besonderes im Meer zahlreich sind, sind sie als Planktonorganismen in manchen Nahrungsnetzen von großer Bedeutung. Aber auch ihre Photosyntheseleistung ist für die Biosphäre wesentlich. Neben freilebenden Arten, deren Silikatbildung in manchen Zeiten der Erdgeschichte sogar zur Gebirgsbildung beigetragen hat, sind sie auch als Symbionten nicht unwichtig. So werden einige Diatomeen als Symbionten von – ebenfalls einzelligen – Foraminiferen beobachtet.

### 9.2.5  Plantae (Pflanzen)

Stammesgeschichtlich betrachtet sind dieses die eigentlichen Pflanzen, wenngleich auch die Braunalgen und Kieselalgen sowie viele Dinoflagellaten und weitere Protisten grün und photosyntesefähig sind und damit von Lebensweise und Erscheinungsbild auch als Pflanzen erscheinen. In diesem Kapitel werden von den Pflanzen

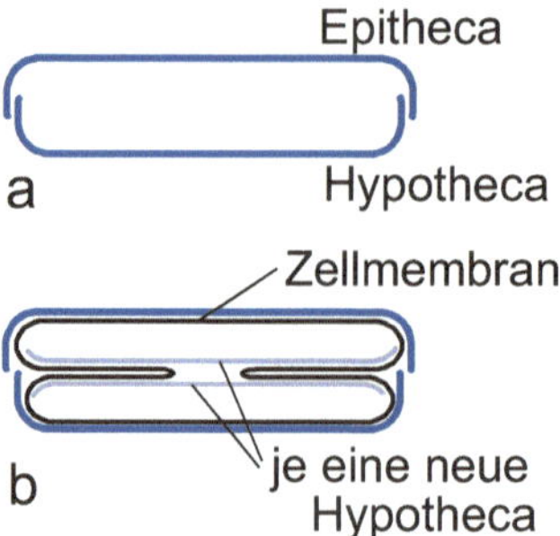



**Abb. 9.14** Bauprinzip der Diatomeenschalen. (a) Epitheca und Hypotheca bilden eine Art Schachtel. (b) Bei der Zellteilung wird für beide Tochterzellen intrazellulär je eine neue Hypotheca angelegt. Die alte Hypotheca wird selbst zu einer Epitheca. So entstehen mit jeder Zellteilung immer kleinere Kammern. Nach der sexuellen Fortpflanzung bilden schließlich schalenlose Zellen völlig neue Kammern – mit neuer großer Schale.

nur die Grünalgen und Rotalgen vorgestellt. Die Pflanzen, als ausgeprägte Vielzeller, werden in ▶Kap. 10 behandelt.

## Chlorophyceen (Grünalgen)

Mit ihren aus primärer Symbiose (mit einem Cyanobakterium) entstandenen Chloroplasten leisten Grünalgen einen Großteil der **Photosynthese** auf der Erde. Das Farbspektrum ihrer Photopigmente gibt den meisten Arten ein kennzeichnend frisches Grün. Mit einzelligen, fädigen sowie großen flächigen Formen sind die Grünalgen sehr vielfältig und in verschiedensten Lebensräumen im Meer und im Süßwasser anzutreffen. Summarisch werden die Wuchsformen der großen Algen wie auch der Flechten und einfacher Landpflanzen, die nicht in Wurzel, Spross und Blätter organisiert sind, als Thalli (Singular: **Thallus**) bezeichnet (Abb. 9.15). Die ausgebildeten Zellwände enthalten neben Glykoproteinen auch Cellulose. Zellkolonien besitzen oft gemeinsame Gallerthüllen.

Während bei anderen Algen zelluläre Differenzierungen in kolonialen Formen nur begrenzt vorkommen, haben Grünalgen den Schritt zur Vielzelligkeit mindestens im Ansatz getan. Bei den sogenannten Volvocalen gibt es verschiedene unbewegliche und bewegliche Einzeller und Zellkolonien. Unter den kolonialen Formen mag *Volvox* als richtiger Vielzeller gesehen werden. In der kugeligen Kolonie sind die Zellen über feine Plasmabrücken – somit auch elektrisch – miteinander verbunden (Abb. 9.16). Die Zellen des Vorderpols reagieren besonders deutlich auf Lichtreize, während die – größeren – Zellen des Hinterpols die einzigen sind, aus denen sich Tochterkugeln entwickeln können. Dabei wächst eine napfförmige Knospe in die große Kugel hinein, löst sich und kugelt sich dann ab. Dabei stülpt sie aber noch ihr Inneres nach außen, sodass die Geißeln der Tochterkugel dann nach außen weisen. Die unterschiedlichen Funktionen der Zellen zeigen das Auftreten zellulärer Differenzierung und Arbeitsteilung, wobei nur noch wenige Zellen die Fortpflanzung übernehmen. Das aber sind die entscheidenden Merkmale der Vielzelligkeit (▶Kap. 12).

**Abb. 9.15** *Caulerpa taxifolia*, eine ins Mittelmeer eingeschleppte, leuchtend grüne Alge. *C. taxifolia* hat sich dort als problematisch erwiesen, weil sie sich aggressiv ausbreitet und große Seegrasbestände bedroht. Da sie für viele Tiere giftig ist, hat sie wenige Fressfeinde.

## Rhodophyceae (Rotalgen)

Rotalgen sind gekennzeichnet durch ihre rötlichen Pigmente, die einige Arten leuchtend rot erscheinen lassen. Die fädigen und thallösen Rotalgen sind häufig stark verkalkt (Abb. 9.17), die Zellen sind wenig differenziert, die Tendenz zur Gewebebildung und Vielzelligkeit kaum zu erkennen. Die Lebenszyklen vieler Rotalgen sind mit ihren dreiphasigen **Generationswechseln** recht komplex. Besonders in den hellen Uferzonen der Meere treten Rotalgen häufig auf, wobei viele Arten gegen Temperaturschwankungen empfindlich sind – eine schlechte Voraussetzung in unserer Zeit.

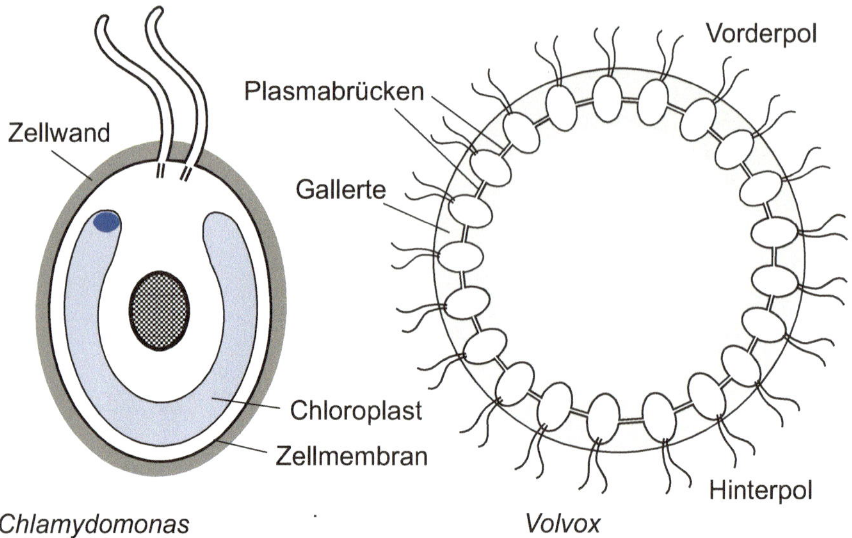



**Abb. 9.16** *Chlamydomonas* und *Volvox* – Weg zur Vielzelligkeit. Der ca. 15 $\mu$m dicke Flagellat *Chlamydomonas* ist eine bewegliche einzellige Grünalge. Der große napfförmige Chloroplast umgibt den Zellkern und andere Zellorganellen. Der Augenfleck hat eine wichtige Funktion bei der Orientierung zum Licht. Er ist nahe der Geißelbasis positioniert. Die vielen Zellen von *Volvox* sind in eine Gallerthülle eingebettet und über Plasmabrücken verbunden. Vermutlich durch die damit gegebene elektrische Koppelung schlagen die Geißeln koordiniert.

**Abb. 9.17** *Lithophyllum*-Art, eine Kalkrotalge, im Meer auf Steinen. Sie besitzt blattförmige, dachziegelartig angeordnete Thalli, die stark kalkverkrustet sind.

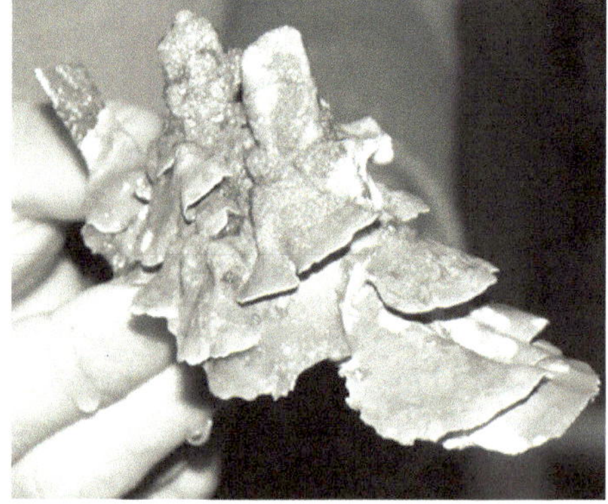

# Biologie der Landpflanzen



Landpflanzen, die aus Grünalgen entstanden sind, sind gekennzeichnet durch zahlreiche Anpassungen an die terrestrische Lebensweise. Dazu gehören der Schutz vor Austrocknung durch eine wächserne Cuticula, die zunehmende Entwicklung von Wasserleitungssystemen sowie Schutzorgane für Gameten und besonders für Embryonen, die jungen Sporophyten. Erst leistungsfähige Festigungs- und Stützgewebe ermöglichten hohe Wuchsformen. Wurzeln stellen die Aufnahme von ausreichenden Wassermengen und Nährsalzen und die Verankerung im Boden sicher, effektive Leitungssysteme ermöglichen den Wasser- und Nährstofftransport.

Wie die Grünalgen zeigen Landpflanzen in ihrem Lebenszyklus einen Generationswechsel mit Sporophyt und Gametophyt (▶Kap. 5.6, Abb. 5.11). Sowohl diploide (Sporophyten) als auch haploide Individuen (Gametophyten) sind dabei vielzellig. Mit der Meiose kommt es zur Sporenbildung, während die Gameten mitotisch gebildet werden. Aus der Zygote wächst ein Embryo heran. In den Sporangien des Sporophyten werden Sporenmutterzellen gebildet. Die Terminologie ist einfach: Der Sporophyt produziert Sporen (asexuelle Generation), der Gametophyt produziert Gameten (sexuelle Generation).

Erst die Ausbreitung der Landpflanzen hat den Tieren eine Besiedlung des Landes ermöglicht. Immer noch sind Landpflanzen direkt oder indirekt die wichtigste Nahrungsquelle der Tiere und auch des Menschen.

## 10.1 Anpassungen und Vielfalt der Landpflanzen

Zu den Landpflanzen gehören die Moose, die noch kaum Leitungsgewebe ausgebildet haben, und die Gefäßpflanzen mit den Farnen und Samenpflanzen (Abb. 10.1). Landpflanzen sind die wichtigsten **Produzenten** der Biosphäre und zeigen mit mehr als einer viertel Million Arten eine enorme Diversität. Die so unterschiedlichen terrestrischen Lebensräume und Nischen haben zu einer Fülle von Anpassungen geführt, die schon äußerlich in ihrer Formenvielfalt erkennbar wird. Ähnlich wie bei den Tieren ist auch bei den Landpflanzen die Vielzelligkeit Grundlage von Diversifizierung und Höherentwicklung. Die Entwicklung der Festigungsgewebe hat zu enormen Größen der Individuen und leistungsfähigen Strukturen geführt.

Anpassungen der Landpflanzen wie der Schutz der Embryonen, Festigungsgewebe des Sprosses, Leitungssysteme und Schutzmechanismen gegen Austrocknung haben sich mit der Höherentwicklung ständig verbessert. Dies zeigt sich auch heute noch bei den verschiedenen Landpflanzentaxa unterschiedlicher Entwicklungshöhe.

© Springer-Verlag GmbH Deutschland, ein Teil von Springer Nature 2012
H.-D. Görtz und F. Brümmer, *Biologie für Ingenieure*,
https://doi.org/10.1007/978-3-662-59608-1_10

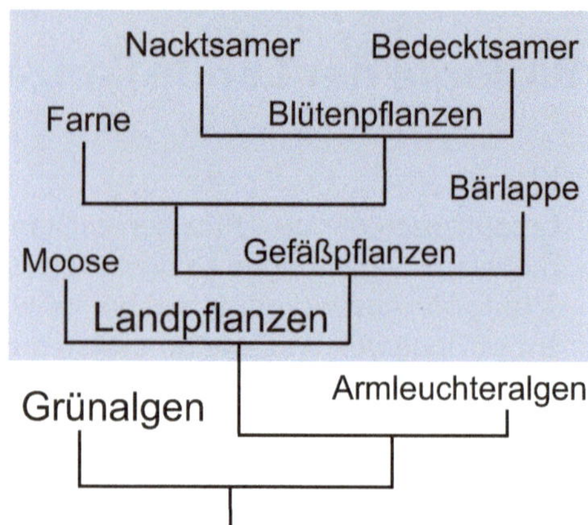


**Abb. 10.1** Stammbaum der Landpflanzen. Armleuchteralgen und Landpflanzen haben mit den rezenten Grünalgen gemeinsame Vorfahren. Sie besitzen Chloroplasten mit Chlorophyll A und weitere Gemeinsamkeiten, die sie von anderen Gruppen, auch den Rotalgen und Braunalgen, unterscheiden. Der Stammbaum ist vereinfacht. So sind hier unter „Moose" die Lebermoose und die Laubmoose zu verstehen, unter „Farne" z. B. auch die Schachtelhalme.

## Die pflanzliche Zellwand

Pflanzenzellen sind von einer Zellwand umgeben, die in erster Linie aus **Cellulose** besteht. Mikrofibrillen aus Cellulosemolekülen bilden in verschiedener Anordnung und Bündelung die Lagen der Zellwand. Feine Zwischenräume zwischen den Cellulosefibrillen nehmen Wasser auf. Die Cellulose wird in der Zelle synthetisiert und durch die Zellmembran abgegeben. Benachbarte Zellwände werden über die sogenannte **Mittellamelle** aneinandergehalten. Das Material dieser Mittellamelle wird zum Ende der Zellteilung bei der Trennung von Schwesterzellen im **Phragmoblasten** bereitgestellt (siehe Abb. 5.1). Bei einer Zellteilung bleiben kleine Verbindungen zwischen den Schwesterzellen bestehen – die **Plasmodesmata**.

## Osmose und Plasmolyse

Teilchen gelöster Stoffe sind in dauernder thermischer Bewegung und verteilen sich tendenziell im zugänglichen Raum. Dieser Vorgang wird **Diffusion** genannt. Sind zwei Lösungen unterschiedlicher Konzentration durch eine **semipermeable Membran** getrennt, können die gelösten Teilchen nicht durch diese hindurchtreten. Wasser aber kann durch Diffusion zum Ort geringerer Wasserkonzentration wandern. Dieser Vorgang wird **Osmose** genannt.

Durch Osmose nehmen Zellen Wasser auf (▶Kap. 3.3). Für Süßwasserorganismen ist dies ein Problem, denn der Wassereinstrom könnte ungebremst zum Platzen der Zelle führen. Schon bei einzelligen Algen begrenzt eine Zellwand diese Wasseraufnahme. Die Zelle nimmt Wasser auf, bis der **Turgor** (Innendruck) der Zelle die Höhe des Zellwanddruckes erreicht (Abb. 10.2). Die **Saugspannung** S der Zelle entspricht also zunächst dem osmotischen Wert $\pi$ (potenzieller **osmotischer Druck**) des Zellsaftes (im Wesentlichen dem Vakuoleninhalt), wird aber schnell durch den Zellwanddruck W begrenzt:

$$S = \pi - W.$$

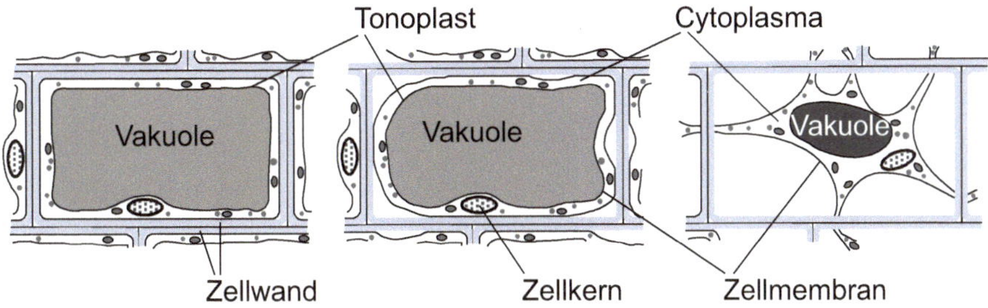


**Abb. 10.2** Plasmolyse. (a) Der osmotische Druck $\pi$ ist gleich dem Zellwanddruck W. (b) In hyperosmotischen Flüssigkeiten (mit mehr gelösten Teilchen als im Zellsaft) ist $\pi$ geringer als W, die Zelle zieht sich leicht zusammen und löst sich an einigen Stellen von der Zellwand ab. (c) In stark hyperosmotischer Umgebung „krampft" die Zelle und hängt schließlich nur noch an einigen Stellen (Plasmodesmen) an der Zellwand. Wird die Zelle in eine isotonische oder gar hypotonische Flüssigkeit (gleiche bzw. geringere Dichte gelöster Teilchen verglichen mit dem Zellsaft) gegeben, ist die umgekehrte Entwicklung zu beobachten (Deplasmolyse). Die Membran der zentralen Vakuole wird als Tonoplast bezeichnet.

Sinkt $\pi$, etwa bei Wassermangel, unter W, so erschlaffen Blätter und andere Pflanzenteile. Entsprechende Zustandsänderungen der Pflanzenzelle werden bei Plasmolyse und Deplasmolyse deutlich.

## Gewebe

Gewebe sind Zellverbände aus einem oder wenigen Zelltypen. In der Entwicklung führt differenzielle Genaktivierung zu ganz verschieden gestalteten und auch funktionell spezialisierten Zellen (▶Kap. 7). Unterschiedliche Gewebe bilden Organe, z. B. ein Blatt (Abb. 10.3). Entscheidend ist, wie das beispielhaft in Kap. 12 dargestellt wird, dass gleich oder unterschiedlich differenzierte Zellen kooperieren. Dadurch sind gegenüber Einzellern erheblich größere Leistungen und eine größere Flexibilität gegenüber Umweltveränderungen möglich.

Zwischen Xylem und Phloem liegt das **Kambium**, von dem nach innen neue Xylemelemente gebildet werden. Die neuen Xylemzellen sterben bald nach ihrer Differenzierung ab, wodurch regelrechte Rohre entstehen. Im Frühjahr werden eher weitlumige Holzelemente gebildet, zum Herbst hin werden sie kleiner. Dies führt zur Bildung von Jahresringen. Vom Kambium werden nach außen neue Bastzellen gebildet. Mark und Markstrahlen, deren Zellen auch vom Kambium nachgeliefert werden, enthalten ebenfalls lebende Zellen. Nach außen wird der Stängel durch die Borke geschützt.

Die verschiedenen Dauergewebe der Pflanzen entstehen aus **Meristemen** oder Bildungsgeweben (siehe Abb. 7.9). Deren Zellen behalten ihre Entwicklungspotenz bei. So können etwa aus Achselmeristemen ganze Pflanzenteile entstehen bzw. aus einzelnen Zweigen Ableger heranwachsen. Zu den wichtigsten Dauergeweben gehören die Abschlussgewebe (z. B. die Epidermis), wovon auch Sonderstrukturen wie die **Spaltöffnungen**, Drüsenhaare (z. B. bei der Brennnessel) oder **Stacheln** (die „Dornen" der Rose) gebildet werden. Im Unterschied zu den Stacheln stellen

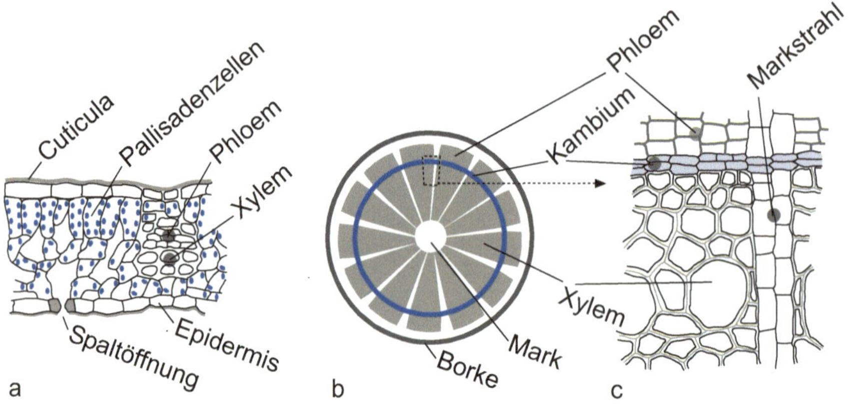



**Abb. 10.3** Gewebe pflanzlicher Organe. (a) Blattquerschnitt. Zellen des Pallisadenparenchyms enthalten – dem Licht zugewandt – die meisten Chloroplasten, während darunter ein lockeres Schwammparenchym für den Gasaustausch weite Lücken mit Verbindung zu Spaltöffnungen lässt. Die Epidermis als Abschlussgewebe ist mit einer wächsernen Cuticula überzogen. (b) Der Sprossquerschnitt ist geprägt durch das Xylem (Holz) mit seinen Wasserleitungszellen und das Phloem (Bast) mit kleineren, lebenden Zellen. Über das Xylem des Leitbündels werden die Blattgewebe mit Wasser und Ionen versorgt, während die Assimilate (Zucker usw.) über das Phloem abgeleitet werden.

die **Dornen** abgewandelte Blätter oder Sprossspitzen (z. B. die Schlehendornen) dar. Andere Dauergewebe sind die Leitungsgewebe (mit Xylem und Phloem; Abb. 10.3) und die verschiedenen Parenchymtypen. Dazu gehören Speicherparenchyme (etwa in Kartoffelknollen) und das Pallisadenparenchym im Blatt. Die Ausbildung unterschiedlicher Zelltypen und Gewebe unterscheidet die Landpflanzen von den Grünalgen, wo aber schon Tendenzen zur Vielzelligkeit erkennbar sind. Am weitesten fortgeschritten ist die Differenzierung der Gewebe bei den Blütenpflanzen.

 Vielzelligkeit beruht auf der Differenzierung genetisch gleicher Zellen (Klone!) und ihrer Kooperation.

Die Entwicklung leistungsfähiger Leitungsgewebe, wie sie im Sprossquerschnitt und in den Leitbündeln von Blättern und Wurzeln deutlich werden, ist eine Voraussetzung für das Höhenwachstum der Landpflanzen. Während Assimilate und andere organische Moleküle über die lebenden Bastzellen transportiert werden, geschieht der Transport von Wasser und darin gelösten Ionen durch die Gefäße des Xylems. Im Wesentlichen wird die Kraft des Wassertransports durch Wasserverdunstung über die Blätter erreicht. Der sehr geringe Durchmesser der Kapillaren des Xylems und ihr Feinbau stellen offenbar sicher, dass die Wassersäulen auch bei immens hohen Bäumen nicht abreißen.

## 10.2 Vielfalt der Landpflanzen

Mit der **Terrestrialisierung** von Grünalgenabkömmlingen setzten eine rasante Höherentwicklung und Diversifizierung ein, wodurch auch eine erhebliche Biomasse produziert wurde. Die wichtigsten Großgruppen der Landpflanzen sollen im Folgenden in Grundzügen vorgestellt werden.

### 10.2.1 Moose

Moose sind noch wenig leistungsfähig, was ihre Wasserversorgung betrifft. Sie sind darauf angewiesen, dass sich das Wasser in dichten Moospolstern kapillar zwischen den Blättchen hält, und sie können nicht sehr groß werden. Nur bei wenigen Moosen sind ansatzweise Wasserleitungssysteme zu finden.

Moose sind über den größten Teil ihres Lebenszyklus haploid. Das eigentliche Moospflänzchen stellt den **Gametophyten** dar. An seiner Spitze werden in **Archegonien** die Eizellen gebildet. Archegonien sind kleine, den Ovarien der Tiere vergleichbare Organe. In den **Antheridien**, auch das sind kleine Organe, deren Funktion den Hoden der Tiere vergleichbar ist, werden die Spermien gebildet. Durch einen Wasserfilm oder Wassertropfen schwimmen Spermien zu den Archegonien, wo die Befruchtung stattfindet.

Aus einer befruchteten Eizelle erwächst der **Sporophyt**. Er ist bei Moosen nur ein kleines, gestieltes **Sporangium** auf dem Gametophyten, das aussieht wie ein kleiner Fruchtständer. Darin findet die Meiose statt, und es werden Sporen gebildet. Der Sporophyt ist nicht photosyntheseaktiv und wird vom **Gametophyten** ernährt.

### 10.2.2 Schachtelhalme und Farne

Bei Schachtelhalmen (Abb. 10.4) und Farnen zeigen sich als stammesgeschichtliche Neuentwicklung echte Blätter. Das wird besonders an den großen Farnwedeln deutlich. Bärlappgewächse sind noch in gabelförmigen Trieben mit kleinen schmalen Blättern (**Mikrophyllen**) organisiert. Eine Erklärung für die Bildung großflächiger Blätter, der **Megaphyllen** von Farnen und Samenpflanzen, bietet die **Telomtheorie** (Abb. 10.5). Telome (blattlose Gabeltriebe) verändern sich nach dieser Theorie in einer Folge von Einzelschritten.

Anders als bei den Moosen entwickelt sich bei Farnen aus einer Spore ein kleiner aber unabhängiger Gametophyt. Er bildet Archegonien und Antheridien und produziert Gameten beiderlei Geschlechts. Für die Spermienübertragung ist auch hier Wasser nötig – ein dünner Flüssigkeitsfilm reicht aus. Aus dem Embryo erwächst dann der große Sporophyt (der eigentliche Farn), der später Sporen bildet (Abb. 5.11).

Wie bei den Grünalgen zeigen auch die Landpflanzen einen Generationswechsel. Mit der Höherentwicklung wird der Gametophyt reduziert und ist schließlich bei den Samenpflanzen im weiblichen Geschlecht auf den Embryosack und im männlichen Geschlecht auf den Pollenschlauch geschrumpft.

**Abb. 10.4** Waldschachtelhalm. Seine Triebe werden bis zu einem halben Meter hoch.

**Abb. 10.5** Blattentwicklung nach der Telomtheorie. Im Zuge von Übergipfelung werden verzweigte Nebenachsen zurückgehalten, die dann durch Planation und Verwachsung Blattfunktionen übernehmen können.

## 10.2.3 Samenpflanzen

**Samenpflanzen** (auch als **Blütenpflanzen** bezeichnet) zeigen eine Reihe weiterer Anpassungen an die terrestrische Lebensweise. In ihrem Generationswechsel verbleibt der kleine weibliche **Gametophyt** auf dem **Sporophyten**. Der Embryo wird in einen **Samen** aufgenommen. Die schützende Eihülle entwickelt sich dabei zur Samenschale. Der Embryo wächst später mit der Samenkeimung zur Pflanze (zum Sporophyten) heran.

Eine weitere wesentliche Neuerung ist, dass die Besamung vom Wasser unabhängig wird. In den **Mikrosporangien** werden **Pollen** entwickelt. Aus ihnen entwickelt sich der männliche Gametophyt, der **Pollenschlauch**. Fusioniert der Pollenschlauch mit dem weiblichen Gametophyten, befruchtet ein Pollenschlauchkern die Eizelle. Dass die Befruchtung also vom Wasser unabhängig geworden ist, ist eine entscheidende Anpassung an die terrestrische Lebensweise und Voraussetzung für die Ausbreitung der Samenpflanzen auf der Erde.

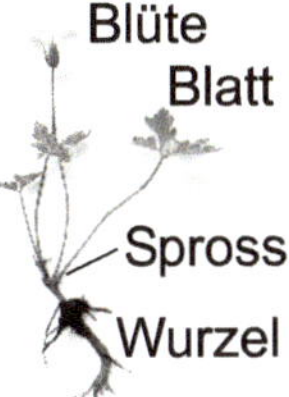


**Abb. 10.6** Typischer Bau einer Blütenpflanze.

Auch die Leitungssysteme wurden mit der Entwicklung der Samenpflanzen zunehmend optimiert. Das war – zusätzlich zur Entwicklung leistungsfähiger Festigungsgewebe – die Voraussetzung für enormes Höhenwachstum mancher Baumarten. Die Körper von Blütenpflanzen zeigen dabei eine typische Gliederung (Abb. 10.6). Wurzeln verankern die Pflanze im Boden und haben Aufnahmemechanismen für Wasser und Nährsalze entwickelt. Der Spross der Pflanze weist stets Leitungssysteme mit Xylem und Phloem auf, an Verzweigungsstellen setzen Äste und/oder Blätter an. In Achseln, auch in Blattachseln, finden sich oft Meristeme mit embryonalen Zellen (siehe Abb. 7.9), aus denen Seitentriebe und selbst komplette Pflanzen entstehen können. Die Blätter der Samenpflanzen sind den verschiedenen ökologischen Nischen der Arten entsprechend optimiert, ebenso die Blüten.

Die typischen Elemente einer Blütenpflanze sind Wurzel, Spross, Blätter und Blüte.

## Stressresistenz

Viele Pflanzen haben die Fähigkeit, extreme Bedingungen zu überdauern. Manche Wüstenpflanzen nehmen jahrelang kein Wasser auf; Pflanzensamen, aber auch ganze Pflanzen, können über Monate oder gar Jahre nahezu wasserfrei überdauern. Da Pflanzen nicht ortsbeweglich sind, müssen sie oft große Schwankungen physikalischer oder chemischer Umgebungsparameter aushalten können.

Zu den Mechanismen der Resistenzbildung gehören Modifizierungen des Membranaufbaus. Veränderungen der osmotischen Eigenschaften des Zellsaftes können gegen Kälte und Trockenheit wirksam sein, wobei verschiedene Zucker eine Rolle spielen können. Bei der Resistenz gegen hohe Temperaturen spielen auch sogenannte **Hitzeschockproteine** eine Rolle, die die Faltung neu gebildeter Proteine sicherstellen oder auch für ihren Transport in der Zelle eine Bedeutung haben. Die Stressresistenz von Pflanzen ist von erheblicher ökologischer Bedeutung. Eine bessere Kenntnis der Stressresistenzmechanismen zumal von Kulturpflanzen birgt auch ein enormes wirtschaftliches Potenzial.

## Pathogenabwehr und Fraßschutz

Pflanzen werden von Mikroorganismen und Pilzen parasitiert und sind die direkte Nahrungsquelle vieler Tiere. Auch gegen Pathogene, Parasiten und Fraßfeinde haben Pflanzen Abwehrmechanismen entwickelt. Bilden schon die Zellwand und die Cuticula einen Schutz gegen das Eindringen von Parasiten, werden Fraßfeinde durch **Stacheln** (von der Epidermis ausgebildet; Beispiel Rosen), **Dornen** (zugespitzte, verholzte Kurztriebe; Beispiel Schlehen) oder etwa durch Brennhaare (Abwehrflüssigkeit enthält unter anderem Ameisensäure; Beispiel Brennnessel) abgewehrt.

Zusätzlich werden Bitterstoffe und **Toxine** produziert, die die Pflanze ungenießbar machen. Aus Fraßwunden können von manchen Pflanzen phytohormonartige Signalstoffe wie das kleine Peptid **Systemin** freigesetzt werden. Systemin signalisiert auch entfernten Pflanzenteilen über Membranrezeptoren die Gefahr. Die Zellen bilden dann Abwehrstoffe.

Eine pflanzenspezifische Abwehrreaktion ist die (ggf. induzierbare) Produktion von **Phytoalexinen**. Hierbei handelt es sich um Stoffe unterschiedlicher chemischer Natur (z. B. Phenole), die für Bakterien oder Pilze toxisch sind. Weiter bilden Pflanzen bei Bakterien- oder Pilzbefall Abwehrproteine, sogenannte **PR-Proteine** (*pathogenesis related proteins*). Dies können z. B. Enzyme sein, die Zellwandstrukturen von Bakterien oder Pilzen zerstören. Zusätzlich werden befallene Gewebe isoliert, indem z. B. Plasmodesmen geschlossen werden. Die Bildung der PR-Proteine wird oft auch in nicht befallenen Zellen aktiviert, wodurch die Pflanze eine dauerhafte Resistenz erlangen kann. Man spricht von systemisch erworbener **Resistenz** (SAR, *systemic acquired resistance*).

Viele Kulturpflanzen werden durch Pflanzenviren geschädigt. Eine mögliche Abwehrmaßnahme der Pflanzen ist posttranskriptionales **Gene Silencing** oder RNA-Interferenz. Kleine, sequenzspezifische RNA-Moleküle binden dabei an mRNA, die daraufhin zerkleinert wird. Zu den Pflanzenviren gehören die **Geminiviren**, hantelförmig gebaute Doppelviren, deren beide Genome sich in ihren Funktionen ergänzen. Geminiviren vernichten unter anderem bei Maniok, Tomaten, Soja, aber auch bei Getreidearten oft ganze Ernten.

## Nacktsamer (Gymnospermen)

Wichtigste Gruppe der Nacktsamer sind die Nadelbäume (Koniferen). Bekannte Arten sind beispielsweise die Kiefer (z. B. *Pinus silvestris*), Tanne (*Abies alba*), Fichte (*Pinus silvestris*) und Eibe (*Taxus baccata*). Die Samenanlagen der Koniferen mit dem Megasporangium entwickeln sich auf den Schuppen der weiblichen Zapfen. Im Megasporangium wächst die Megaspore mit der Eizelle heran. Bei einigen Nacktsamern (z. B. Wacholder und Eibe) sind die Samen beerenartig von modifizierten Blättern umgeben.

In den **Mikrosporangien** der männlichen Zapfen (auf demselben Baum) werden Pollen gebildet. Wird ein Pollen mit dem Wind zum weiblichen Zapfen geweht und gelangt durch die Mikropyle, eine kleine Öffnung, auf die Samenanlage, keimt der **Pollenschlauch**. Er wächst zur Eizelle hin, wo eine von zwei Spermazellen mit der Eizelle zur Zygote verschmilzt. Daraus entwickelt sich im Samen der Embryo. Keimt der Samen, wächst aus dem Embryo ein neuer Sporophyt heran.

Manche Gymnospermen erreichen beträchtliche Größen. Mammutbäume können bis zu 100 m hoch werden und auch ein beträchtliches Alter von einigen Hundert bis zu über 1 000 Jahren erreichen. Die Vielfalt der Nacktsamer ist aber verglichen mit den Bedecktsamern begrenzt geblieben.

## Bedecktsamer (Angiospermen)

Bedecktsamer sind die Blütenpflanzen im engeren Sinne. Kennt man nur wenig mehr als 700 Nacktsamerarten, gibt es mehr als 270 000 Bedecktsamerarten. Gegenüber den Nacktsamern sind ihre Embryonen in einem Fruchtknoten aufgehoben, die Samenanlage ist also bedeckt (Abb. 10.7). Aus dem Pollen wächst von der Narbe der Pollenschlauch durch einen mehr oder weniger langen Griffel zum Embryo. Der Pollenschlauchkern hat nur vorübergehende Funktion. Einer der beiden Spermakerne verschmilzt mit dem Eizellkern zum Synkaryon der Zygote. Es kommt bei den Angiospermen zu einer doppelten Befruchtung. Ein zweiter Spermakern fusioniert nämlich mit zwei weiteren – auch haploiden – Zellkernen des weiblichen Gametophyten. Das entstehende triploide Endosperm versorgt als Nährgewebe den Embryo.

Diese doppelte Befruchtung, die als Besonderheit zur Bildung des triploiden Endosperms führt, ist eine spezielle Anpassung der Bedecktsamer. Aus den Fruchtknoten der Blütenpflanzen entstehen nach der Befruchtung verschiedenste Fruchtformen, die der Verbreitung und dem Überleben der Samen dienen.

Die unterschiedliche Exposition der Narbe und der vielgestaltige Blütenbau machen die Bestäubung durch verschiedene Mechanismen, besonders auch durch Insektenbesuch möglich und zum Teil nötig. Aufgrund dieser und weiterer Anpassungen sind die Bedecktsamer die dominierende Pflanzengruppe der Erde geworden.

## Einkeimblättrige (Monokotyle)

Einkeimblättrige haben Embryonen mit nur einem Kotyledon (Keimblatt). Nur selten haben sie laterale (seitliche, in Blattachseln sitzende) Meristeme, und die Blütenteile werden meist in Dreizahl oder als ein Vielfaches von drei gebildet.
Zu den Einkeimblättrigen gehören die Liliengewächse (z. B. die Herbstzeitlose *Colchicum autumnale*), die Gräserartigen (z. B. die Getreide Roggen, Weizen, Gerste und Hafer sowie der Bambus). Gräser haben kein sekundäres Dickenwachstum – die Leitbündel in ihren Sprossen haben kein Kambium. Neue Sprosse sind daher von Beginn an im Wesentlichen in der endgültigen Dicke angelegt.

## Zweikeimblättrige (Dikotyle)

Zweikeimblättrige haben zwei Kotyledonen. Durch die Fähigkeit zu sekundärem Dickenwachstum und ihr höherentwickeltes Festigungsgewebe können sie viel größer werden, mehr Biomasse erreichen und meist erheblich älter werden als

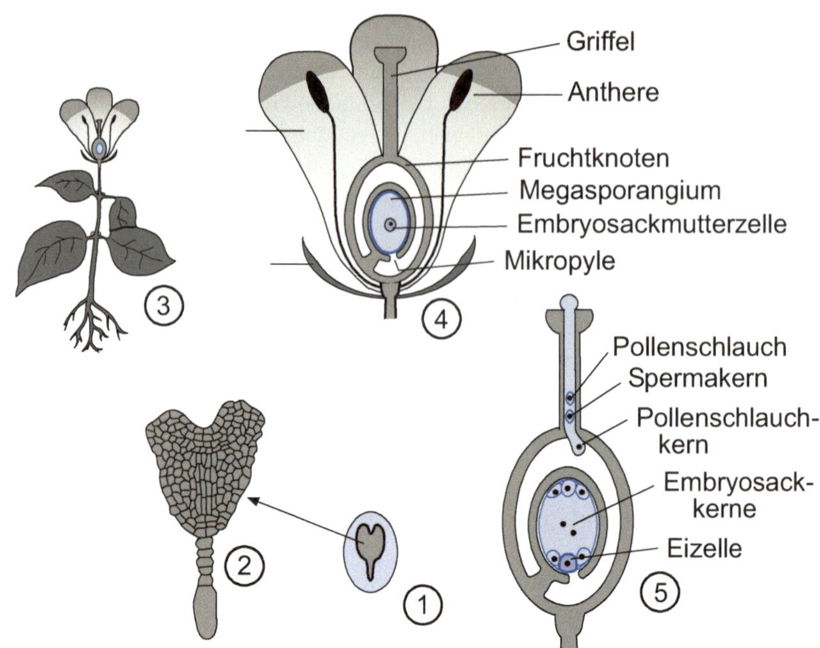



**Abb. 10.7** Generationswechsel von Angiospermen (Blütenpflanzen). Im Samen (1) ist der kleine Sporophyt (2) bereits angelegt. Daraus entwickelt sich die Pflanze (3). Im Fruchtknoten entwickelt sich die Samenanlage, das Megasporangium (4). Nach der Meiose bildet ein Meioseprodukt den Embryosack, das ist der weibliche Gametophyt (5). In den Antheren, den Staubblättern, finden im Pollensack die männlichen Meiosen statt. Zahlreiche Pollen werden gebildet. Ein ggf. auf die Narbe des Griffels gelangtes Pollenkorn keimt zum Pollenschlauch, dem männlichen Gametophyten (5).

die Monokotyle. Die endgültige Dicke des Monokotylensprosses ist von Anfang an gegeben. Gegenüber Einkeimblättrigen und Nacktsamern wurden auch die Blätter weiterentwickelt. Leitbündelnetze ermöglichen größere Blattspreiten und damit eine bessere Lichtausnutzung. Im Unterschied zu Einkeimblättrigen liegen bei Zweikeimblättrigen die Blütenteile typischerweise in Vier- oder Fünfzahl oder Vielfachen davon vor.

Zu den Zweikeimblättrigen gehören unter anderem die folgenden Pflanzenfamilien: die Polygonales (Knöterichartigen) mit Ampfer, Knöterich, Buchweizen und Rhababer; die Geraniales (Storchschnabelartigen) mit dem Reiherschnabel; die Rosales (Rosenartigen) mit Erdbeere, Rose, Pflaume und Kirsche; die Fabales (Schmetterlingsblütlerartigen) mit Mimose, Erbse und Bohne; die Fagales (Buchenartigen) mit Birke, Buche, Eiche und Erle.

Mehr als bei anderen Landpflanzen zeigen die Bedecktsamer eine enorme Vielgestaltigkeit mit mannigfaltigen Anpassungen. Dies wird schon sichtbar an den unterschiedlichen Blattformen. Blätter entwickeln sich außer zu Assimilationsblättern bei einigen Pflanzen (Zwiebel) auch zu Blattranken, Blattdornen und Speicherblättern. Vielfältig sind auch die Fruchtformen, wo neben Einzelfrüchten (Kirsche)

Sammelfrüchte (Hülsen der Erbsen) vorkommen, neben Einzelnussfrüchten (Haselnuss) auch Sammelnussfrüchte (Erdbeere), weiter Sammelsteinfrüchte (Himbeere) und viele mehr. Auch für die Verbreitung der Samen haben sich bei Blütenpflanzen unterschiedlichste Mechanismen entwickelt, etwa der Streumechanismus beim Springkraut, die Windverbreitung beim Löwenzahn- oder beim Ahornsamen. Nicht nur in Samen werden Speichergewebe angelegt. Zwiebeln und Speicherknollen (Stengelknollen beim Kohlrabi, Wurzelknollen bei der Kartoffel) bilden Speicherorgane/Überdauerungsorgane mit reichen Nährstoffspeichern.

Außer der Formenvielfalt der Bedecktsamer zeigt auch der Stoffwechsel großes Anpassungsvermögen. Während der Primärstoffwechsel die Grundbedürfnisse der Pflanzen abdeckt, werden im sogenannten **Sekundärstoffwechsel** zusätzliche Metabolite hergestellt. Sie haben Funktionen z. B. in der Infektabwehr, im Schutz vor Fressfeinden oder auch bei der Interaktion/Abwehr von Standortkonkurrenten, wie oben unter Pathogenabwehr und Fraßschutz beschrieben wird. Bestimmte Sekundärmetabolite sind oft auf einzelne Pflanzengruppen begrenzt. Sie werden nicht selten auch technisch und pharmazeutisch genutzt.

## Kulturpflanzen

Tiere und Pflanzen beziehen ihre Energie und viele Substrate direkt oder indirekt von Pflanzen. Lange schon hat der Mensch deshalb besonders nahrhafte, aber auch ästhetisch besonders schöne Pflanzen angebaut und weitergezüchtet. Durch die Züchtungen wurden Arten bzw. Sorten erzielt, deren Eigenschaften dem menschlichen Bedarf entsprechen, die andererseits sich selbst überlassen in der Natur kaum mehr konkurrenzfähig wären. Das erstaunliche Potenzial ursprünglicher Wildpflanzen wird z. B. an Kohlpflanzen deutlich. Aus verschiedenen Arten der Gattung *Brassica* sind zahlreiche Sorten gezüchtet worden, so aus *B. nigra* (Senf) Senfsorten und die Steckrübe, aus *B. napus* (Raps) verschiedene Rapssorten, aus *B. oleracea* (Gemüsekohl) der Kohlrabi mit seiner oberirdischen Sprossknolle, Blumenkohl mit zahllosen nahrhaften Blütensprossen, Weißkohl und Spitzkohl mit seinen nährstoffreichen Blättern etc. Die gezüchteten Sorten haben ganz unterschiedliche „Stärken", etwa übertriebenes Nährgewebe in der Sprossknolle des Kohlrabi, kräftige, nährstoffreiche Blätter im Grünkohl usw.

## Neophyten

Oft ist besonders am Auftreten von Neophyten (nicht-einheimische, gebietsfremde Pflanzen; Kap. 13.5) zu erkennen, wie sehr Pflanzenarten (wie auch Tiere, Pilze und andere Organismen) in ihren Ökosystemen vernetzt sind. Arten wie der Japanische Staudenknöterich (*Fallopia japonica*) und die schöne Balsamine (Abb. 10.8), das Drüsige Springkraut (*Impatiens glandulifera*) breiten sich ungehemmt aus und wirken zerstörend auf heimische Biozönosen.

Andere Neophyten, wie der Riesenbärenklau (*Heracleum mantegassianum*), erweisen sich als sehr giftig. Ein Berühren des Riesenbärenklaus kann zu schweren Verbrennungserscheinungen führen. Sogenannte **Furocumarine** gelangen dabei in

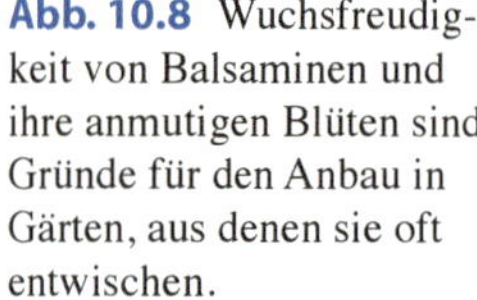

**Abb. 10.8** Wuchsfreudigkeit von Balsaminen und ihre anmutigen Blüten sind Gründe für den Anbau in Gärten, aus denen sie oft entwischen.

die Haut und reagieren bei UV-Bestrahlung (Sonnenlicht) mit Pyrimidinbasen der DNA.

# Biologie der Pilze 11

Pilze (Fungi) sind durch ihre heterotrophe Ernährungsweise und ihre fädige Wuchsform (Hyphen) gekennzeichnet. Sie sind nicht zur Photosynthese befähigt, müssen vielmehr von vorhandenem organischem Material leben. Mithilfe sezernierter Enzyme zersetzen sie organische Makromoleküle, können dabei abgestorbene Tier- oder Pflanzenteile verdauen, aber zum Teil auch lebende Organismen angreifen. Monomere wie Zucker und Aminosäuren werden dann über Membranen der Hyphenzellen aufgenommen. Bei dieser Ernährungsweise spricht man auch von Absorption. Typisch für Pilze ist weiter, dass sie Zellwände ausbilden, deren Hauptbestandteil Chitin ist.

Ungleich weniger komplex gebaut als die Landpflanzen oder die Tiere sind Pilze dennoch als Vielzeller zu betrachten. Individuen können aus Mycelien erstaunlicher Größe bestehen und dabei große Mengen komplexer Fruchtkörper mit recht differenzierten Zellformen ausbilden. Die meisten Pilze zeigen Lebenszyklen, bei denen sich asexuelle und sexuelle Fortpflanzungsformen abwechseln.

## 11.1 Merkmale der Pilze

Die Pilze (Fungi, die Chitinpilze), sind im Stammbaum der Lebewesen die Schwestergruppe der Choanozoen (Abb. 11.1), zu denen die Tiere gehören. Beide leiten sich von heterotrophen, begeißelten Einzellern ab. Unter den Chitinpilzen sind begeißelte Zellen nur noch bei den Chytridiomycota zu finden. Alleinstellungsmerkmal der Pilze ist die Ernährung durch **Absorption**. Pilze scheiden Enzyme ab, die verschiedenste Makromoleküle in ihrer Umgebung zersetzen. Die freigewordenen Bausteine (Monomere wie Zucker und Aminosäuren) werden dann über die Zellmembranen aufgenommen. Mit dieser Ernährungsstrategie können Pilze selbst Holz abbauen und nutzen. Sie spielen daher eine erhebliche Rolle bei der **Biomineralisation**.

Eine weitere Synapomorphie der Pilze ist der Chitinanteil ihrer Zellwände. **Chitin** (Abb. 11.2) ist ein **Polysaccharid**, ähnlich der Cellulose, das auch wesentlicher Bestandteil des Exoskeletts der Insekten und anderer Arthropoden ist. Wie bei Pflanzen ist die **Zellwand** extrazellulär.

© Springer-Verlag GmbH Deutschland, ein Teil von Springer Nature 2012
H.-D. Görtz und F. Brümmer, *Biologie für Ingenieure*,
https://doi.org/10.1007/978-3-662-59608-1_11

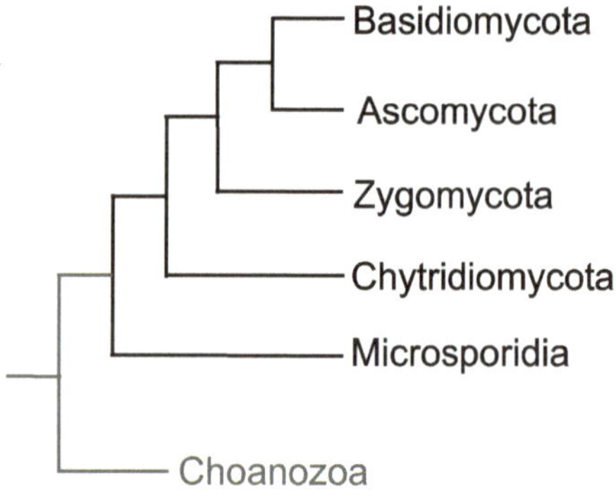

**Abb. 11.1** Stammbaum der Pilze. Schwestergruppe der Pilze sind die Choanozoa, zu denen auch die Tiere gehören.

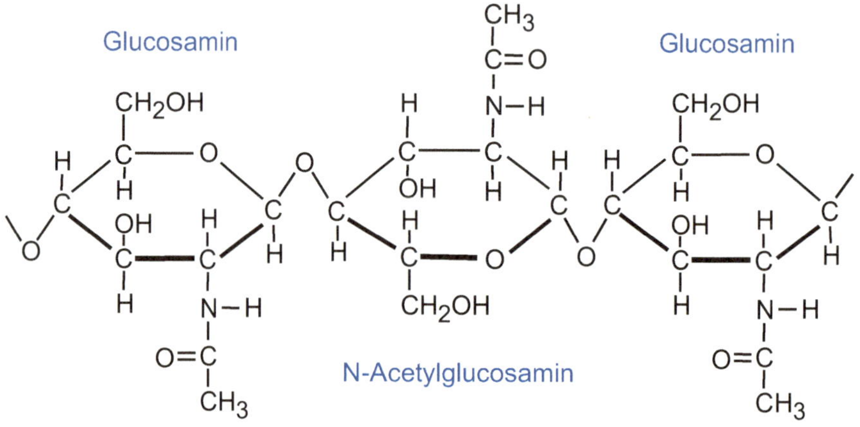

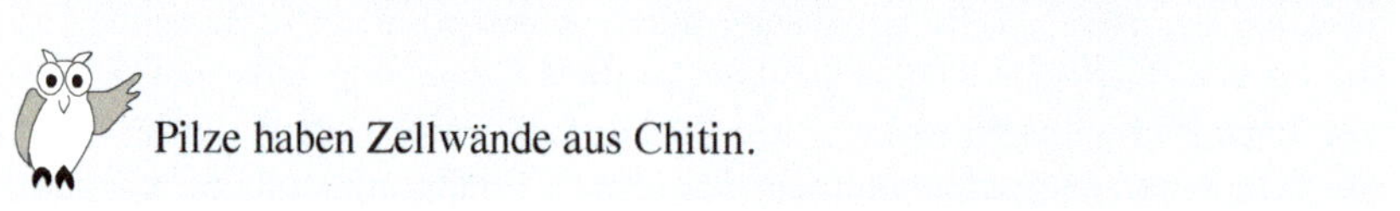


**Abb. 11.2** Chitin, Hauptbestandteil der Zellwände der Pilze.

Pilze haben Zellwände aus Chitin.

Der Vegetationskörper vielzelliger Pilze besteht aus einem Geflecht von **Hyphen** (Zellfäden), dem **Mycel**. Die Fäden können vielkernig sein, also sogenannte **Syncytien** (oder Coenocyten) darstellen, oder zwischen den Zellen Septen aufweisen. Die Septen sind unvollständig geschlossen. So besteht zwischen benachbarten Zellen eine Verbindung, größer als die **Plasmodesmata** der Landpflanzen. Selbst Zellorganellen können ggf. durch die Öffnungen in den Septen ausgetauscht werden. Allerdings haben die verschiedenen Pilztaxa unterschiedlichste Stopfen, „verdichtete" Cytoplasmastrukturen entwickelt, womit die Durchlässigkeit der Öffnungen in den Septen kontrolliert werden kann. Damit ist jede Zelle eine Funktionseinheit. Das führt dazu, dass mindestens in den großen Fruchtkörpern oft sehr unterschiedliche Zelltypen ausgebildet werden. Deshalb und angesichts der Größe individueller Mycelien erscheint es gerechtfertigt, von Vielzellern zu sprechen. Aus der

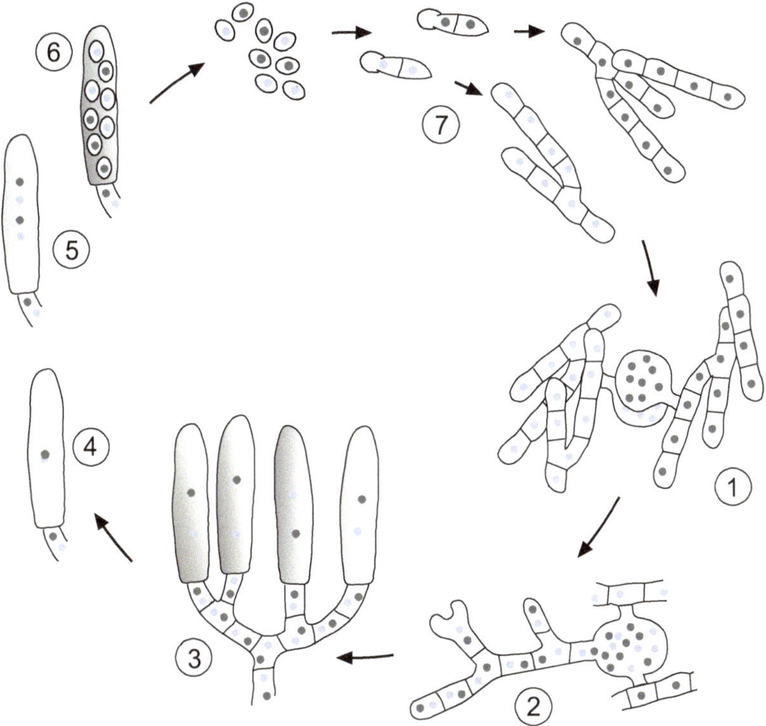

**Abb. 11.3** Entwicklungszyklus der Ascomyceten. Mycelien unterschiedlichen Paarungstyps können über Plasmogamie fusionieren (1). Daraus hervorgehende Mycelien besitzen Zellkerne beiderlei Ursprungs, die Zellen sind dikaryot (mit zwei Kernen) (2). An dikaryoten Mycelien kommt es zur Ascusbildung (3) – oft mit der Ausbildung von hutförmigen Fruchtkörpern verbunden. In jedem Ascus fusionieren die beiden Zellkerne (4), das Synkaryon führt die Meiose durch (5). Über eine folgende Mitose werden Ascosporen ausgebildet (6). Ascosporen können zu neuen Mycelien auskeimen (7).

Mycelienorganisation resultiert eine erhebliche Oberfläche der Pilze, die gute Voraussetzungen für ihre typische Ernährungsform, die Absorption, bietet.

Die Ausdehnung individueller Mycelien ist an den sogenannten **Hexenringen** erkennbar. In dem Maße, wie ein Pilz die verwertbare organische Substanz im Boden aufgebraucht hat, wächst das Mycel ringbildend zentrifugal. Nur der äußere Rand des Mycels bildet Fruchtkörper aus, die auf dem Waldboden in geheimnisvoll anmutenden Ringen angeordnet sind. Hexenringe können kilometerlang sein. Entsprechend ihrem relativ langsamen Wachstum hat man für manche Pilzmycelien ein Alter von vielen Hundert Jahren errechnet.

Pilze bilden keine den Tieren oder Landpflanzen vergleichbaren unterschiedlichen Geschlechter aus. Vielmehr fusionieren ggf. Mycelien unterschiedlichen Paarungstyps, wonach die Zellen/Hyphen Zellkerne beider Ursprungsmycelien haben und, wenn es sich um zelluläre Hyphen handelt, **dikaryot** (mit zwei Zellkernen) sind (Abb. 11.3). Erst später kommt es in einzelnen Zellen zur **Karyogamie**

(**Befruchtung**), wobei die fusionierenden Zellkerne/**Gametenkerne** gleichwertig erscheinen. Das **Synkaryon** durchläuft eine **Meiose**, die zur Sporenbildung führt.

## 11.2  Vielfalt der Pilze

Noch bis in die 1980er Jahre sah man die Mikrosporidier als die einfachsten Eukaryoten an. Ihre Ribosomen sind kaum größer als die von Prokaryoten, ihnen fehlen viele Zellorganellen wie Mitochondrien. Heute werden sie aufgrund molekularphylogenetischer Daten zu den Pilzen gerechnet. Die einzelligen, parasitisch lebenden Mikrosporidier müssen als in vielen Punkten stark rückgebildet angesehen werden. Deutlicher ist die Zugehörigkeit der Chytridiomycota (der Flagellatenpilze) zu den Chitinpilzen. Da sie aber eine kleine Gruppe bilden, werden sie hier nicht näher besprochen.

Pilze ernähren sich durch Absorption. Exoenzyme zersetzen organisches Material. Die resultierenden kleinen Moleküle wie Zucker und Aminosäuren werden über die Membranen der Pilzzellen aufgenommen (absorbiert).

### Jochpilze (Zygomycota)

Jochpilze zeigen den für Pilze typischen Mycelwuchs. Meist sind die Hyphen nicht unterteilt. Zweikernige Phasen werden ebenso wenig ausgebildet wie große Fruchtkörper. Sporenträger werden vielmehr einzeln, aber oft in großer Zahl aufgerichtet. Viele Jochpilze leben **saprobiontisch**, d. h., sie zersetzen totes organisches Material, andere leben **parasitisch**.

### Schlauchpilze (Ascomycota)

Kennzeichnend und namengebend für Schlauchpilze ist die Ausbildung sogenannter **Asci** (Singular: **Ascus**), schlauchförmiger Strukturen, in denen es zunächst zur Karyogamie und anschließend zur Meiose kommt. Nach einer weiteren Mitose werden Sporen gebildet.

Ascomyceten können sich ungeschlechtlich über **Konidiosporen** fortpflanzen. Diese Sporen werden mitotisch gebildet und reifen an den Enden von Konidien, spezialisierter, aufgerichteter Hyphen. Beim Mehltau werden so viele Konidien aufgerichtet, dass dadurch der mehlig-weißliche Belag erscheint. Eine häufige Art ist der Ahornblattpilz, *Rhytisma acerinum*, der die Teerfleckenkrankheit auf Ahornblättern hervorruft (Abb. 11.4). Früher betrachtete man den Teerfleckenpilz als Reinluftanzeiger, trat er doch in der freien Natur häufiger auf als in Stadtgebieten.

**Abb. 11.5** Penicillin G. Antibiotika wie Penicillin blockieren den Zellwandaufbau der Bakterien und wirken deshalb nur in der Wachstumsphase.

Später jedoch erkannte man, dass die Stadtgärtner das (befallene) Ahornlaub entsorgten und dadurch die Infektionskette unterbrachen.

Wie andere Pilze bilden manche Ascomyceten interessante Sekundärmetabolite. Ein Beispiel ist der Mutterkornpilz (*Claviceps purpurea*). Mutterkornalkaloide können Wehen auslösen und sogar zu Fehlgeburten führen. Ascomyceten bilden auch verschiedene **Antibiotika**. Das bekannteste Beispiel ist sicher das **Penicillin** (Abb. 11.5), das vom Pinselschimmel *Penicillium notatum* produziert wird. Essbare und von Feinschmeckern hochgeschätzte Ascomyceten sind z. B. die Trüffel und Speisemorcheln.

## Ständerpilze (Basidiomyceten)

Bei den Ständerpilzen reifen die Sporen in Ständern, den **Basidien**, heran. Typisch für Basidiomyceten ist ferner ihre ausgeprägt lange dikaryotische Phase. Auch die Fruchtkörper werden nur aus dikaryotischen Hyphen gebildet. Zu den Basidiomyceten gehören solche Hutpilze wie der Champignon (*Agaricus bisporus*), der Steinpilz (*Boletus edulis*), der Parasol (*Macrolepiota procera*; Abb. 11.6) oder der grüne Knollenblätterpilz (*Amanita phalloides*).

Während fädige Wuchsform in Hyphen und Mycelien für viele Pilze typisch ist, wachsen andere als **Hefen**. Hefen sind bei verschiedenen systematischen Gruppen anzutreffen und haben sowohl ökologisch als auch in der praktischen Anwendung große Bedeutung. Die Bäckerhefe (*Saccharomyces cerevisiae*) wird von alters her zum Brotbacken genutzt. Bei der Brau- oder Weinhefe wird die Fähigkeit zur

**Abb. 11.6** Der Parasol (*Macrolepiota procera*) kommt im Laub- und Nadelwald sowie in Heiden vor. Der Schirm kann einen Durchmesser von 40 cm erreichen.

Alkoholbildung geschätzt. Daneben gibt es Pilze, die als natürlicher Bewuchs Schleimhäute schützen, während andere Hefen auch pathogen werden können und dann oft schlecht zu bekämpfen sind.

Pilze sind generell auf organische Substanzen angewiesen. Während viele Arten abgestorbenes organisches Material zersetzen und andere als Tier- oder Pflanzenparasiten leben, haben manche Pilze enge Symbiosen mit Algen oder Blütenpflanzen. Viele Pilze haben mit Bäumen eine **Mykorrhiza** ausgebildet. Bei der als Ectomykorrhiza bezeichneten Form umschließen dichte Hüllen aus Pilzhyphen die feinen Seitenwurzeln der Pflanzen. Sie ersetzen geradezu die fehlenden Wurzelhaare. Pilzhyphen zwängen sich in pflanzliche Interzellulare und vermitteln die Wasser- und Ionenaufnahme. Bei der Endomykorrhiza sind die Verbindungen noch intensiver. Pilzhyphen bilden massive intrazelluläre Einwüchse. Die Assoziation von bestimmten Pilzen mit einzelnen Baumarten ist durch die Mykorrhiza begründet. Die Pilze ihrerseits profitieren, indem sie von den Wirtsbäumen Assimilate erhalten.

## Flechten

Auch mit Grünalgen und sogar mit Cyanobakterien (Blaugrüne Algen) haben manche Pilze enge Symbiosen, die zum Erscheinungsbild der Flechten führen. Gemeinsam können die Symbiosepartner als Flechten selbst noch in sehr unwirtlichen Lebensräumen wie über der Baumgrenze leben. Von den Pilzen geschützt und abgeschirmt, können die Algen Photosynthese betreiben und so auch den Pilz mit Zuckern versorgen.

# Biologie der Tiere 12

Tiere, die Metazoa oder Animalia, sind vielzellig. Tiere ernähren sich heterotroph von Pflanzen, anderen Tieren, Pilzen oder Kleinstlebewesen. Sie haben (bis auf die einfachsten Tiere wie die Schwämme) Organe für die Nahrungsaufnahme und Verdauung. In Zusammenhang mit ihrer Beweglichkeit haben Tiere außerdem leistungsfähige Sinnesorgane für die Kommunikation mit ihrer Umwelt und ein Nervensystem, das nicht zuletzt die Grundlage für komplexe Verhaltensweisen ist. Mit Ausnahme der einfachsten Tiere haben Tiere eine Reihe typischer Organe für bestimmte Funktionen wie z. B. Atmung, Verdauung oder Sinneswahrnehmungen.

Tierische Zellen haben keine Zellwand. Ihre Gewebe besitzen aber eine extrazelluläre Matrix, in der die Zellen aufgehoben sind. Sie enthält unter anderem das Eiweiß Kollagen. In den Geweben sind die Zellen mechanisch und elektrisch miteinander verbunden. Auch die Individualentwicklung aus der befruchteten Eizelle und die genetische Steuerung dieser Entwicklung sind in vieler Hinsicht tierspezifisch. So gibt es typische Entwicklungsregulationsgene, die stets in gleicher Weise im Genom angeordnet sind. Die meisten Tiere sind ortsbeweglich und erreichen oft erhebliche Geschwindigkeiten und Wendigkeit. Tiere haben verglichen mit Pflanzen oder Pilzen einen eher kompakt gebauten Körper.

Früher wurden alle Eukaryoten, die weder grün waren noch zu den Pilzen gehörten, als Tiere betrachtet. Auch heute spricht man bei Ciliaten und Amöben oft noch von „Wimpertierchen" und „Wechseltierchen", wohl wissend, dass sie stammesgeschichtlich nicht zum Tierreich gehören. Im Stammbaum der Lebewesen bilden die (vielzelligen) Tiere einen eigenen großen Ast.

## 12.1 Allgemeine Merkmale und Stammbaum der Tiere

Trotz der Vielfalt der Mikroorganismen – Prokaryoten und Protisten – dominieren die Vielzeller. Es gibt über zwei Millionen Tierarten (Metazoa, Animalia). Während die höheren Pflanzen sozusagen ihr Geld mit eigener Produktion verdienen, sprich ihre Energie mit der Photosynthese direkt aus dem Sonnenlicht gewinnen, sind die Tiere **Konsumenten**. Sie ernähren sich **heterotroph**, d. h. „von Fremdstoffen". Tiere konsumieren also die primär von Pflanzen produzierte Biomasse. Fast alle Tiere sind zudem auch noch abhängig vom freien Sauerstoff in der Atmosphäre, den die Pflanzen und grünen Mikroorganismen in der Erdgeschichte freigesetzt haben und heute noch freisetzen. Umso erstaunlicher mag die enorme **Biodiversität** der Tiere erscheinen. Mit der Ausbreitung in alle Lebensräume der Erde besetzen die Tiere über rasante Anpassungen ungeahnt viele, auch faszinierend extreme, ökologische Nischen. Diese Vielfalt kann hier nur ansatzweise vorgestellt werden.

© Springer-Verlag GmbH Deutschland, ein Teil von Springer Nature 2012
H.-D. Görtz und F. Brümmer, *Biologie für Ingenieure*,
https://doi.org/10.1007/978-3-662-59608-1_12

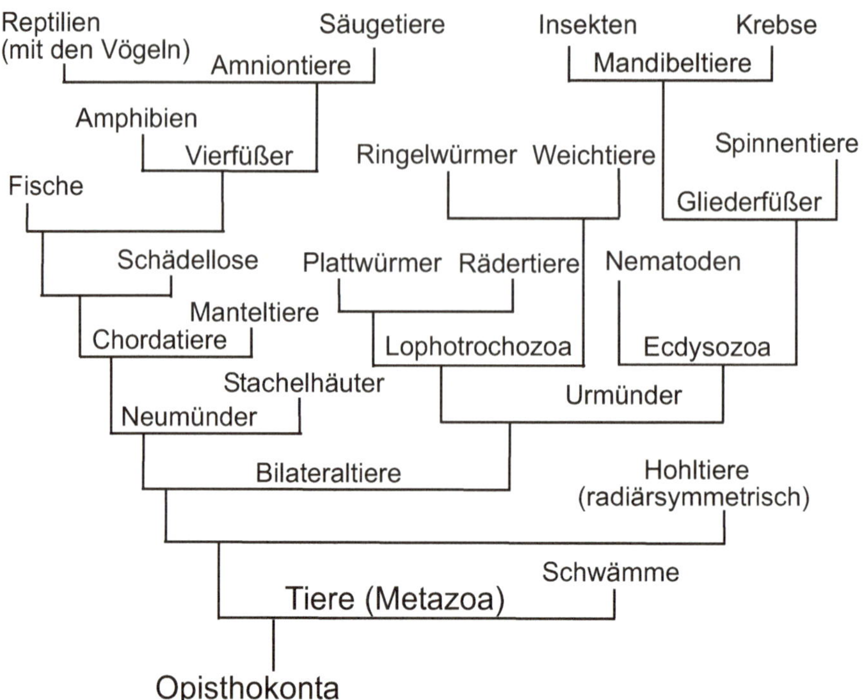


**Abb. 12.1** Stammbaum der Tiere (Metazoa). Tiere gehören zu den Opisthokonta (zu den Unikonta) (▶ Kap. 9). Auf jeder Stufe des Stammbaumes zweigen zwei Linien ab. So sind die Schwämme die Schwestergruppe aller anderen Tiere. Die Bilateraltiere zweigen in Urmünder und Neumünder auf usw.

Einige wenige Ordnungskriterien sollen helfen, die Auswahl stammesgeschichtlich einzuordnen und auch die Prinzipien der Anpassung (▶ Kap. 14) und Spezialisierung exemplarisch aufzuzeigen. Ein solches Ordnungskriterium sind die Symmetrieverhältnisse. Während Schwämme noch keine Symmetrien erkennen lassen, sind Hohltiere radiärsymmetrisch, alle höheren Taxa **bilateralsymmetrisch** (zweiseitensymmetrisch). Alle Bilateraltiere haben drei **Keimblätter**. Auch die Formen der Keimblattentstehung sind, wie die Vorgänge in der Embryonalentwicklung überhaupt, geeignete Ordnungskriterien (▶ Kap. 7). Unterschieden werden weiter die **Urmünder** (Urmundtiere, Protostomier), bei denen der Urmund der Mund bleibt, und die Neumünder (Neumundtiere, Deuterostomier), bei denen der **Urmund** zum After wird. Innerhalb der Protostomier werden hier nur die Lophotrochozoa und die Ecdysozoa als Übergruppen eingeführt (siehe unten). Nur die im Stammbaum (Abb. 12.1) aufgeführten Gruppen werden behandelt.

## 12.2 Viellzelligkeit

Tiere sind die **Viellzeller** par excellence. In der Entwicklung führt **differenzielle Genaktivierung** zu ganz verschieden gestalteten und auch funktionell spezialisierten Zellen (▶Kap. 7). Gewebe unterschiedlich differenzierter Zellen bilden Organe, die Funktionseinheiten darstellen. Entscheidend ist die **Kooperation** der unterschiedlich differenzierten Zellen und Organe, was eine feine Abstimmung über Nervensystem und Hormone notwendig macht.

Vielzelligkeit beruht auf der Differenzierung genetisch gleicher Zellen (Klone!) und ihrer Kooperation.

Vielzelligkeit kann nur mit abstammungsgemäß genetisch gleichen Zellen gelingen, wie das am Beispiel der sozialen Amöben (▶Kap. 14.2.2) zu erkennen ist. Tatsächlich können schon einfache Tiere Fremdgewebe vom eigenen unterscheiden. Auch Schwämme stoßen fremdes Gewebe ab. Verantwortlich für die Unterscheidung von körpereigenen und fremden Zellen ist besonders eine Gruppe von Membranproteinen, Glykoproteinen des sogenannten **Haupthistokompatibilitätskomplexes** (**MHC**, *major histocompatibility complex*). Diese Proteine sind genetisch außerordentlich variantenreich. MHC-Proteine spielen auch bei Immunreaktionen gegen andere Antigene eine Rolle.

### Gewebe

In der Embryonalentwicklung der Tiere ist ein modulares Prinzip erkennbar. Aus den drei Keimblättern entwickeln sich in den unterschiedlichen Tiergruppen jeweils stets dieselben Organsysteme. **Organe** sind funktionelle und meist anatomische Einheiten innerhalb eines Körpers, die vorwiegend aus wenigen **Gewebetypen** bestehen, wie etwa die Lunge als Atmungsorgan. Die Organe unterscheiden sich bei den verschiedenen Tierstämmen, weshalb einige Organsysteme mit den Tierstämmen exemplarisch dargestellt werden. Vier Hauptgewebetypen können unterschieden werden, von denen stellvertretend die Epithelien vorgestellt werden.
- Epithelien,
- Binde- und Stützgewebe,
- Muskelgewebe,
- Nervengewebe.

### Epithelien

In Epithelien bilden gleich gebaute Zellen zweidimensionale Schichten. Häufig sind es Abschlussgewebe von Organen. Epithelzellen liegen einer **Basallamina** auf, einer Struktur der extrazellulären Matrix (siehe unten). Epithelien (Abb. 12.2) sind

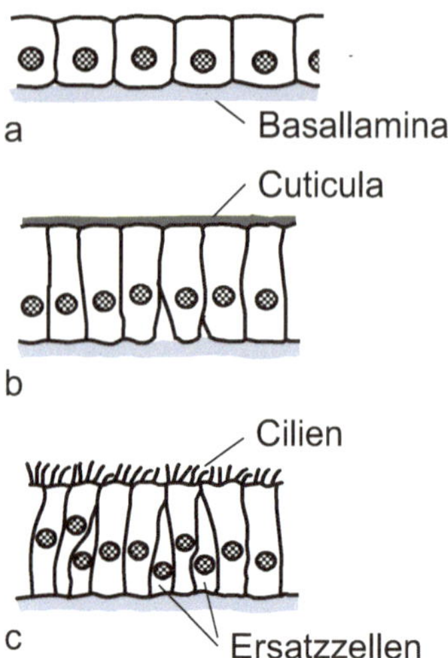



**Abb. 12.2** Epithelien. Epithelien sind Abschlussgewebe, die Organe umgeben oder auch die äußeren Schichten der Haut darstellen. Stets liegen Epithelien auf einer dichten, stabilen Schicht der extrazellulären Matrix, die als Basalmembran bezeichnet wird (obschon sie keine Membran im eigentlichen Sinne ist). Epithelzellen können würfelförmig sein (a), hochprismatisch (b), ggf. nach außen eine Cuticula aus Wachs oder anderen Polymeren präsentieren. Sogenannte Flimmerepithelien (c) können (z. B. in den Bronchien) durch koordinierte, metachrone Cilienbewegung Schleim oder Fremdkörper transportieren.

Grenzgewebe bzw. Abschlussgewebe mit wenig Interzellularraum. Untereinander sind Epithelzellen über verschiedene Verbindungsstrukturen (junctions) verbunden.

## Extrazelluläre Matrix

Tierische Zellen sind in allen Geweben in die extrazelluläre Matrix eingebettet, die im Bindegewebe besonders üppig ausgeprägt ist. Sie enthält große Makromoleküle, darunter das fibrilläre Protein **Kollagen**, Glykoproteine und Proteoglykane wie Heparin und Hyaluronsäure. Hyaluronsäure besteht aus Ketten von bis zu 25 000 Zuckermolekülen.

Über Membranproteine ist die extrazelluläre Matrix mit dem Cytoskelett verbunden (Abb. 12.3). Der Kontakt zwischen Kollagen, Heparin, anderen Molekülen der extrazellulären Matrix und den Membranproteinen wird unter anderem über das kleine **Fibronectin** vermittelt. Es ist eine Art Universalstecker mit Bindestellen für verschiedene Moleküle und Strukturen. Mit seiner Hilfe können sich Zellen im Gewebe orientieren und sich sogar am Gerüst der intrazellulären Matrix entlang bewegen.

## Interzelluläre Kommunikation

Zellen können über Membranproteine miteinander kommunizieren. Besonders stabile Kontakte bestehen über die sogenannten **Junctions** (z. B. Tight Junctions oder Desmosomen), die z. B. Epithelzellen aneinander befestigen. **Gap Junctions** dienen nicht der Befestigung, sondern der Kommunikation. Durch sie können in geöffnetem Zustand Ionen ausgetauscht werden, wodurch die verbundenen Zellen elektrisch gleichgeschaltet werden.

Über größere Distanzen hinweg werden Zellen über Hormone erreicht, die ggf. mit dem Blut transportiert werden. **Steroidhormone** können die Zellmembran passieren und in der Zelle an Rezeptorproteine gebunden in den Zellkern gelangen,

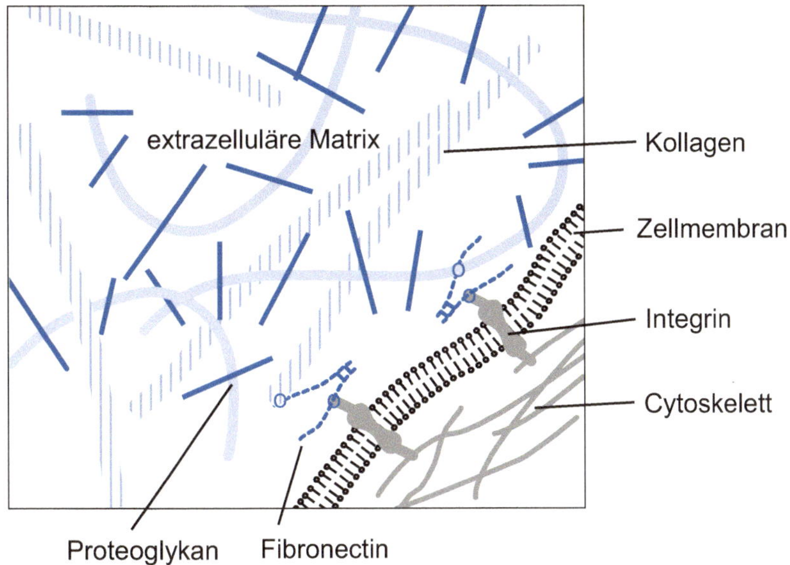


**Abb. 12.3** Extrazelluläre Matrix. Die großen und kleinen Moleküle der extrazellulären Matrix bilden ein mehr oder weniger elastisches Netzwerk, in dem sich Zellen des Bindegewebes anordnen und zum Teil bewegen können. Membranproteine wie Integrine verbinden das Cytoskelett mit der extrazellulären Matrix.

wo sie genregulatorisch wirken können. **Peptidhormone** können Zellmembranen nicht passieren. Ebenso wie andere Signalpeptide binden sie ggf. an membranständige Rezeptoren. Diese Rezeptoren vermitteln daraufhin in der Zelle eine Kaskade von Reaktionen. Der Beginn einer solchen Reaktionskaskade wird meist über einen Second Messenger markiert. Wichtige Second Messengers sind das als Signalmolekül fungierende cyclische Adenosinmonophosphat (cAMP; Abb. 12.4) und $CA^{++}$.

Fungiert ein $Ca^{++}$-Kanal als Rezeptor, öffnet er sich bei Bindung eines entsprechenden Signalpeptids, und $Ca^{++}$ kann einströmen. In anderen Fällen werden durch eine Signalbindung an einen Membranrezeptor G-Proteine aktiviert. Sie werden so genannt, weil sie Guanosintriphosphat (GTP) binden und damit aktiv werden. GTP ist wie das ATP ein Energieträger. Aktivierte G-Proteine können z. B. die Bildung von cAMP induzieren, das dann wiederum eine bestimmte Reaktionskette anstößt. Über G-Proteine wird somit eine stufenweise Signalverstärkung erreicht.

## 12.3 Tierstämme

Wie in ▶ Kap. 9.2.2 dargestellt, haben sich die Tiere in der Stammesgeschichte anscheinend aus **Choanoflagellaten** entwickelt. Dafür spricht auch, dass die Choanocyten der Schwämme, der einfachsten Tiere, weitgehend baugleich mit Choanoflagellaten sind.

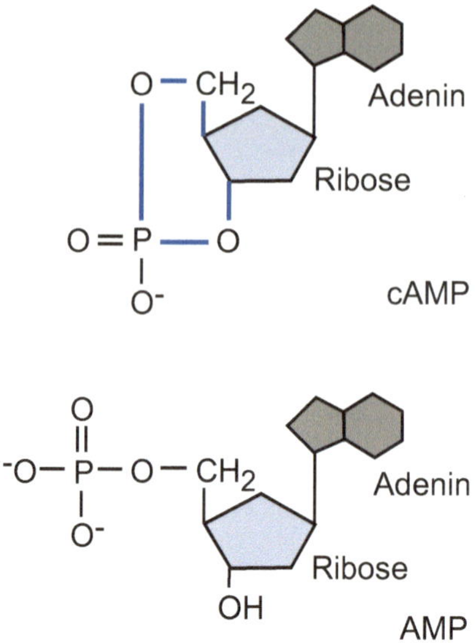

**Abb. 12.4** cAMP. Aus AMP (Adenosinmonophosphat; ▶Kap. 2.5) wird das cAMP (cycli-
sches Adenosinmonophosphat) gebildet. Der
Ringschluss ist blau dargestellt.

## 12.3.1  Schwämme (Porifera)

Schwämme (Abb. 12.5) sind vermutlich die ältesten Tiere unseres Planeten und
bereits vor ca. 760 Millionen Jahren entstanden. Als einfachste Tiere zeigen sie
noch keine Symmetrien. Früher wurden sie als Pflanzen betrachtet, weil die meisten
Arten sessil sind. Schwämme haben noch keine richtigen Organsysteme. Blut und
Kreislaufsystem, Nerven und andere Organe fehlen komplett. Als Filtrierer ernähren
sie sich von Bakterien und anderem kleinsten Plankton, das eingestrudelt und von
Kragengeißelzellen, den Choanocyten, phagocytiert wird. Das Kanal- und Kam-
mersystem der Hornschwämme wird von einem Netzwerk aus festen Proteinfasern
(**Spongin** und **Kollagen**) gestützt. Dieses Sponginnetzwerk nutzen wir beim Bade-
schwamm zum Waschen. Bei Kalkschwämmen enthält das Sponginnetzwerk Kalk-
sklerite und bei Glasschwämmen auch Silikatnadeln. Dieses derbe Netzwerk und
gerade die oft nadelförmigen **Sklerite** schützen die Tiere auch gegen Fressfeinde.

Als Filtrierer haben die Schwämme eine wichtige Funktion im Nahrungsnetz,
besonders in marinen Ökosystemen. Kalkschwämme sind erheblich an Riffbildun-
gen beteiligt. Andererseits sind sie empfindlich gegen Wasserverschmutzung, zumal
partikulärer Schmutz leicht ihre engen Einströmöffnungen verschließt.

Schwämme enthalten typischerweise große Mengen Bakterien, von denen viele
als Symbionten zu sehen sind. Die Bakterien produzieren unter anderem toxische Substanzen, wodurch der Verzehr von Schwämmen für Räuber gefährlich
werden kann. Inzwischen sind gerade marine Schwämme eine wichtige Quelle
bioaktiver Substanzen, viele davon pharmazeutisch interessant. Die Gewinnung
dieser Substanzen bereitet jedoch Schwierigkeiten, weil sich insbesondere bei
selteneren Schwämmen eine massive Ernte aus der Natur verbietet. Deshalb werden große Anstrengungen für eine Kultur von Schwämmen oder Schwammzellen
unternommen.

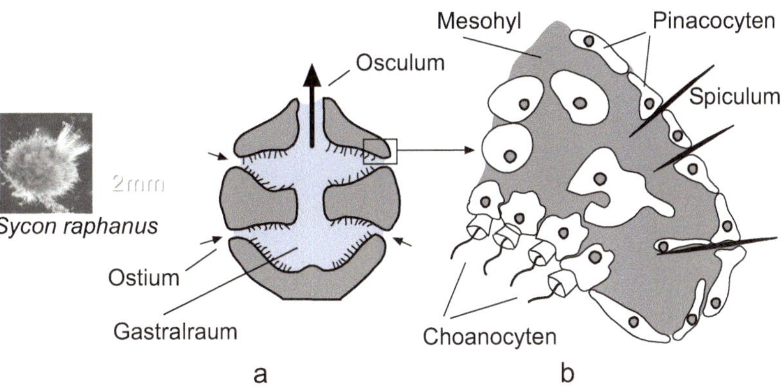


**Abb. 12.5** Anatomie eines Schwammes. (a) Längsschnitt durch einen einfachen Schwamm. Durch zahlreiche Einstromöffnungen (Ostien) fließt Wasser in den Gastralraum und verlässt den Schwamm gefiltert durch die Ausstromöffnung (Osculum). (b) Die Geißeln der Choanocyten (Kragengeißelzellen) erzeugen einerseits den Wasserstrom in den bzw. durch den Gastralraum, nehmen andererseits durch Phagocytose Planktonorganismen auf und verdauen sie. Im Mesohyl (extrazelluläre Matrix) sind Spicula (Skelettnadeln, Sklerite) und Sponginfasern (stabile Protein-fibrillen), aber auch Amöbocyten und andere Zelltypen zu finden. Pinacocyten und Nadeln bilden nach außen einen festen Abschluss, das Pinacoderm. Das Inset zeigt einen *Sycon*-Schwamm aus dem Mittelmeer bei Giglio.

## 12.3.2 Nesseltiere (Cnidaria)

Nesseltiere sind einfach gebaut, jedoch deutlich höher organisiert als Schwämme. So zeigen sie eine klare Radiärsymmetrie, einen **Gastralraum**, in dem sie extrazellulär verdauen können, und sie besitzen ein einfaches, nicht zentralisiertes Nervensystem. In ihrer Embryonalentwicklung werden zwei **Keimblätter** angelegt, das Ektoderm und das Entoderm. Beide bleiben in der **Ektodermis** und **Entodermis** auch im erwachsenen Tier erkennbar (Abb. 12.6). Sie sind durch die **Mesogloea** (entspricht dem Mesohyl der Schwämme) getrennt. Die Mesogloea ist eine Struktur der extrazellulären Matrix, also nicht zellulär organisiert, aber von Zellen passierbar.

Nesseltiere bilden in den **Cnidocyten** (Nesselzellen) die Nesselkapseln aus. Berührt ein Beuteorganismus oder ein potenzieller Feind den Sinnesstift einer Cnidocyte, wird der Nesselfaden explosionsartig in Millisekunden ausgeschleudert und perforiert die Haut, ggf. auch die Zellmembranen der Beute oder des Angreifers. So werden Nesseltoxine appliziert, die lähmen oder töten können und auch beim Menschen mindestens schmerzhaft nesseln.

Obwohl Nesseltiere nur ein diffuses Nervensystem haben, das also keine Zentralisierung in einem Gehirn zeigt, reicht es als Kommunikationssystem für koordinierte Bewegungen aus. So können Tentakel die mit Nesselfäden gefangene Beute zum bzw. in den Mund führen. Nesseltiere leben nämlich räuberisch. Selbst Fische werden erbeutet.

Nesseltiere kommen in zwei Organisationsformen vor, **Polypen** und **Medusen** (Abb. 12.6), die bei bestimmten Arten Stadien eines Generationswechsels darstellen. Die Bedeutung von Generationswechseln wird im Abschn. 5.6 und in ▶ Kap. 14 besprochen.

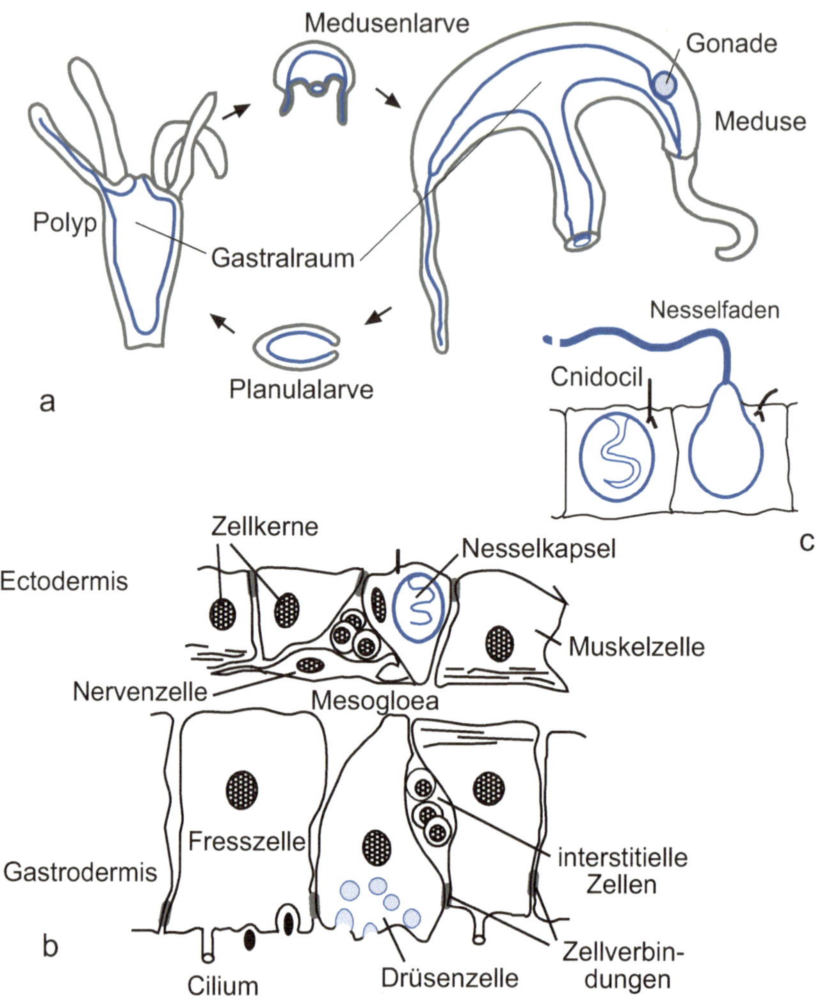



**Abb. 12.6** Aufbau und Lebenszyklus von Cnidariern (Nesseltieren). (a) Polypen pflanzen sich ungeschlechtlich fort, z. B. durch Knospung. Dadurch entsteht eine Meduse (bei manchen Arten Qualle genannt). Medusen pflanzen sich geschlechtlich fort. Aus dem Ei schlüpft die kleine Planulalarve, die sich zum Polypen entwickelt. Nicht bei jeder Art werden beide Lebensformen, Polyp und Meduse, ausgebildet. Beide besitzen Tentakeln, die für den Beutefang zahlreiche Nesselzellen besitzen. Gefangene Beute wird regelrecht in den Mund gestopft und im Gastral-raum verdaut. (grau = Ektodermis, blau = Gastrodermis). (b) Die Zellen von Ektodermis und Gastrodermis. (c) Nesselkapsel vor und nach dem Abschuss. Bei Berühren des Cnidocils wird der Nesselfaden abgeschossen.

## Stammgruppe Urmundtiere (Protostomier)

Bei den Urmundtieren bleibt nach Fertigstellung des Urdarmes in der **Gastrulation** der **Urmund** der endgültige Mund (Abb. 12.7). Zu den Urmundtieren gehören mit

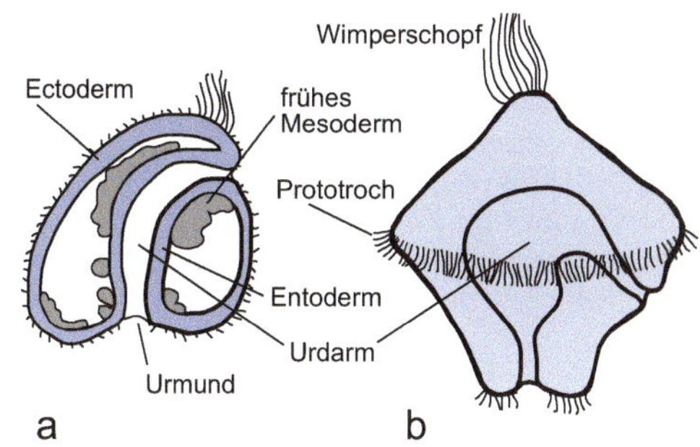


**Abb. 12.7** Gastrulation (a) und Trochophora-Larve (b). Die Trochophora, die einer fortgeschrittenen Gastrula entspricht, ist die typische Larvenform vieler Urmundtiere. Der Wimperkranz um die Trochophora wird als Prototroch bezeichnet.

den Stämmen der Lophotrochozoa und Ecdysozoa fast alle wirbellosen Tiere. Im Folgenden werden die wichtigsten Urmundtierstämme besprochen.

### Stammbaumzweig der Lophotrochozoa

Innerhalb der **Urmünder** (Protostomier) werden die **Lophotrochozoa** von den **Ecdysozoa** (Häutungstiere) unterschieden. Lophotrochozoa bewegen sich vielfach mit Cilien fort, einige zeigen in der Entwicklung die typische **Trochophora** (Abb. 12.7). In einigen Fällen besitzen die Tiere einen Lophophor, einen hufeisenförmigen Tentakelkranz um die Mundöffnung. Wimperreihen auf den Tentakeln erzeugen einen Wasserstrom, mit dem Plankton zum Mund geführt wird. Weitere wesentliche Hinweise auf die Zusammengehörigkeit der Lophotrochozoa kommen aus dem Vergleich der Embryonalentwicklungen und aus der molekularen Phylogenetik. Zu den Lophotrochozoa gehören unter anderem Plattwürmer, Moostierchen, Ringelwürmer und Weichtiere.

### Nesseltiere sind einfach gebaut

Sind Nesseltiere noch relativ einfach gebaut, so wird spätestens bei den Plattwürmern deutlich, dass der Körper der Tiere aus komplexen Organen besteht. Organe sind Funktionseinheiten, die dem Prinzip der Vielzelligkeit entsprechend durch Kooperation und Arbeitsteilung die hohe Leistungsfähigkeit der Individuen ermöglichen. Unterschiedliche Organe kommunizieren über Hormone und Nerven. Über Sinnesorgane wird die Aktivität der Organe auch von äußeren Reizen beeinflusst. In der Stammesgeschichte haben sich die Organe zu immer komplexeren, sehr spezialisierten Einheiten entwickelt. Typischerweise sind die Organe aus nur wenigen Gewebetypen mit oft sehr spezialisierten Zelltypen aufgebaut.

### 12.3.3 Plattwürmer (Plathelminthes)

Plattwürmer sind einfach gebaute, abgeflachte, **bilateralsymmetrische** Würmer. In ihrer Entwicklung zeigen sie als stammesgeschichtlichen Fortschritt gegenüber den Schwämmen und Nesseltieren drei **Keimblätter**: Zusätzlich zum **Ekto-** und

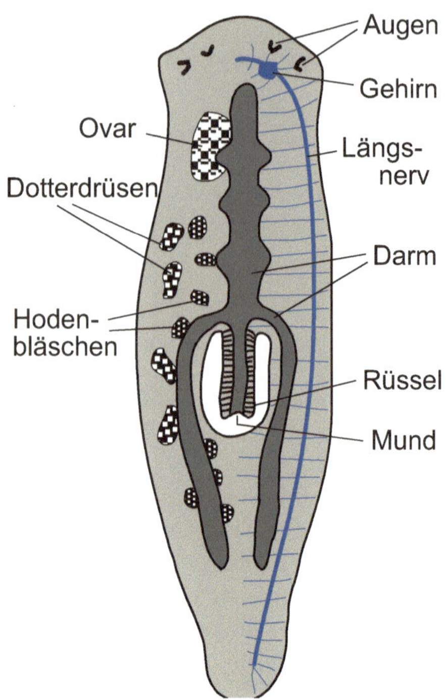


**Abb. 12.8** Organisation eines Strudelwurmes. Mit dem kräftigen Mundrüssel, der in eine Tasche zurückgezogen wird, können die Tiere räuberische Attacken durchführen. Der Darm verästelt sich und liefert so Nahrung in alle Körperregionen. Das Nervensystem (blau) ist nur für die rechte Seite dargestellt, der Geschlechtsapparat nur links.

**Entoderm** wird ein **Mesoderm** gebildet. Plattwürmer haben schon ein zentralisiertes Nervensystem mit einem übergeordneten Gehirn (Cerebralganglion), das bei parasitischen Formen offenbar wieder verkümmert ist. Ein Blutgefäßsystem fehlt den Plattwürmern. Der Mund, meist in der Mitte des Körpers gelegen, ist zugleich After. Zu den Plattwürmern gehören Strudel-, Saug- und Bandwürmer.

### Strudelwürmer (Turbellarien)

Strudelwürmer sind freilebend. Sie leben im Süßwasser, im Meer oder in feuchtem Boden. Die meisten ernähren sich räuberisch von anderen kleinen Tieren. Sie sind oberflächlich bewimpert und können mithilfe ihrer Wimpern auch schwimmen. Die Tiere haben ein oder mehrere Paare einfacher Becheraugen. Strudelwürmer sind bei Verletzungen sehr regenerationsfähig. Die typische Organisation ist in Abb. 12.8 dargestellt.

### Saugwürmer (Trematoden)

Saugwürmer haben einen **Mundsaugnapf** und einen **Bauchsaugnapf**. Alle Arten leben parasitisch. Sie zeigen einen **Generationswechsel**, der oft mit einem **Wirtswechsel** verbunden ist. Endwirte können z. B. Säugetiere sein; solche Wirte, in denen die sexuelle Fortpflanzung der Parasiten stattfindet, werden als Endwirte bezeichnet. Zwischenwirte sind fast ausschließlich Schnecken, in denen oft über mehrere ungeschlechtliche Generationen eine starke Vermehrung stattfindet. Es gibt sehr viele Arten, von denen einige auch den Menschen befallen können. Beispielhaft werden der Große Leberegel und der Pärchenegel vorgestellt.

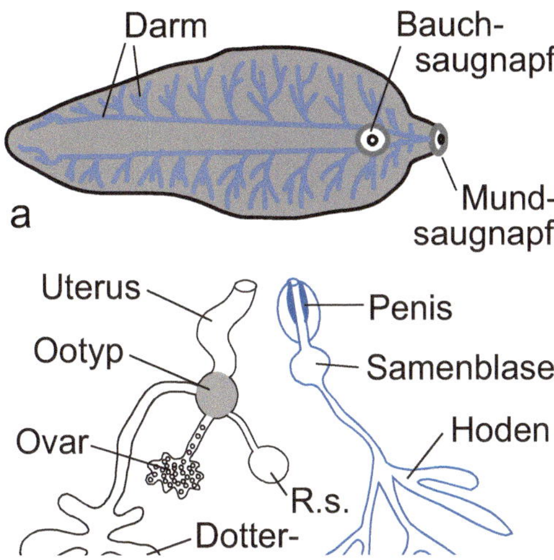


**Abb. 12.9** Großer Leberegel. (a) Der erwachsene Leberegel. Am Mundsaugnapf beginnt der reich verzweigte Darm. Die Geschlechtsapparate sind unter (b) und (c) stark vereinfacht darge-stellt; sie füllen weitgehend den Körper des Wurmes aus. (b) Weiblicher Genitalapparat. Reife Eizellen aus dem Ovar werden im Ootyp mit Dotterzellen verpackt und dort mit Fremdspermien besamt, die im Samenspeicher (R. s. = *receptaculum seminis*) aufbewahrt wurden. Die Eier wer-den dann über den Uterus abgelegt. (c) Männlicher Genitalapparat. Spermien werden im Hoden gebildet und in der Samenblase bis zur Begattung gesammelt. Leberegel sind Zwitter, haben also männliche und weibliche Genitalorgane. Zwitter können sich gegenseitig begatten.

Der **Große Leberegel** (*Fasciola hepatica*) lebt in den Gallengängen der Leber von Rindern und manchen anderen Pflanzenfressern. Mit dem Kot der Rinder wer-den Tausende Eier des Leberegels abgegeben. Ins Wasser gelangt schlüpfen daraus die Miracidien, bewimperte Larven, die in die Leberegelschnecke (*Lymnea trunca-tula*) eindringen. Aus dem Miracidium entwickelt sich die Sporocyste, in der wei-tere Larven heranwachsen, die **Redien**. In diesen wachsen wiederum Tochterredien heran, in denen sich schließlich **Cercarien** entwickeln. In jeder dieser Entwick-lungsphasen kommt es zur ungeschlechtlichen Vermehrung. Die Entwicklung in der Schnecke dauert etwa zwei Monate.

Cercarien verlassen die Schnecken, schwimmen an die Wasseroberfläche, hef-ten sich an Pflanzen fest und kapseln sich ein. Dort warten sie, bis sie von einem Rind (mit-)gefressen werden, wandern in die Gallengänge und entwickeln sich dort zum erwachsenen Leberegel. Wie die Strudelwürmer haben die erwachsenen Leberegel einen verzweigten, blind geschlossenen Darm und komplexe, zwittrige Geschlechtsorgane (Abb. 12.9). Während die Larven des Großen Leberegels sehr wirtsspezifisch sind, eignen sich neben Rindern verschiedene andere Tiere als End-wirte, ja selbst der Mensch kann befallen werden. Zu einer Infektion kann z. B. der Verzehr von Brunnenkresse führen, an der die Wartestadien sitzen.

Der **Pärchenegel** (*Schistosoma*) ist der Erreger der **Bilharziose (Schistosomi-asis)**. Die Ursache dieser Krankheit wurde 1851 von Theodor Bilharz aufgedeckt. Der Mensch ist Endwirt dieses Parasiten. Die erwachsenen Würmer kommen im

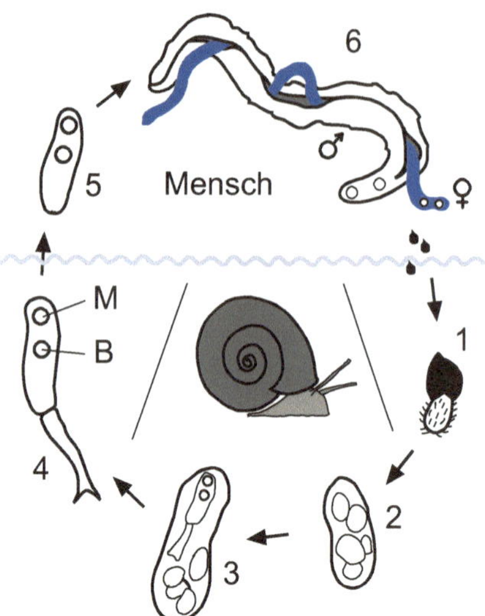



**Abb. 12.10** Lebenszyklus des Pärchenegels *Schistosoma haematobium*. (1) Aus dem Ei schlüpft das bewimperte Miracidium. (2, 3) In der Schnecke entwickeln sich sackartige Sporocysten und darin die Cercarien. (4) Cercarien dringen in die Haut eines Menschen ein und verlieren dort ihren Schwimmschwanz. Im Blut entwickeln sie sich zu erwachsenen Schistosomen. B = Bauchsaugnapf, M = Mundsaugnapf.

Venensystem des unteren Beckens vor. Schistosomen sind getrenntgeschlechtlich (Ausnahme bei den Plathelminthen). Das Weibchen verbirgt sich in der Bauchfalte eines Männchens (Abb. 12.10), von dem es mit Eiproteinen versorgt wird. Gelegentlich verlässt das Weibchen das Männchen. Es dringt zur Eiablage in feine Blutkapillaren der Blase oder der Darmwand vor. Die Eier eitern durch die Blasenwand oder die Darmwand heraus und kommen mit Urin oder Stuhl nach außen.

Gelangen die Eier ins Wasser, schlüpfen die Larven und dringen in eine Schnecke (je nach *Schistosoma*-Art eine *Biomphalaria*- oder *Bulinus*-Art) ein, wo sich die Larven wie beim Großen Leberegel über mehrere ungeschlechtliche Generationen vermehren . Die Cercarie dringt aktiv in die Haut eines Menschen ein, der vielleicht gerade ein Bad nimmt. Das menschliche Immunsystem erkennt die Larve als fremd. Geeignete Blutzellen vermehren sich alsbald, um Antikörper zu produzieren. Bevor die Antikörper aber aktiv werden können, hat der heranwachsende Pärchenegel sich mit Oberflächenproteinen von Erythrocyten bedeckt und so getarnt. Das Immunsystem erkennt ihn nicht mehr, „hält ihn" quasi für ein riesiges rotes Blutkörperchen. Jedoch wird von dem aktivierten Immunsystem jede Infektion durch weitere Larven verhindert. Außerdem reagiert das Immunsystem auf die frisch abgelegten Eier, die keinen Schutzmantel aus Erythrocytenoberflächenproteinen haben und deshalb als fremd erkannt werden. In einer Immunreaktion werden die Eier gleichsam durch die Blasenwand bzw. die Darmwand „herausgeeitert".

*Schistosoma*-Infektionen kommen in den tropischen Gebieten Afrikas, Ostasiens und auch Südamerikas vor. Mehr als 200 Millionen Menschen sind infiziert. Die Bilharziose ist damit die wichtigste durch Saugwürmer hervorgerufene Krankheit. Auch in Süd- und Osteuropa ist *Schistosoma* anzutreffen. **Endwirte** sind im Wesentlichen Nagetiere. Auch der Hund und verschiedene Wiederkäuer, die als Reservoirwirte fungieren, können befallen werden. Die medikamentöse Behandlung der Schistosomiasis ist wirksam, in endemischen Landstrichen aber oft aus logistischen und finanziellen Gründen kaum flächendeckend möglich. Unbehandelt kann die Krankheit nach einigen Jahren zum Tode führen.

### Bandwürmer (Cestoden)

Auch Bandwürmer sind parasitische Plattwürmer. Körperbau und Lebensweise unterscheiden sich aber sehr von den anderen Plattwürmern. Bandwürmer nehmen alle Nahrung über die Haut auf und brauchen deshalb keinen Darm. Der Kopf hat im Wesentlichen Festhaltefunktion. Er wird als **Skolex** bezeichnet, besitzt Saugnäpfe und/oder Haken zum Festhalten. Das Hinterende des Skolex bildet neue Körperglieder, sogenannte **Proglottiden**, von denen jede einen kompletten Satz an Geschlechtsorganen besitzt mit Hoden, Eierstöcken, Uterus etc. Bandwürmer sind also **Zwitter** – wie die meisten Saugwürmer auch. Notfalls, falls nur ein einziger Bandwurm im Darm des Wirtes lebt, können die Spermien die eigenen Eier besamen. Da ständig neue Proglottiden gebildet werden, können manche Bandwurmarten über einen halben Meter lang werden. In den hintersten, ältesten Proglottiden sitzt der Uterus voller reifer Eier. Meist gehen komplette Proglottiden mit dem Kot des Wirtes ab.

Der **Rinderbandwurm** (*Taeniarhynchus saginatus*) des Menschen lebt als erwachsener Wurm im Darm eines Menschen. Werden seine Eier von Rindern mit deren Nahrung aufgenommen, so wandern die jungen Larven ins Muskelfleisch und wachsen dort zur **Finne** heran. Eine Finne besitzt schon einen Skolex, jedoch in eingestülpter Form (Abb. 12.11). Im Rind vermehrt sich die Larve nicht, wartet nur darauf, vom Endwirt aufgenommen zu werden. Da es also keine ungeschlechtliche Generation gibt, spricht man auch nicht von Generationswechsel. Isst ein Mensch ungegartes infiziertes Rindfleisch, so stülpt die Finne im Darm ihr Inneres nach außen, so wie man einen Strumpf von links auf rechts umkrempelt. Dann wächst der Bandwurm heran.

Wie der Rinderbandwurm des Menschen haben die meisten Bandwürmer keinen Generationswechsel. Ausnahmen sind der **Kleine Hundebandwurm** (*Echinococcus granulosus*) und der Fuchsbandwurm (*Echinococcus multilocularis*). *Echinococcus*-Arten haben einen höchst komplexen Lebenszyklus. So wächst die **Hydatide** (Blasenlarve) des kleinen Hundebandwurmes in der Leber eines Schafes heran und vermehrt sich dort ungeschlechtlich. Von der Wand der bis zu kindskopfgroßen Hydatide nach innen werden zahlreiche Tochterblasen gebildet, in denen kleine Bandwurmköpfchen heranwachsen. Frisst ein Hund eine befallene Schafleber, reifen die Bandwurmköpfchen in seinem Darm zu erwachsenen Bandwürmern heran. Der erwachsene Bandwurm – er bleibt unter 1 cm lang – gelangt im Hundedarm zur Geschlechtsreife und pflanzt sich dort auch geschlechtlich fort. Auch im Mensch kann sich die Hydatide des Hundebandwurmes entwickeln, wenn er ein Ei des Hundebandwurmes aufnimmt. Bei frei laufenden Hunden sollten deshalb regelmäßig Wurmkuren durchgeführt werden.

Problematischer ist aber noch der mit dem Hundebandwurm verwandte **Fuchsbandwurm** (Abb. 12.12), weil die Larve des Fuchsbandwurmes wie eine Geschwulst die Leber durchwachsen kann. Der erwachsene Fuchsbandwurm kann sich nur im Fuchsdarm fortpflanzen.

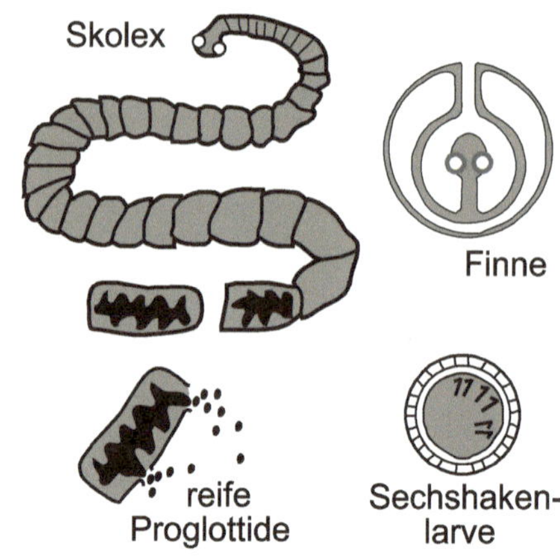



**Abb. 12.11** Der Rinderbandwurm (*Taeniarhynchus saginatus*). Mit den Saugnäpfen des Skolex hält sich der erwachsene Bandwurm an der Darmwand fest. In den Eiern der reifen Proglottiden entwickeln sich die Sechshakenlarven. Aus dem Darmtrakt eines Rindes gelangen sie mit dem Blut ins Muskelgewebe, wo sich die Larve zur Finne entwickelt. In diesem Wartestadium ist der Skolex noch eingestülpt. Erst wenn ein Mensch das Muskelfleisch ungegart zu sich nimmt, stülpt sich der Skolex in seinem Darm aus, und der erwachsene Bandwurm entwickelt sich.

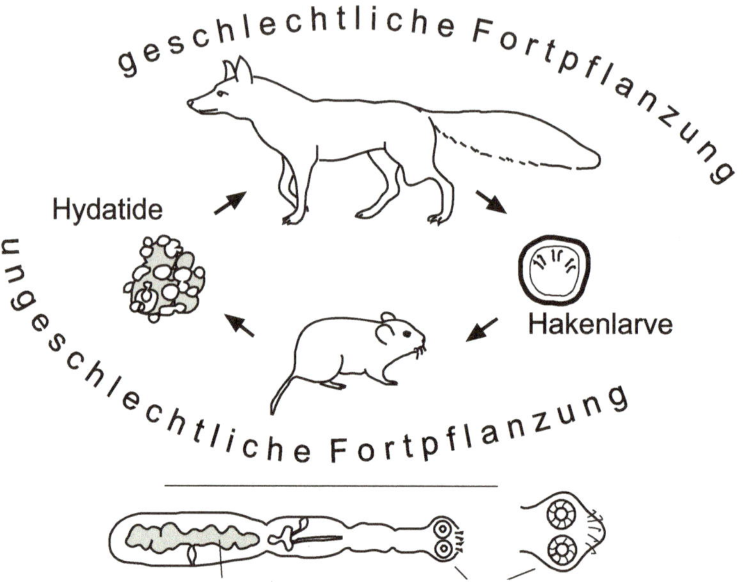



**Abb. 12.12** Lebenszyklus des Fuchsbandwurmes (*Echinococcus multilocularis*). Der erwachsene, nur wenige Millimeter lange Wurm lebt im Darm des Fuchses. Mit dem letzten Körperglied des kleinen Bandwurmes werden jeweils Hunderte von reifen Eiern mit dem Fuchskot abgegeben. Gelangt ein solches Ei mit der Nahrung in den Darm einer Maus, schlüpft dort eine Larve, die mit dem Blut meist in die Leber gebracht wird. Dort entwickelt sich die Larve zu einer blasenförmigen Hydatide. Aus der Hydatidenwand erwachsen wieder und wieder Tochterblasen, in denen viele Bandwurmköpfchen gebildet werden. Anders als beim Hundebandwurm wuchert die Hydatide in alle Teile der Leber hinein. Wird ein Ei des Fuchsbandwurmes vom Menschen aufgenommen, kann sich auch dort eine Hydatide entwickeln, die sich in der ganzen Leber ausbreiten und diese zerstören kann.

**Abb. 12.13** Anatomie eines Ringelwurmes. (a) Längsschnitt durch die ersten fünf Glieder des Körpers. Nervensystem und Blutgefäßsystem wurden der Übersichtlichkeit halber getrennt dargestellt. Das Blutgefäßsystem ist geschlossen; ein Herz gibt es nicht. Das Mesoderm ist bis auf die Nephridien blau dargestellt. Nephridien (die Ausscheidungsorgane) passieren die Dissepimente (mesodermale Segmentscheidehäute). Jedes Nephridium hat eine eigene Harnausfuhröffnung. Dem Strickleiternervensystem ist ein kleines Gehirn übergeordnet, und jedes Körpersegment hat ein Ganglion als lokales Nervenzentrum. (b) Querschnitt durch das dritte Segment.

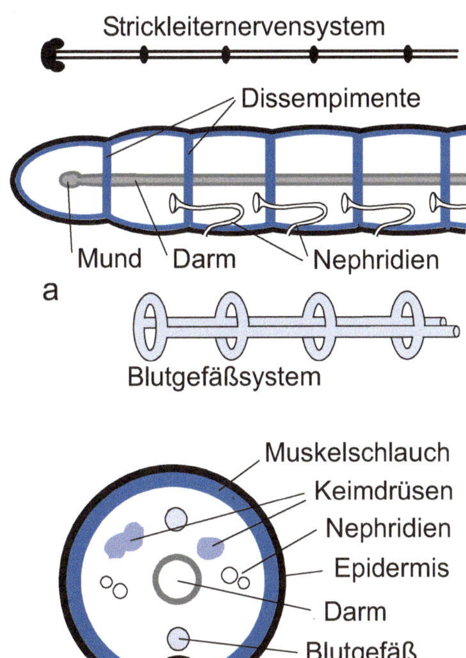


## 12.3.4 Ringelwürmer (Anneliden)

Ringelwürmer zeigen eine **Spiralfurchung**. Ausgehend von der kleinen **Trochophora**-Larve, die aus der Gastrula entsteht (▶ Kap. 7.3; Abb. 7.3 und Abb. 1.7), bilden Ringelwürmer nach hinten sukzessive eine Vielzahl gleichartiger Körperglieder (Metameren); äußerlich ist die Gliederung schon an der Ringelung der Oberfläche erkennbar. Anneliden gehören zu den **Lophotrochozoa** und brauchen sich nicht zu häuten. Der Verdauungstrakt (Darm), das geschlossene Blutgefäßsystem und die Nervenstränge durchziehen den Körper auf seiner ganzen Länge. Die Anatomie ist in Abb. 12.13 dargestellt. Unter den Ringelwürmern gibt es Räuber, Filtrierer, aber auch sogenannte Substratfresser wie den Regenwurm. Er ernährt sich von pflanzlichem und zersetztem Material im Boden.

Ihrer unterschiedlichen Lebensweise entsprechend sind Ringelwürmer vielgestaltig. Manche Arten haben stummelfüßchenartige **Parapodien** und oft bewegliche Mundtentakeln oder Tentakelrosetten als Fitrierorgane. Sie tragen mehr oder weniger viele chitinöse Borsten, und auch die Mundwerkzeuge räuberischer Arten bestehen aus Chitin. Die Epidermis ist aber selten chitinisiert. Bekannte Arten sind der Pfauenwurm, der tausendfüßlerähnliche See-Ringelwurm (*Nereis diversicolor*), und der Regenwurm (*Lumbricus terrestris*).

Regenwürmer haben große ökologische Bedeutung. In Weideland fallen im Jahr bis zu 4 t/ha$^{-1}$ Regenwurmkot an. Die Biomasse der Regenwürmer entspricht der der Rinder (2 000 kg/ha$^{-1}$; dies entspricht drei Kühen).

*Tubifex*, ein nur wenige Zentimeter langer Wurm, lebt am Grund von Gewässern. Mit dem Kopf im Faulschlamm, aber mit dem Hinterende im Wasser holen die Tiere Nährstoffe in den Stoffkreislauf des Gewässers zurück. Praktisch ist außerdem, dass der kleine Wurm mit seinem Enddarm atmet. Notfalls kann er aber seinen Stoffwechsel auf (anaerobe) Gärung umstellen.

Ein medizinisch interessanter Annelide ist der Medizinische Blutegel (*Hirudo medicinalis*). In die Bisswunde gibt er mit seinem Speichel das die Blutgerinnung blockierende Hirudin. Interessant ist auch der Igelwurm (*Bonellia viridis*). Larven, die in Kontakt zu erwachsenen Weibchen aufwachsen, entwickeln sich zu Männchen. Es sind sogenannte Zwergmännchen, die, mikroskopisch klein, in die Genitalorgane eines Weibchens einwandern, von diesen versorgt werden und dort Spermien produzieren. Larven, die ohne Kontakt zu einem erwachsenen Weibchen aufwachsen, entwickeln sich zu Weibchen. Der sackförmige Körper des Weibchens ist bis zu 5 cm dick. Mit ihrem mehr als 30 cm langen Rüssel, den sie fast ganz einziehen können, fangen sie Kleinstlebewesen.

## 12.3.5 Weichtiere (Mollusken)

Weichtiere haben (meist) kein Skelett. Ihr Körper ist (meist) in Kopf, Fuß, Eingeweidesack und Mantel gegliedert. Oft tragen sie dorsal (auf dem Rücken) eine Schale, die reduziert sein kann. Sie haben ein offenes Blutkreislaufsystem. Das Herz pumpt die **Hämolymphe** (Blut ohne rote Blutkörperchen) in die Körperhöhle und saugt es durch schlitzförmige Öffnungen wieder an. Manche Mollusken haben recht hochentwickelte Nervensysteme. Mollusken leben im Meer, im Süßwasser und auf dem Land. Die wichtigsten Klassen sind die Schnecken, Muscheln und Tintenfische. Ihre wirtschaftliche Bedeutung ist beträchtlich: Pro Jahr werden etwa sechs Millionen Tonnen Tintenfische, Muscheln und Schnecken für den menschlichen Verzehr gefangen, erhebliche Mengen stammen auch aus Kulturen. Eine wichtige Zuchtmethode ist die **Marikultur** (z. B. für Austern). Dabei werden Aufwuchskörper zum Teil in abgetrennten Meeresbuchten plantagenartig kontrolliert bzw. genutzt.

Obschon viele Weichtiere ein Gehäuse bzw. Schalen tragen, häuten sie sich nicht. Die Entwicklung vieler wasserlebender Arten verläuft wie bei den Anneliden über eine **Trochophora**-Larve. Diese beiden Eigenarten, das Trochophora-Larvenstadium und das Fehlen von Häutungen, weisen die Mollusken als Lophotrochozoa aus.

### Schnecken (Gastropoden)

Schnecken haben einen typischen Körperbau (Abb. 12.14). Der Kopf ist meist deutlich vom Fuß abgesetzt, das Gehäuse meist spiralig gewunden. Der Fuß formt eine breite Kriechsohle, und im Mund ist eine raspelartige **Radula** ausgebildet.

Das Blutplasma einiger Schnecken (und der Tintenfische) enthält den Blutfarbstoff Hämocyanin. Er transportiert wie das Hämoglobin Sauerstoff, ist jedoch mit mehreren Untereinheiten ein wesentlich größeres Molekül. Anders als unser Hämoglobin enthält das Hämocyanin im aktiven Zentrum nicht Eisen-, sondern Kupferatome und ist nicht an Blutzellen gebunden. Viele Schnecken sind getrenntgeschlechtlich,

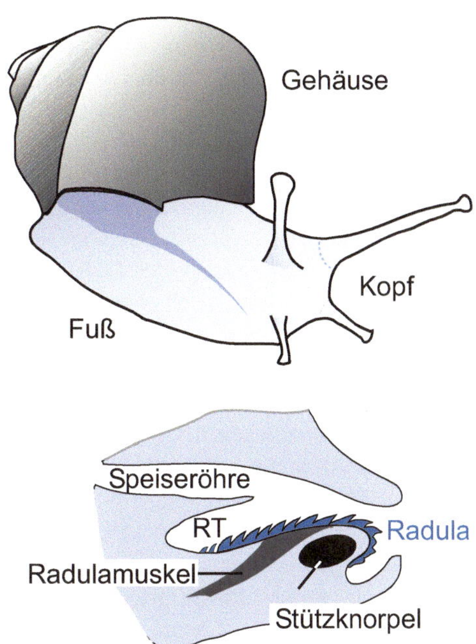



**Abb. 12.14** Typischer Körperbau einer Schnecke aus Kopf, Fuß und Eingeweidesack, der hier im Gehäuse verborgen ist. Unten ist der Kauapparat einer Weinbergschnecke dargestellt. In der Radulatasche (RT) werden laufend neue Raspelzähnchen der Radula gebildet.

andere sind **Zwitter**. Die Zwitter (auch **Hermaphroditen**) unter den Schnecken bilden in ihrer Zwittergonade sowohl Eizellen als auch Spermien.

Bei vielen zwittrigen Schnecken erkennt man eine Tendenz, dass Paarungspartner bevorzugt Spermien übertragen, statt ihrerseits begattet zu werden. Biologisch erscheint das sinnvoll, können sie doch so ihre Nachkommenzahl potenziell leichter vergrößern. Schnecken applizieren bei der Paarung oft sogenannte Liebespfeile. Solche, bei der Weinbergschnecke fast 1 cm große Kalkpfeile, werden in einen Paarungspartner gedrückt. Mit den Liebespfeilen werden Substanzen übertragen, die die übergebenen Spermien unterstützen. Bei manchen Schnecken wirken die mit Liebespfeilen applizierten Substanzen gleichzeitig gewebezerstörend, wodurch offenbar die Spermienübertragung durch den Partner erschwert wird.

Schnecken zeigen große Diversität und vielfältige Lebensstrategien. So gibt es Weidegänger auf Algen, reine Pflanzenfresser wie die verschiedenen gehäuselosen Wegschnecken (z. B. *Arion*), die uns in den Gärten das Leben schwer machen, aber auch leistungsfähige Räuber wie die marinen, hochgiftigen *Conus*-Arten mit ihren hübschen Gehäusen. Ästhetisch besonders schön sind zweifellos einige der marinen Nacktschnecken. Ihr farbenfreudiges Aussehen soll Fressfeinde abschrecken. Gerade ihre farbigen papillösen Anhänge enthalten vielfach **Kleptocniden**, d. h. Nesselkapseln, die die Schnecken beim Abweiden von Nesseltieren aufgenommen und unverdaut in die Spitzen ihrer bunten Papillen eingelagert haben. Wer die Papillen berührt oder gar in eine solche Nacktschnecke beißt, wird genesselt – und tut´s nie wieder.

Andere Nacktschnecken, Weidegänger auf verschiedenen Algen, können die Chloroplasten der Algen unverdaut aufnehmen. Die Algenplastiden betreiben weiter Photosynthese und liefern dem Wirt beträchtliche Mengen an Zucker (hauptsächlich

Maltose). Die „gestohlenen" Chloroplasten (Kleptoplastiden) können sich aber in der Schnecke nicht vermehren und überdauern nur begrenzte Zeit.

### Muscheln (Bivalvia)

Muscheln sind **bilateralsymmetrisch**. Ihre Schale besteht aus zwei Hälften, die an der Basis der Schalenhälften durch ein unverkalktes Ligament (Schlossband) zusammengehalten werden. Ihr Kopf ist stark reduziert. Die Muschelschale wird vom Mantel (Pallium) gebildet. Es ist eine zusammengesetzte Struktur, die erstaunliche Festigkeit erlangt. Muscheln haben keine Radula, sind vielmehr zumeist Strudler. Da sie kleine Algen aus dem Wasser filtrieren, nehmen sie nicht selten toxische Dinoflagellaten (▶Kap. 9.2.4) auf. Der Verzehr solcher Muscheln ist äußerst gefährlich und kann sogar tödlich sein.

Ökologisch gesehen sind Muscheln nicht nur wichtige Glieder vieler Nahrungsnetze, auch in anderer Hinsicht tragen sie zur Entwicklung und Stabilität von Ökosystemen bei. So befestigen Muscheln mit ihren Byssus-Fäden Sand- und andere Böden für ganze Lebensgemeinschaften und sind dann Basis für mancherlei Aufwuchs. Einige Arten sind auch Partner in Symbiosen. Ein biologisch interessantes Phänomen ist der **Larvalparasitismus** durch Larven (Glochidien) verschiedener Süßwassermuscheln. Larven von Teichmuschel (*Anodonta*) und Flussmuschel (*Unio*) heften sich an die Flossenhaut oder im Kiemenepithel von Bitterlingen an und ernähren sich auch von Fischgewebe. Herangewachsen fallen sie ab und werden zur erwachsenen Muschel. Bitterlinge ihrerseits sind an das Vorkommen der Muscheln gebunden. Die Fischweibchen bringen mit ihrer Legeröhre ihre Eier in die Mantelhöhle der Muscheln, wo die Fischlarven die erste Zeit ihres Lebens geschützt verbleiben.

Viele Muscheln haben wirtschaftliche Bedeutung. Während Austern und andere Muscheln als Delikatessen gelten, ist z. B. die Zebramuschel (*Dreissena polymorpha*) vielerorts zu einem Schädling geworden. Wenn sie auch ein erstaunliches Potenzial zur Beseitigung von Algenblüten und Wassertrübung hat, so macht ihre Massenvermehrung als Neozoon in vielen Gewässern große Probleme. Mit ihren Byssus-Fäden verklebt sie technische Anlagen und hat z. B. in Nordamerika seit Jahren Schäden in Milliarden Dollar Höhe verursacht. Am Bodensee wird die Zebramuschel durch die Eiderente, die auch in größere Tiefen hinabtauchen kann, in Schranken gehalten.

Auch Bohrmuscheln sind Schädlinge. Sie bohren sich regelrecht in Holz und zerstören es. Sogar Steine von Hafenanlagen und Uferbefestigungen zerstören sie. **Fouling**, wie man den Aufwuchs von Algen, Muscheln und anderen Lebewesen auf Schiffsrümpfen und technischen Anlagen im Meer nennt (und die daraus resultierende Zerstörung), ist ein großes Problem. Die Kosten aus Zerstörung und zusätzlichem Energiebedarf gehen in die Milliarden Euro pro Jahr. Antifouling-Maßnahmen sind in großem Umfang notwendig, aber aufwendig und teuer.

### Tintenfische (Cephalopoden)

Tintenfische (Abb. 12.15) sind schöne Beispiele für bizarre Entwicklungen in der Evolution. Rings um die Mundöffnung haben diese Tiere starke Fangarme. Der

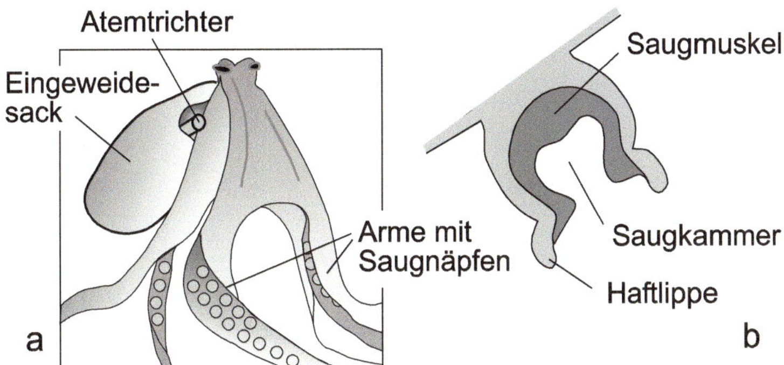


**Abb. 12.15** Tintenfisch. (a) Habitus eines Kraken *(Octopus)*. Aus dem Atemtrichter wird das Atemwasser ausgestoßen. Verdauungstrakt, Herz (offen) und Ausscheidungsorgane und Gonaden liegen im Eingeweidesack. (b) Schnitt durch einen Saugnapf. Beim Festhalten legt sich die Haftlippe der Beute eng an. Durch Kontraktion des Saugmuskels wird in der Saugkammer ein Unterdruck erzeugt. In vergleichbarer Weise kann unsere Zunge am Gaumendach saugen (aus Kier und Smith 2002).

ursprüngliche Molluskenfuß wird zum Trichter am Ausgang der Mantelhöhle (vom Fußganglion innerviert, dem Nervenknoten, der bei Schnecken den Fuß versorgt). Schwimmen können Tintenfische (Kopffüßer) durch Auspressen von Atemwasser aus dem Trichter nach dem Rückstoßprinzip oder auch durch ihre Flossenbewegung. Sie haben ein hochentwickeltes Gehirn und sind damit manchen Wirbeltieren überlegen. (Dass der Krake „Orakel-Paul" während der Fußballweltmeisterschaft 2010 wirklich die Ergebnisse von Spielen der deutschen Nationalmannschaft vorhersagen konnte, darf aber angezweifelt werden.) Die Schale ist bei den Tintenfischen reduziert auf eine innere Kalkplatte (Schulp) oder fehlt ganz.

Mit ihrem Beißschnabel sind Tintenfische durchaus wehrhaft. Die Saugnäpfe ihrer Tentakeln können zum Angriff, zum Beutemachen und zur Verteidigung erfolgreich eingesetzt werden. Tintenfische sind Räuber. Aufgrund ihrer Schnelligkeit können z. B. Kalmare *(Loligo*-Arten) selbst schnelle Fische jagen. Kraken sind dagegen langsam, können aber aufgrund ihres Geschicks, ihrer Kraft und der Leistungsfähigkeit ihres Gehirns praktisch jede Beute erlegen. Auch andere Tintenfische sind äußerst geschickt.

Tintenfische sind getrenntgeschlechtlich. Die Paarung verläuft sehr unterschiedlich. Ein Krake reicht dem Weibchen aus „sicherer Entfernung" mit einem speziell geformten Tentakel ein Spermienpaket herüber. Kalmare zeigen dagegen ein heftiges Paarungsspiel und „umarmen" sich dabei mit den Flossen.

## Stammbaumzweig Häutungstiere (Ecdysozoa)

Ecdysozoa sind Protostomier, die ein stabiles Exoskelett haben und sich häuten müssen, um zu wachsen. „Ecdysozoa" kommt von Ecdysis (Häutung) und steckt auch im Begriff **Ecdyson** (ein Häutungshormon). Zu den Ecdysozoa gehören die Gliederfüßer mit den Krebsen, Spinnentieren und Insekten, aber auch die Stummelfüßer und Bärtierchen und schließlich die Nematoden (Fadenwürmer). Auch wenn die DNA-Sequenzdaten für die Zugehörigkeit der oben genannten Taxa zu den Ecdysozoa sprechen, so sind doch die Verwandtschaftsbeziehungen nicht abschließend geklärt.

### 12.3.6  Gliederfüßer (Arthropoden)

Die Besonderheit der Arthropoden ist ihr Chitinpanzer, die stoßfeste und wasserunlösliche Cuticula als Exoskelett. Zwar begrenzt dieses Bauprinzip die Größe der Tiere, ermöglicht andererseits eine ungeheure Vielgestaltigkeit und ein faszinierendes Funktionsspektrum der Extremitäten. Die Cuticula begründet verschiedene weitere Eigenarten der Anatomie und der Physiologie der Arthropoden. So müssen sich die Tiere beispielsweise häuten, um zu wachsen, die Muskulatur muss zwangsläufig innen liegen, und das Kreislaufsystem kann offen sein.

Die Cuticula besteht aus Chitinfibrillen, die in den verschiedenen Schichten unterschiedlich ausgerichtet sind. In der Exocuticula, der äußeren Schicht, ist das Polysaccharid Chitin in eine Matrix aus keratinähnlichen Proteinen eingebettet. Diese Proteine werden durch Chinongerbung zu wasserunlöslichen Skleroproteinen. Dadurch erlangt die Cuticula große Festigkeit. An Gelenken bleibt die Cuticula unsklerotisiert und biegsam.

**Spinnenartige (Chelicerata)**
Kennzeichnend sind die Cheliceren (Extremitäten des zweiten Segments; Abb. 12.16). Es sind Mundwerkzeuge zum Greifen, Gifteinspritzen und Zerkleinern. Chelicerata haben keine Antennen und keine Mandibeln. Als Mundwerkzeuge dienen neben den Cheliceren die Kiefertaster (Pedipalpen). Der Kopf ist mit der Brust (Thorax) zum Cephalothorax (Prosoma) verschmolzen. Unter den sechs Extremitätenpaaren haben die Spinnenartigen neben den Cheliceren und Pedipalpen vier Beinpaare.

Zu den Spinnenartigen gehören die Skorpione, die (eigentlichen) Spinnen (Araneae), die Pseudoskorpione, Weberknechte und Acari (Milben und Zecken). Im Folgenden kann nur kurz auf die Spinnen eingegangen werden.

Spinnen verdauen ihre Beute außerhalb des Körpers, saugen den Nahrungsbrei dann mit dem engen Mund auf. Von technischem Interesse sind die Spinnseide und der Spinnvorgang. Bestehend aus Protein ist Spinnseide enorm belastbar, dabei auch reversibel dehnbar. Eine ausführliche Beschreibung des Aufbaus des Spinnfadens, des Spinnvorgangs und des Nestbaus findet sich z. B. bei Westheide und Rieder (2007). Spinnennetze sind artspezifisch konstruiert. Der Plan dafür ist vererbt. Man muss sich die Steuerung des Netzbaus wie die mathematische Formulierung einer Grafik vorstellen, wobei sukzessive verschiedene Elemente dargestellt werden.

**Krebse (Crustaceen)**
Krebse sind in vieler Hinsicht ursprünglicher als andere rezente Arthropoden. So sind alle Extremitäten des Kopfes erhalten. Die Kopfextremitäten sind als zwei Antennenpaare und unterschiedliche Mundwerkzeuge ausgebildet. Weite Teile des

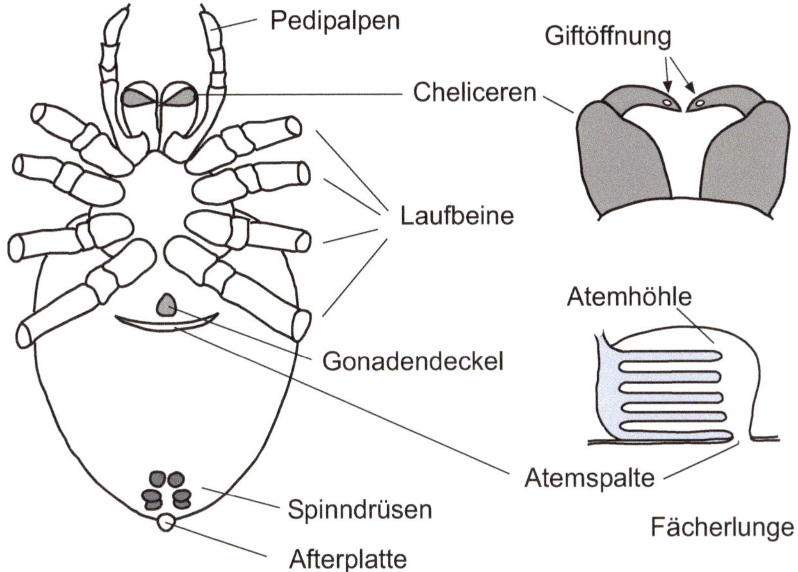



**Abb. 12.16** Körperbau einer Spinne. Vom Bauch her sind die acht Schreitbeine (abgeschnitten) und davor die Pedipalpen (Taster) und Cheliceren (Beiß- bzw. Stichzangen mit Giftöffnung; rechts vergrößert gezeichnet) zu erkennen. Unter dem Hinterleib sieht man die Atemspalte der Fächerlunge (rechts im Schnitt dargestellt), davor den Deckel der Gonadenöffnung und am Hinterende die Spinndrüsen und die Afterplatte.

Körpers, auch die Kiemen, sind schildartig von einem **Carapax** (Körperschild) bedeckt. Auch die Körperglieder der Brust (Thorax) und des Hinterleibes (Abdomen) besitzen oft Beine, mit unterschiedlichen Funktionen. Dabei geht die Gestalt der Beine auf das ursprüngliche Spaltbein zurück (Abb. 12.17).

Gerade die Entwicklung des Spaltbeines zu Extremitäten ganz unterschiedlicher Struktur zeigt einerseits, welche Gestaltungs- und Funktionsmöglichkeiten das Exoskelett eröffnet, andererseits auch die „Arbeitsweise" der Evolution. Einmal entwickelte Strukturen können umgestaltet werden, machen oft neue Funktionen möglich und befähigen dadurch, auch neue ökologische Nischen zu besetzen. Obschon die Krebse viele ursprüngliche Merkmale haben, sind sie doch hochentwickelt. So haben sie empfindliche Tastsinnesorgane und Komplexaugen und ein hochentwickeltes Nervensystem.

Die Krebse haben im Laufe der Erdgeschichte ganz unterschiedliche Lebensräume besetzt und unterschiedlichste Lebensstrategien entwickelt. Planktische Kleinkrebse gibt es ebenso wie räuberische Arten, reine Pflanzenfresser, marine und Süßwasserarten und sogar terrestrische Formen. Im Meer sind die Krebse die dominierenden Arthropoden. Die größte Gruppe, die konsequent die terrestrische Lebensweise entwickelt hat, sind die Asseln. Andere Krebse sind die Zehnfußkrebse (Decapoden) mit dem Hummer, Flusskrebsen, Wollhandkrabben etc. Manche Krebse sind Beispiele für eine problematische Wirkung von Neozoen, z. B. die Wollhandkrabbe, die Deiche zerstören kann, oder der amerikanische Flusskrebs, der

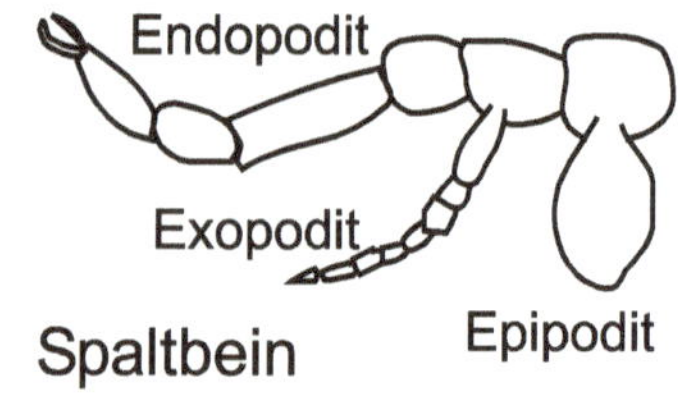



**Abb. 12.17** Krebsbeine. In der Stammesgeschichte von dem ursprünglichen Spaltbein (oben) hergeleitet haben die Extremitäten der Krebse vielfältige Formen für unterschiedlichste Funktionen. Es gibt entwicklungsgenetische Hinweise, dass sich bei Insekten die Tracheen, bei Spinnen selbst die Spinndrüsen aus dem Epipoditen des Spaltbeines entwickelt haben.

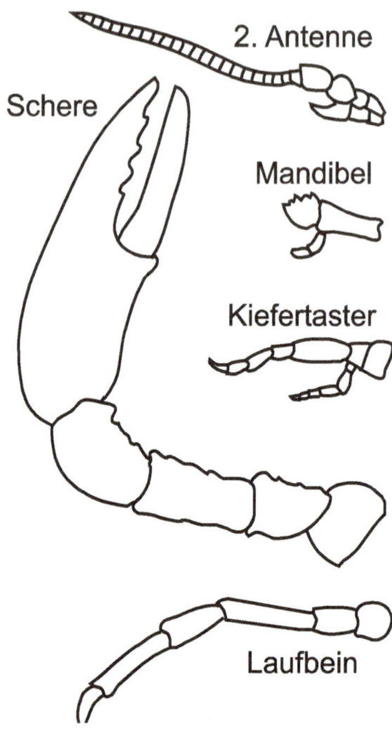



unseren Edelkrebs in Teilen Deutschlands verdrängt hat. Weitere Krebse mit nennenswerter ökologischer Bedeutung sind die Amphipoden mit den Gammariden, die eine wichtige Funktion bei der Zersetzung von pflanzlichem Detritus haben. Hüpferlinge (Copepoden) spielen eine große Rolle besonders im marinen Plankton, wo sie einerseits einzellige Algen und kleine andere wirbellose Tiere fressen, andererseits selbst als Beute dienen. Auch Wasserflöhe (Daphnien), Seepocken (Balaniden) und viele parasitische Arten sind wesentliche Glieder in Nahrungsnetzen.

### Insekten (Hexapoda, Insecta)

Insekten haben drei Beinpaare (also sechs Beine). Deshalb werden sie auch als Hexapoda (Sechsfüßer) bezeichnet. Weniger ausgeprägt als bei Spinnen, aber weiter gehend als bei Krebsen sind bei Insekten viele ursprüngliche Körperglieder zu den drei Tagmata Kopf, Brust (Thorax) und Hinterleib (Abdomen) verschmolzen (Abb. 12.18). Ein hypothetisches Ur-Insekt wäre einem Hundertfüßer ähnlich. Insekten haben ein Antennenpaar, atmen über Tracheen und haben ein offenes Blutkreislaufsystem.

**Abb. 12.18** Typischer Körperbau eines Insekts. Typisch ist die Dreigliederung des Körpers in Kopf, Thorax (Brust) und Abdomen (Hinterleib) und die drei Beinpaare. Sehr unterschiedlich gestaltete Mundwerkzeuge sind der speziellen Form der Nahrungsaufnahme angepasst. Das Herz ist offen. Hämolymphe („Blut", das keine roten Blutzellen enthält) wird durch Schlitze eingesaugt und durch eine oder mehrere vorn liegende Öffnungen ausgepumpt. Ovarien und Hoden liegen im Abdomen.

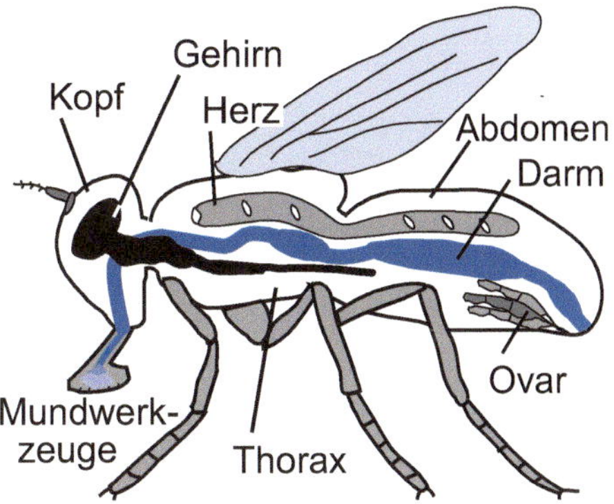


Mit ihrer beeindruckenden Artenvielfalt mit weit mehr als einer Million Arten sind sie das dominierende Taxon auf der Erde. Aus dieser Fülle können nur einige wichtige Ordnungen kurz vorgestellt werden: Eintagsfliegen, Libellen, Termiten, Käfer, Hautflügler, Schmetterlinge und Zweiflügler. Um die Insekten vorzustellen, sollen auch einige ihrer Organsysteme kurz beschrieben werden.

Betrachtet man die Diversität der Insekten, fällt auf, dass von den Extremitäten in erster Linie die Mundwerkzeuge vielgestaltig sind. Ihre Ausbildung lässt mehr oder weniger direkt auf die jeweilige Ernährungsweise und Lebensstrategie schließen. Während Ameisen und andere Hautflügler greifend-beißende Mundwerkzeuge haben, sind beispielsweise die Mundwerkzeuge von Wanzen zu einem Stech- und Saugwerkzeug geformt. Schmetterlinge ihrerseits haben einen langen Saugrüssel entwickelt, in dessen Entwicklung deutlich erkennbar ist, dass er sich aus den ursprünglichen „Mundwerkzeugextremitäten", Mandibeln, Maxillen usw., entwickelt hat. Hier zeigt sich wie schon bei den Extremitäten der Krebse, welches Entwicklungspotenzial das Chitinaußenskelett der Gliedertiere bietet. Selbst das Tracheensystem hat sich vermutlich aus dem kleinen Epipoditen des ursprünglichen Spaltbeines entwickelt.

### Tracheensytem – Atmungsorgan der Insekten

Sehr kleine Tiere, auch größere, die flach gebaut sind wie die Plattwürmer, können ihren Gasaustausch mit der Umgebung über Oberflächenatmung und Diffusion durchführen. Dafür sind selbst kleine Insekten zu kompakt gebaut. Tracheen sind röhrenförmige Einstülpungen des Exoskeletts, die sich bis in alle Teile des Körpers verzweigen. Sie werden von Zellen der Epidermis gebildet und müssen erstaunlicherweise bei Häutungen auch ersetzt werden.

Lange hat man über den stammesgeschichtlichen Ursprung der Tracheen gerätselt, da nicht anzunehmen ist, dass ein so komplexes Organ völlig neu entstehen konnte. Die Untersuchung der genetischen Steuerung der Tracheenentwicklung hat ergeben, dass sie mit großer Wahrscheinlichkeit aus Umformungen der Epipoditen (siehe Abb. 12.17) der Beinchen früher Gliederfüßer entstanden sind.

Bei einigen wasserlebenden Insektenlarven (z. B. Eintagsfliegenlarven) hat die Umformung offenbar zur Entwicklung von Kiemenblättchen geführt. Auch deshalb ist gut vorstellbar, dass Tracheen aus mutationsbedingt „eingestülpten Epipoditen"

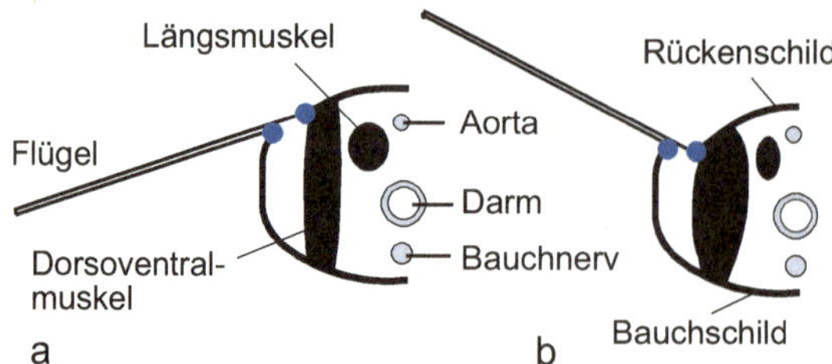


**Abb. 12.19** Flugmechanik der Insekten. Neben direkten Flugmuskeln, die direkt an den Flügeln ansetzen, spielt die indirekte Flugmuskulatur eine große Rolle. (a) Bei entspanntem Dorsoventralmuskel (vom Rücken zum Bauch ziehend) und kontrahiertem Längsmuskel entfernen sich Bauch- und Rückenschild, der Flügel wird nach unten gezogen. (b) Kontrahieren die Dorsoventralmuskeln, ziehen sie Rücken- und Bauchschild zusammen, wodurch der auf der Seitenplatte aufliegende Flügel nach oben gedrückt wird. Aufgrund der Geometrie der Teile beschreibt der Flügel keine einfache Auf- und Abbewegung. Die Flügelenden beschreiben vielmehr eine liegende Acht, was zu einer Vorwärtsbewegung des Insekts führt. Manche Fliegen können die Abstände der beiden Angelpunkte der Flügel (blau) verändern, verfügen damit über eine Art mechanische Gangschaltung.

entstanden sind – ein lange zurückliegender „Unfall", der den Insekten ein seitdem immer weiterentwickeltes leistungsfähiges Atmungsorgan bescherte. Vergleiche der Entwicklungsgenetik sprechen übrigens dafür, dass sich auch die Flügel der Insekten aus Epipoditen entwickelt haben.

### Insektenflügel

Während die Ur-Insekten (mit den Silberfischchen und Springschwänzen) ungeflügelt sind (Apterygota), haben die höheren Insekten (Pterygota) Flügel am zweiten und dritten Brustsegment. Flügel sind in der Stammesgeschichte nicht aus Beinen entstanden (wie die Flügel der Vögel und Fledermäuse). Vermutlich haben sie sich aus blattartigen Beinanhängen (Epipoditen) des ursprünglichen Spaltbeines entwickelt. In der Ontogenese werden die Flügel von Ausstülpungen der Epidermis gebildet. Die Flügeladerung zeichnet im Wesentlichen den Verlauf der Tracheen nach, die die flügelbildende Epidermis mit Luft versorgen.

Insektenflügel sind seitlich an Rücken- und Bauchplatten eingelenkt. So können sie über indirekte Muskeln, bei manchen Insekten auch über direkte Muskeln bewegt werden (Abb. 12.19).

### Komplexaugen

Die Komplexaugen (Abb. 12.20) von Insekten und anderen Arthropoden sind hochentwickelt und leistungsfähig. Während die Winkelauflösung (geometrische Auflösung) unseren Augen zwar meist deutlich unterlegen ist, sind sie unseren Augen in der zeitlichen Auflösung überlegen.

Schon 2006 wurden artifizielle Komplexaugen aus Kunstoffen erzeugt (über „arteficial compound eyes" im Internet zu finden). Dabei wurde unter anderem das

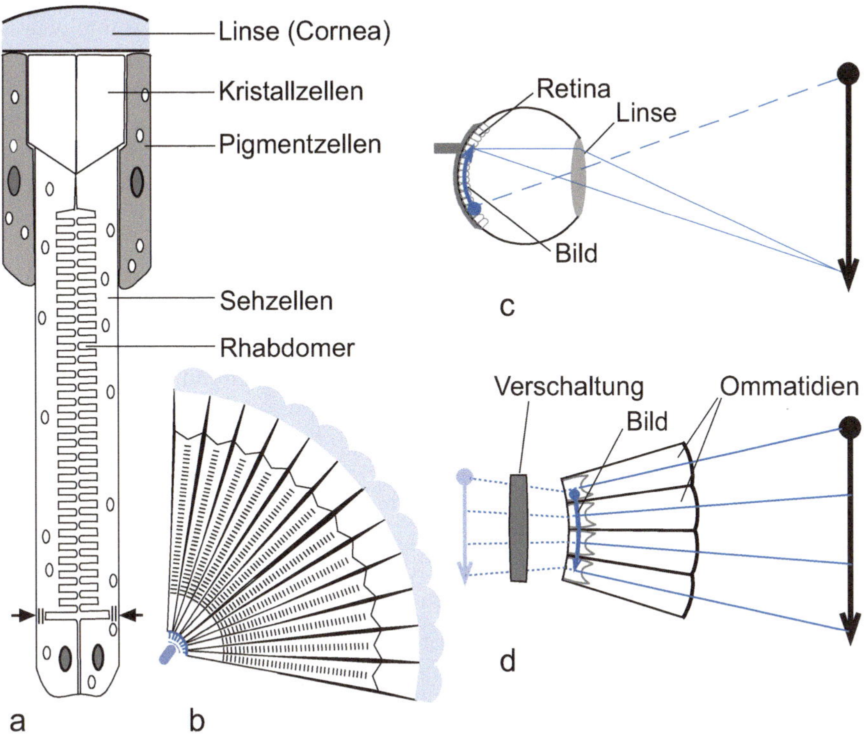


**Abb. 12.20** Komplexaugen sind aus bis zu 10 000 Einzelaugen (Ommatidien) zusammengesetzt. (a) Ommatidium. Nur senkrecht einfallende Strahlen erreichen das Rhabdomer der Sehzelle, gebildet aus zahlreichen Mikrovilli einer Sehzelle, deren Membran die Sehpigmente (Rhodopsin) trägt. (b) Anordnung der Ommatidien im Komplexauge. Die Sinnesreize der Einzelaugen werden über ableitende Nerven auf verschiedenen Ebenen verschaltet und schließlich in den optischen Loben („Zentren") des Gehirns verarbeitet. (c) Vergleich der Bildentstehung beim Komplexauge und beim Wirbeltierauge. (d) Strahlengang und Reizleitung.

Phänomen genutzt, dass einfallendes Licht selbst die Kunststoffstrukturen verändert, was zum Feinbau der künstlichen Einzelaugen beiträgt.

Bei Insekten und anderen Arthropoden bildet sich das Nervensystem (wie bei den Wirbeltieren) ventral aus ektodermalen Neuroblasten. Trotz ganz unterschiedlicher Entwicklungswege zeigen Insekten- und Wirbeltiergehirn schließlich eine sehr ähnliche Anordnung der verschiedenen Hirnteile.

Die folgende Auswahl der Insektenordnungen soll die Vielfalt von Körperbau, Biologie und Lebensstrategien zeigen.

### Eintagsfliegen (Ephemeroptera)

Eintagsfliegen sind relativ kleine zarte Insekten, deren Larven im Wasser leben und sich dort von pflanzlichem Material oder räuberisch ernähren. Die Larven tragen am Hinterleib typische Kiemenblättchen, in die für den Gasaustausch mit dem Wasser feine Schläuche des Tracheensystems ziehen. Eintagsfliegenlarven sind am Boden vieler Gewässer zu finden und von Bedeutung für die Bestimmung der Gewässerqualität.

Für Eintagsfliegen ist die Larvenphase der längste Lebensabschnitt; er dauert länger als ein Jahr. Dagegen leben die Imagines nur wenige Stunden bis Tage. Sie nehmen keine Nahrung auf, ihr Darm ist verschlossen. Das schon flugfähige erste Imaginalstadium häutet sich noch einmal, auch die Flügel.

### Libellen (Odonata)

Auch im Leben der Libellen ist die Larvenphase länger als die Erwachsenenphase. Libellenlarven leben ebenfalls im Wasser und sind arge Räuber. Ihre Mundwerkzeuge bilden eine sogenannte Fangmaske, die sehr plötzlich ausgeklappt und vorschnellen kann. Typisch für Libellenlarven sind drei blattförmige Schwanzfäden. Die Larven haben nicht wie die Eintagsfliegenlarven Kiemenblättchen an den Hinterleibsgliedern. Viele atmen stattdessen über den Enddarm, in den sie rhythmisch Wasser einziehen. Die ausgereiften Larven verpuppen sich schließlich an oder über der Wasseroberfläche. Auch die Imago (Abb. 12.21) lebt räuberisch; sie lebt aber nur wenige Wochen und konzentriert sich auf die Fortpflanzung. Bei der Paarung fasst das Männchen mit einer Zange des Abdomenendes das Weibchen im Nacken. Das Weibchen biegt dann sein Hinterleibsende zur Aufnahme des Spermienpakets vor.

Libellen haben zwei Paar netzadrige, starre Flügel. Die Flügelpaare schlagen alternierend. Die großen Komplexaugen haben bei manchen Arten mehr als 10 000 Einzelaugen. Libellen haben keinen Wehrstachel.

### Termiten (Isoptera)

Zwei Paar gleichgestaltete Netzflügel haben den Isoptera (Gleichflüglern) ihren Namen gegeben. Termiten sind die „anderen" sozialen Insekten neben den Hautflüglern. Bei den Termiten hat die Ernährungsweise offenbar die Entwicklung der sozialen Lebensweise begünstigt. Als Holzfresser sind sie auf mikrobielle **Symbionten** in ihrem Enddarm angewiesen, um das gefressene Holz verdauen zu können; Termiten haben nämlich keine eigenen **Cellulasen**. Die Darmsymbionten leben im Enddarm; es sind bei den niederen Termiten Flagellaten. Der Enddarm ist ektodermalen Ursprungs, das Darmepithel bildet deshalb wie die Haut einen Chitinpanzer aus. Dieser ist zwar zart, wird aber bei den regelmäßigen Häutungen der Tiere mit abgegeben bzw. erneuert. Die Darmsymbionten gehen dabei verloren. Im Enddarm gibt es keinen freien Sauerstoff, die Darmsymbionten sind denn auch strikt anaerob; Sauerstoff bringt sie um. Sobald die Darmsymbionten „bemerken", dass ihr Wirt sich häutet, enzystieren sie sich. In ihren Zysten sind sie vor Sauerstoff geschützt, können so im Kot der Termiten überleben.

Mit einer Häutung verliert die Termite ihre Symbionten, muss dann Kot eines Artgenossen fressen, um so Cysten der Darmsymbionten aufzunehmen, die im Enddarm schlüpfen. Enges Zusammenleben vieler Individuen ist daher vorteilhaft. Interessanterweise können bei Termiten **Steroidhormone** über das Darmepithel ins Darmlumen gelangen. Auch die Häutungshormone sind solche Steroidhormone (▶Kap. 2 und ▶Kap. 7). Wird die Häutung (hormonell) induziert, werden zugleich

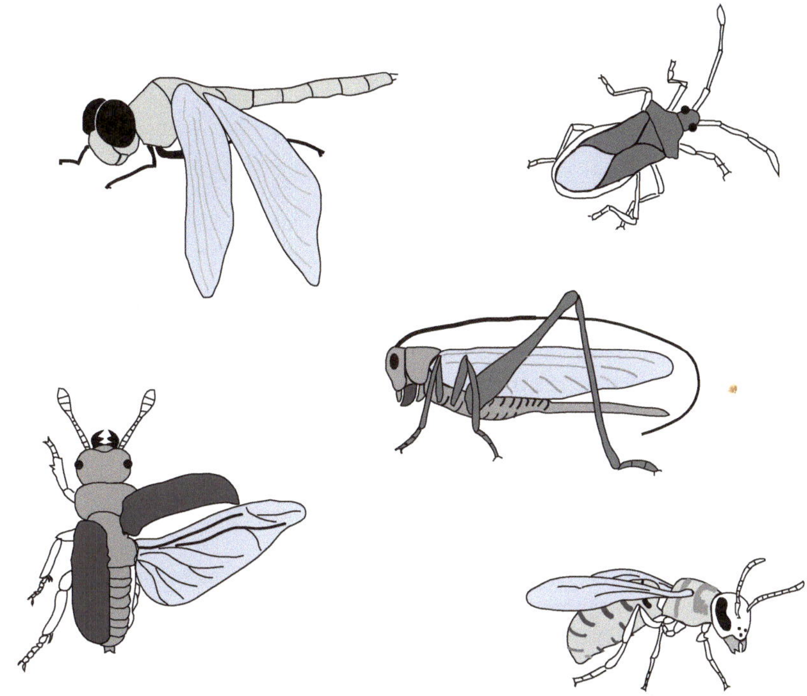

**Abb. 12.21** Beispiele für die Vielfalt der Insekten.

die Symbionten „informiert", sich zu encystieren. Dieses erstaunliche Verhalten, Hormone über das Darmepithel abzugeben, ermöglicht es sekundär der Königin auch, über den Kot die Entwicklung der Termitenlarven hormonell zu steuern. Die meisten Individuen, Männchen wie Weibchen, werden in ihrer Entwicklung auf einem larvenähnlichen Stadium angehalten; sie sind dann Arbeiter/Arbeiterinnen. Die Abgabe von Steroidhormonen kann also als **Prädisposition** (Voranpassung) sowohl für die Ernährungsweise der Termiten als auch für die Entwicklung der sozialen Lebensweise gesehen werden.

Termiten haben mehr und differenziertere **Kasten** als Ameisen. Neben den primären Geschlechtstieren gibt es eine Arbeiter- und eine Soldatenkaste, aber auch Ersatzgeschlechtstiere. Während die Königin zwar über Pheromone (abgegebene Hormone) die Entwicklung der Larven reguliert, ist die Ursache für die Entwicklung von Soldaten, Ersatzgeschlechtstieren und primären Geschlechtstieren der physiologische Zustand der Kolonie. So ist die Zahl der Soldaten durchaus ein Zeichen für die Größe der Kolonie, andererseits aber auch für etwaige Bedrohung.

### Wanzen (Heteroptera)

Wanzen haben stechend-saugende Mundgliedmaßen (Stechrüssel), mit denen sie Pflanzen oder Tiere anstechen und Körperflüssigkeit aufsaugen. Typisch für Wanzen sind die im Vorderteil lederartigen verstärkten Vorderflügel. Die hinteren membranartigen Teile überlappen, wenn die Flügel aufliegen. Dadurch und durch das weit zwischen die Flügel ragende dreieckige Schildchen (Scutellum) wird ein X-Muster gebildet (Abb. 12.21). Die kleineren, zarten Hinterflügel liegen gefaltet unter den Vorderflügeln. Wanzen haben eine direkte Entwicklung. Neben Landwanzen gibt es eine Reihe von Wasserwanzen und sogar Arten, die auf der Wasseroberfläche leben.

### Käfer (Coleoptera)

Es gibt mehr als 600 000 Käferarten, vielleicht sogar zwei Millionen. Kennzeichnend ist ihr harter Chitinpanzer mit festen Deckflügeln (**Elytren**; Abb. 12.21). Beim Fliegen werden sie abgespreizt. Geflogen wird mit dem hinteren Flügelpaar. Wie alle hochentwickelten Insekten sind Käfer **holometabol**, d. h., sie haben eine vollständige Entwicklung mit raupenähnlichen Larven und einem Puppenstadium, in dem die **Metamorphose** zur **Imago** stattfindet.

Käfer sind sehr vielgestaltig mit unterschiedlichsten Lebensstrategien und vielfältigen Ernährungsweisen. Viele Arten leben räuberisch, sind meist recht festgelegt auf bestimmte Beuteorganismen, andere sind Pflanzenfresser, Detritusfresser, und natürlich auch Parasiten. Meist unterscheiden sich die Lebens- und Ernährungsweisen von Larven und Imagines.

Räuberisch leben die Laufkäfer (Cicindeliden und Carabiden), aber auch die Schwimmkäfer (Dytisciden). Blattkäfer (Chrysomeliden) wie Kartoffelkäfer und Maikäfer, sowie die Rüsselkäfer (Curculioniden) mit ihrer lang gezogenen Kopfform und die Schnellkäfer (Elateriden), die einen raffinierten Schnellmechanismus für plötzliche Flucht haben, sind Pflanzenfresser. **Coprophag** (kotfressend) sind viele Mistkäfer (Scarabaeiden), während Totengräberkäfer (z. B. *Geotrupes*) Aasfresser sind.

Viele Käfer sind Schädlinge, so der Borkenkäfer (z. B. der Buchdrucker *Ips typographus*) oder der Maiswurzelbohrer (*Diabrotica virgifera*), der landstrichweise den Mais komplett vernichten kann. Die Bekämpfung mit dem Insektizid Clothianidin ist wirksam, kann aber zu katastrophalem Bienensterben führen. Weitere Getreideschädlinge sind der Kornkäfer (*Sitophilus granarius)* und der Reiskäfer (*Sitophilus oryzae*). Ein Kornkäferweibchen legt mit seiner Legeröhre ein Ei in ein Fraßloch ab und versiegelt anschließend den Kanal mit einem Sekretpfropfen, sodass die Larve geschützt ist. In etwa drei Generationen pro Jahr entstehen bis zu 250 000 Nachkommen, was pro befruchtetes Weibchen in diesem Zeitraum einem Verlust der gleichen Anzahl Körner mit einem Gesamtgewicht von etwa 6 kg entspricht.

Manche Käfer sind für Fressfeinde giftig, z. B. die „Spanische Fliege" (*Lytta vesicatoria*, zu den Ölkäfern gehörig). Die Männchen produzieren einen giftigen Reizstoff, das Cantharidin, das schon in kleinen Mengen für den Menschen tödlich sein kann. Es löst einen mehr oder weniger nachhaltigen Priapismus (eine krankhafte Erektion) aus. Cantharidin stellt einen Inhibitor der Protein-Phosphatase-2A dar. Auch andere Ölkäfer produzieren das Gift, das als wirksames Wehrsekret eingesetzt wird.

### Hautflügler (Hymenoptera)

Hautflügler haben zwei Paar zarte Flügel, die in Ruhe längs gefaltet auf dem Rücken zusammengelegt werden können. Die meist relativ langen Fühler und die bei einigen deutliche Wespentaille lassen viele Arten schon auf Entfernung gut als Hautflügler erkennen (Abb. 12.21).

Zu den Hautflüglern mit Wespentaille (Apocrita) gehören die Faltenwespen (Vespidae), Bienen (Apidae) und Ameisen (Formicidae). Bei einigen Hautflüglern haben die Weibchen einen auffälligen Legestachel/Legebohrer, z. B. die Schlupfwespen. Sie können in die unter Baumrinde versteckt lebenden Larven von Borkenkäfern ein Ei legen. Bei den sogenannten Stechimmen ist der Legebohrer zum Wehrstachel umfunktioniert.

Eine Besonderheit der Hautflügler ist ihr Geschlechtsbestimmungsmechanismus. Weibchen speichern nach der Begattung die Spermien in einer Samentasche und geben bei einer Eiablage entweder einige wenige Spermien dazu oder eben nicht. Befruchtete Eier entwickeln sich zu (diploiden) Weibchen, unbefruchtete zu (haploiden) Männchen. Die mehrfach voneinander unabhängig erfolgte Entstehung sozialer Lebensweise bei den Hautflüglern ist vermutlich auf diese Art der Geschlechtsbestimmung zurückzuführen. Die Begründung wird in ▶Kap. 14 vorgestellt.

Einige staatenbildende Hautflügler gehören zu den am höchsten entwickelten **sozialen Insekten** mit unterschiedlichen **Kasten**. Arbeiter- und Soldatenkaste bestehen hier nur aus weiblichen Tieren, die sich aber nicht oder wenig an der Fortpflanzung beteiligen. Arbeiterinnen und Soldatinnen sind oft recht spezialisiert. Verhaltensweisen wie Tragen und Füttern von Larven, Nestbau und Verteidigung sind schon bei einzellebenden Arten und anderen Insekten zu finden. Manche Verhaltensweisen werden auch umfunktioniert. Bei den Weberameisen wird z. B. die Fähigkeit alter Larven, ihren Puppenkokon zu spinnen, beim Nestbau umfunktioniert zum Verkleben von Blättern. Die Arbeitsverteilung erfolgt einerseits dem physiologischen Alter entsprechend – junge Arbeiterinnen versorgen Königin und Brut, alte holen Nahrung ein und verteidigen –, andererseits anscheinend nach dem Motivationsprinzip. Wird einer ankommenden Arbeiterin eingetragenes Nistmaterial schnell zum Bauen abgenommen, eilt sie gleich wieder weg, um neues Material zu holen. Wird ihr das Material nicht oder erst nach langer Zeit abgenommen, „erlischt ihr Interesse"; sie lässt das Material fallen und bleibt inaktiv, bis sie durch adäquate Reize wieder motiviert wird.

### Schmetterlinge (Lepidoptera)

Schmetterlinge haben zwei Paar große Flügel mit kompliziert gebauten Schuppen. Die Schuppen sind auf unterschiedliche Weise gefärbt – z. B. Pigmente, Farben nach dem Farben-dünner-Plättchen-Prinzip, Samtstrukturen. In der Biomimetik werden Schmetterlingsschuppen nachgebaut, um Farben zu erzeugen, Wärme abzuleiten oder Licht zu sammeln. Viele Schmetterlinge ernähren sich von Blütennektar, den sie mit ihrem langen Saugrüssel aufsaugen. Dabei ist der Rüssel aus speziell geformten Mundwerkzeugen zusammengesetzt. Auch der Schmetterlingsflug weist interessante Besonderheiten auf. Während die Schwärmer (z. B. das Taubenschwänzchen) einen extrem schnellen Flügelschlag zeigen, wodurch die Tiere kolibriartig vor den Blüten schweben, können Großschmetterlinge wie der Schwalbenschwanz gleiten oder durch relativ langsames Flattern vorwärts fliegen. Sie verändern beim Schlagen nicht den Anstellwinkel ihrer sehr großen Flügel, beide

Flügelpaare sind auch noch miteinander verhakt. Modellversuche haben gezeigt, dass sich die Schmetterlingsflügel beim Flattern passiv durch aerodynamische Einwirkungen verformen. Entscheidende Voraussetzung dafür ist auch die Anordnung der Flügeladern.

Einige der 140 000 Schmetterlingsarten sind Wanderfalter. Sie haben ähnlich wie Zugvögel unterschiedliche Sommer- und Winterquartiere, wobei es oft aufeinanderfolgende Generationen sind, die den Hin- und Rückflug machen. Der bekannteste Wanderfalter ist sicher der Monarch (*Danaus plexippus*), dessen Sommerquartiere im Nordwesten Nordamerikas liegen, während die Winterquartiere unter anderem in Mexiko zu finden sind. Auch Taubenschwänzchen und andere Schwärmer sind Wanderschmetterlinge.

Wie unter anderen Insektenordnungen gibt es auch unter den Schmetterlingen viele Wirtschaftsschädlinge. So kann der Schwammspinner (*Lymantria dispar*) ganze Eichenwälder entlauben. Außerdem rufen seine feinen Härchen starke Allergien hervor.

Einige Schmetterlinge sind Lebensmittelschädlinge, z. B. die Mehlmotte (*Ephestia kueniella*) oder der Getreidezünsler (*Plodia* spec.). Schadinsekten wie die Mehlmotte, der Kornkäfer und andere vernichten zusammen etwa ein Sechstel der Weltgetreideernte – rechnerisch genug, um davon eine Milliarde Menschen zu ernähren.

### Fliegen (Diptera)

Fliegen sind hochentwickelte Insekten. Das hintere Flügelpaar ist reduziert auf die trommelschlägelartigen **Halteren**, die bei der Kohlschnake beträchtliche Länge erreichen (Abb. 12.22). Ein Flügelpaar ist offenbar aerodynamisch günstiger als zwei, ermöglicht auch eine höhere Schlagfrequenz. Fliegen sind weiter gekennzeichnet durch große Augen, relativ kurze Fühler und eine Entwicklung mit Larven und Puppe (holometabo; siehe Abb. 7.10). Mit unterschiedlichsten Lebensstrategien leben Fliegen z. B. räuberisch, als Parasiten (besonders ihre Larven), Blutsauger, Nektar- und Pollenfresser oder als Pflanzenfresser. Besonders viele der Blutsauger haben große Bedeutung auch für den Menschen als Überträger (Vektoren) von Parasiten (die *Anopheles*-Mücke überträgt Malariaerreger, die Tsetsefliege überträgt Schlafkrankheitserreger etc.).

Die kleine Tau- oder Essigfliege (*Drosophila melanogaster*) ist wohl immer noch das genetisch bestuntersuchte Lebewesen. Die *Drosophila*-Geschichte ist ein schönes Beispiel dafür, dass viele Entdeckungen in den Naturwissenschaften auf Zufällen beruhen. Im Labor von Thomas Hunt Morgan wurde die Entwicklung von *Drosophila* untersucht. Es wird erzählt, dass der damalige Student Calvin Blackman Bridges im Rahmen seines Hiwi-Jobs Fliegenzuchtflaschen spülte und dabei eine weißäugige Fliege bemerkte. Er fing die Fliege und zeigte sie seinem Chef, der Bridges vorschlug, sie mit einem Männchen normaler Augenfarbe zu kreuzen. Das dürfte der Anfang der *Drosophila*-Genetik gewesen sein. Heute kennt man knapp 20 000 Gene von *Drosophila*.

**Abb. 12.22** *Tipula* (Kohlschnake). Anstatt eines zweiten, hinteren Flügelpaares sind bei Zweiflüglern (Fliegen) trommelschlägelartige Halteren ausgebildet (vergrößert im Inset) – klein, aber notwendig zur Stabilisierung des Fluges.

## 12.3.7 Fadenwürmer (Nematoda)

Zu den **Ecdysozoa** werden auch die Fadenwürmer gerechnet. Sie haben eine stabile **Cuticula** und müssen sich deshalb zum Wachsen häuten. Nematoden sind wurmförmig, drehrund. Sie haben unter der Cuticula nur Längsmuskulatur, mit der sie sich in typischer Weise peitschenschlagartig bewegen. Nematoden sind freilebend oder parasitisch. Freilebende Nematoden sind wichtige Glieder der Nahrungsketten im Boden, im Süßwasser und im Meer. Die meisten Arten bleiben kleiner als 1 cm, ernähren sich unter anderem von Bakterien und Detritus. Die stabile, auch chemisch sehr resistente Cuticula kann als Präadaptation für parasitisches Leben gesehen werden. Hinzu kommt die Fähigkeit mancher Nematoden, ihren Stoffwechsel sowohl auf aerobe als auch anaerobe Bedingungen einzustellen.

Wichtige **Parasiten** sind der Spulwurm (*Ascaris*), der Erreger der Flussblindheit (*Onchocerca volvulus*), aber auch der Madenwurm (*Enterobius* bzw. *Oxhyrris*). Seit Rudolf von Virchow 1887 die Fleischbeschau bei Schweinen durchgesetzt hat, ist die von Trichinen (*Trichinella spiralis*), ebenfalls parasitischen Nematoden, ausgelöste **Trichinose** in Deutschland nicht mehr bedrohlich. Infektionen durch Trichinen können bei der Fleischbeschau sicher erkannt werden. Als Wirt kommen Nagetiere, Füchse, ja praktisch alle Säugetiere infrage, selbst Vögel; und als Reservoirwirte können auch Fische befallen werden. Der wichtigste Wirt ist aber das Schwein – das Hausschwein ebenso wie das Wildschwein (Abb. 12.23).

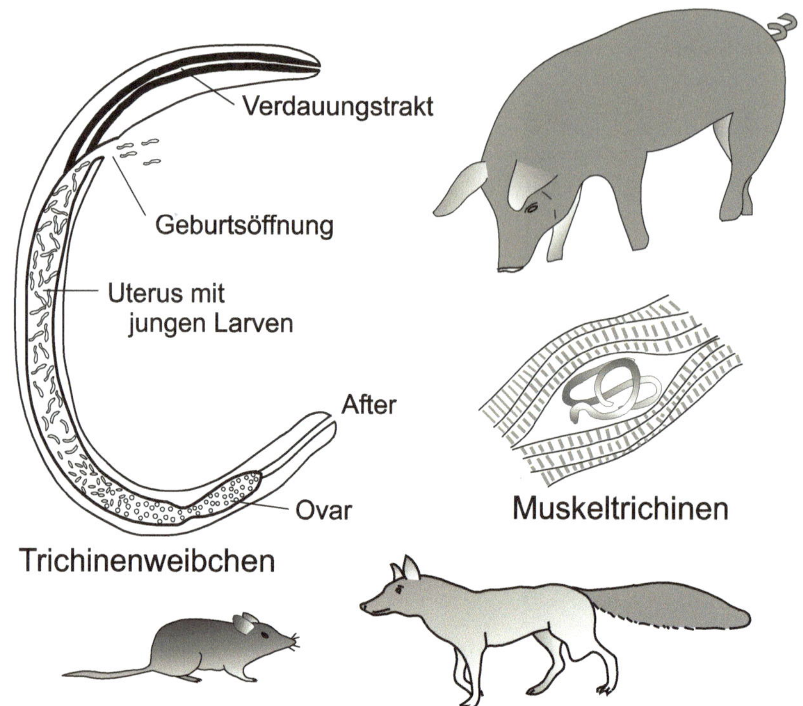


**Abb. 12.23** Lebenszyklus der Trichinen. Die adulten Würmer leben im Darm. Ein Weibchen produziert ca. 1 500 Eier. Noch in der Mutter schlüpfen die kleinen Larven und häuten sich im Uterus zum zweiten Larvenstadium. Diese Larven werden dann lebend geboren. Sie dringen durch die Darmwand und werden mit dem Blut des Wirtes ins Muskelfleisch gebracht, wo sich der kleine Wurm zum dritten Larvenstadium häutet. Die Muskelfasern übernehmen die Ernährung der Larve, die bis zu einer Länge von 1,2 mm heranwächst. Sie wird abgekapselt und stellt jetzt ein Wartestadium dar. Wird das Muskelfleisch von einem Räuber gefressen, wird die Larve in dessen Darm frei. Sie dringt in die Darmwand ein, häutet sich zum adulten Wurm, wo sie sich erneut fortpflanzt.

## Stammgruppe Neumünder (Deuterostomier)

Bei den **Neumündern** wird nach Fertigstellung des Urdarmes in der Gastrulation der Urmund zum After (siehe Abb. 12.7). Zu den Neumündern gehören neben den Stachelhäutern und einigen kleineren Taxa die Chordatiere mit den Wirbeltieren, die im Folgenden besprochen werden.

### 12.3.8  Stachelhäuter (Echinodermata)

Stachelhäuter sind ursprünglich und auch als Embryonen **bilateralsymmetrisch**, sekundär, aber radiärsymmetrisch. Von der Mund-After-Symmetrieachse gehen fünfstrahlig Arme bzw. Radien, sogenannte Ambulakren, ab. Mit der Gastrulation bilden Stachelhäuter drei getrennte **Coelomräume** aus. Bemerkenswert ist dabei das **Hydrocoel**, mit dem sie sich auch fortbewegen können. Es ist ein Schlauchsystem,

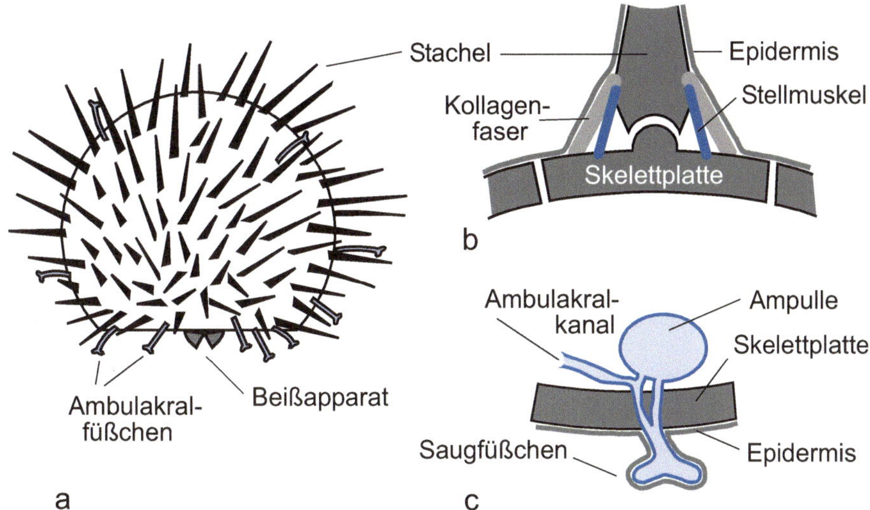


**Abb. 12.24** Seeigel sind auf den ersten Blick durch ihre Stacheln gekennzeichnet (a). Stacheln sitzen auf den Skelettplatten (b), wo sie durch Kollagenfasern und Muskeln gehalten und bewegt werden. Kleine Saugfüße, die in Reihen angeordnet durch das Kalkskelett ragen (c), dienen der Fortbewegung und dem Festhalten. Sie sind Teil eines hydropneumatischen Systems, das vom Mesoderm gebildet wird, also ein Element des Coeloms (▶Kap. 7.3) ist.

das bis in die Arme hineinreicht und kleine mit Ampullen versehene Saugfüßchen ausbildet. Die Saugnäpfe können individuell ansaugen/festhalten und wieder loslassen. So kann ein Seestern auch eine Muschel festhalten oder an einem Stein hochlaufen.

Stachelhäuter haben weder Kopf noch Gehirn. Sie reagieren auf mechanische, chemische und optische Reize. Bei Seesternen kennt man einfache Augenflecken, Seeigel haben Photorezeptorzellen an den Ambulakralfüßchen, die mindestens eine Hell-Dunkel Unterscheidung erlauben, möglicherweise auch ein Richtungssehen. Schlangensterne haben an ihren sehr beweglichen Armen ein Mikrolinsensystem. Alle Echinodermen verfügen über ein Kalkskelett mit Stacheln, die Feinde abwehren und auch der Fortbewegung dienen können (Abb. 12.24).

Zu den Stachelhäutern gehören die filigranen, festsitzenden Haarsterne mit den Seelilien. Alle anderen Stachelhäuter (Seesterne, Schlangensterne, Seeigel und Seegurken) sind ortsbeweglich.

### 12.3.9 Chordatiere (Chordata)

Die Chordatiere sind neben den Insekten die erfolgreichste Tierklasse. Chordatiere haben als ein primäres inneres Achsenskelett die ungegliederte, zelluläre Chorda dorsalis (▶Kap. 7). Aus dem Vorderdarm der Chordatiere entwickelt sich der **Kiemendarm**, der auch bei Reptilien und Säugetieren embryonal noch angelegt ist. Das Blutgefäßsystem der Chordaten ist außer bei Tunikaten geschlossen.

Einfache Chordatiere sind die Schädellosen (Acrania) mit dem Lanzettfischchen und die Seescheiden (Tunicata). Lanzettfischchen haben auch als erwachsene Individuen eine Chorda als Stützorgan. Lanzettfischchen haben noch keinen Schädel und kein richtiges Herz. Aufgrund ihrer Fischgestalt brauchen sie auch im erwachsenen Zustand die Chorda als Stützorgan. Tunicaten sind eher bauchig gebaut, brauchen erwachsen die Chorda nicht mehr, haben schließlich auch eine feste Hüllschicht, die **Tunica**. Sie besteht aus mesodermalen Zellen mit hohem Zellinnendruck. Beide, Tunicaten und Acrania, haben den für Chordatiere typischen Kiemendarm und ein dorsal entwickeltes Zentralnervensystem. Aus einfachen Chordatieren wie dem Lanzettfischchen haben sich die Wirbeltiere entwickelt.

## Wirbeltiere (Vertebrata)

Die Chorda dorsalis erlaubt als steifes, begrenzt elastisches Achsenorgan nur peitschenschlagartige Bewegung. Schon bei ursprünglichen Wirbeltieren werden Teile der Somiten (Ursegmente mit ihren Muskelpaketen) knorpelig verhärtet und bilden die Wirbel, während die Chorda rückgebildet wird. Die Wirbelsäule erlaubt schlängelnde, viel flexiblere Bewegungsformen. Von den Wirbeln geschützt liegt das Rückenmark, das mit dem Gehirn das Zentralnervensystem (ZNS) bildet. Das Gehirn wird in eine zunächst knorpelige, später in der Stammesgeschichte dann in eine knöcherne Schädelkapsel aufgenommen.

Der ursprüngliche **Kiemendarm** entwickelt sich bei den erwachsenen Fischen zu Kiemen und Kiemenspalten, die als Atmungsorgan von den Amphibien an aufwärts durch Lungen ersetzt werden. Einen großen Fortschritt hat schließlich die Ausbildung von Kieferknochen gebracht, die aus Kiemenspangen entstanden sind (Abb. 12.25). Erst damit konnten sich in der Stammesgeschichte der Wirbeltiere (Abb. 12.26) erfolgreiche Räuber, aber auch Pflanzen- und selbst Planktonfresser entwickeln. Bei der Besprechung wichtiger Gruppen sollen jeweils einige Organsysteme vorgestellt werden.

### Knorpelfische (Chondrichthyes)

Knorpelfische zeigen bereits die typische Körpergliederung der Wirbeltiere: Kopf, Rumpf, zwei Paar Extremitäten. Wirbel, Schädel und Flossenskelett sind knorpelig und wenig verknöchert. Die Haut bildet sogenannte Placoidschuppen aus, die im Aufbau den Zähnen der Säugetiere entsprechen. Obschon die große Zeit der Knorpelfische lange vorbei ist, haben sich einige Arten bis heute gut behauptet. Dazu gehören die Haie und Rochen.

### Knochenfische (Ostheichthyes)

Ist das Skelett der Knorpelfische knorpelig angelegt, haben Knochenfische ein verknöchertes Skelett. Es ist verglichen mit dem der Knorpelfische erheblich differenzierter und filigraner. Der Körper ist mit Knochenschuppen bedeckt. Eine wichtige Neuentwicklung gegenüber Knorpelfischen ist eine Schwimmblase, die wie die Lungen der Landwirbeltiere aus einer Aussackung des Darmes abgeleitet ist (Abb. 12.27). Knochenfische haben ein erheblich breiteres Spektrum ökologischer Nischen besetzt als Knorpelfische. Bald nachdem in der Stammesgeschichte sie

**Abb. 12.25** Entstehung der Kieferknochen. (a) Hypothetisches Stadium bei einem kieferlosen Wirbeltier. (b) Aus Kiemenspangen (vermutlich des ursprünglich zweiten Kiemenbogens) haben sich die Kieferknochen, aus den Kiemenspangen des folgenden Kiemenbogens die Knochen des primären Kiefergelenks entwickelt.

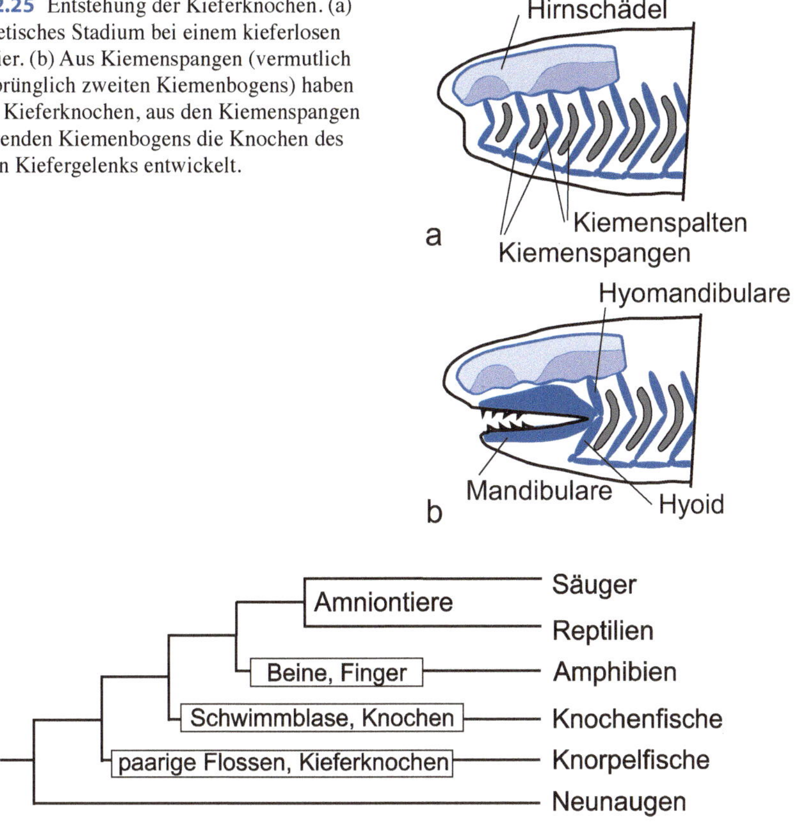


**Abb. 12.26** Stammbaum der Wirbeltiere.

entstanden sind, haben die Knochenfische im Verlauf des Devons und danach eine enorme Vielfalt entwickelt und die Meere und das Süßwasser dominiert.

Vierfüßer (Tetrapoda)
Tetrapoden haben vier Füße, deren Skelett über Schulter- und Beckengürtel stabil mit der Wirbelsäule verbunden ist. Die Vierfüßigkeit lässt schon die Landlebeweise erkennen. Dazu passt, dass sie keine Kiemen mehr haben (allenfalls larval), sondern Lungen. Ihre Haut ist durch Schleimdrüsen und Verhornung gegen Austrocknung geschützt. Zu den Tetrapoden gehören die Amphibien und die Nabeltiere mit Reptilien (mit den Vögeln) und Säugetiere, die im Folgenden besprochen werden.

Lurche (Amphibien)
Amphibien leben als Larven im Wasser und atmen dort mit Kiemen. In einer Metamorphose resorbieren sie die Kiemen und bilden Beine aus. Bei den Froschlurchen wird in der Metamorphose auch der Schwanz rückgebildet. Erst die erwachsenen Lurche verlassen das Wasser. Auf dem Land atmen sie mit Lungen, eine große Rolle

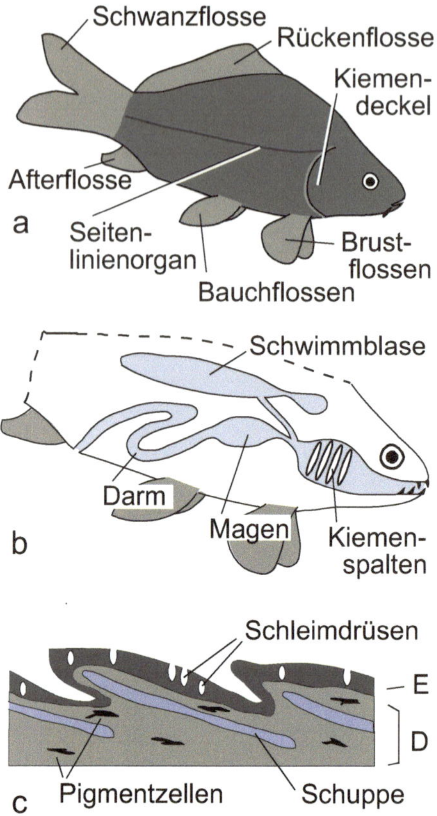



**Abb. 12.27** Knochenfisch. (a) Habitus (Erscheinungsbild) eines Karpfens. (b) Verdauungstrakt. An die Mundhöhle schließt sich der Kiemenraum mit den Kiemenspalten an. Das Atemwasser, durch den Mund angesaugt, wird durch die Kiemenspalten gelenkt, der Nahrungsbrei durch die Speiseröhre in den Magen geleitet. Bei manchen Knochenfischen bleibt die Schwimmblase mit dem Ösophagus (der Speiseröhre) in Verbindung. (c) Knochenfische bilden in der Dermis (D) der Haut knöcherne Schuppen. Typisch für die Epidermis (E) der Knochenfische sind verschiedene Schleimdrüsen.

spielt aber die Hautatmung. Es ist typisch für Amphibien, dass sie feuchte Lebensräume bevorzugen, auch wenn die Haut durch abgesonderten Schleim relativ gut gegen Austrocknen geschützt ist. Amphibienhaut hat entsprechend viele Schleimdrüsen, daneben oft auch Giftdrüsen. Eine Verhornung der Haut findet kaum statt. Amphibien sind **ektotherm**, d. h., ihre Körpertemperatur wird wesentlich von der Umgebungstemperatur bestimmt.

Zu den Amphibien gehören die Schwanzlurche (Urodele, mit Molchen und Salamandern) und Froschlurche (Anure, mit Fröschen, Kröten, Unken)

## Organsystem Haut

Haut ist mehr als einfach das äußere Abschlussgewebe. Zu ihren vielfältigen Funktionen gehören unter anderem Schutz vor Austrocknung, Strahlung und Infektionen, Gasaustausch, Kommunikation über Abgabe von Duftstoffen, Färbung, Perzeption von Tast-, Geruchs- und anderen Reizen, auch Exkretion. Bei Wirbeltieren ist die Haut aus mehreren übereinander liegenden Schichten aufgebaut (Abb. 12.28). Nach außen liegt die fünfschichtige **Epidermis** (ein ektodermales Epithel), darunter die **Dermis** und darunter die Subcutis (beides mesodermal). Von der Epidermis werden Haare, Federn, Schuppen und sogar Zähne gebildet.

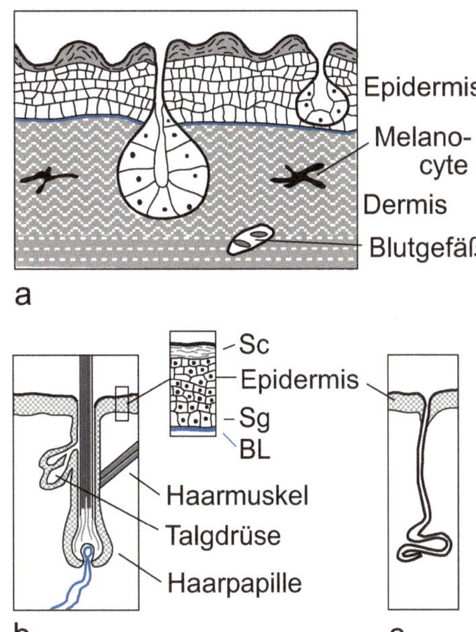



**Abb. 12.28** Haut von Amphibien (a) und Säugern (b, c). Die Epidermis ist bei Wirbeltieren fünfschichtig. Amphibien besitzen eine drüsenreiche Epidermis. In ihrer Dermis finden sich zahlreiche Pigmentzellen/Melanocyten (ektodermal, aber in die Dermis verlagert). Typisch für Säuger sind Haare (b) und Schweißdrüsen (c). BL = Basallamina, Sc = Stratum corneum (Hornschicht der Epidermis), Sg = Stratum germinativum (Wachstumsschicht der Epidermis).

In der Stammesgeschichte der Wirbeltiere sind mit der Veränderung der Lebensstrategie stets erhebliche Anpassungen der Haut zu erkennen. So war die Haut der Fische und noch der Amphibien unverhornt und gekennzeichnet durch schleimbildende Drüsen, bei Amphibien auch Giftdrüsen. Als Anpassung für die erfolgreiche **Terrestrialisierung** ist die Haut der Reptilien drüsenfrei und stark verhornt. Schlangen müssen sich sogar häuten. Auch Vögel, die man zu den Sauriern rechnen muss, haben als einzige Drüse die Bürzeldrüse. Sie sezerniert Talg, mit dem viele Vögel ihr Gefieder einfetten. Säugetiere, die sich aus Reptilien entwickelt haben, weisen *wieder* Hautdrüsen auf, Schweißdrüsen und talgbildende Haarbalgdrüsen. In der frühen Stammesgeschichte der Säugetiere haben sich aus Schweißdrüsen (ektodermal) auch die **Mammae** (Milchdrüsen) entwickelt; sie sind namengebend für die Mammalia (Säugetiere). Da Säugetiere die einzigen Wirbeltiere mit Haaren sind, werden sie gelegentlich auch als Haartiere bezeichnet.

Die Haut ist ein sehr regenerationsfähiges Organ. Als Abschlussgewebe dienen die äußeren Schichten auch dem mechanischen Schutz. Es sind relativ verhornte, abgestorbene Zellen. Die Zellen der inneren Epidermisschicht, als Stratum germinativum (keimende, besser gesagt nachwachsende Schicht) bezeichnet, teilen sich laufend und liefern so Zellen für die äußeren Epidermisschichten nach.

## Nabeltiere (Amniota)

Entwickeln sich die Amphibien noch im Wasser, müssen Reptilien (mit den Vögeln) und Säugetiere als Landtiere – vergleichbar den Landpflanzen (▶ Kap. 10.2.3) – ihre Embryonen gegen Austrocknung und andere Stressfaktoren schützen. Gleich zu Beginn der Embryonalentwicklung wird für den Embryo die **Amnionhöhle**

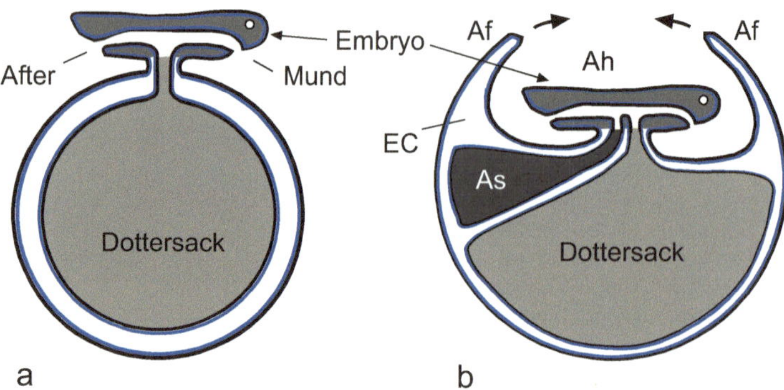


**Abb. 12.29** Amnionbildung. Wirbeltiere wie Fische und Amphibien, deren Embryonalentwicklung im Wasser geschieht, brauchen als Embryo keine schützende Hülle (a). Bei Landwirbeltieren müssen die Embryonen aber vor dem Austrocknen geschützt werden. Dazu faltet sich eine äußere Schicht aus Ektoderm und Mesoderm auf. Die Falten (Amnionfalten, Af) nehmen den Embryo in die Amnionhöhle (Ah) auf. Dadurch wird auch die Anlage einer embryonalen Harnblase, der Allantois (As), notwendig. Allantois und Dottersack sind wie der Embryo in seiner Amnionhöhle von extraembryonalem Coelom (EC) umgeben.

(Abb. 12.29) angelegt, in die hinein er über eine Nabelschnur versorgt wird (Gasaustausch, Ernährung, Exkretion).

### Schuppentiere (Reptilien)

Reptilien waren die ersten Wirbeltiere, die komplett an das Landleben angepasst waren. Ihre Haut trägt Hornschuppen und bildet dann mehr oder weniger feste Panzer aus Hornplatten. Viele Reptilien müssen sich deshalb häuten, wenn sie wachsen. Eine Hautatmung ist kaum mehr möglich, die Lungen arbeiten effizienter als die der Amphibien, und auch Herz und Kreislauf sind leistungsfähiger. Es gibt sowohl ektotherme wie auch endotherme Reptilien. Letztere halten ihre Körpertemperatur konstant durch Muskelwärme einerseits und durch kühlendes Kehlflattern andererseits.

Auch Saurier sind Reptilien, und zu ihnen gehören stammesgeschichtlich die Vögel. Nahm man früher an, dass Federn eine **Apomorphie**, also eine evolutive Neuentwicklung der Vögel, seien, weiß man heute, dass viele Saurier auch Federn hatten. Federn haben sich anscheinend aus Reptilienschuppen entwickelt. Beide enthalten β-Keratin. Haare und Fingernägel enthalten α-Keratin.

Nach dem Verständnis der Systematiker muss ein Taxon stammesgeschichtlich komplett sein (▶Kap. 8); man kann nicht einzelne Zweige eines Astes außen vor lassen. Es wäre danach beispielsweise falsch, ein Taxon Vögel ohne die Sperlingsvögel einzurichten, haben doch die Sperlingsvögel innerhalb der Abstammungsgruppe der Vögel gemeinsame Vorfahren mit anderen Vögeln. Dies ist auch die Begründung dafür, weshalb die Vögel zu den Reptilien zu zählen sind. Im Stammbaum der Reptilien haben die Vögel und die ausgestorbenen Dinosaurier einen

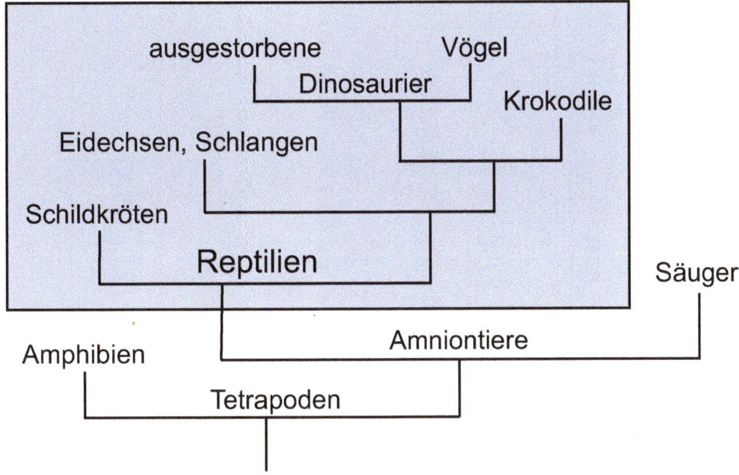


**Abb. 12.30** Stammbaum der Reptilien. Sieht man Schildkröten, Eidechsen, Krokodile und (ausgestorbene) Dinosaurier als Reptilien, so gehören auch die Vögel dazu.

gemeinsamen Vorfahren mit den Krokodilen (Abb. 12.30). Stammesgeschichtlich betrachtet sind die Vögel also die einzigen überlebenden Saurier.

Vögel (Aves)

Neben den Säugern sind die Vögel die höchstentwickelten Wirbeltiere. Sowohl hinsichtlich ihrer Hirnleistung als auch ihrer körperlichen Leistungsfähigkeit können es die Vögel mit den Säugern jedenfalls aufnehmen. Verschiedene Eigenarten der Vögel sind als Anpassungen ihrer Flugfähigkeit zu sehen. Grundlage dieser Flugfähigkeit, ja der großen Flugleistungen sind unter anderem anatomische Besonderheiten des Skeletts mit enorm leicht gebauten, dennoch stabilen Knochen mit vielen Hohlräumen. Die Vorderextremitäten sind zu Flügeln umgewandelt. Die mächtige Brustmuskulatur ist am Brustbein fest gemacht. (Wir wissen ja, die Brustmuskeln machen fast die Hälfte des Fleisches eines Grillhähnchens aus.) Hochkomplexe und divers gebaute Federn sind eine weitere für den Flug notwendige Anpassung. Der Stoffwechsel ist besonders leistungsfähig, dazu trägt auch die bemerkenswert konstruierte Vogellunge bei (Abb. 12.31), in der beim Einatmen *und* beim Ausatmen frische Luft durch Lungenkapillaren geleitet wird. Letztlich ist auch das Großhirn als assoziatives Zentrum und das Kleinhirn als Bewegungskoordinationsorgan enorm leistungsfähig.

So merkwürdig es uns vorkommt, viele Fakten zeigen heute: Die Vögel gehören zu den Sauriern und sind somit Reptilien.

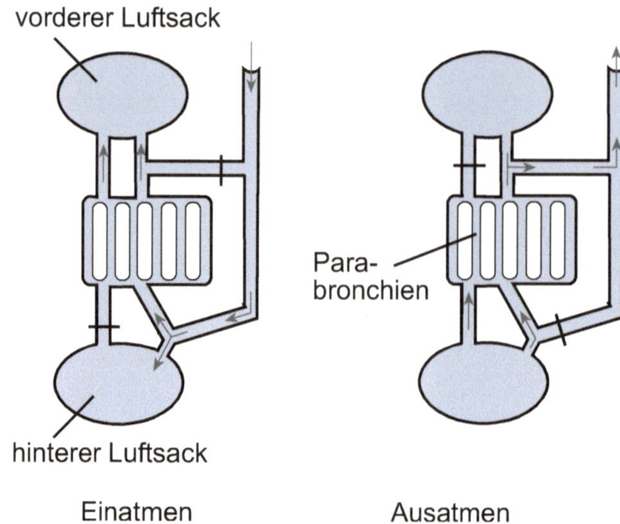



**Abb. 12.31** Funktionsprinzip Vogellunge. Beim Einatmen strömt die Luft durch die Lungenka-pillaren (Parabronchien; keine Lungenbläschen wie bei Säugern), ein Teil der eingeatmeten Luft wird gleich in den hinteren Luftsack geleitet. Beim Ausatmen strömt die Luft aus dem hinteren Luftsack durch die Lungenkapillaren. Diese Luft und die ins vordere Luftsacksystem gelangte verbrauchte Luft wird ausgeatmet. So entsteht in den Lungenkapillaren keine Pause beim Gas-austausch.

Es gibt knapp 800 Vogelarten auf der Erde, manche werden in naher Zukunft aussterben. Dabei sind die Vögel ein gutes Beispiel dafür, dass einzelne Taxa über **adaptive Radiation** (▶Kap. 14) über ausreichende Zeiträume hinweg praktisch alle Lebensräume der Erde besiedeln (Tab. 12.1). Vögel gibt es in allen Klimazonen mit unterschiedlichsten Lebensstrategien und Ernährungsweisen.

**Tab. 12.1** Wichtige Gruppen (Ordnungen) der Vögel

| | |
|---|---|
| Strauße (Struthioniformes) | Strauß |
| Schreitvögel (Ciconiiformes) | Reiher, Störche, Flamingos |
| Greife (Accipitriformes) | Adler, Habichte, Falken, Bussarde |
| Entenvögel (Anseriformes) | Enten, Gänse |
| Hühnervögel (Galliformes) | Hühner, Fasanen, Truthühner |
| Kranichartige (Gruiformes) | Kraniche, Rallen, Trappen |
| Watvögel, Möwen (Charadiformes) | Austernfischer, Schnepfen, Möwen |
| Eulen (Strigiformes) | Eulen |
| Segler, Kolibris (Apodiformes) | Mauersegler, Kolibris |
| Spechtartige (Piciformes) | Spechte, Honiganzeiger, Tukane |
| Sperlingsvögel (Passeriformes) | Singvögel, Rabenvögel |

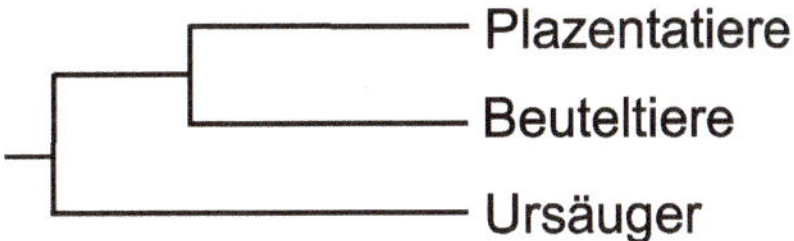


**Abb. 12.32** Stammbaum der Säuger. Die Ursäuger (Prototheria, Kloaktentiere) legen Eier. Sie haben noch keine Zitzen. Die Milch tritt flächig aus. Beuteltiere sind überwiegend auf Australien beschränkt.

## Säugetiere (Haartiere; Mammalia)

Kennzeichen der Säugtiere (Abb. 12.32) sind Haare und **Mammae**. Reptilien, mit denen sie gemeinsame Vorfahren haben, sind sie in mancher Hinsicht überlegen. Der Kauapparat wurde vereinfacht, und ein neues, das sogenannte sekundäre Kiefergelenk erlaubt auch mahlendes Kauen, womit die Nahrung viel besser aufgeschlossen werden kann. Ihr Kreislauf ist leistungsfähiger als der der meisten Reptilien. Die innere Lungenoberfläche ist größer, und damit ist die Atmung effizienter (außer bei den Vögeln). Säuger sind durch ihr Haarkleid gut kälteisoliert. Weil sie Schweißdrüsen haben, können sie außerdem schwitzen und ihre Körpertemperatur auch bei hohen Umgebungstemperaturen konstant halten. Eine andere wichtige Anpassung der Säuger ist die **Plazenta** (Organ aus mütterlichem und embryonalen Gewebe zur Versorgung des Fetus) und damit die Verlegung der Embryonalentwicklung in den Körper der Weibchen. Hier sind die Embryonen erheblich besser geschützt.

Neben den genannten Merkmalen kennzeichnet aber die Höherentwicklung des Sozialverhaltens die Säugetiere. Dies ist sicher eine Konsequenz der Höherentwicklung des Großhirns. Dadurch begründet wurde auch die Brutpflege zunehmend intensiver. Mit dem Aussterben der Saurier – bis auf die Vögel – wurden die Säuger zur dominierenden Vertebratenklasse an Land (Tab. 12.2). Auch ohne die großen Aussterbeereignisse hätten die Säuger die Reptilien in den meisten Lebensräumen zurückgedrängt.

**Tab. 12.2** Gruppen (Ordnungen) der Plazentatiere

| | |
|---|---|
| Insektenfresser (Insectivora) | Spitzmäuse, Maulwürfe, Igel |
| Fledertiere (Chiroptera) | Fledermäuse |
| Raubtiere (Carnivora) | Katzen, Wölfe, Marder, Robben |
| Unpaarhufer (Perissodactyla) | Pferde, Nashörner |
| Paarhufer (Artiodactyla) | Rinder, Schweine, Hirsche |
| Wale (Cetacea) | Blauwal |
| Rüsseltiere (Proboscidea) | Elefanten |
| Seekühe (Sirenia) | Dugongs, Manatis |
| Nagetiere (Rodentia) | Mäuse, Hörnchen, Biber |
| Hasenartige (Lagomorpha) | Hase, Kaninchen |
| Primaten (Primates) | Halbaffen, Affen, Mensch |

## Sonderstellung des Menschen

Ist schon bei einfacheren Primaten das Verhalten sehr hoch entwickelt, ist beim menschlichen Verhalten ein weiterer Komplexitätssprung zu erkennen. Dieser betrifft die kognitiven Leistungen, die Kommunikation und die Lernfähigkeit. Zu der Fülle an Gesten und Grimassen ist entscheidend die Sprache hinzugekommen. Zu den kognitiven Fähigkeiten, die den Menschen von anderen Primaten abheben, gehören das rationale Denken mit erheblichen Konsequenzen für die Kreativität, die sich selbst auf irrationale Denkbereiche auswirkt, das emotionale und soziale Empfinden sowie Denken. Aspekte der Evolution menschlichen Verhaltens sollen in ▶Kap. 14 besprochen werden.

Andere Tiere sind den Säugern, auch dem Menschen, bei vielen Leistungen (z. B. Körperkraft, Bewegungsfähigkeit, Fähigkeit zu tauchen, aber auch bei Sinnesleistungen wie dem Geruchssinn oder dem Magnetsinn) überlegen. Dennoch sind auch die Körperfunktionen des Menschen hoch entwickelt. So haben wir ein sehr leistungsfähiges Immunsystem, können unsere Körpertemperatur noch in relativ extremen Situationen stabil halten, haben aufgrund der Anatomie unserer Hände und der auch nervös begründeten Feinmotorik beispielsweise die Fähigkeit, komplexe Werkzeuge zu formen.

Hatte man noch vor wenigen Jahrzehnten gehofft, mit immer größerer Rechenleistung eines Tages die Entwicklung zumindest einfacher Ökosysteme vorherberechnen zu können, so ist man heute zurückhaltender geworden. Zu komplex scheinen Lebensgemeinschaften in ihrer Umgebung aus belebter und unbelebter Natur zu sein. So sind gerade auch plötzliche Veränderungen oft nicht vorherzusagen. Der Mensch beeinflusst die Natur – bewusst wie auch unbewusst – über die vielen kleinen und großen „Stellschrauben" der Ökosysteme. Es ist aber notwendig, die Systeme zu verstehen, bevor man eingreift. So können künstliche Wasserspeicher ein Segen sein, andererseits könnten sie die Vermehrung von Schnecken initiieren, die Zwischenwirte von parasitischen Schistosomen, gefährlichen Krankheitserregern des Menschen, sind. Was kann man tun gegen die Schnecken? Hier sind Ingenieure gefragt; der Bewuchs der Becken sollte baubedingt erschwert sein. In gewässerreichen Landstrichen kann gegen Schistosoma der Einsatz parasitierter Enten helfen, wenn deren Parasiten dieselben Schnecken als Zwischenwirte nutzen. Die Schnecken werden durch starken Parasitenbefall geschädigt, ja sogar fortpflanzungsunfähig („parasitische Kastration").

Die Ökologie ist von der Evolutionsbiologie nicht zu trennen. Die Interaktionen und Abhängigkeiten der Lebewesen von Ökosystemen beruhen genauso sehr auf Konkurrenz wie auf Coevolution. In der Dynamik von Ökosystemen spielt stets die Selektion eine wichtige Rolle, und dies kann an vielen Beispielen beobachtet werden. Wie lange werden z. B. die Superkolonien der Argentinischen Ameise ganze Regionen des Mittelmeerraumes im Griff haben, bis sie schließlich dem Angriff von Pathogenen erliegen werden?

Die Superkolonien invasiver Ameisen sind Sonderfälle. Normalerweise sind gerade Ameisen gut in Nahrungsnetze und Biozönosen (Lebensgemeinschaften) eingebunden. Dies zeigen sowohl ihre vielfältige Ernährung als auch ihre Aktivitäten als Räuber. Sie sind aber auch Beute z. B. für den Grünspecht, für Insekten wie die Larven des Ameisenlöwen und für Spinnen. Hinzu kommt, dass auch Ameisen von Parasiten (ein Beispiel mag der Kleine Leberegel sein, dessen Larven in Ameisen heranwachsen) und pathogenen Mikroorganismen befallen werden. All diese Faktoren/Organismen regulieren einerseits die Größe und Zahl der Ameisenvölker, andererseits spielen die Ameisen ihrerseits eine wichtige Rolle in der Dynamik der Biozönose.

## 13.1 Was ist Ökologie?

Wie alle Wissenschaften musste sich auch die **Ökologie** als solche erst entwickeln, und es gab noch keinen eigenen Begriff, keine Bezeichnung und keine Definition dafür. So beinhalten schon die Schriften von Hippokrates, Aristoteles und anderen Philosophen des alten Griechenlands ausgesprochen ökologische Betrachtungen. Und bereits im frühen 18. Jahrhundert war es unter anderen Antoni van Leeuwenhoek, der Studien über Nahrungsketten und Populationsdynamik durchführte.

Die Bezeichnung „Ökologie" wurde erst 1866 von Ernst Haeckel vorgeschlagen: „Ökologie ist die gesamte Wissenschaft von den Beziehungen des Organismus zur umgebenden Außenwelt, wohin wir im weiteren Sinne alle Existenzbedingungen rechnen können. Diese sind teils organischer, teils anorganischer Natur; sowohl diese als jene sind, wie wir vorher gezeigt haben, von der größten Bedeutung für die Form der Organismen, weil sie dieselbe zwingen, sich ihnen anzupassen" (Haeckel 1866, S. 286).

Das Wort „Ökologie" stammt aus dem Griechischen. *Oikos* heißt „Haus", „Haushalt, „Platz, um zu leben", *logos* steht für „Lehre", also „Lehre vom Haushalt".

Ökologie wird heute als der Teil der Biologie definiert, der die Wechselbeziehungen der Lebewesen untereinander und zu ihrer Umwelt sowie den zugrunde liegenden Energie- und Stoffhaushalt untersucht. Sehr verkürzt wiedergegeben wird Ökologie auch mit Umweltbiologie gleichgesetzt.

Der Begriff „Umwelt" umfasst alle abiotischen (gerade auch die anorganischen) und biotischen (damit organischen) Faktoren, die für die Lebewesen in irgendeiner Weise überlebensnotwendig sind. Zu den abiotischen Faktoren zählen beispielsweise klimatische Faktoren wie Licht, Wärme, Wasser, Wind, Tageslänge, Luftdruck, Minimal- und Maximalwerte, aber auch die Bodenbeschaffenheit (pH-Wert, Nährsalze) und die Raumstruktur, die Exposition und der Energiehaushalt. Wichtige biotische Faktoren sind Nahrungsangebot, (Fress-)Feinde, Artgenossen, Beziehung zu anderen Arten (Konkurrent, Parasit) und Fortpflanzung. Mit den genannten biotischen Faktoren werden letztendlich die Wechselbeziehungen der Lebewesen untereinander beschrieben.

Zwischenzeitlich lassen sich in der Ökologie drei unterschiedliche Zweige je nach Untersuchungsebenen unterscheiden:

1. Innerhalb der **Autökologie** (Ökologie der Arten) steht der einzelne Organismus bzw. eine einzige Art mit seinen/ihren Wechselwirkungen mit der Umwelt im Mittelpunkt. Untersucht man die Auswirkungen einzelner Umweltfaktoren wie Sauerstoff, Temperatur, Licht, Nahrung, Druck, und Salzgehalt auf einzelne Individuen einer Art und berücksichtig man dabei auch mögliche kombinierte Wirkungen einzelner Faktoren, so sind Rückschlüsse auf die Anpassungen der untersuchten Art an ihre Umwelt möglich (**ökologische Nische**).

2. Die **Populationsökologie** oder **Demökologie** (Ökologie der Fortpflanzungseinheiten) untersucht die Beziehungen von Populationen zur Umwelt und beispielsweise deren Alterszusammensetzung und Geschlechterverteilung.

3. Die **Synökologie** (Ökologie der Lebensgemeinschaften) untersucht gesamte Systeme und hat die Gesamtheit der Organismen und deren Wechselbeziehungen

zur Umwelt im Fokus. Es geht also um die Zusammensetzung und Struktur von **Lebensgemeinschaften**, deren Energieumsatz und um mögliche Nahrungsquellen.

Die Ökologie hat sich längst zu einem selbstständigen Zweig der Biologie entwickelt, und die Ergebnisse aus ökologischen Untersuchungen sind für Land- und Forstwirtschaft, für Landschaftsplanung und Landschaftsgestaltung, aber gerade auch für den gesamten **Umweltschutz**, den Natur- und Artenschutz von großer Bedeutung.

## 13.2 Aufbau und Dynamik von Lebensgemeinschaften

### 13.2.1 Von Organismen zu Lebensgemeinschaften

Unter **Biozönose** versteht man die Gesamtheit aller Lebewesen, die einen abzugrenzenden Raum (das Biotop; vom griechischen *topos* für „Ort") bewohnen und dort in verschieden Wechselbeziehungen zueinander stehen. Jedes **Biotop** ist durch bestimmte Umweltverhältnisse gekennzeichnet und ermöglicht nur einer ganz bestimmten Gruppe von Lebewesen ein Überleben. Der Kieler Meereszoologe Karl August Möbius (1825–1908) formulierte 1877 anhand seiner Beobachtungen an Austernbänken über die Wirkung von bestimmten abiotischen Faktoren sowie gewisse Beziehungen der Arten zueinander auf das Vorkommen der Austern wie folgt: „Jede Austernbank ist gewissermaßen eine Gemeinde lebender Wesen, eine Auswahl von Arten und eine Summe von Individuen, welche gerade auf dieser Stelle alle Bedingungen für ihre Entstehung und Erhaltung finden, also den passenden Boden, hinreichende Nahrung, gehörigen Salzgehalt und erträgliche und entwicklungsgünstige Temperaturen. Jede daselbst wohnende Art ist durch die größte Zahl von Individuen vertreten, die sich den vorhandenen Umständen gemäß ausbilden können; ..." Da es dafür noch keinen Begriff gab, schlug Möbius vor: „Die Wissenschaft besitzt noch kein Wort für eine solche Gemeinschaft von lebenden Wesen, für eine den durchschnittlichen äußeren Lebensverhältnissen entsprechende Auswahl und Zahl von Arten und Individuen, welche sich gegenseitig bedingen und durch Fortpflanzung in einem abgemessenen Gebiete dauernd erhalten. Ich nenne eine solche Gemeinschaft Biocoenosis oder Lebensgemeinde" (Möbius 1877, S. 76).

Eine **Biozönose** und ihr Lebensraum gemeinsam bilden ein **Ökosystem**; die Summe aller Ökosysteme der Erde ist die **Biosphäre**.

Eine Biozönose (Lebensgemeinschaft) ist die Gemeinschaft der Individuen von Arten, die einen Biotop (Lebensraum) bewohnen.

**Organismen**

Organismen sind die funktionellen Einheiten ökologischer Systeme. Sie sind in Zellen organisiert. Dabei gibt es recht einfach gebaute Vertreter wie die der Bakterien, die sich zunehmend über Koloniebildungen (Cyanobakterien) und Kompartimentierung der Zellen bei **Eukaryoten** (Zellkern, Mitochondrien, Chloroplasten durch Integration von Mikroorganismen) bis hin zur **Vielzelligkeit** (extrazelluläre Matrix, Zellkommunikation, Energiestoffwechsel) durch Differenzierung und dadurch ermöglichte Arbeitsteilung (bei Schwämmen) und schließlich durch die Bildung echter **Organe** (ab Nesseltiere) zu komplexeren Vertretern weiterentwickeln. Alle Organismen bedürfen der Nahrungsaufnahme, um ihren **Stoffwechsel** zu betreiben. Organismen sind zur Bewegung befähigt. Weitere Kennzeichen der Organismen sind Wachstum, Entwicklung, Vermehrung und Tod (▶Kap. 1).

Das individuelle Erscheinungsbild eines Organismus, der **Phänotyp**, ist die Summe aller Merkmale eines Organismus und bezieht sich nicht nur auf die morphologischen Eigenschaften, sondern schließt die physiologischen und psychologischen Eigenschaften mit ein. Umwelteinflüsse können eine starke **Variabilität** eines Individuums hervorrufen; man spricht dann von einer hohen **phänotypischen Plastizität**. Allerdings ist die Vielfalt der Erscheinungsformen eines Organismus zusätzlich durch das Erbgut sowie durch seine individuelle Entwicklung (**Ontogenese**) bestimmt, also durch den **Genotyp** (▶Kap. 5.3 und ▶Kap. 14.3).

Organismen derselben Art können in verschiedenen Populationen unterschiedliche ökologische Ansprüche an ihre Umwelt stellen. Sind diese genetisch fixiert, so spricht man von **Ökotypen**. Der Begriff „Ökotyp" kommt aus der Botanik, geprägt von Göte Turesson (1922), und wird insbesondere bei Pflanzen benutzt; in der Zoologie entspricht er weitestgehend dem Begriff der ökologischen **Rasse**. So werden beim Großen Tümmler (*Tursiops truncatus*; Cetacea, Delfinidae) zwei ökologische Rassen unterschieden: eine kleinere Küstenform, die in Häfen und Buchten vorkommt, und eine größere, robustere Hochseeform, die für ausgedehnte jahreszeitliche **Migrationen** bekannt ist.

Obwohl sich die Ökotypen genetisch (siehe oben) und physiologisch voneinander unterscheiden, werden diese Eigenschaften nicht dazu herangezogen, die verschiedenen Ökotypen als eigene Art zu beschreiben und damit eine eigene taxonomische Einordnung zu geben.


**Arten**

Die Vielfalt der Organismen erfordert ein Klassifikationsschema. Die **Taxonomie** (vom griechischen *taxis* für „Ordnung"; *nomos* für „Gesetz") erfasst und ordnet die Lebewesen wie in ▶Kap. 8 beschrieben aufgrund ihrer verwandtschaftlichen Beziehungen in einem hierarchischen System. Zur Rekapitulation: Eine Gruppe von Organismen (das **Taxon**, Plural: Taxa) wird dabei je nach Auftreten spezifischer Merkmale von anderen Organismen unterschieden und entsprechend in eine bestimmte **Kategorie** (Rangstufe) sortiert. Grundlegend ist die Benennung der **Art** (Spezies) entsprechend der **binären Nomenklatur**. Diese wird einer Gattung (Genus), einer Familie (Familia), Ordnung (Ordo), Klasse (Classis) usw. zugeordnet. Der Umfang und die konkrete Angabe der hierarchisch höheren Kategorien sind jedoch nicht festgelegt, auch nicht näher definiert. Einzig die Art unterliegt bezogen auf ihre Beschreibung und ihre Kategorisierung bestimmten Regeln und ist daher überprüfbar, was zur Bearbeitung von Ökosystemen große Bedeutung hat. Gerade die Namensgebung von Arten und die Aufstellung von Taxa sind für die wissenschaftliche Gliederung und Ordnung der Organismen sehr wichtig und obliegen daher strengen, international festgelegten Nomenklaturregeln.

Da die Art (Spezies) in der Ökologie eine Schlüsselstellung einnimmt, soll hier kurz noch einmal das **biologische Artkonzept** dargestellt werden (▶Kap. 14): Eine biologische Art ist eine Population von Lebewesen, die sich miteinander fortpflanzen, morphologisch wie physiologisch gleiche Eigenschaften haben und von anderen Gruppen reproduktiv isoliert sind. Diese Definition ist aber nicht vollkommen, können sich doch verwandte Arten unter bestimmten Bedingungen noch kreuzen (**Hybridisierung**) und sogenannte Hybridnachkommen hervorbringen. Auch die ungeschlechtliche Vermehrung wird durch diese Definition nicht erfasst. Gerade in der Ökologie kann meist die Kreuzbarkeit nicht überprüft werden und spielt somit keine unmittelbare Rolle. Aus diesem Grund haben sich weitere Artdefinitionen wie die der phylogenetischen Art (beruhend auf phylogenetischen Verwandtschaftsbeziehungen) oder die häufig benutze Definition der morphologischen Art herausgebildet.

Arten verändern sich ständig und unterliegen dabei den Mechanismen von **Mutation**, **Rekombination** und **Selektion** (▶Kap. 5.2, ▶Kap. 6.4 und ▶Kap. 14.2.2). So kommt es, dass eine Art durchaus eine bestimmte genetische Vielfalt (Genotypen, Polymorphismen usw.) umfasst, von denen als Antwort an bestimmte Umwelterfordernisse einige besser angepasst sind und sich somit zu einer neuen Art entwickeln. Die Artbildung (Speziation) ist einer der wichtigsten Prozesse bzw. eine der wichtigsten Folgen der Evolution. (Zur **allopatrischen** und **sympatrischen Artbildung** siehe ▶Kap. 14.2.)

Jede Art von Lebewesen stellt an die Umwelt bestimmte Ansprüche und hat daher bezüglich jedes überlebenswichtigen Umweltfaktors eine bestimmte, auch genetisch bedingte Anpassungsbreite zur Verfügung. Die Anpassungsbreite, innerhalb derer sich eine bestimmte Art fortzupflanzen und damit auf Dauer zu existieren vermag – und nicht nur lebensfähig ist –, wird als **ökologische Potenz** bezeichnet.

Die ökologische Potenz einer Art kann bezüglich eines Faktors eng oder weit sein. Arten, die bezüglich vieler ökologischer Faktoren eine große Reaktionsbreite haben, nennt man **euryöke** Arten (vom griechischen *euros* für „breit"). Im Gegensatz dazu sind **stenöke** Arten (*stenos* für „eng") in einem sehr engen Bereich eines bestimmten Umweltfaktors überlebensfähig. Die jeweiligen Umweltfaktoren werden durch entsprechende Teilworte hinzugefügt. **Stenotherme** Organismen sind nur in einem engen Temperaturbereich lebensfähig; zusätzlich wird noch zwischen warm- und kaltstenotherm unterschieden. So benötigen die warmstenothermen riffbildenden Steinkorallen eine Temperatur zwischen 26 °C und 27 °C für optimales Wachstum und Gedeihen. Beispiele für kaltstenotherme Lebewesen sind die Bachforelle und die Groppe. Dies macht deutlich, dass euryöke Arten in verschiedenen Biotopen vorkommen können, stenöke Arten aber in der Regel nur in ganz bestimmten Biotopen zu finden sind. Letztere eignen sich daher auch zur Charakterisierung dieser Biotope und gelten als deren **Leitarten** (Leitformen, Charakterarten). Auch werden sie als **Indikatororganismen (Bioindikatoren)** verwendet. So steht der stenooxygene Wasserhakenkäfer (*Elmis* sp.) für einen Sauerstoffgehalt in seinem Biotop von mehr als 8 mg Sauerstoff pro Liter Wasser. Auch in Bezug auf die Nahrung gibt es euryphage (Schwein, Tilapia, Ratte) und stenophage (Ameisenbär, Pandabär) Tierarten.

Bei nur begrenzt vorhandenen (Nahrungs-)Ressourcen in einem Lebensraum und identischen Ansprüchen kommt es zwischen den Individuen zu Konkurrenz. Diese Konkurrenz kann zwischen den Individuen einer Art (intraspezifische Konkurrenz) und zwischen artfremden Individuen (interspezifische Konkurrenz) entstehen.

### Das Konzept der ökologischen Nische

Bei den Arten haben sich unterschiedliche Ansprüche an die Umwelt entwickelt, was zu einer Konkurrenzvermeidung führen kann. So können zwei Vogelarten in demselben Lebensraum vorkommen und dieselben Brutplätze verwenden. Da die eine Art im Herbst und die andere Art im Januar brütet, stehen sie nicht in direkter **Konkurrenz** zueinander. Auch in der Ernährungsstrategie können sie sich unterscheiden: Die eine Art ernährt sich von Insekten, die andere von Pflanzenteilen. Es ist also möglich, dass Tierarten jeweils in demselben Lebensraum auftreten, ihre Lebensweise darin aber durch unterschiedliche Faktoren bestimmt wird. Man bezeichnet die Gesamtheit aller spezifischen (biotischen und abiotischen) Faktoren, die eine Art an ihren Lebensraum stellt und die für die Existenz einer bestimmten Art wichtig sind, als die **ökologische Nische**.

Dieser Begriff ist keinesfalls nur räumlich zu betrachten! Es gibt weder freie noch identische Nischen, da die Nische über die Art definiert ist! Nischen werden nicht besetzt, sondern gebildet. Ökologische Nischen entstehen, wenn eine Art mit spezifischen **Anpassungen** auf eine Umwelt trifft, die ihr ein Überleben mit ihren spezifischen Anpassungen erlaubt. Je enger die ökologische Nische einer Art ist, umso spezieller müssen die Anpassungen sein, welche die Nutzung der Nische erlauben.

Der Begriff der ökologischen Nische ist also eine Abstraktion zur Beschreibung der Ansprüche einer Art an ihre Umwelt! Somit hat jede Art ihre spezifische Nische und dadurch eine bestimmte Stellung in der Lebensgemeinschaft, die man auch als ökologische Planstelle bezeichnen kann.

Die ökologische Nische ist die Gesamtheit der Voraussetzungen (abiotisch und biotisch), die gegeben sein müssen, damit eine Art leben kann; dies entspricht der Gesamtheit der Anpassungen dieser Art.

Die ökologische Nische einer Art setzt sich also zusammen aus der Art selbst mit allen ihren Anpassungen an ihre spezifische Umwelt und den relevanten Eigenschaften der Umwelt, in der eine Art überleben und fortbestehen kann.

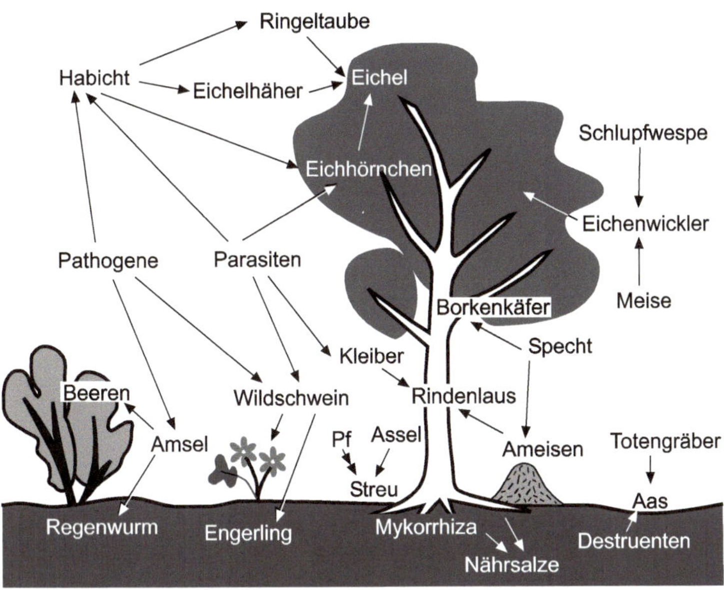



**Abb. 13.1** Ökologische Nischen einiger Vogelarten im Laubwald. Die Pfeile weisen von den Nutznießern (Konsumenten, Räubern, Parasiten) auf genutzte Arten (Nahrungspflanzen, Beute, Wirte usw.). Längst nicht alle Arten, nicht alle Ressourcen, z. B. Nisthöhlen, Früchte, und Interaktionen sind gezeigt. Die Darstellung lässt auch den allgemeinen Aufbau eines Laub- oder Mischwaldes erkennen mit Boden (Humus), Laubstreu, Krautschicht, Strauchschicht und Baumschicht (▶ Kap. 13.3.2). Pf = abgestorbenes pflanzliches Material.

Zu den Umweltfaktoren, die eine ökologische Nische ausmachen, können neben den abiotischen Faktoren eine Reihe biotischer Faktoren wie Nahrung, Geschlechtspartner und Konkurrenten gehören – einzeln oder kombiniert – ebenso Strukturelemente des Biotops wie Nist- und Brutplätze, Überwinterungsquartiere und Versteckmöglichkeiten. Bei der Einnischung spielt das Nahrungsangebot eine herausragende Rolle. Ein erhöhter Konkurrenzdruck kann zur Bildung neuer ökologischer Nischen und zur Artbildung führen. Die ökologische Nische ist damit ein sehr komplexes und sich zeitlich veränderndes Wirkungsgefüge (Abb. 13.1). Auch setzt die Ausbildung ökologischer Nischen die zwischenartliche Konkurrenz herab.

### Populationen

Als **Population** bezeichnet man alle Individuen einer Art, die in einem bestimmten Gebiet vorkommen und dort miteinander in Wechselwirkung treten. Innerhalb von Lebensgemeinschaften sind die Populationen die eigentlichen funktionellen Einheiten. Ihr Aufbau ist bestimmt durch die Zusammensetzung nach Geschlechtern und Altersstadien. Auch kann es zur Ausbildung von Teilpopulationen (adulte Maikäfer auf dem Baum; Engerlinge im Boden) in derselben Lebensgemeinschaft kommen. Teilpopulationen können auch auf verschiedene Ökosysteme verteilt sein (Libellenlarven im Wasser, Imago im terrestrischen Bereich).

## 13.2.2 Dynamik von Lebensgemeinschaften

Die Population ist eingebettet in das Gesamtbeziehungsgefüge eines oder auch mehrerer **Ökosysteme** und damit zahlreichen Einwirkungen verschiedenster Umweltfaktoren ausgesetzt. Auch übt die Population selbst ihrerseits Wirkungen auf die Umwelt aus. Innerhalb der Population bestehen ebenfalls vielfältige Wechselbeziehungen wie Konkurrenz um Nahrung, Raum (Territorienbildung) und Geschlechtspartner.

Bei der Kultivierung von Pantoffeltierchen (Paramecien) kann man sehr gut die **Populationsdynamik** und das Ende der Entwicklung beobachten: Setzt man einige Pantoffeltierchen in ein Kulturgefäß und fügt jeden Tag eine gewisse Menge an Futterbakterien hinzu, dann wird sich diese Population von Pantoffeltierchen bis zu einer bestimmten Anzahl pro Volumeneinheit entwickeln. Dieser Grenzwert der Individuenzahl pro Volumeneinheit wird als maximale Populationsdichte bezeichnet. Im Fall der Paramecien-Kultur ist dieser Wert in erster Linie durch das Nahrungsangebot bestimmt. Dies trifft natürlich auch für andere Populationen zu. So ist der Bestand an Raubtieren ebenso in erster Linie von der Zahl der vorhandenen Beutetiere abhängig. Sie bestimmt damit die Populationsdichte der Raubtiere. Unter den dichtebegrenzenden Faktoren gibt es also diejenigen, die dichteabhängig sind (Nahrungsmenge, Feinde, Stress, Raummangel, Parasiten), und diejenigen, die von der Individuendichte unabhängig sind. Zu Letzteren zählen zum Beispiel Licht, Temperatur, Wind, Bodenbeschaffenheit und Nahrungsqualität.

Weitere die Population begrenzende Faktoren sind die Zu- und Abwanderung von Individuen sowie die Zahl der Nachkommen (Geburtenrate) und die Sterblichkeit (Sterberate). Die in einer bestimmten Umwelt und damit unter bestimmten Umweltfaktoren mögliche Populationsgröße entspricht der Kapazität (Umweltkapazität) dieser Art.

**Populationswachstum**

Das Wachstum einer **Population** kann prinzipiell mit zwei Grundtypen beschrieben werden: dem exponentiellen Wachstum und dem logistischen Wachstum.

$$\frac{dN}{dt} = r \cdot N \quad (1.1)$$

$$r = (b\text{-}m) \quad (1.2)$$

$$\frac{dN}{dt} = r \cdot N \, \frac{N \cdot K}{K} \quad (1.3)$$

Beim **exponentiellen Wachstum** spricht man von dichteunabhängiger Wachstumsregulation. Wachstumsvorgänge werden durch äußere Faktoren abgebrochen. Die Populationen bleiben nicht annähernd konstant. **Logistisches Wachstum** liegt bei dichteabhängiger Regulation der Populationsgröße vor. Dabei kann die Mortalitätsrate oder auch die Reproduktionsrate beeinflusst werden, etwa durch zunehmende Verknappung von Ressourcen infolge zunehmender **Abundanz**. Die dichteabhängige Regulation hält die Abundanz in der Nähe der **Kapazität** des Lebensraumes.

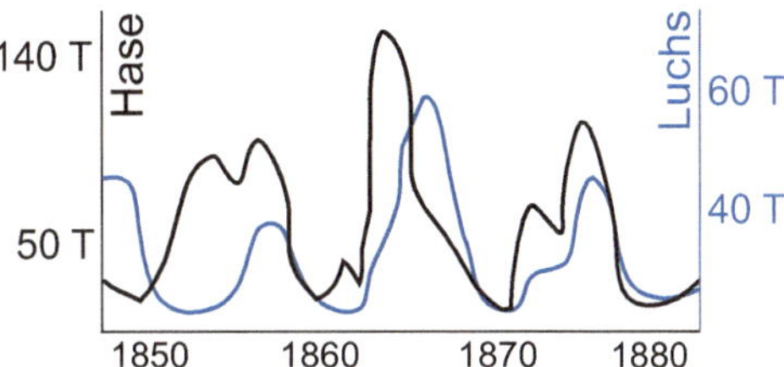



**Abb. 13.2** Populationsschwankungen von Schneehase und Luchs. Gezeigt ist nur die Entwicklung der ersten Jahrzehnte der Aufzeichnungen vom Ankauf von Schneeschuhhasen- und Luchsfellen durch die Hudson Bay Company. T = 1'000 (vereinfacht nach MacLulich 1937).

Das Populationswachstum wird durch diese drei Gleichungen beschrieben:

(1.1)     = exponentielles Wachstum,

(1.2)     = Wachstum,

(1.3)     = logistisches Wachstum. (b = Geburtenrate, m = Mortalitätsrate, N = Individuenzahl, r = Wachstum/spezifische Zuwachsrate, K = Kapazität, t = Zeit)

## Fortpflanzungsstrategien

Grundsätzlich lassen sich zwei Typen von Fortpflanzungsstrategien unterscheiden: die r- und die k-Strategie. Bei der **r-Strategie** steht das r für Reproduktionsrate und bedeutet, dass diese Arten eine hohe Anzahl von Nachkommen haben, um die sie sich aber wenig bis gar nicht kümmern. Sie sind in der Lage, sich rasch zu vermehren, und besiedeln Lebensräume mit stark schwankenden Umweltbedingungen. Ihre Populationsgröße variiert ebenso stark, und die Sterberate ist sehr hoch. Zu den r-Strategen gehören z. B. die meisten Mikroorganismen, Muscheln, Kleinkrebse, Fische, Mäuse und Kaninchen.

Bei der **k-Strategie** ist die Nachkommenzahl weitaus geringer. K-Strategen betreiben eine ausgeprägte Brutpflege. Typischerweise sind k-Strategen recht groß und haben eine hohe Lebenserwartung bei spätem Fortpflanzungsbeginn sowie lange Geburtenabstände und eine geringe Wurfgröße. Die Lebensräume, die besiedelt werden, weisen relativ konstante Umweltbedingungen auf, und die Populationsgröße bleibt in etwa gleich groß. Das k steht hier für (Umwelt-)Kapazität, da bei den k-Strategen die Individuenzahl nahe der Umweltkapazität liegt. Zu den k-Strategen gehören viele große Säugetiere (auch der Mensch) und Vögel.

## Populationsschwankungen und Räuber-Beute-Beziehungen

In allen Ökosystemen kommt es zu Schwankungen der Populationsdichten. Wie wir schon gesehen haben, wird der Bestand der Raubtiere über die Zahl der Beutetiere reguliert. Sind viele Räuber vorhanden, so werden sie viele Beutetiere fressen, und diese werden weniger. Dies hat zur Folge, dass auch die Zahl der Räuber sinkt, da nicht mehr ausreichend Nahrung in Form der Beutetiere vorhanden ist. Der Bestand der Beutetiere kann sich aber nach dem Absinken der Räuberindividuenzahl wieder erholen. Steigt diese wieder an, so nimmt die Zahl der Räuber wieder zu. Somit ergibt sich ein Auf und ein Ab in der Individuenzahl der Räuber und der Beute; es kommt zu Populationsschwankungen.

Ein schon fast klassisches Beispiel ist die Wechselwirkung der Populationen von Schneehasen und Luchs (Abb. 13.2). Der Schneehase ist die bevorzugte Beute des

Luchses, und man kann gut erkennen, wie die Populationen in Abhängigkeit von der jeweiligen Populationsdichte reguliert werden und dass die Kurve der Räuber typischerweise leicht versetzt der der Beuteorganismen hinterherläuft.

Aus den genauen Beobachtungen von Populationen und deren Beziehungen zueinander und damit der gegenseitigen Beeinflussung konnten Lotka und Volterra unabhängig voneinander drei Regeln formulieren (Volterra 1931):

1. *Regel der periodischen Populationsschwankungen:* Auch bei konstanten Umweltbedingungen kommt es zu periodischen Schwankungen der Zahl der Räuber und Beute. Die Maxima der Kurven sind dabei etwas phasenverschoben, wobei die Kurve der Räuber der der Beute folgt. Derartige Kurvenverläufe sind insbesondere dann zu beobachten, wenn die Räuberpopulation sich vornehmlich von einer Beuteart ernährt.
2. *Regel von der Konstanz der Mittelwerte:* Die durchschnittliche Größe der Räuber- und Beutepopulation bleibt trotz periodischer Schwankungen gleich.
3. *Regel vom schnelleren Wachstum der Beutepopulation:* Wird etwa ein gleicher Anteil der Räuber- und der Beutepopulation durch einen Störfaktor vernichtet, so erholt sich die Beutepopulation schneller als die der Räuber, sobald der Störfaktor nicht mehr einwirkt.

Unbeschadet dieser Regeln sind die Verhältnisse aber komplexer. Die Hasenpopulationen brechen wohl aufgrund von Nahrungsmangel zusammen. Problematisch für die Hasen ist dabei, dass ihre Nahrungspflanzen bei starker Beweidung Toxine bilden und dadurch weniger gut fressbar werden. Die Entwicklung der Luchspopulation folgt dann passiv dem Zusammenbruch der Hasenpopulation nach. Auch in anderen Fällen von Räuber-Beute-Systemen hat sich die Verfügbarkeit an Ressourcen (Nahrung, Brutplätze) für die Beute als kritisch für die Entwicklung des Gesamtsystems herausgestellt.

Vergleichbar und ebenfalls wesentliche Parameter für die Populationsdynamik sind Wirt-Parasiten-Systeme bzw. Wirt-Pathogen-Systeme. Die Interaktionen sind oft wirtsspezifischer als Räuber-Beute-Beziehungen. Wie diese wirken sie ggf. auf eine Coevolution der Arten hin.

### 13.2.3 Lebensräume und Ökosysteme

Wir haben schon die **Lebensgemeinschaft**, die **Biozönose**, als die Gesamtheit der Organismen in einem abgegrenzten Gebiet beschrieben. Manchmal – in der Botanik – wird auch für Biozönose der Begriff „Standort" gewählt. Bei der Untersuchung von Biozönosen ist vor allen die Beantwortung folgender Fragen von Bedeutung: Wie viele und welche Arten leben in dieser Lebensgemeinschaft zusammen? Welche Folgen haben Wechselwirkungen zwischen Arten auf Artenzahl und Artenzusammensetzung? Gibt es spezifische Nahrungsnetze, die diese Lebensgemeinschaft kennzeichnen? Wie entwickelt sich diese Lebensgemeinschaft? Welche Auswirkungen haben Störungen?

## Biodiversität

Ursprünglich wurde der Begriff *biological diversity* verwendet. Mehr als griffiges Schlagwort wurde in den USA 1986 der Begriff *biodiversity* (**Biodiversität**) geprägt, um auf die Bedeutung und Bedrohung der biologischen Vielfalt hinzuweisen. Biodiversität hat inzwischen eine enorme Popularität erlangt und ist stark in den Blickpunkt des öffentlichen Interesses getreten. Spätestens mit dem Erdgipfel von Rio de Janeiro 1992, bei dem 150 Staaten die Konvention über die biologische Vielfalt (**United Nations Convention on Biological Diversity, CBD**) unterzeichneten, hat der Begriff „Biodiversität" auch an politischer Bedeutung gewonnen.

In der Konvention wird Biodiversität wie folgt definiert: „Biologische Vielfalt bedeutet die Variabilität unter lebenden Organismen jeglicher Herkunft, darunter unter anderem Land-, Meeres- und sonstige aquatische Ökosysteme und die ökologischen Komplexe, zu denen sie gehören: dies umfasst die Vielfalt innerhalb der Arten und zwischen den Arten und die Vielfalt der Ökosysteme."

Biodiversität umfasst also die Mannigfaltigkeit des Lebens auf verschiedenen Ebenen: die Vielfalt innerhalb der Arten (genetische Ebene), zwischen den Arten (Ebene der Artenvielfalt) und die Variabilität der Lebensräume (Ebene der Ökosysteme). Die Biodiversität stellt die Grundlage allen Lebens auf unserem Planeten dar. Sie erfasst die **Biosphäre** als ein funktionelles Gefüge verschiedenster Ökosysteme, die wiederum aus komplexen Lebensgemeinschaften aufgebaut sind. Jedes Lebewesen aus dieser Lebensgemeinschaft verfügt gleichzeitig über eine individuelle genetische Information.

Biodiversität oder biologische Vielfalt wird nicht immer einheitlich verwendet: Innerhalb des Naturschutzes und in einer breiten Öffentlichkeit wird Biodiversität oft einfach nur auf die Artenvielfalt reduziert. So wird die Konvention über die biologische Vielfalt (CBD) vielfach als **Artenschutzkonvention** bezeichnet. Diese Vereinfachung wird dem komplexen Begriff „Biodiversität" jedoch nicht gerecht, da sie nur die Ebene der Artenvielfalt berücksichtigt.

## Erfassung der Biodiversität

Biodiversität ist aufgrund ihrer Komplexität schwer erfassbar und zu erforschen, weil sie einen holistischen Ansatz verfolgt und quasi alles Leben auf der Erde umfasst. Daher können nur einzelne Bereiche der Biodiversität dargestellt und erforscht werden, die wiederum spezifische Definitionen haben. $\alpha$-, $\beta$-, $\gamma$-Diversität – diese Einteilungen beschreiben Diversitätsmuster in Abhängigkeit von der beobachteten Fläche bzw. Flächenverteilungsmuster. So beschreibt die $\alpha$-Diversität die Artenvielfalt in einem **Biotop** (Punktdiversität), wobei die **Abundanzen** (Individuendichten) der Arten keine Rolle spielen. Die $\beta$-Diversität charakterisiert die Artenzahl verschiedener Teillebensräume, und die $\gamma$-Vielfalt wird als Maß der Vielfalt für größere räumliche Zusammenhänge verwendet.

Weltweit ist die biologische Vielfalt auf allen Ebenen stark gefährdet. Durch zahlreiche Faktoren wie Landnutzungsänderungen und Lebensraumzerstörung sind sowohl ganze Ökosysteme (z. B. Regenwälder oder Korallenriffe) als auch viele Arten (z. B. Pandas) stark bedroht. Um diesem Trend entgegenzuwirken, wurde 1992 in Rio de Janeiro auf der Konferenz der Vereinten Nationen für Umwelt und nachhaltige Entwicklung (UNCED) das Übereinkommen über die biologische Vielfalt (CBD) beschlossen. 193 Vertragsparteien, darunter Deutschland, sind bis 2011 diesem internationalen Naturschutzabkommen beigetreten.

## Ökosystem

Das **Ökosystem** ist das Beziehungsgefüge zwischen einer Lebensgemeinschaft (**Biozönose**) und dem Lebensraum (**Biotop**). Wichtig ist festzuhalten, dass Ökosysteme komplexe und offene Systeme sind und die Fähigkeit zur Selbstregulation besitzen. Sie stehen mit ihrer Umgebung im Stoff- und Energieaustausch. Der überwiegende Teil der auf der Erde verfügbaren Energie stammt von der Sonne. Die meisten Organismen nutzen durch Photosynthese fixierte Energie. Ausnahmen hiervon bilden chemoautotrophe Bakterien, die anorganische Verbindungen nutzen. Jedes Ökosystem hat eine von seinen spezifischen Organismenarten bestimmte Struktur, die durch die Zahl und Arten dieser Organismen und deren räumliche Verteilung charakterisiert ist. Innerhalb eines Ökosystems lassen sich vier Grundkomponenten unterscheiden:

1. abiotische Umwelt (Substrat),
2. Produzenten (Erzeuger),
3. Konsumenten (Verbraucher),
4. Destruenten (Zersetzer).

Zur abiotischen Umwelt zählen die anorganischen und organischen Stoffe ebenso wie Strahlung in Form von Licht und Wärme und die Beschaffenheit des Standortes oder des Lebensraumes.

Zu den **Produzenten** werden diejenigen Organismen gerechnet, die organisches Material aus anorganischem aufbauen. In der Hauptsache sind dies photoautotrophe Pflanzen. Im Wasser sind es überwiegend Algen, an Land die Höheren Pflanzen. Die durch die Produzenten hergestellte Biomasse dient anderen Organismen als Nahrung.

Die **Konsumenten** profitieren von den Produzenten. So fressen herbivore Tiere die Pflanzen, diese werden von carnivoren (fleischfressenden) Tieren verzehrt. Letztere werden als Konsumenten zweiter Ordnung bezeichnet und stellen somit ein weiteres Nahrungsniveau dar. Derartig verschiedene Ernährungsweisen auf unterschiedlichen Niveaus werden als trophische Ebenen bezeichnet.

Die Zersetzer bauen die abgestorbenen Lebewesen zu einfacheren Stoffen ab und machen sie somit für das abiotische System wieder verfügbar. Es werden bei den Destruenten Abfallfresser (Saprovore) und Mineralisierer unterschieden.

## Nahrungsketten und Nahrungsnetze

Eine **Nahrungskette** spiegelt auf einfache Weise den Energie- und Stofffluss in einem Ökosystem wider (Abb. 13.3). Sie zeigt eine lineare Abhängigkeit einer Reihe von Organismen bezüglich ihrer Ernährung. Ein Beispiel für eine Nahrungskette sind die Ernährungsstrategien der Bewohner der Savannen: Gras – Gnu – Löwe. Hier steht das Gras der Savanne am Anfang der Nahrungskette, pflanzenfressende Tierarten wie Gnus, Antilopen oder Zebras in der Mitte und Löwen als

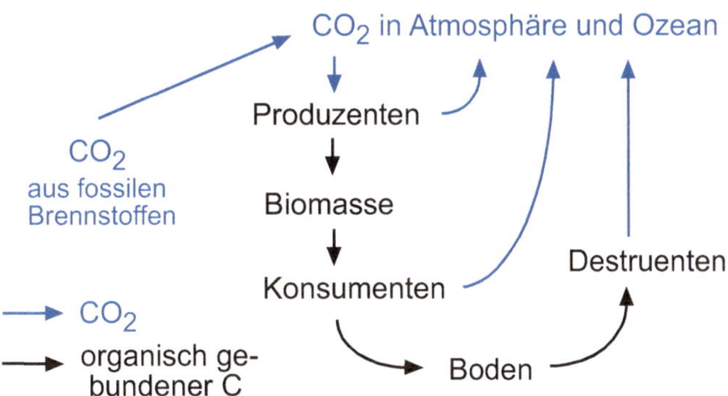


**Abb. 13.3** Kohlenstoffkreislauf (auf dem Land). Die Grafik kann naturgemäß auch als sehr einfache Darstellung eines Ökosystems verstanden werden.

Endkonsumenten am Ende. Häufig stehen am Beginn einer solchen Nahrungskette grüne Pflanzen.

In der Natur sind solche eindimensionalen und starren Nahrungsketten eher selten anzutreffen. Da in einem Ökosystem Arten sich von mehreren Beutearten ernähren und auch selbst verschiedenen Arten von Räubern zum Opfer fallen können, sind Nahrungsketten in der Regel komplex und verzweigt. Man spricht von Nahrungsnetzen.

### 13.2.4 Gliederung der Biosphäre

Die **Biosphäre** umfasst alle von Organismen bewohnten Räume des Planeten Erde. Es lassen sich die Wasserlebensräume (Hydrobiosphäre) und die Landlebensräume (Geobiosphäre) unterscheiden. Im engeren Sinne bezeichnet die Biosphäre die bodennahen Lebensräume, also etwa den Luftraum bis zu den Baumwipfeln, den Boden mit den oberen Erdschichten sowie die Höhlensysteme im Erdinneren und die Meere in ihrer gesamten Ausdehnung bis in die größten Tiefen.

Betrachtet man die Erdgeschichte (Abb. 13.4) unter dem Aspekt der Organismenbesiedlung und als Gebiet vor allem Mitteleuropa, so sind die Kaltzeiten des Quartärs von besonderer Bedeutung. Die vorherrschenden ausgedehnten Vereisungen vernichteten den Organismenbestand weiträumig, und mit dem Einsetzen wärmerer Perioden und dem Abschmelzen des Eises begann die Neubesiedlung.

## 13.3 Terrestrische Ökosysteme

### 13.3.1 Einteilung in biogeografische Regionen

Die biogeografischen Regionen des Landes lassen sich in sechs große Regionen einteilen: in die Holarktis, Paleotropis, Neotropis, Australis, Antarktis und Capensis. Dieser Vorgehensweise liegen die Ähnlichkeiten des Organismenbestands zugrunde. Die einzelnen Regionen unterscheiden sich wesentlich in ihrer Größe.

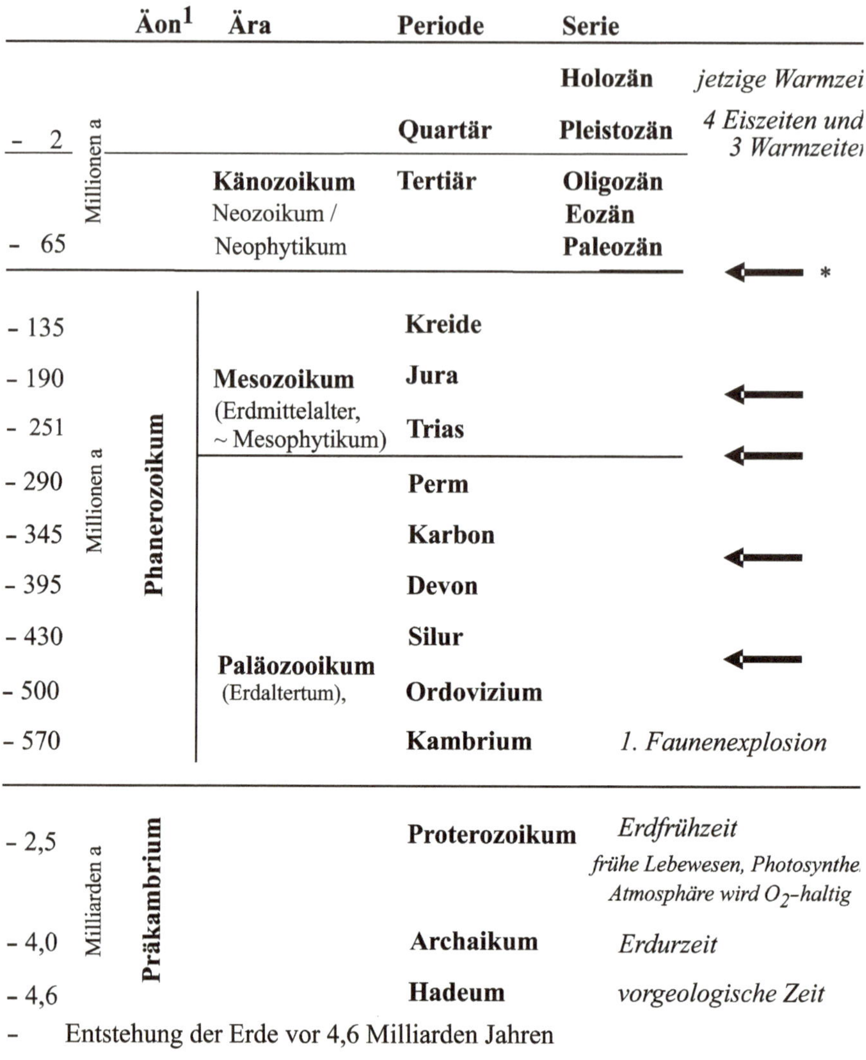

| Zeit | Äon[1] | Ära | Periode | Serie | |
|---|---|---|---|---|---|
| | | | | **Holozän** | *jetzige Warmzei* |
| – 2 (Millionen a) | | | **Quartär** | **Pleistozän** | *4 Eiszeiten und 3 Warmzeite* |
| – 65 | | **Känozoikum** Neozoikum / Neophytikum | **Tertiär** | **Oligozän** **Eozän** **Paleozän** | ← * |
| – 135 | **Phanerozoikum** | | | **Kreide** | |
| – 190 | | **Mesozoikum** (Erdmittelalter, ~ Mesophytikum) | | **Jura** | ← |
| – 251 | | | | **Trias** | ← |
| – 290 | | | | **Perm** | |
| – 345 | | | | **Karbon** | |
| – 395 | | | | **Devon** | ← |
| – 430 | | | | **Silur** | |
| – 500 | | **Paläozooikum** (Erdaltertum), | | **Ordovizium** | ← |
| – 570 | | | | **Kambrium** | *1. Faunenexplosion* |
| – 2,5 (Milliarden a) | **Präkambrium** | | | **Proterozoikum** | *Erdfrühzeit* *frühe Lebewesen, Photosynthe* *Atmosphäre wird $O_2$-haltig* |
| – 4,0 | | | | **Archaikum** | *Erdurzeit* |
| – 4,6 | | | | **Hadeum** | *vorgeologische Zeit* |
| – | Entstehung der Erde vor 4,6 Milliarden Jahren | | | | |

**Abb. 13.4** Erdzeitalter (nach Kull 2007 und anderen Autoren) ([1] Die Begriffe (aus dem Griechischen) haben vereinfacht folgende Bedeutungen bzw. Kennzeichen: Äon –„eine Ewigkeit"; Ära – „ein Zeitalter"; Archaikum – Zeitalter verstärkter Gesteinsbildung, Beginn der Plattentektonik; Hadeum (= Hadaikum) – kaum rezente Gesteine aus dieser Zeit, Vorgänge noch weitgehend unbekannt; Känozoikum – Erdneuzeit; Neozoikum – Tierzeitalter; Neophytikum – Pflanzenzeitalter; Phanerozoikum – Zeitalter, in dem vermehrt makroskopisch sichtbare Tierfossilien auftreten; Proterozoikum – Zeit vor dem Auftreten von Tieren. ← Massenaussterbeereignis; ←* Massenaussterbeereignis durch ein Impaktereignis auf der Halbinsel Yukatan.)

Die größte Region ist die Holarktis mit ca. 5 366 Millionen Hektar. Sie umfasst den gesamten nichttropischen Bereich. Nur hier kommen z. B. die Pflanzengattungen *Abies*, *Larix* und *Pinus* vor; bei den Säugetieren sind es Biber, Elch und Rentier mit ausschließlich holarktischer Verbreitung. Die Paleotropis ist die zweitgrößte Region mit 4 497 Millionen Hektar und erstreckt sich mehr oder weniger über Afrika und Asien. Ausschließlich hier vorkommende Tierarten sind beispielsweise Elefanten und Nashörner. Die Neotropis umfasst in etwa Südamerika. Nur hier kommen die Bromelien vor. Die Region Australis beschränkt sich auf Australien und Tasmanien. Capensis ist die kleinste Region im Süden Afrikas, die allerdings extrem reich an Pflanzenarten ist. Die sechste Region ist die weitgehend vereiste Antarktis.

Wo Wasser ist, da ist Leben! Und neben Wasser (Niederschlägen) sind die Klimafaktoren Licht und Temperatur für die Ausprägung des Organismenbestands von großer Bedeutung. So lässt sich die Biosphäre in bestimmte Temperaturzonen anhand der Jahresisothermen unterscheiden. Auch der Wasserhaushalt wird über die Verdunstung stark von der Temperatur beeinflusst. Es lassen sich sehr vereinfacht humide (Niederschlag > Verdunstung) und aride Zonen (Verdunstung > Niederschlag) unterscheiden.

Die sich vom Äquator aus nordwärts verändernde Sonneneinstrahlung erlaubt eine Einteilung in vier Hauptklimazonen: die Tropen (zwischen 23°27 N und 23°27′ S), die im Norden und Süden sich anschließenden Subtropen (sie reichen bis 45°), die Gemäßigten Breiten oder Mittelbreiten (zwischen 45° und dem Polarkreis, 66°30′) im Norden und Süden und die Polargebiete nördlich und südlich der Polarkreise.

Die Biozönose der Ökoregionen oder Ökozonen werden meist als **Biome** bezeichnet. Der Biom-Begriff wurde für terrestrische Biozönosen entwickelt und wird bis heute hauptsächlich in diesem Zusammenhang verwendet. Walter und Breckle (1991) bezeichnen die durch besondere Klimagegebenheiten geprägten Biome als **Zonobiome** und unterscheiden bei den Landlebensräumen neun Klimazonen. Jedes Zonobiom ist gekennzeichnet durch eine bestimmte Kombination von Klimafaktoren, eine bestimmte Vegetation und einen vorherrschenden Bodentyp.

An dieser Einteilung in Zonobiome wird die entscheidende Rolle des Klimas für die Ökosysteme deutlich. Will man die ökologisch wirksamen Klimafaktoren schnell und übersichtlich erfassen, so kommt einer anschaulichen Darstellung große Bedeutung zu. **Klimadiagramme** (Abb. 13.5) stellen die klimatischen Verhältnisse über einen bestimmten Zeitraum an einem Ort in grafischer Form dar. Üblicherweise werden dabei die Klimadaten (Messwerte) für Temperatur und/oder Niederschlagsmenge als langjähriges Monatsmittel über den Zeitraum eines Jahres verwendet. In den von Walter und Lieth (1967) entwickelten **Klimadiagrammen** werden die Monatsmittel für Niederschlagsmenge und Temperatur im Jahresverlauf als Kurven dargestellt. Auf der x-Achse sind die Monate aufgetragen, auf der linken y-Achse die Temperatur und auf der rechten y-Achse die Niederschlagsmenge.

Eine Besonderheit bei diesem Diagrammtyp ist die Kennzeichnung humider und arider Verhältnisse. Dabei wird stark vereinfacht von einer Abhängigkeit von Verdunstung und Temperatur ausgegangen. Ist das Monatsmittel der

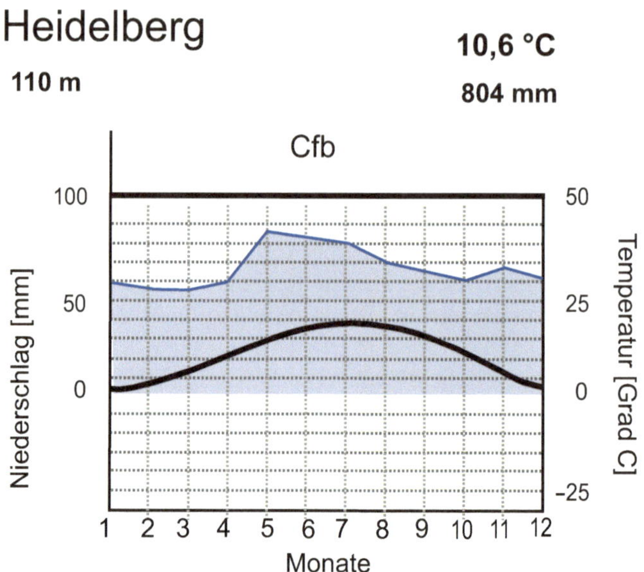



**Abb. 13.5**  Klimadiagramm von Heidelberg. Angegeben ist der Ortsname, die Höhe in Metern über dem Meer, die durchschnittliche Temperatur 10,8 °C und die durchschnittliche Niederschlagsmenge im Jahr (804 mm). Cfb ist eine Charakterisierung des örtlichen Klimas (nach Köppen) und bedeutet (C) gemäßigt warm, (f) ganzjährig humid (feucht) und (b) warme Sommer. Die blaue Kurve zeigt die Niederschlagsmenge über das Jahr, die schwarze Kurve den Temperaturverlauf.

Niederschlagsmenge in Millimetern mehr als doppelt so hoch wie das Monatsmittel der Temperatur in Grad Celsius desselben Monats, überschreitet die Niederschlagsmenge die Verdunstung. Es kommt zu einem Niederschlagsüberschuss, und man spricht von humiden Verhältnissen. Im umgekehrten Fall (Verhältnis Niederschlagsmenge zu Temperatur kleiner als 2:1) ist die Verdunstung größer als die Niederschlagsmenge, die Folge ist ein Niederschlagsdefizit. Es herrschen somit aride Verhältnisse. Für eine übersichtliche Illustration der ariden und humiden Verhältnisse werden die Werte auf den y-Achsen für die Niederschlagsmenge und die Temperatur im Verhältnis 2:1 abgetragen. Wenn jetzt die Niederschlagskurve oberhalb der Kurve für die Temperatur liegt, liegen humide Verhältnisse vor. Im umgekehrten Fall liegen aride Verhältnisse vor.

Bei Klimadiagrammen mit sehr hohen Niederschlagsmonatsmitteln wird auf der rechten y-Achse die Skalierung ab 100 mm Niederschlag „gestaucht".

### 13.3.2  Das Ökosystem des heimischen Waldes

#### Definition Wald

Ein Wald ist definitiv mehr als nur eine Ansammlung von Bäumen oder deren Summe. Er ist vielmehr ein komplexes Ökosystem mit vielfältigen Wechselbeziehungen zwischen Pflanzen, Tieren und der unbelebten Umwelt. Wälder gehören aufgrund ihrer deutlichen und differenzierten Gliederung zu den am höchsten entwickelten Ökosystemen der Erde.

Mitteleuropäische Wälder können von ihrem Aufbau her in mehrere Stockwerke unterteilt werden (Tab. 13.1): Von oben nach unten lassen sich die Baumschicht, die Strauchschicht, die Krautschicht und die Moosschicht/Streuschicht unterscheiden. Die Kraut- und die Moosschicht enthalten auch die Pilzschicht. Die unterste Schicht, also die Wurzelschicht, enthält zahlreiche verschiedene Tief- und Flachwurzler. Quasi das Erdgeschoss bildet die Moosschicht, die neben Moosen aus Flechten und Pilzen besteht. Sozusagen die mittleren Stockwerke bildet die Strauchschicht. In ihr sind vorwiegend Sträucher, aber auch junge und niedrige Bäume zu finden. Das Dach und den Abschluss bildet die Baumschicht. Jede einzelne Schicht im Wald wird von typischen Tieren und Pflanzen bewohnt (Tab. 13.1; siehe auch Abb. 13.1).

**Tab. 13.1** Schichtung des Laubwaldes mit Auswahl wichtiger Arten

| Waldschicht | wichtige Pflanzen | wichtige Tiere |
| --- | --- | --- |
| Bodenschicht und Streu | Pflanzenwurzeln (Pilze und Bakterien), Moose, Flechten* | Regenwürmer, Schnecken, Asseln, Tausendfüßler, Ameisen*, Käfer, Spinnen*, Kröten, Salamander, Blindschleichen |
| Krautschicht | Farne, Buschwindröschen, Springkräuter, Brennnesseln, Blaubeeren, Lerchensporne | Ameisen*, Spinnen*, Eidechsen, Mäuse, Amseln |
| Strauchschicht | Brombeeren, Himbeeren, Haselnüsse, Vogelbeeren, Schwarzer Holunder, Feldahorne, Ebereschen | Nachtfalter*, Wildschweine, Rehe |
| Baumschicht | Rotbuchen, Stieleichen, Schwarzerlen, Hainbuchen | Borkenkäfer, Kieferspanner, Spechte, Eichhörnchen, Marder, Eulen |

* Organismengruppen, die in mehreren Schichten vertreten sind.

## Typische Waldformen Deutschlands

Im Nadelwald besteht die Baumschicht fast ausschließlich aus Nadelbäumen wie Tannen, Fichten, Douglasien und Kieferngewächsen. Der Nadelwald ist in Deutschland überwiegend eine durch den Menschen geschaffene Fichten- und Kiefernmonokultur.

Im Laubwald besteht die Baumschicht fast ausschließlich aus Laubbäumen. Es handelt sich dabei hauptsächlich um sommergrüne Laubbaumarten wie Eichen, Buchen, Ahorne, Birken, Erlen und Kirschen.

Der Name Mischwald deutet bereits darauf hin, dass die Baumschicht sowohl aus Laub- als auch aus Nadelbäumen besteht. Die Ausprägung eines Mischwaldes gilt als ökologisch stabiler als die reinen Monokulturen. Auch werden die Ausbildung und Differenzierung der Bodenvegetation durch die verschiedenen Baumkronen und ein Mehr an Lichtdurchlass gefördert.

**Sukzession**

Aus Brachflächen oder Kahlschlägen entwickelt sich durch Sameneintrag unter anderem mit dem Wind eine offene Buschlandschaft, die nach wenigen Jahren zu mehrere Meter hohen Sträuchern herangewachsen ist. Im Schatten dieser Sträucher siedeln sich schattenliebende Kräuter und Baumsämlinge an, zwischen denen sich dann auch erste Waldtiere einfinden. Ein Vorwald entwickelt sich nach etwa zehn bis 15 Jahren, und nach wiederum zehn bis 15 Jahren verändert sich dieser Vorwald in eine artenreiche Waldbiozönose. Eine derartige Entwicklung nennt man **Sukzession**. Sich selbst überlassen erreicht die Sukzession schließlich einen Endzustand, der als **Klimax** (Höhepunkt, Endzustand) bezeichnet wird. In vielen Regionen Deutschlands ist die Klimaxgesellschaft ein Eichen-Buchen-Wald. Werden komplette Neubesiedlungen als Primärsukzession bezeichnet, entwickeln sich Ökosysteme nach Teilstörungen, etwa durch menschliche Eingriffe, aufbauend aus dem Übrigbleibenden. Dabei wird sozusagen nicht von Null angefangen, vielmehr geben die vorhandenen Organismen die Richtung vor, was als Sekundärsukzession bezeichnet wird.

**Die Jahreszeiten und ihre Bedeutung für den Wald**

In der Entwicklung eines Waldes spielen die vier Jahreszeiten eine große Rolle. Generell kann gesagt werden, dass es zwei jahreszeitlich bedingte Phasen gibt: eine Vegetationsperiode und die Winterruhephase. Die Ursache für diesen jahreszeitlich bedingten Wechsel sind die je nach Jahreszeit unterschiedliche Lichteinstrahlung und verschiedene Klimafaktoren, die eine ausgesprochene Jahresrhythmik bei den Organismen hervorrufen. Neben der Jahresrhythmik lässt sich innerhalb der Biozönose auch eine Tagesrhythmik feststellen.

Im Frühjahr keimen die Pflanzen in der Krautschicht aus und entfalten Blüten und Blätter. Dies hängt mit der steigenden Tageshelligkeit und den zunehmenden Temperaturen zusammen. Vögel kehren aus ihren Winterquartieren zurück und beginnen Nester zu bauen und sich zu paaren; sie singen im Wald, um geeignete Paarungspartner zu finden oder ihr Revier abzugrenzen. Die Säugetiere wechseln die Felle (Streifen ihr Winterfell ab) und bringen Junge zur Welt.

Im Sommer entfaltet sich das Laubdach der Bäume und schützt so die darunterliegenden Pflanzenschichten vor allzu großen Temperaturschwankungen und vor zu starker Lichteinwirkung. Gleichzeitig wird der Wind reduziert und verhindert somit nach langen Trockenperioden ein Austrocknen bodennaher Schichten. Gerade für Feuchtigkeit und Schatten liebende Arten herrschen so optimale Bedingungen vor. Kräuter, Sträucher und Bäume stellen gerade im Sommer ergiebige Nahrungsquellen für pflanzenfressende Tiere dar. Die Frühlingsblüher dagegen beenden jetzt ihre Blühphase, und ihre Blätter sterben ab.

Im Herbst beginnt die Zeit der Samenreife, und langsam verfärben sich die Laubblätter. Es kommt zum Blattabwurf, um später in die Winterruhephase eintreten zu können. Pilze bilden gerade im Herbst ihre Fruchtkörper über der Bodenoberfläche aus. Vögel sammeln sich und ziehen allmählich wieder in wärmere Gebiete. Säugetiere legen sich ein dichtes Fell zu und beginnen mit dem Anlegen von Wintervorräten.

Im Winter durchlaufen die Laubbäume, Sträucher und die meisten krautartigen Pflanzen eine blattlose Ruhephase. Dabei ist bei den Holzgewächsen der Wasser- und Nährstoffstrom stark eingeschränkt. Kleinere Säugetiere halten Winterschlaf, wirbellose Tiere befinden sich häufig in tieferen Bodenschichten in einem Kältestarrezustand.

Die Differenzierung dieser einzelnen Phasen, in der sich ein Wald gerade befindet, kann man mithilfe sogenannter **Zeigerpflanzen** erkennen. So stehen z. B. Windröschen und Scharbockskraut für die Frühlingsphase.

Wie schon erwähnt, lässt sich auch eine Tagesrhythmik beobachten. Dämmerungs- bzw. nachtaktive Tiere gehen im Vergleich zu tagaktiven Tieren zu unterschiedlichen Zeiten auf Nahrungssuche. Einzelne Vogelarten beginnen morgens oder abends zu ganz bestimmten Zeiten zu singen. Auch Pflanzen entfalten zu unterschiedlichen Tageszeiten aufgrund bestimmter Temperatur- oder Lichtverhältnisse ihre Blüten.

## Bedeutung des Waldes

Der Wald hat für den Menschen vielerlei Bedeutung. So liefert der Wald den Rohstoff Holz als Bau- und Brennmaterial. Darüber hinaus liefert er Früchte als Futter für Tiere oder als Nahrung für den Menschen. Holzrohstoffe aus dem Wald sind eine wichtige ökonomische Grundlage zur Sicherung vieler Arbeitsplätze geworden. Wälder beeinflussen positiv die Umwelt und tragen z. B. zur Luftverbesserung und zur Regulation des Grundwasserhaushalts bei. Der Wald ist ein bedeutender Ort der Erholung und Entspannung.

## Gefährdung der Wälder

Beim Waldsterben kommt es indirekt durch **Luftverschmutzung** zur Erkrankung der Bäume, vorwiegend der Tannen.

Entwaldungen gab es schon von jeher z. B. durch natürliche Brände, Brandrodung und Naturkatastrophen. Vor allem durch den Menschen gab es schwerwiegende Eingriffe in die ausgedehnten Waldflächen. Im Mittelmeerraum bedeckten einst riesige Wälder Berge und Hügel, die jedoch vor allem für Schiffbau und Weideflächen abgeholzt wurden. Gerade diese Übernutzung, die Waldweide und der Energiehunger führten im Mittelalter zur Formulierung des Grundprinzips der **Nachhaltigkeit**. Erstmals wurde eine Grundidee der Nachhaltigkeit 1560 in der Kursächsischen Forstordnung formuliert. Vereinfacht besagte sie, nicht mehr Holz zu nutzen, als auf Dauer nachwächst. Der Begriff der Nachhaltigkeit selbst geht auf eine Veröffentlichung von Hans Carl von Carlowitz aus dem Jahre 1713 (Mathe 2001) zurück.

## 13.4  Aquatische Ökosysteme

### 13.4.1  Süßgewässer – Stehgewässer

**Ökosystem See**

Stehende Gewässer lassen sich nach vielen Gesichtspunkten charakterisieren und klassifizieren, z. B. nach den Durchmischungsereignissen, die im Jahresverlauf stattfinden, nach dem Chemismus, nach dem Nährstoffgehalt und nach den Leitformen der Tier- und Pflanzenwelt. Im üblichen Sprachgebrauch finden aber Begriffe wie **Tümpel**, **Weiher**, **Teich** und **See** Verwendung (Tab. 13.2). Als Tümpel gelten zeitweilig austrocknende stehende Gewässer. Die anderen Stehgewässer lassen sich zunächst mit einfachen Einteilungen erfassen (Tab. 13.2), wobei die Gewässergröße hierbei keine Rolle spielt.

**Tab. 13.2** Dauerhafte und perennierende (mehrjährige) Gewässer

| Gewässertypen | natürlich, nicht ablassbar | künstlich angelegt, ablassbar |
| --- | --- | --- |
| flach | Weiher | Teich |
| tief | See | Stausee |

Doch wie verhält es sich mit der Tiefe? Was bedeutet flacher Teich? Genau genommen gilt in der Limnologie (Gewässerkunde) ein Gewässer als **Weiher**, wenn an dessen tiefster Stelle Unterwasserpflanzen (**Makrophyten**) vorkommen. An dieser Definition ist sofort zu erkennen, dass es dafür keine einheitliche Tiefenangabe geben kann. So findet man Armleuchteralgen in Stehgewässern bis in 30, ja 40 m Wassertiefe. Vielmehr spielen Nährstoffsituation (**Trophiegrad**) und Trübung des Wassers bzw. die Lichtdurchlässigkeit eine entscheidende Rolle. In der Praxis wird häufig ab 5 m Wassertiefe von einem See gesprochen.

**Gliederung eines Stehgewässers**

Innerhalb eines Sees unterscheidet man verschiedene Teillebensräume (Abb. 13.6): die Zone des freien Wassers (**Pelagial**; vom griechischen *pelagos* für „offene See"), den Seeboden (**Benthal**; *benthos* für „Tiefe"). In der Uferzone (**Litoral**; *litus* für „Ufer") des Sees reicht das Licht bis zum Boden, und grüne Pflanzen und Algen können dort wachsen. Die lichtlose Tiefenzone (**Profundal**; *profundus* für „tief") ist dagegen pflanzenfrei.

Uferzone (Litoral)

Die Ausprägung der **Uferzone** ist stark von Uferprofil und der Morphometrie des Gewässers sowie dem Untergrund, der Windexposition, der Nutzung und weiteren menschlichen Eingriffen abhängig. So sieht eine Uferzonierung an einem flachen größeren See wesentlich anders aus als an einem kleinen See mit Steilufer und Steilabfall in die Tiefe. Einmündungen und Einleitungen bedingen ebenso charakteristische Änderungen wie Freizeitbetrieb und eventuell starke

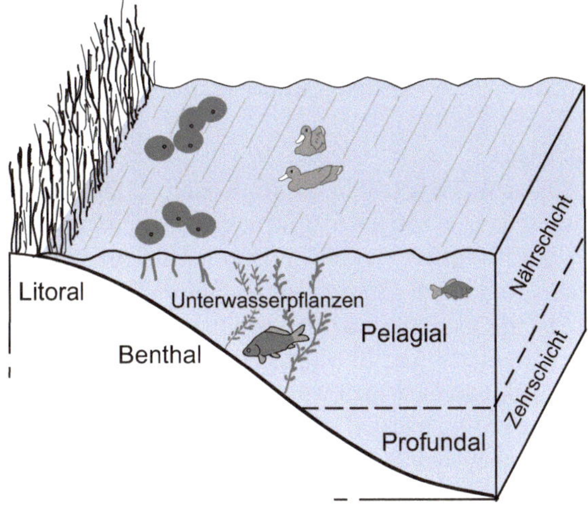


**Abb. 13.6** Zonierung eines Stehgewässers mit seinen Teillebensräumen.

Wasserstandsschwankungen. Wirklich ungestörte Ufer sind nur in kleinen Teilbereichen der Stehgewässer noch anzutreffen.

Von der Erlenzone über Röhricht zu den Schwimmblatt- und Tauchblattpflanzen
Bei waldnahen Seen werden an den Ufern die typischen Bäume wie Kiefer, Eiche und Rotbuche im Überschwemmungsbereich von der Erle abgelöst (Abb. 13.7). In deren „Unterholz" gedeihen in Richtung Wasserlinie vermehrt Sumpfpflanzen wie Sumpfdotterblume, Schwertlilien und Großsegge. Auch stehen vermehrt Weiden in diesem Bereich. Im Röhricht dominiert das Schilf (*Phragmites*) und bildet wasserseitig Reinbestände bis in 1–3 m Wassertiefe. Eine ausgeprägte Schwimmblattzone kommt in ruhigeren und damit windgeschützten Bereichen der Stehgewässer vor. Hier ist dann zumeist die Teichrose vorherrschend. Häufig schließt sich direkt an den Schilfgürtel die Zone der untergetauchten Wasserpflanzen an. Im flachen Bereich beobachten wir häufig Laichkräuter und Tausendblatt, die bis an die Wasseroberfläche reichen. Oft ragen die Triebe mit Blüten auch aus dem Wasser heraus. In den tieferen Bereichen bleiben die Triebe kurz und steril. Hier kommen Wasserhahnenfuß und Wasserpest vor. In größere Wassertiefen dringen die Armleuchteralgen (Characeen) vor, die zum Seegrund hin die Grenze des Pflanzenwachstums anzeigen.

Diese Abfolge der Vegetation (Erle – Schilf – Schwimmblattpflanze – Tauchblattpflanze – unterseeische Characeenwiesen) entspricht einer Reihe von anatomischen und physiologischen Anpassungen der Pflanzen an das Wasserleben. So bilden Schwimmblätter eine relativ starke Cuticula aus, die im Gegensatz zur Blattunterseite auf der Blattoberseite stark wasserabweisend ist. Die Luftkanäle können zu regelrechten Luftpolstern vergrößert sein. Tauchblätter zeigen gegenüber Schwimmblättern z. B. stark reduzierte Leitbündel und eine an Strömung und

Turbulenzen angepasste Verringerung der Blattgröße. Die Stoffaufnahme ($CO_2$, $H_2O$, Nährsalze) erfolgt hier direkt aus dem Wasser. Somit kann auf spezialisierte Spaltöffnungen und einen Verdunstungsschutz verzichtet werden.

Freies Wasser (Pelagial)

Im Bereich des freien Wassers fehlen die im Boden verankerten Wasserpflanzen, aber auch Schwimmpflanzen können hier nicht gedeihen, da sie von Wind und Wellenschlag häufig beschädigt oder verdriftet werden. In diesem Bereich der Seen, dem **Pelagial**, lebt vor allem das **Plankton**. Darunter versteht man eine Lebensgemeinschaft meist kleiner und kleinster Organismen, die im Wasser schweben oder treiben. Plankton stammt aus dem Griechischen und bedeutet so viel wie „umhergetrieben werden". Planktonorganismen werden überwiegend passiv durch Strömungen verfrachtet. Manche Organismen wie etwa Vertreter des Zooplankton verfügen zwar über aktive Fortbewegungsmöglichkeiten, sind jedoch trotzdem durch die Wasserbewegungen, Strömungen und Wellen der Verdriftung ausgesetzt. Innerhalb des Planktons kann man im Pelagial vor allem das pflanzliche Plankton (Phytoplankton), das tierische Plankton (Zooplankton) und die freischwebenden Bakterien (Bakterioplankton) unterscheiden. Im Zooplankton dominieren Kleinkrebse wie Wasserflöhe und Hüpferlinge, Rädertiere sowie verschiedene Einzeller. Im Phytoplankton ist eine Vielzahl einzelliger, kolonienbildender oder auch fädiger Algen vertreten.

Ein Planktondasein erfordert eine spezielle Anpassung an diesen Lebensraum, insbesondere eine hohe Schwebefähigkeit. Bedingt durch die höhere Dichte lebender Zellen im Vergleich zum Wasser herrscht die Tendenz zum Absinken vor. Spezielle Anpassungen der Planktonorganismen ermöglichen es, das Absinken deutlich zu verlangsamen. Dazu gehören neben der aktiven Bewegung selbst vor allem die Verringerung der Dichte durch Einlagerung von Gasblasen oder Ölen, aber auch die Erhöhung des Formwiderstands. Nicht zuletzt ist die Absinkgeschwindigkeit auch von der Viskosität des Wassers abhängig; diese nimmt bei sinkender Wassertemperatur zu. Dies bedeutet wiederum, dass die Sinkgeschwindigkeit von Planktonorganismen bei Erwärmung des Wassers steigt.

Wir haben gesehen, dass Planktonorganismen zwar verdriftet werden, aber sich durchaus in der Wassersäule eine Zeit lang in einem bestimmten Bereich aufhalten können. Dies ist die Voraussetzung, dass Planktonorganismen sich entsprechend den vorherrschenden (Nahrungs-)Bedingungen in bestimmten Bereichen aufhalten. So zeigt das Plankton eines Sees im Jahresverlauf entsprechend dem vorhandenen Nährstoffangebot, der Temperatur, dem Licht (Tageslänge!), der Konkurrenz und dem Feinddruck charakteristische Veränderungen.

Im Frühjahr kommt es z. B. aufgrund der zunehmenden Sonnenlichteinstrahlung in unseren Seen zu einem Frühjahrsmaximum des Phytoplankton, in dessen Folge die aus dem Winter stammenden Nährstoffe genutzt werden. Es resultiert eine Massenvermehrung, auch Wasserblüte oder **Algenblüte** genannt, die eine starke Trübung des Wassers verursacht und gleichzeitig die Eindringtiefe des Lichtes verringert. Auf diese Phytoplanktonblüte folgen sich schnell vermehrende Zooplanktonorganismen wie Cladoceren. Diese sind in der Lage, das hohe Nahrungsangebot

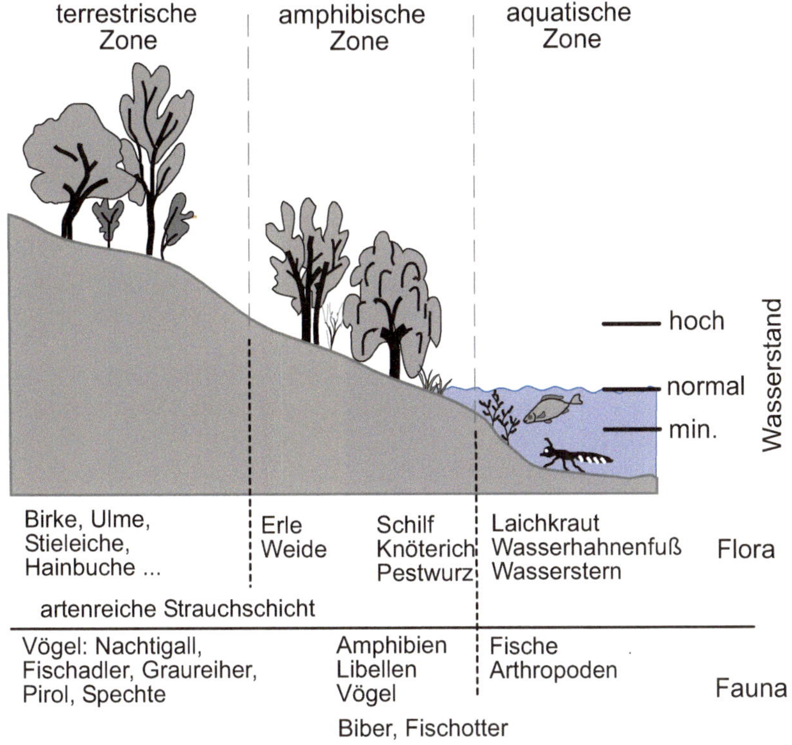


**Abb. 13.7** Zonierung der Auenlandschaft mit Flora und Fauna.

durch die Algenblüte optimal zu nutzen und sich dadurch schnell zu vermehren. Die Trübung des Wassers lässt sichtbar nach; es kommt durch den Kahlfraß am Phytoplankton zu einem sogenannten Klarwasserstadium. Aufgrund des nun herrschenden Nahrungsmangels geht der Zooplanktonbestand zurück, und andere Phytoplanktonarten können sich entwickeln.

### Tiefenzone (Profundal)

In der Tiefenzone eines Stillgewässers finden wir überwiegend sogenannte **Destruenten**. Diese zersetzen den zu Boden sinkenden Abfall wie Falllaub, Pflanzenreste, Fäkalien, Tierkadaver und andere organische Abfälle. Neben der Menge des anfallenden organischen Abfalls ist für den Stoffhaushalt eines Stillgewässers dessen bakterieller Abbau von Bedeutung. Der bakterielle Abbau hängt stark von der Sauerstoffversorgung in diesem Bereich des Stillgewässers ab. Er geschieht unter Sauerstoffverbrauch und kann bei einer großen Menge von organischem Abfall zu Sauerstoffmangel und im Extremfall zu anaeroben Verhältnissen in diesem Bereich führen.

Dieser hohe Sauerstoffverbrauch beim bakteriellen Abbau in der Tiefenzone ist eine der Ursachen für den Sauerstoffmangel während der Stagnationsphase im Sommer in geschichteten Seen.

**Jahreszeitliche Veränderungen in einem See**

Einem Stillgewässer wird mit der Sonnenstrahlung, vor allem wegen des langwelligen Anteils und der Zunahme der Strahlungsdauer, Wärme zugeführt. Dadurch erwärmt sich das Wasser. In diesem Zusammenhang ist die temperaturbedingte Dichteänderung für ein Stehgewässer von großer Bedeutung.

Süßwasser zeichnet sich durch die Dichteanomalie aus. Dies bedeutet, dass das Dichtemaximum oberhalb des Gefrierpunktes bei ca. 4 °C liegt. Mit steigender Wassertemperatur verringert sich die Dichte, kühleres oder kaltes Wasser zeigt eine erhöhte Dichte und sinkt ab. Es kommt zu temperaturbedingten Schichtungen des Wasserkörpers, die sich im Jahres- oder Tagesgang unterscheiden.

Die meisten unserer Seen zeigen im Jahresgang einen zweimaligen Wechsel zwischen Phasen mit geschichtetem und ungeschichtetem Wasserkörper: Auf die Frühjahrszirkulation folgt eine Sommerstagnation und auf die Herbstzirkulation die Winterstagnation (Abb. 13.8).

Mit der Frühjahrszirkulation beginnt die jahreszeitliche Dynamik. Frühjahrswinde bewirken eine Durchmischung der Wassersäule im See und einen Austausch zwischen den oberflächennahen und den tiefen Wasserschichten. Diese Frühjahrszirkulation führt dazu, dass nährstoffreiches Tiefenwasser an die Oberfläche gebracht wird. Gleichzeitig werden tiefere Bereiche mit Sauerstoff versorgt. Zusammen mit der Erhöhung des Lichtangebots im Frühjahr und der Verfügbarkeit von Nährstoffen im oberflächennahen Wasser kommt es zu der bereits angesprochenen Vermehrung von Algen oder gar zu einer Frühjahrsalgenblüte.

Eine Sommerstagnation schließt sich an die Frühjahrszirkulation an. Die Sonneneinstrahlung führt zu einer fortschreitenden Erwärmung der oberen Wasserschichten. Es bildet sich eine Schichtung im Wasserkörper des Stillgewässers aus. Kaltes Wasser bleibt aufgrund seiner größeren Dichte am Gewässergrund (**Hypolimnion**), leichteres (warmes) Wasser findet man in den oberflächennahen Wasserschichten (**Epilimnion**). Zwischen den beiden genannten Wasserschichten liegt eine Sprungschicht (**Metalimnion**), die oftmals einen großen Temperatursprung bedeutet und eine Barriere für den Austausch von Sauerstoff und Nährstoffen darstellt. In dieser Phase kommt es zu keiner Durchmischung des Wasserkörpers, und man bezeichnet sie deshalb als Sommerstagnation. Auch für die Entwicklung der Organismen und der Nährstoffverfügbarkeit ist es notwendig, die beiden Wasserschichten getrennt zu betrachten. In den oberen Wasserschichten werden die freien Nährstoffe weitgehend aufgebraucht. In der Tiefenzone erfolgen die Zersetzung des organischen Abfalls und die Freisetzung von Nährstoffen. Doch aufgrund der beschriebenen Schichtung erfolgt kein Nachschub an Nährstoffen in die oberen Wasserschichten, und es kommt zu Nährstoffmangel und zu einem Rückgang der Vermehrung einzelliger Algen. Gleichzeitig nimmt die Trübung des Wassers ab.

Während sich in der Tiefenzone die Nährstoffe anreichern und nicht in die darüber liegende Wasserschicht gelangen, reichert sich Sauerstoff (aus der Photosynthese) in den oberflächennahen Schichten an, gelangt aber nicht in tiefere Bereiche. Gerade beim Abbau des organischen Abfalls durch Bakterien wird Sauerstoff verbraucht und führt zum Ende der Stagnationsphase zu einer Sauerstoffarmut in der Tiefe.

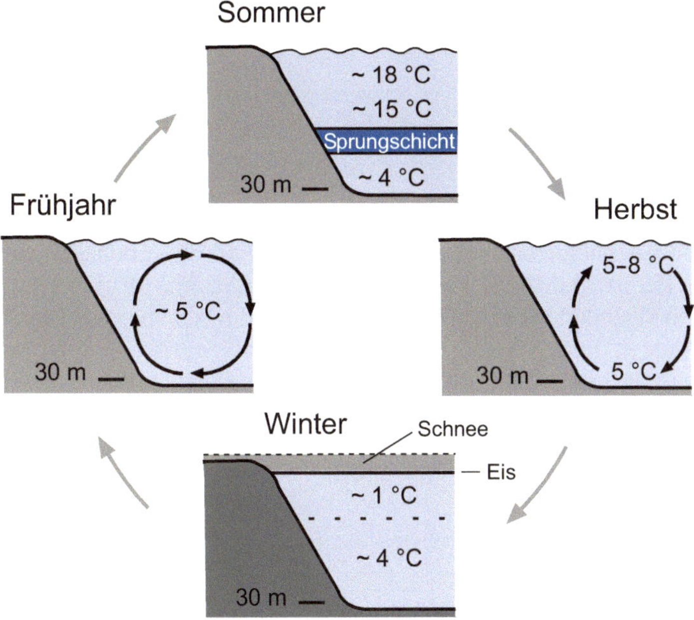



**Abb. 13.8** Jahreszeitlicher Wechsel zwischen Stagnation und Zirkulation in einem nährstoffreichen See.

Neben dieser Verarmung tieferer Wasserschichten in Stillgewässern steigt die Löslichkeit und Verfügbarkeit vieler Nährstoffe. So kommt es unter sauerstoffarmen Bedingungen zu einer Freisetzung von Phosphat, das unter sauerstoffreichen Bedingungen an Eisen gebunden und somit im Sediment eingelagert ist (**Eisenfalle**). Dieser Vorgang der Phosphatfreisetzung aus dem Sediment wird auch als interne Düngung bezeichnet.

Deutliche Veränderungen bringt die Herbstzirkulation. Im Spätsommer bewirkt die Temperaturabnahme eine Angleichung der Dichteverhältnisse der Wasserschichten, und es kommt zu einer Durchmischung des gesamten Wasserkörpers. Hierbei sind die Herbstwinde behilflich. Infolge der Seedurchmischung werden die Nährstoffe vor allem aus der Tiefenzone über die gesamte Wassersäule verteilt, ebenso der Sauerstoff aus der oberflächennahen Wasserschicht.

Die Winterstagnation beendet die Herbstzirkulation. Bei der Vereisung des Sees im Winter kommt es erneut zu einer Wasserschichtung. Da Wasser bei 4 °C seine höchste Dichte hat und 0 °C kaltes Wasser leichter ist, hat der See unmittelbar an der Oberfläche seine niedrigste Temperatur, d. h., er gefriert von der Wasseroberfläche her zu. Zwischen den beiden Wasserschichten kommt kein Wasseraustausch zustande, und die Nährstoffe sind in tieferen Seebereichen angereichert.

Stehgewässer zeigen typische jahreszeitliche Entwicklungszyklen, die durch Tageslänge (Licht), Wind und Temperatur beeinflusst werden. Dabei spielt unter anderem die Gewässertiefe eine Rolle.

Der hier geschilderte jahreszeitliche Zyklus – Frühjahrszirkulation, Sommerstagnation, Herbstzirkulation, Winterstagnation – ist nur eine Möglichkeit der jahreszeitlichen Veränderungen in einem Stehgewässer. Im Fall von zwei Durchmischungen im Jahr spricht man von einem dimiktischen See (Mixis = Durchmischung). Wichtig ist die Feststellung, ob es zu einer völligen Durchmischung des Seewassers kommt (Vollzirkulation, **Holomixis**) oder ob nur Teile des Wasserkörpers durchmischt werden. In diesem Fall bleibt eine völlige Umwälzung des Wasserkörpers aus, und man spricht von einer **Meromixis**.

### 13.4.2  Süßgewässer – Fließgewässer

Flüsse und Bäche mit ihren Auen gehören zu den ökologisch interessantesten und vielfältigsten Lebensräumen. Hier treffen zwei völlig gegensätzliche Lebensbereiche aufeinander: Land und Wasser. Beide, Fließgewässer und Auen, zeichnen sich durch eine hohe Dynamik aus (Abb. 13.9). Sie verändern sich stetig, und durch die Kraft des Wassers kommt es ständig zur Ausbildung neuer Bereiche, andere werden verlagert, Uferpartien verschoben und neue Altarme gebildet. Periodische Überflutungen, die unregelmäßig auftreten, tragen ihren Teil zur Ausbildung (neuer) aquatischer und terrestrischer Bereiche bei.

**Zonierung eines Fließgewässers**
Für die charakteristische Erscheinungsform eines Fließgewässers sind vor allem folgende Faktoren von Bedeutung: das Gefälle des durchflossenen Geländes und dadurch die Strömung, die Wasserführung, die Wassertrübung und der Nährstoffgehalt, die Bodenart, die maximale (Sommer-)Temperatur des Wassers, der Sauerstoffgehalt sowie die transportierten organischen Stoffe.
Daraus ergeben sich sehr unterschiedliche, für jeden Abschnitt eines Fließgewässers charakteristische Ausprägungen und Lebensbedingungen; es zeigt eine typische Zonierung in seinem Längsverlauf (Abb. 13.9, Tab. 13.3). Man spricht von einem **Kontinuumskonzept**. Hierbei werden den unterschiedlichen Gewässerabschnitten jeweils typische Lebensgemeinschaften zugeordnet. Die Übergänge zwischen den Gewässerabschnitten und auch den Lebensgemeinschaften sind natürlich fließend. Eine gängige Einteilung ist die nach den **Leitarten** der Fischfauna. Aber auch unter den Wirbellosen findet man eine für die jeweils herrschenden Lebensbedingungen ganz bestimmte Zusammensetzung der vorhandenen Arten.

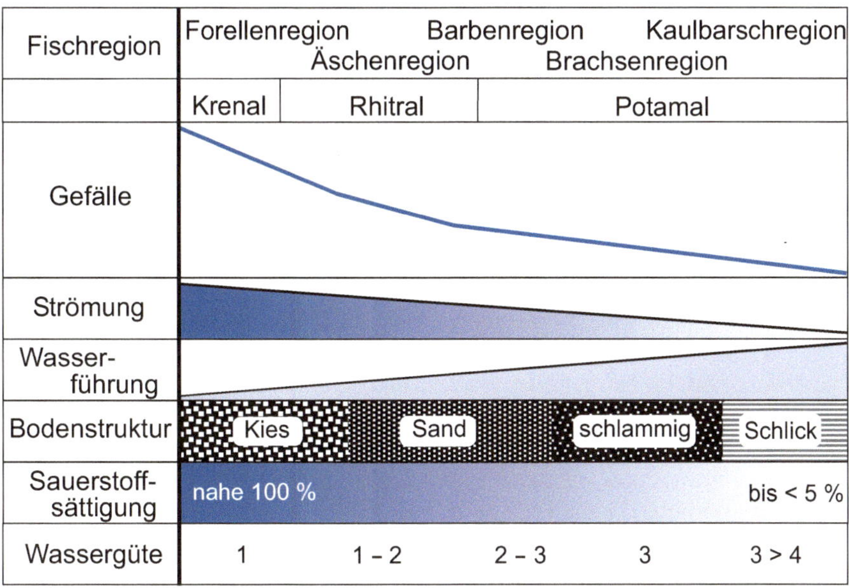



**Abb. 13.9** Zonierung eines Fließgewässers im Längsverlauf mit abiotischen Faktoren und bioti-schen Faktoren zu den einzelnen Gewässerabschnitten.

Fließgewässer sind durch Strömung gekennzeichnet. Darauf baut das „Fließgewässer-Kontinuumskonzept" auf. Dennoch lassen sich verschiedene Flussabschnitte mit typischen Arten unterscheiden.

**Tab. 13.3** Fischarten in den Regionen eines Fließgewässers im Längsverlauf

| Forellenregion | Äschenregion | Barbenregion | Brachsenregion | Kaulbarschregion |
|---|---|---|---|---|
| **Bachforelle** | **Äsche** | **Barbe** | **Brachse** | **Kaulbarsch** |
| Groppe, Elritze, Schmerle | Forelle, Döbel, Nase | Nase, Hasel, Rotfeder, Barsch, Zander | Karpfen, Rotauge, Wels, Schleie, Hecht, Aal | Flunder, Stint |

Beginnt man bei der Quelle eines Fließgewässers, so kommt man über den Oberlauf, den Mittellauf und den Unterlauf zur Mündung. In den Oberläufen der Gebirgsregionen herrschen aufgrund des Gefälles eine starke Strömung und gute Sauerstoffverhältnisse, allerdings auch eine starke **Erosion** (Abtransport von Bodenmaterial). Es findet keinerlei Sedimentation von feinen Partikeln statt. Die Gewässersohle ist steinig und teilweise mit größeren Felsbrocken belegt. Hier finden wir Organismen, die einen hohen Sauerstoffbedarf aufweisen und an die starke Strömung optimal angepasst sind. Typische Vertreter der Fischfauna sind die Bach-forelle und die Äsche.

Im Mittellauf nimmt das Gefälle und damit auch die Strömung ab. Dadurch verliert der Fluss an Schleppkraft, und es kommt zu einem Gleichgewicht zwischen Erosion und Sedimentation. Dies wiederum ermöglicht z. B. die Entstehung von Kiesbänken, die aber immer wieder verlagert werden. Durch die Ausbildung von vielfältigen Kleinlebensräumen durch Kies, Steine, Sand und Totholz beobachten wir eine hohe Artenvielfalt.

Im Unterlauf bis zur Mündung ist das Gefälle gering. Hier überwiegen Sedimentationsvorgänge, wodurch die Gewässersohle mit feinem Substrat bedeckt ist. Somit können sich hier Wasserpflanzen, aber auch Phytoplankton gut entwickeln.

Fließgewässer zeichnen sich durch eine deutlich sichtbare Vielfalt an Strukturen aus: Langsam und schnell fließendes Wasser wechseln sich ständig ab; Totholz, Sandbänke, Inseln, bewachsene Flächen und Stromschnellen sorgen für ständige Veränderungen. Auch zeitlich betrachtet finden fortwährend Veränderungen statt: Der Wasserspiegel steigt und fällt, die Gewässersohle wird verändert, Substrate werden verlagert, der Bach ändert seinen Lauf! Fließgewässer sind also durch eine hohe und natürliche Dynamik ausgezeichnet. Und sie sind in der Lage, eingetragene Verunreinigungen umzusetzen – sie sind zu einer Selbstreinigung fähig.

### 13.4.3  Marine Gewässer

Mehr als 70 % der Erdoberfläche sind von Meer bedeckt. Schon deshalb sind die marinen Ökosysteme immens wichtig und haben unter anderem großen Einfluss auf das Klima. Die Nutzung und Gestaltung z. B. von Küsten und Häfen müssen daher immer auch unter dem Gesichtspunkt der Nachhaltigkeit geschehen, was die möglichst genaue Kenntnis und ständig weitergehende Forschung erfordert. Es zeigt sich, dass einzelne marine Ökosysteme einerseits besonders produktiv und reichhaltig – was die Biodiversität angeht –, andererseits aber enorm empfindlich und kritisch bedroht sind. Gerade solche Ökosysteme werden in der folgenden Auswahl besprochen.

### Korallenriffe

Korallenriffe gehören zu den artenreichsten und farbenprächtigsten Lebensräumen auf der Erde. Was die Regenwälder für die Landfläche sind, das sind die Korallenriffe für die Meere: **Biotope** mit der höchsten **Biodiversität**. Zwar leben mehr Arten in den Regenwäldern, doch in den Riffen kommen weit mehr Vertreter aus fast allen Großgruppen vor. So gibt es dort etwa eine Million Arten an Tieren, Pflanzen und Mikroorganismen. Aber auch Kleinlebensräume mit unzähligen Nischen zeichnen die Korallenriffe aus und machen sie zu einem Ort der Ausbildung neuer Arten. Korallenriffe sind aber auch gleichzeitig die Nahrungsgrundlage Millionen von Menschen, und sie sorgen für Schnorchel- und Tauchtourismus. Durch die hohe Artenanzahl sind Konkurrenzsituationen um den Platz im Riff zwischen den verschiedensten Arten unvermeidbar und resultieren in ausgeklügelten und hocheffizienten Verteidigungsstrategien, z. B. mit Giften. Diese Substanzen bilden die Grundlage für zahlreiche Experimente, wertvolle chemische Leitstrukturen zur

Entwicklung neuer Medikamente zu gewinnen. Doch wer baut die Korallenriffe? Wie funktionieren diese mächtigen Unterwasserlandschaften?

 Korallenriffe sind Biotope mit der höchsten biologischen Vielfalt (Biodiversität).

## Korallen – Baumeister der Riffe

Die riesigen Ökosysteme Korallenriffe werden zum überwiegenden Teil von winzigen **Nesseltieren** (▶Kap. 12.3.2) aufgebaut. Entscheidend für die Erzeugung des steinharten und riffbildenden Kalks ist die **Symbiose** von mikroskopisch kleinen **Algen** mit den Korallen (Abb. 13.10).

Ein **Korallentier** ist ein meeresbewohnendes, wirbelloses Tier (Invertebrata = Tiere ohne stützende Wirbelsäule). Innerhalb der Nesseltiere (Cnidaria) gehört es zu der Gruppe der Blumentiere (Anthozoa). Vertreter dieser Gruppe sind dadurch gekennzeichnet, dass sie mit einer Seite des Körpers festsitzen und auf der anderen Seite eine Öffnung besitzen, die sowohl als Mund als auch als After dient. Ihr Skelett kann stein-, horn- oder lederartig ausgebildet sein.

Zu unterscheiden sind zwei grundlegende Korallengruppen: die hermatypischen oder riffaufbauenden Steinkorallen und die ahermatypischen Korallen, die kein festes Gerüst aufbauen. Zu ihnen zählen die Weichkorallen.

**Korallen sind Nesseltiere**

Bei den Nesseltieren (▶Kap. 12.3.2) gibt es vier Klassen: Hydrozoen (Hydrozoa), Würfelquallen (Cubozoa), Schirmquallen (Scyphozoa) und Blumentiere (Anthozoa). Hydrozoen bilden meist sehr kleine Polypen (unter 1 cm), Geschlechtstiere sind Medusen (nicht bei allen Arten). Der Süßwasserpolyp *Hydra* gehört zu den Hydrozoen. Würfelquallen bilden meist kleine Polypen aus. Einige Arten, wie die sogenannten Seewespen, sind gefährlich. Von ihnen genesselt zu werden, kann lebensgefährlich sein. Schirmquallen haben meist kleine Polypen und große Quallen. Beispielarten sind Ohrenquallen und Kompassquallen. Anthozoen bilden nur Polypen aus. Die Seeanemonen gehören zu den Anthozoen.

Die Korallen gehören zu den Anthozoen. Am Querschnitt leicht zu unterscheiden sind die Octocorallia (mit acht Septen/Querwänden) und die Hexacorallia (mit sechs Septen).

Im Gegensatz zu den Hydrozoen und den Würfelquallen kommen bei den Blumen- oder Korallentieren nur **Polypen** vor. Nach der Anzahl der inneren Scheidewände (Septen; Abb. 13.10) werden unterschieden: 1) die achtstrahligen Korallen

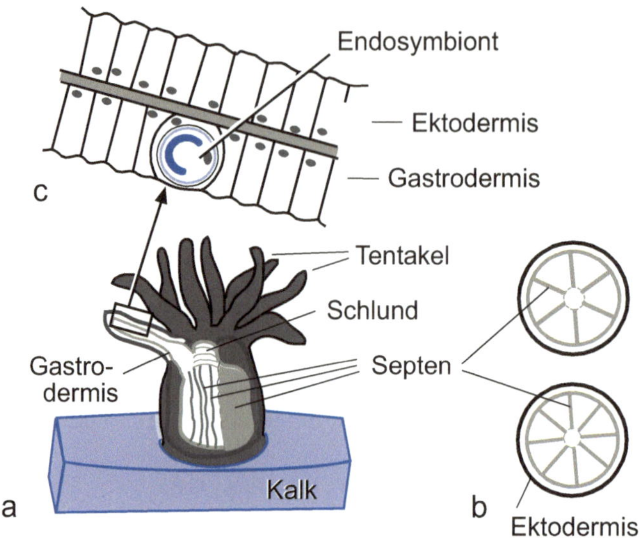


**Abb. 13.10** Aufbau einer Koralle. (a) Korallenpolyp (angeschnitten) auf dem Kalkskelett. (b) Querschnitt durch einen Octocorallia-Polyp (unten) und einen Hexacorallia-Polyp (oben). (c) Gastrodermis (mit Symbiont) und Ektodermis.

(Octocorallia) mit acht Septen und acht gefiederten Tentakeln, die stets koloniebildend sind; 2) die sechsstrahligen Korallen (Hexacorallia) mit Septen oft in Sechszahl oder einem Vielfachen.

Als Vertreter der Octocorallia seien die Hornkoralle, die Orgelkoralle und die Edelkoralle genannt. Zu den Hexacorallia gehören neben der Vielzahl der Steinkorallen (die „Riffbaumeister") auch die Pferdeaktinien, die Zylinderrosen und die Schwarze Koralle.

Der Körper der Koralle wird als Polyp bezeichnet und stellt eine hohle, mehr oder weniger sackartige Struktur dar. Mit einem Körperende sitzt er fest auf dem Untergrund, am anderen Körperende – dem freien oberen Ende – befindet sich die Mundöffnung. Diese ist von Nesselkapseln bewehrten Tentakeln umstanden, die zum Beutefang (siehe Abb. 12.6) eingesetzt werden. Korallen ernähren sich hauptsächlich von Planktonorganismen. Im Inneren des sackartigen Körpers eines Korallenpolyps befindet sich der Magen, in dem die Verdauung stattfindet. Die Polypen der Steinkorallen entnehmen aus dem Meerwasser gelöste Calcium- und Bicarbonationen und verwenden diese, um ein hartes Kalkskelett aus Calciumcarbonat (Kalk) aufzubauen. Dieses dient als Schutz vor Fressfeinden.

> **Plankton**
> Als Plankton bezeichnet man die Gemeinschaft der im Wasser suspendierten Organismen, die passiv durch Wind und Strömung über die Meere verdriftet werden. Meist sind dies winzig kleine, mit dem bloßen Auge nicht sichtbare Organismen, wobei die Größe nicht das Plankton-Kriterium ist. Je nach den Bestandteilen unterscheidet man Phytoplankton (pflanzliches Plankton; winzige Algen) von Zooplankton (tierisches Plankton; winzige Krebse bis hin zu großen Quallen).

Entstehung des Kalks

Korallen sind typische Konsumenten, die jedoch in ihre Zellen Produzenten aufgenommen haben. Innerhalb der Zellen (Gastrodermis- bzw. Entodermzellen) eines Polyps leben mikroskopisch kleine Algen. Es sind grüne Dinoflagellaten als **Endosymbionten**, die auch bei Kalkbildung eine Rolle spielen. Die Symbionten leben in einer Symbiose mit den Korallen. Diese einzelligen Algen (**Zooxanthellen**) erhalten von der Koralle die für ihren Stoffwechsel notwendigen anorganischen Nährstoffe; die Algen versorgen den Polyp über die Photosynthese mit Sauerstoff und Kohlenhydraten. Außerdem verbrauchen die Zooxanthellen $CO_2$ und beschleunigen damit die Kalkabscheidung und die Riffbildung (Abb. 13.11).

Nebenbei bemerkt sind die Zooxanthellen mit ihren Pigmenten und Chlorophyll auch für die Farbe der Korallen verantwortlich. Die Farbe der Korallen ohne Endosymbionten ist ein helles Weiß (Kalk) und kann in bestimmten Stresssituationen der Riffe, z. B. bei länger andauernden erhöhten Wassertemperaturen, als **Korallenbleiche** (*coral bleaching*) beobachtet werden.

Fortpflanzung und Vermehrung der Korallen

Korallen können sich sowohl geschlechtlich als auch ungeschlechtlich vermehren (siehe Abb. 12.6). Die sexuelle Vermehrung findet mit der Freisetzung der Geschlechtsprodukte (Eier und Spermien) ins Wasser statt. Die Spermien befruchten die Eier, und es entsteht ein bewimperte Larve (**Planula**). Diese treibt im Wasser, bis sie sich auf dem harten Grund festsetzt und sich daraus der Polyp bildet. Über das Verdriften der Larven ist es den Korallen möglich, neue Lebensräume zu besiedeln.

Zur ungeschlechtlichen Fortpflanzung kommt es über Knospungen. Ein adulter Polyp verdoppelt sich unter Ausbildung eines neuen Polypen, der dem ursprünglichen (elterlichen) Gewebe aufsitzt. Werden konstant neue Polypen durch Knospung gebildet, entsteht eine Korallenkolonie.

Vorkommen von Korallen

Die meisten Korallenriffe liegen zwischen dem Wendekreis des Krebses (20° nördlicher Breite) und dem Wendekreis des Steinbocks (20° südlicher Breite). Es lassen sich drei große Riffprovinzen unterscheiden: Indopazifik (Polynesien, Australien),

$$2H_2O + 2CO_2 \rightarrow 2H^+ + 2HCO_3^-$$

$$Ca^{++} + 2HCO_3^- \rightarrow CaCO_3 + H_2O + CO_2$$

**Abb. 13.11** Das Kohlendioxidgleichgewicht. Vereinfacht entsteht der Kalk aus Kohlendioxid, Wasser und gelöstem Calcium.

Westatlantik (Florida, Bahamas, Karibik, Golf von Mexiko) und Rotes Meer (zwischen Afrika und Saudi-Arabien).

Mehrere Faktoren sind für diese Verbreitung verantwortlich. Wichtig ist zunächst die Temperatur. Die meisten Korallenarten gedeihen bei Wassertemperaturen zwischen 26 °C und 27 °C, also in einem sehr engen Temperaturbereich. Damit zählen die Steinkorallenarten zu **stenothermen Arten**, genauer noch zu warmstenothermen. Auch die Endosymbionten sind anspruchsvoll und benötigen viel Licht, weshalb die Korallen bevorzugt im flachen, lichtdurchfluteten Wasser gut gedeihen. Des Weiteren vertragen die Korallen nur wenig Schwebstoffe und Sedimentaufwirbelungen im Wasser. Diese Faktoren führen dazu, dass vor den großen Flussmündungen wie der des Amazonas, aber auch an den Westküsten der Kontinente, wo kalte, nährstoffreiche Strömungen aufsteigen, keine Korallenriffe vorkommen.

Eine Ausnahme soll hier aber nicht unerwähnt bleiben: Steinkorallen und ihre Riffe kommen nicht nur in tropischen Breiten vor. Auch in hohen Breiten (Norden) gibt es in mehreren Hundert Meter Wassertiefe Kaltwasserkorallenriffe. Diese von speziellen Steinkorallenarten (Gattung *Lophelia*) gebildeten, heckenartigen Riffe erstrecken sich z. B. von der Iberischen Halbinsel bis zum Nordkap in einer Tiefenrinne zwischen 200 und 600 m Wassertiefe. In norwegischen Fjorden werden Kaltwasserkorallenriffe bereits in geringen Tiefen von etwa 60 m beobachtet.

### Rifftypen und Zonen im Riff

Man kann nach ihrem Aussehen und ihrer Entstehungsgeschichte prinzipiell vier verschiedene Riffformen unterscheiden: Saumriffe, Barriereriffe, Atollriffe und Plattformriffe. Die ersten drei Formen entstehen an einem Küstenprofil, das nicht zu steil aus dem Meer aufsteigt und Korallenstücken genügend Platz zum Wachsen und Gedeihen gibt. Bis aus einer Wassertiefe von maximal 60 m wachsen Riffstrukturen bis zur Wasseroberfläche und bilden einen Korallenfelsen vor dem eigentlichen Ufer. Landseitig ist das Korallenwachstum durch zu starke Sedimentation oder durch zu hohe Wassertemperaturen begrenzt. Zwischen dem eigentlichen Riff und dem Ufer kann, je nach Küstenprofil, ein unterschiedlich ausgedehnter Zwischenraum entstehen, dessen Ausdehnung für die Zuordnung zu einem entsprechenden Rifftyp entscheidend ist. Ist nur eine Lagune ausgebildet, spricht man von einem Saumriff. Ist der Zwischenraum tief und nicht Bestandteil des Riffes, so spricht man von einem Barriereriff (Abb. 13.12). Die oft kreisförmigen Korallenriffe des Pazifiks und des Indopazifiks werden als Atolle bezeichnet. Die vierte Form, das Plattformriff, entsteht an einer Untiefe, und damit wird das Wachstum nicht durch eine Landmasse begrenzt.

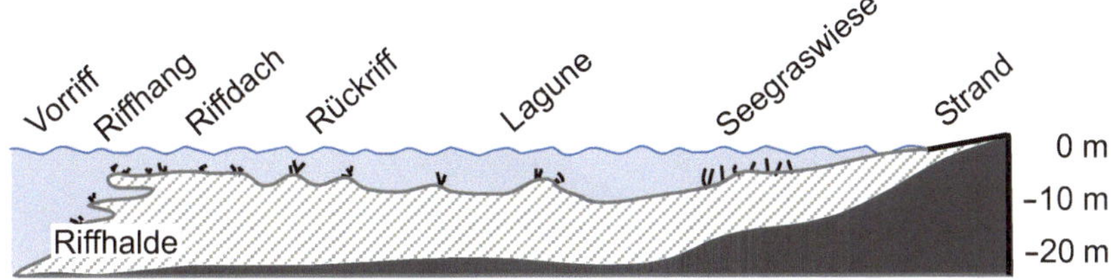


**Abb. 13.12** Zonierung eines Barriereriffes.

Ein Saumriff lässt sich vereinfacht in folgende Abschnitte unterteilen: Unmittelbar vor dem Strand ist häufig eine Rinne ausgebildet, der Uferkanal. Durch diesen kann das durch die Brandung in die Lagune drückende Wasser seitlich abfließen. An diesen Kanal schließt sich eine Lagune an, die durch strömungsarme Sedimentflächen mit vereinzelt großen Korallenblöcken gekennzeichnet ist. Es kann zur Ausbildung von Seegraswiesen kommen. Mit dem höchsten Abschnitt eines Saumriffes, der Riffkrone, haben wir auch gleichzeitig den artenreichsten Abschnitt erreicht. Dieser zeichnet sich durch ein ausgeprägtes Graben- und Tunnelsystem aus. Über den Riffhang fällt das Saumriff in tiefere Bereiche ab. Am Fuße des Abhangs finden wir die Riffhalde, die als eine Ansammlung von Bruchmaterial aus dem Riff beschrieben werden kann.

**Mangroven**

Mangrovenwälder können an vielen Küsten tropischer und subtropischer Regionen beobachtet werden. Sie liegen in der Zone zwischen Ebbe und Flut und gehören zu den produktivsten Ökosystemen der Welt. Sie fungieren als Kinderstube für viele Fischarten, beherbergen eine große Artenvielfalt und sind ein wichtiger natürlicher Küstenschutz gegen Erosion und Stürme.

Der Begriff Mangrove umfasst keine systematisch einheitliche Gruppe von Bäumen, sondern es handelt sich um immergrüne und salztolerante Bäume und Sträucher. Durch die hohe Verdunstung kommt es zu wechselnden Salzgehalten, an die sich die Mangroven optimal angepasst haben. Über Salzdrüsen auf den Blättern, eine verminderte Aufnahme von Salz über die Wurzel, ein Abwerfen von Blättern, in denen Salz angereichert ist, und über eine Einschränkung der Transpiration können Mangrovenbäume den Salzstress minimieren. Mit einem charakteristischen Wurzelgeflecht sind Mangrovenpflanzen im meist lockeren und schlammigen Untergrund fest verankert. Gerade in den Schlamm- und Schlickböden herrscht teilweise extremer Sauerstoffmangel. Bei einigen Arten sind Stelzwurzeln vorhanden, die zusätzlich mit Luftporen ausgestattet sind und als Atmungsorgane dienen.

Mangroven beherbergen eine ihnen typische Fauna und Flora. Dazu gehören Winkerkrabben, Schnecken und Muscheln sowie eine große Vielzahl von Jungfischen. Am bekanntesten sind sicherlich die Mangrovenqualle (-meduse) und ein amphibisch lebender Fisch, der Schlammspringer.

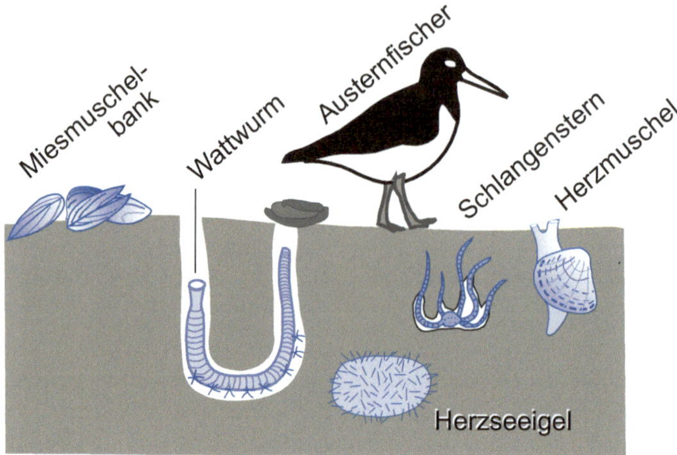


**Abb. 13.13**  Lebewesen im Watt. (Der Austernfischer ist um den Faktor 2 zu klein gezeichnet.)

## Wattenmeer

In Europa stellt das Wattenmeer ein außerordentlich produktives und dynamisches Ökosystem dar. Größenmäßig zwar mit den Riffen der Welt nicht zu vergleichen, ist es dennoch für die Nordsee und die Anreinerküste enorm wertvoll. Für die Nordsee bildet das Wattenmeer eine Brutstätte für Plankton und Fischbrut, und es ist ein Ökosystem hohen Stoffumsatzes und hoher Flexibilität bei verschiedensten Stresssituationen.

Das Wattenmeer ist sehr flach, sein Wasserstand ändert sich mit den Gezeiten (**Gezeitenhub**). Dadurch und durch den Zufluss aus Elbe und anderen Flüssen wird es ständig ausgetauscht. Aus der Not eine Tugend machend lebt ein Großteil der Wirbellosen im Sand bzw. Schlick (Abb. 13.13). Trotz des oft großen Nährstoffeintrags führen Gezeitenbewegung und Wellengang zu hohem Sauerstoffgehalt und großem Stoffumsatz. So liegt die Artenzahl des Wattenmeeres unter Einschluss der Ästuare mit ihren weiten Brackwasserbereichen bei 5000 Arten – nicht vergleichbar den Riffen, aber gerade auch hinsichtlich der Abundanzen sehr hoch. An den stetigen Wechsel – Trockenfallen und Überschwemmung, Sauerstoffarmut und Sauerstoffreichtum usw. – haben sich die vielen Arten hervorragend angepasst. So kann z. B. der Wattwurm *Arenicola marina* zwischen aerobem und anaerobem (sauerstofffreiem) Stoffwechsel umschalten. Miesmuscheln (*Mytilus edulis*) können sich im Sand verankern und riffähnliche Strukturen bilden. Vor allem für die unterschiedlich langschnäbeligen **Limikolen** (Watvögel wie Austernfischer, Großer Brachvogel, Säbelschnäbler), Möwen, Enten und Gänse, die ja als Vögel den Wasserstandsschwankungen augenblicklich folgen können, bietet das Watt Nahrung im Überfluss.

Über lange Zeiträume trocken liegen die Salzmarschen (Salzwiesen; Abb. 13.14), die aber mit erheblicher Nettoproduktion und dem Eintrag organischen Materials während der zeitweiligen Überflutungen auch bedeutender Teil des Ökosystems

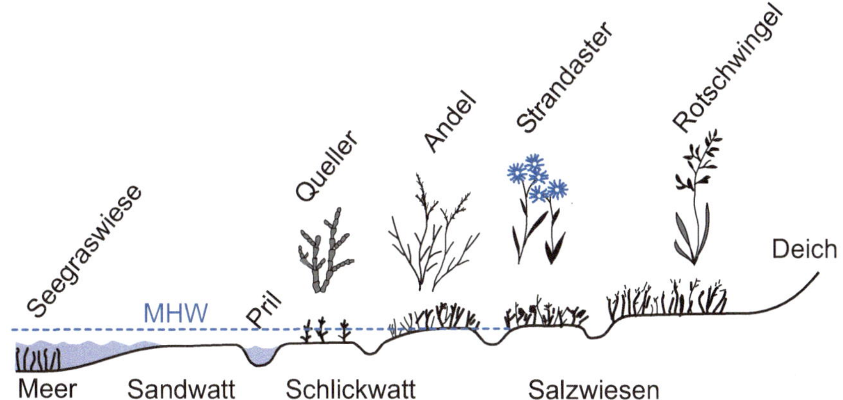


**Abb. 13.14** Profil von Watt und Salzmarschen. MHW = mittlere Hochwasserlinie. Flächen unter dieser Linie werden durchschnittlich zweimal in 24 Stunden überflutet.

Wattenmeer sind. Der hohe Salzgehalt führt dabei zu sehr spezieller Flora und Fauna.

Charakteristisch für das Wattenmeer ist die Dynamik bedingt durch regelmäßige, aber auch plötzliche Veränderungen, unter anderem klimatischer, geologischer und anthropogener Natur. Neben der Tagesrhythmik der Gezeiten und des Lichtes spielen Veränderungen von Sandbänken und Küstenformen eine Rolle, die der Jahresrhythmik oder längerer Zeiträume folgen. Populationsschwankungen von Bakterien, Algen, wirbellosen Tieren, Fischen, aber auch wandernden oder stationären Vogelschwärmen und selbst Säugern (Seehunde) sind die Folge. Das Ökosystem mit seinen vielfältigen Nahrungsnetzen ist enorm dynamisch und komplex. Nicht zuletzt über den Einfluss auf rastende Zugvögel haben Veränderungen im Wattenmeer Auswirkungen weit über Westeuropa hinaus.

Trotz seiner Dynamik und Vielfalt ist das Ökosystem Wattenmeer empfindlich. Durch hohen Nährstoffeintrag in das relativ kleine Volumen der Nordsee mit ihrer geringen Tiefe (durchschnittlich 100 m) sind die Wasserqualität und damit auch die Fischpopulationen erkennbar gefährdet. Ölverschmutzungen bedrohen besonders das Wattenmeer, das als Brutstätte essenzielle Bedeutung hat. Hier können die Schutzmaßnahmen an der Küste nur begrenzt vorsorgen.

## 13.5 Umweltbiologie und Naturschutz

Ohne den Menschen wäre Deutschland überwiegend von Wald bedeckt. Vom Norden bis in den Süden Deutschlands würden Buchenwälder vorherrschen, teilweise auch Eichenwälder. In den Tiefebenen Deutschlands würden sich um die Flüsse Auen aus Weiden und Pappeln bilden. An diese Weichholzauen würden sich Hartholzauen mit Esche, Eiche und Kiefer anschließen. In den Überschwemmungsgebieten würden viele Tiere wie z. B. der Biber vorkommen. Durch die Dynamik und ständig schwankende Wasserstände würden die Wiesen und Waldgebiete ständig wechseln.

Unsere Landschaft wurde und wird durch den Menschen geprägt. Die Nutzung der Landschaft und ihrer einzelnen Elemente, der Biozönosen und Ökosysteme, hat zu starken Veränderungen und schließlich zu einer Übernutzung der natürlichen Ressourcen geführt. Die ursprüngliche Natur wurde zurückgedrängt oder gar vernichtet. Das überexponentielle Wachstum der Bevölkerung hat hierzu ebenfalls einen erheblichen Beitrag geleistet.

Der Druck auf die Umwelt steigt ständig, und die damit einhergehenden Veränderungen erfolgen zeitlich und räumlich in so kurzen Abständen, dass die ursprünglich vorhandene Flora und Fauna nicht in der Lage ist, adäquat zu reagieren und sich anzupassen. In den letzten Jahrhunderten wurden immer mehr Arten, Artengemeinschaften und ihre Lebensräume in ihrer Existenz bedroht oder gar ausgerottet.

Daraus ist ein Interesse am **Naturschutz** erwachsen, Aktivitäten zur Erforschung und zum Erhalt lebensfähiger Ökosysteme. Aber nicht nur die Natur muss geschützt werden, sondern auch der Mensch selbst und seine Lebensgrundlage sind zunehmend gefährdet. Besonders auch durch die Verschmutzung der Weltmeere und die Veränderung der Atmosphärenchemie erreicht die Gefährdung globale Ausmaße.

Im Zusammenhang mit Naturschutz werden häufig deckungsgleich vier Worte benutzt: Ökologie, Umweltschutz, Naturschutz und Tierschutz.

Den Begriff **Ökologie** haben wir zu Anfang dieses Kapitels bereits definiert; es handelt sich um eine Naturwissenschaft, die untersucht, wie die Populationen von Pflanzen und Tieren, aber auch Mikroorganismen miteinander in Wechselwirkung stehen. Es ist eine wertfreie Arbeit, es geht um das Funktionieren der Ökosysteme.

**Naturschutz** basiert auf diesen Grundlagen der Ökologie. Weitere Grundlagen wie etwa sozioökonomische Faktoren müssen ergänzend in Betracht gezogen werden. Nicht alles, was sich Naturschutz nennt, ist Naturschutz. Auch gilt es, die entscheidende Frage „Was wollen wir schützen?" eindeutig zu beantworten.

Mit dem Naturschutz verwechselt wird häufig der Tierschutz, der, obwohl unbestritten notwendig, eigentlich nur wenige Berührungspunkte mit dem Naturschutz hat. Wird der Tierschutz in einer extremen Form betrieben (Tierbefreiungsaktionen), so kann er auch naturschutzfeindliche Auswirkungen haben.

Im Bereich des **Umweltschutzes** geht es heute vor allem wegen technischer Anwendungen um die Begrenzung von Umweltschäden bzw. um die Minimierung der Schäden. Versucht der Naturschutz die ökologischen Prozesse zu erhalten, die für ein Funktionieren von Biozönosen und Ökosystemen unerlässlich sind, so versucht der Umweltschutz, mit technischen Hilfsmitteln diese Systeme zu erhalten bzw. – nach bereits erfolgter Störung – zu korrigieren.

Was wollen wir schützen? Als ein relativ neues und umfassendes Konzept kann hier der Schutz der **Biodiversität** angesehen werden. Es werden also sowohl die Arten, die Populationen, die Gene und Lebensräume als auch letztlich der Mensch darin eingeschlossen. Durch den Schutz der für bestimmte Arten notwendigen Lebensräume werden der Erhalt und die Entwicklung von Art und Populationen möglich. Der Schutz einer einzelnen Art hat demgegenüber eher den Charakter einer Alibifunktion oder einer Notmaßnahme. Nur der effektive Schutz der notwendigen

Lebensräume kann verhindern, dass die in ihm lebenden Arten selten werden oder schließlich gar aussterben.

Eine häufig angewandte Praxis im Naturschutz ist die „Nutzung" von **Flaggschiffarten**. Dabei handelt es sich um auffällige Arten von hohem Prestige- oder Öffentlichkeitswert, die kennzeichnend für bestimmte Ökosysteme sind. Dazu zählen Großer Panda, Tiger, Nashörner, Menschenaffen, Bartgeier, Wale, Orchideen und Elefanten. Diese Arten lassen sich werbewirksam einsetzen und eignen sich oftmals gut zur Durchsetzung bestimmter arterhaltender Maßnahmen. Da diese Arten häufig einen hohen Raumbedarf haben (Migration), erfolgt durch ihren Schutz auch die Unterschutzstellung großer Gebiete und damit der gleichzeitige Schutz vieler anderer Arten, die in diesem Gebiet ebenfalls vorkommen.

Gehen wir von dem Konzept der Biodiversität aus, so enthält dies auch den Ansatz, dass biologische Arten einen Wert haben, der sich unter anderem finanziell messen lässt. Ökosysteme erbringen für den Menschen Leistungen, ökonomisch relevante Leistungen, die anders nur schwer zu erbringen sind. Umgekehrt hat der Verlust von Arten und Ökosystemfunktionen daher gravierende, negative Konsequenzen und sollte schon deshalb unbedingt verhindert werden. Für die weltweiten Ökosystemfunktionen wurde ein Wert von insgesamt 33 000 Milliarden Dollar ermittelt! Jährlich! Dabei wurden z. B. der Nutzen von Kulturpflanzen und Haustieren, aber auch der Wert des jagdbaren Wildes, des Rohstoffes Holz oder der Wert der Arzneipflanzen berücksichtigt.

Ökosysteme vollbringen Leistungen, ohne die menschliches Leben nicht denkbar wäre und die beim Wegfall der Ökosysteme auf andere Weise erbracht werden müssen. Zu den zentralen Ökosystemleistungen gehört die Regulation verschiedenster Parameter, beispielsweise des Gashaushalts der Erde, die Steuerung des Klimas, die Produktion von Biomasse, die Regulation des Wasserhaushalts und die Versorgung mit Wasser, die Bodenbildung und die Erosionskontrolle sowie die Aufrechterhaltung von Nährstoffzyklen und die Gewährleistung der Abfallentsorgung. Organismen liefern aber auch eine Fülle von Anregungen für technologische Entwicklungen durch ihre evolutive Optimierung in Aufbau und Funktionen (**Bionik**) und fordert geradezu zur Nachahmung heraus (**Biomimetik**). Dies ist für Technik und Zivilisation, aber auch für die nachhaltige Nutzung und den Schutz der Natur immens wichtig.

Biodiversität umfasst viele verschiedene Ebenen; Biodiversität ist auf vielen Ebenen bedroht! Die größte Bedrohung für die Biodiversität entsteht durch die Übernutzung, Umwandlung, Fragmentierung und schließlich durch die Vernichtung ganzer Lebensräume. Besonders auffällig und gut sichtbar sind hier Waldrodungen. Aber auch unter der Wasseroberfläche ist z. B. die Biodiversität der Korallenriffe durch die Versauerung und Erwärmung der Meere bedroht.

Arten und ihre Entstehung stehen in einem evolutionären Kontext, bei dem die räumliche Trennung eine wichtige Rolle spielt. Dadurch sind natürlicherweise Arten auf ein bestimmtes Verbreitungsgebiet beschränkt. Hier sind sie entstanden oder mit eigenen Mitteln dorthin gelangt. Durch die Mitwirkung des Menschen können Arten aber über diese biogeografischen Barrieren hinweg verbreitet werden und so in Gebiete gelangen, die sie ansonsten nie erreichen könnten. In den letzten

Jahrzehnten tauchten immer mehr nichteinheimische (gebietsfremde) Tier- und Pflanzenarten z. B. in Europa auf. Oftmals gelingt es den neuen Arten (**Neobiota**) nicht, sich erfolgreich auszubreiten und eine sich selbst erhaltende Population zu bilden. Gründe hierfür können sein, dass der neue Lebensraum ungeeignet oder die Konkurrenz durch einheimische Arten zu groß ist. Einige nichteinheimische Arten schaffen es aber, eine selbstständige Population zu entwickeln, und können dadurch die einheimische Biodiversität beeinträchtigen und schädigen. Diese Arten werden als **invasive Arten** bezeichnet.

Die treibende Kraft für die zunehmende Ausbreitung von nichteinheimischen und invasiven Arten ist die Globalisierung. Weltweit wird immer mehr transportiert, auf den Wasserwegen wie auch auf dem Land, zumal entlang der großen Verkehrsstraßen. Als Beginn der Globalisierung wird häufig die Entdeckung Amerikas durch Kolumbus 1492 angenommen. Daraus ergeben sich folgende Definitionen: Wurden Pflanzen nach 1492 eingeschleppt, nennt man sie **Neophyten** (Neophyta). Bei Tieren spricht man von **Neozoen** (Neozoa, Neozoon), als Überbegriff für Tiere und Pflanzen wird **Neobiota** verwendet.

# Evolutionsbiologie 14

Seit die augenblickliche Klimaveränderung zu immer wärmeren Sommern führt, erscheinen bei uns von manchen Zugvögeln vermehrt Frührückkehrer. Ob sie den Wetterbericht gelesen haben? Wohl nicht. Frührückkehrer gab es immer schon. Meist sind sie verhungert oder erfroren, aber jetzt bringt so ein Verhalten Erfolg. Die Frührückkehrer können die besten Brutreviere besetzen und haben dadurch relativ mehr Nachkommen. Immer sind die Umweltbedingungen für den Fortpflanzungserfolg kritisch. Per Selektion wird entschieden, welches (genetisch bedingte) Verhalten sich in der Population durchsetzt.

Ein Ergebnis der Evolution ist die Entstehung der Vielfalt in der Stammesgeschichte der Lebewesen. Immer wieder sind dabei neue Arten entstanden. Waren die Unterschiede zwischen zwei – z. B. eiszeitlich getrennten – Populationen einer Art so groß geworden, dass sich die Individuen auch bei erneutem Aufeinandertreffen nicht mehr fortpflanzen konnten, sind getrennte Arten entstanden. Trennung von Populationen führt auch jetzt noch zur Bildung neuer Arten. Verhaltensunterschiede können die Paarbildung verhindern, etwa wenn der Gesang oder das Balzverhalten gegenseitig nicht mehr verstanden wird. So wurden Sprosser und Nachtigall eiszeitlich getrennt. Gelegentlich paaren sie sich noch, aber dann sind nur die Söhne solcher Paare noch fortpflanzungsfähig. Die beiden sogenannten Schwesterarten sind offenbar genetisch getrennt.

Was führt aber zu Änderungen in Verhalten, Aussehen oder auch im Stoffwechsel? Bei gleichbleibenden Umweltbedingungen bleibt das Spektrum der Erscheinungsformen (Phänotypen) einer Population gleich; (etwa aufgrund von Mutationen) veränderte Individuen vermehren sich kaum. Unter neuen Umweltbedingungen haben sie möglicherweise plötzlich eine Chance, relativ mehr Nachkommen zu bekommen als die Masse. Jetzt stellen sich vielleicht Mutationen, die zuvor sogar nachteilig waren, als vorteilhaft dar. Dabei ist es nicht wichtig, der Stärkste oder der Zufriedenste zu sein. „Gemessen" wird der Fortpflanzungserfolg, die Fitness. Ein (genetisch begründetes) Merkmal, das zu mehr Nachkommen führt, wird sich in der Population ausbreiten. Damit verändert sich das Spektrum der Phänotypen. Je nach Ausmaß von Umweltveränderungen verändert sich eine Art entweder nur wenig oder es entwickelt sich sogar eine neue Art. Eine solche Artbildung tritt oft dann auf, wenn etwa eine Teilpopulation (als sogenannte Gründerpopulation) in unbewohntes Gebiet gelangt, etwa auf eine Insel. Bekanntes Beispiel hierfür ist die Artentwicklung der Darwin-Finken auf den Galapagosinseln.

© Springer-Verlag GmbH Deutschland, ein Teil von Springer Nature 2012
H.-D. Görtz und F. Brümmer, *Biologie für Ingenieure*,
https://doi.org/10.1007/978-3-662-59608-1_14

Vielfältige Beobachtungen und Erkenntnisse liefern Indizien für eine stammesge-schichtliche Entwicklung der Lebewesen, in deren Verlauf eine Höherentwicklung und Diversifizierung stattgefunden haben. Dieser gesamte Prozess der Entwicklung der Lebewesen auf der Erde wird als (biologische) **Evolution** bezeichnet. Anderer-seits werden unter dem Begriff auch Teilvorgänge – etwa die Artentstehung – und die zugrunde liegenden Mechanismen verstanden. Diese Entwicklung kommt besonders im **Stammbaum** der Lebewesen zum Ausdruck (▶Kap. 8). Im Folgen-den sollen Indizien einer stammesgeschichtlichen Entwicklung besprochen und die wichtigsten Mechanismen der Evolution vorgestellt werden. Näher eingegangen wird schließlich auf die Evolution sozialer Verhaltensweisen und auf die Evolution des Menschen.

## 14.1  Entstehung der Lebewesen

Vor etwa 4,5 Milliarden Jahren entstand die Erde. Ihre besondere Zusammenset-zung, der große Eisenkern und das daraus resultierende Magnetfeld als Schutz vor Strahlung, die Position der Erde im Sonnensystem mit den Nachbarplaneten Jupiter und Saturn, die aufgrund ihrer großen Massen etwa viele Meteoriten wegfangen, der Reichtum unseres Planeten an Kohlenstoff und andere Besonderheiten tragen zu den Ausnahmebedingungen bei, die die Entstehung, Entwicklung und die Aufrecht-erhaltung von Lebewesen ermöglicht haben (Seyfried 2005).

Die Uratmosphäre – zusammengesetzt aus Stickstoff, Kohlendioxid, Methan, Schwefelwasserstoff und Wasserdampf – war reduzierend, enthielt keinen freien Sauerstoff. Unter den Bedingungen der frühen Erde, nach Erkalten der Oberfläche, dem Festwerden erster Gesteine und der Bildung von Meeren, entstanden einfache organische Verbindungen. Experimentelle Evidenz dafür konnte ein Experiment von Miller und Urey (1953) aufzeigen. In einem Gasgemisch aus $CO$, $CH_4$, $NH_3$, $H_2O$ und $H_2$, in dem elektrische Entladungen erzeugt wurden, waren nach einer Woche eine Reihe einfacher organischer Verbindungen entstanden, darunter Amei-sensäure, Formaldehyd, Milchsäure, aber auch Aminosäuren. Die abiotische (ohne Lebewesen) Bildung von Zuckern, Nucleotiden und **Nucleinsäuren** konnte eben-falls experimentell gezeigt werden.

In der ersten Zeit dürften sich als Nucleinsäuren zunächst **RNA**-Moleküle gebildet haben. Für RNA sind enzymatische Aktivitäten belegt. Die **Ribozyme** (Abb. 14.1), RNA-Moleküle bzw. Teile davon, fungieren z. B. bei der Prozessie-rung von mRNA und im Ribosom. **Proteine** sind wohl sekundär dazu gekommen, waren dann der RNA als Katalysatoren überlegen. Die Koppelung von Reaktions-zyklen – RNA-katalysierte Proteinsynthese und Protein-katalysierte RNA-Repli-kation – wird auch als **Hyperzyklus** bezeichnet, der ursprünglich von Eigen und Winkler (1976) als präbiotische Entwicklungsstufe vorgeschlagen wurde.

Nach Vorschlag von Wächtershäuser (1990) könnte das Leben an Oberflächen von Eisen-Schwefel-Mineralien entstanden sein, wo über die Reduktion von Eisen mit elementarem Wasserstoff die notwendige Energie für die Synthese einfacher organischer Moleküle zur Verfügung stand. Die positiv geladenen Oberflächen von

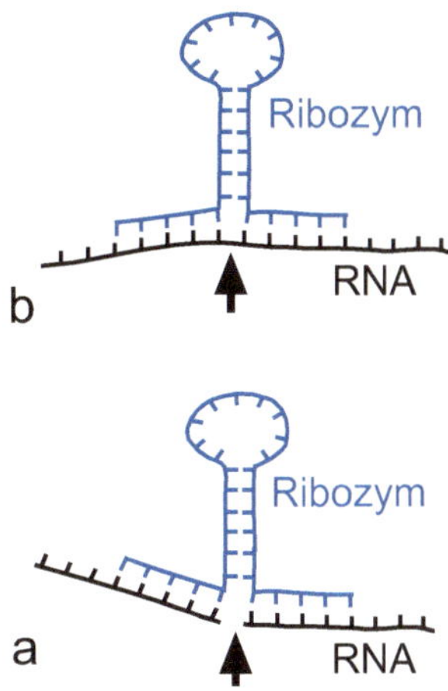

**Abb. 14.1** Ribozyme sind RNA-Moleküle mit katalytischer Aktivität. Sie können z. B. RNA-Moleküle schneiden und „splicen", d. h. (entfernte bzw. getrennte) Abschnitte eines RNA-Moleküls zusammenbringen bzw. verbinden (a → b). Auch die Peptidyltransferase der Ribosomen ist ein Ribozym.



Pyrit und anderen Eisen-Schwefel-Mineralien würde auch die Aggregation der eher negativ geladenen organischen Moleküle begünstigen.

Oparin (1938) beschrieb erste Überlegungen, wie sich durch Entmischung von positiv und negativ geladenen Makromolekülen sogenannte Koazervate bilden, die andere Substanzen einschließen und zellähnliche Strukturen bilden. Heute wird eher die Bildung von einfachen Reaktionsräumen aus proteinähnlichen Strukturen (Proteinoiden) und Vesikeln aus einfachen Lipiden (Protozellen) angenommen. Erste Zellen sind vermutlich vor mehr als 3,5 Milliarden Jahren aufgetreten. Schon in 3,5 Milliarden Jahre alten Schichten wurden cyanobakterienartige Gebilde nachgewiesen. Daraus haben sich die **Prokaryoten**, d. h. Archaea und Bakterien, entwickelt (▶Kap. 9).

Neue Möglichkeiten erschlossen sich mit der Energiegewinnung durch lichtabsorbierende Pigmente. Protonengradienten konnten für die Bildung energiereicher Verbindungen genutzt werden. Durch wasserspaltende **Photosynthese** gelangte freier Sauerstoff in die Atmosphäre. Der gesamte Sauerstoff auch unserer heutigen Atmosphäre stammt aus der Photosynthese. Erst der freie Sauerstoff macht die Oxidation organischer Verbindungen und den resultierenden Energiegewinn möglich.

Lange Zeit, bis vor etwa 1,5 Milliarden Jahren, gab es nur Prokaryoten. Entscheidender Schritt für die Entstehung von Eukaryoten war entsprechend der **Endosymbiontentheorie der Entstehung von Zellorganellen** (Abb. 14.2) die Aufnahme von Eubakterien durch eine Wirtszelle, für deren Abstammung von einem Archaebakterium es viele Hinweise gibt.

Mit Eubakterien und Archaeen, mehr noch mit der Entstehung der **Eucyte**, war die Basis für die stammesgeschichtliche Entwicklung und Höherentwicklung der Lebewesen gegeben. Besonders einige bald hinzugekommene Phänomene der Eukaryoten, z. B. die **Sexualität** und die **Vielzelligkeit**, haben zu einer enormen Höherentwicklung und Vielfalt geführt. Oft hat dabei das Erreichen neuer Komplexitätsstufen, etwa die Entstehung der Eucyte, zu entscheidenden Weiterentwicklungen geführt (▶Kap. 14.2.2).

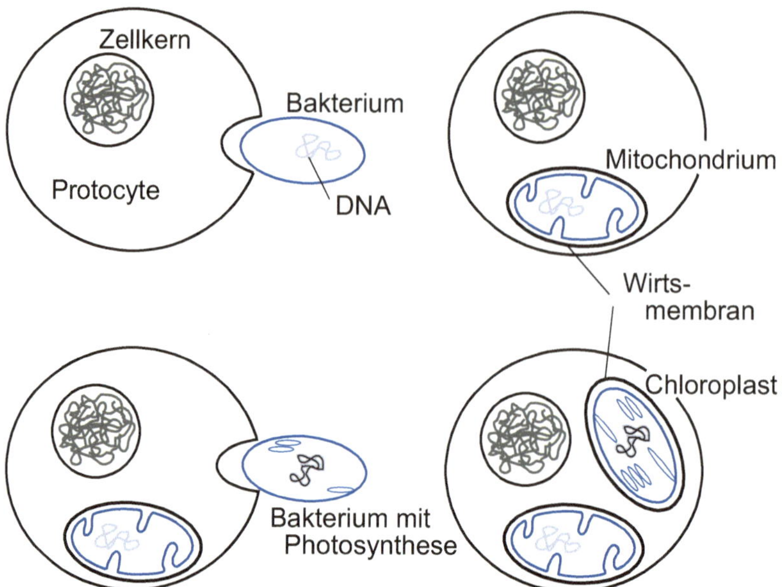


**Abb. 14.2** Endosymbiontentheorie. Entsprechend dieser Theorie sind Mitochondrien aus einem aeroben Bakterium entstanden, dessen nächste heute lebende Verwandte zu den α-Proteobakterien gehören. Chloroplasten sind dagegen aus einem Cyanobakterium hervorgegangen, das zur Photosynthese fähig war. Beide Zellorganellen haben zwei Membranen. Umstritten ist, ob die äußere der beiden Membranen tatsächlich von der ursprünglichen Endosomenmembran herrührt, während die innere jedenfalls eine typische Bakterienmembran ist. Beide Organellen, Mitochondrien und Chloroplasten, haben zudem eigene DNA und können bei Verlust dieser Organelle von der Wirtszelle nicht neu gebildet werden.

## 14.2  Evolutionsfaktoren

Die beiden grundlegenden Faktoren der Evolution sind erstens die **Entstehung von Vielfalt** und zweitens die **Selektion**. Dies ist die Kernaussage des Darwinismus (Charles Darwin, 1809–1882). Für beide ist eine Reihe von Mechanismen erkennbar. Weiter führen Zufallsereignisse in Populationen (Drift) und verschiedene Rahmenbedingungen schließlich zu komplexen Systemen, was hier nur in Grundzügen aufgezeigt werden kann.

Die beiden grundlegenden Evolutionsfaktoren sind 1) die Entstehung von Vielfalt und 2) die Selektion.

### 14.2.1  Entstehung von Vielfalt

Entscheidend für die Entstehung von genetischer und daraus resultierend phänotypischer Vielfalt sind **Mutationen** (▶ Kap. 6.4). Sie treten laufend auf und führen zu

Veränderungen im Genom. Nur Mutationen bringen dabei wirklich Neues. Punktmutationen betreffen einzelne Basen in der DNA. Durch eine solche Mutation kann es eine Aminosäureveränderung in dem codierten Protein geben, die zu einer Verbesserung der Enzymfunktion führt. Oft wird jedoch eine Verschlechterung der Funktion die Folge sein, oder die Veränderung ist ohne Folge. Wird ein Gen durch eine Mutation verdoppelt, liegt dann also in zwei Kopien vor, steht eine der beiden Kopien praktisch „zum Ausprobieren" zur Verfügung. Genverdoppelungen führen dadurch nicht selten zu Genen mit neuen Funktionen. Nicht wenige Arten haben Verdoppelungen ihres ganzen Genoms erfahren. Danach kommt es meist über lange Zeiträume zum Verlust vieler der doppelten Gene, während andere Doppelungen umfunktioniert werden. Ein Beispiel ist eine Gruppe von *Paramecium*-Arten, in deren Genom drei komplette Genomverdoppelungen erkennbar sind.

Während durch Mutationen neue Gene und damit Proteine mit neuen Funktionen entstehen, führt **Rekombination** zu neuen Genkombinationen. Die neuen Genkombinationen werden vererbt, können aber erneut durch Rekombination verändert werden. Genetische Rekombination erfolgt im Rahmen der Meiose. Durch sie wird die Variabilität gefördert bzw. erhalten. Variabilität sichert die Flexibilität einer Art auf Umweltveränderungen. Durch neue Allelkombinationen bedingte Phänotypen unterliegen selbstverständlich der Selektion (siehe unten).

Verschiedene Allele wirken sich typischerweise unterschiedlich auf die Leistungsfähigkeit aus und damit auch auf die Überlebensfähigkeit und die Fähigkeit zur Fortpflanzung. Der (potenzielle) Fortpflanzungserfolg wird in der Biologie als **Fitness** bezeichnet. Unterschiedliche Allele beeinflussen entsprechend die Fitness des Individuums unterschiedlich. Allelkombinationen eines bestimmten Satzes von Genen, wo für jedes Allel eine bestimmte Fitness zu sehen ist, könnten in der Summe zu gleicher Fitness führen. Das ist mit ein Grund, weshalb sich durchaus „nichtoptimale" Allele (im Hinblick auf die Fitness) im Genpool einer Population halten.

Ein weiterer Evolutionsfaktor, der zur Vergrößerung der Vielfalt beiträgt, ist die **Symbiose**. Schon 1869 definierte der Straßburger Biologe A. de Bary den Begriff „Symbiose" als das enge Zusammenleben artunterschiedlicher Individuen. Genetisch betrachtet wirken bei einem solchen engen Zusammenleben zwei Genome ineinander. Bei intrazellulären Symbiosen (**Endosymbiosen**, genauer **Endocytobiosen**) gelangt ein zusätzliches Genom in die Wirtszelle. Oft gehen dann schon nach wenigen Generationen einzelne Gene des einen oder anderen Partners verloren. Voraussetzung ist, dass die Funktionen dieser Gene von Genen des anderen Partners abgedeckt werden. Ein Beispiel dafür, welch große Bedeutung die Symbiose in der Evolution haben kann, ist der Erfolg der Eucyte, die nach der **Symbiontentheorie** der Entstehung von Zellorganellen eben durch Symbioseereignisse entstanden ist.

Symbiose ist eine oft enge Assoziation zwischen Individuen unterschiedlicher Arten. Aus der Zusammenarbeit der beiden – unterschiedlichen – Genome entstehen neue Möglichkeiten. Wirt und Symbiont unterliegen bei engen Symbiosen als neue Einheit der Selektion.

Ein schönes Beispiel, wie durch Symbiosen neue **ökologische Nischen** besetzt werden können, liefert das grüne *Paramecium bursaria*. Bis zu 300 photosynthetisch aktive intrazelluläre Algensymbionten versorgen die Wirtszelle mit Zucker (Maltose). *P. bursaria* kann so bei normalem Tageslicht seinen Energiestoffwechsel unabhängig von Nahrung aufrechterhalten und (nahrungsarme) Bereiche von Gewässern passieren, die anderen Paramecien verschlossen bleiben. Dass *P. bursaria* von Ressourcenschwankungen weniger betroffen ist als andere Paramecien, zeigt sich auch in seiner Lebensstrategie. Während andere Paramecien schnell altern, d. h. sich recht regelmäßig über sexuelle Fortpflanzung verjüngen müssen, kann *P. bursaria* ca. zehnmal so alt werden (▶Kap. 7.9).

Durch Symbiose werden in *P. bursaria* in einem Schritt zwei komplette Genome zusammengeführt, die dann gemeinsam operieren. Die Symbiosepartner können als Einheit neue **ökologische Nischen** besetzen und unterliegen als Einheit der Selektion.

## 14.2.2  Selektion

Die Individuen können sich, hauptsächlich begründet durch ihre ererbten individuellen Fähigkeiten, unterschiedlich gut behaupten und haben unterschiedlichen **Fortpflanzungserfolg** (biologisch als **Fitness** bezeichnet). Der unterschiedliche Fortpflanzungserfolg führt dazu, dass in einer Population die Häufigkeiten mancher Phänotypen zunehmen, während andere relativ abnehmen. Dieses Phänomen wird als **Selektion** bezeichnet. Es sind die Umweltbedingungen im weitesten Sinne, die die Anforderungen darstellen: abiotische Faktoren wie klimatische Bedingungen und Bodenbeschaffenheit, biotische Faktoren wie Nahrungsangebot, Konkurrenz, Räuber- und Parasitendruck. Die Fähigkeit, sich unter gegebenen Bedingungen zu behaupten und fortzupflanzen, wird als **Anpassung** bezeichnet. Durch Selektion nehmen die Angepassten in einer Population als Ergebnis der veränderten Allelfrequenzen zu. So greift die Selektion zwar am Phänotyp des Individuums an, jedoch sind es die Populationen, die evolvieren.

Obwohl Bau und Funktion gut abgestimmt erscheinen und sich in der Evolution auf einem erstaunlich leistungsfähigen Niveau entwickelt haben, sind Strukturen, Organe, ja selbst Stoffwechselmechanismen und auch Verhaltensweisen fast nie optimal für eine bestimmte Funktion geeignet. Das liegt daran, dass nur existente Phänotypen selektiert werden. Man spricht vom opportunistischen Prinzip der Selektion.

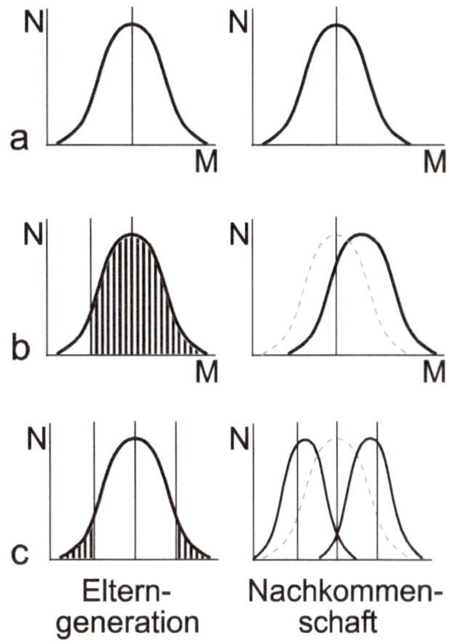

**Abb. 14.3** Formen der Selektion. (a) Stabilisierende Selektion. Variationsbreite und Durchschnittswert bleiben unter langzeitig stabilen Bedingungen gleich. N = Individuenzahl, M = Merkmalswert, z. B. Körpergröße. (b) Gerichtete Selektion. Der Durchschnittswert des Merkmals verschiebt sich. (c) Aufspaltende Selektion. Zwei Formen des Merkmals sind vorteilhaft, etwa durch die Präsenz zweier Räuberarten.



Bleiben Umweltbedingungen und Zusammensetzung der Biozönose über längere Zeit unverändert, sind die vorhandenen Arten optimal angepasst. Bei länger konstant gebliebenen Bedingungen sind neue, aufgrund von Mutationen oder Rekombination auftretende Phänotypen den vorhandenen, vorherrschenden Typen selten überlegen. Die (schon lange) bestangepassten Formen, Verhaltensweisen und Strategien behalten Erfolg. Man spricht dann von stabilisierender Selektion (Abb. 14.3). Ändern sich dagegen die Bedingungen, etwa in einem Teil des Lebensraumes, so werden dort andere Phänotypen (mit anderen Genotypen) erfolgreicher sein. Sind die Bedingungen für zwei Teilpopulationen unterschiedlich, wird die Selektion zu unterschiedlichen Anpassungen führen. Man spricht dann von aufspaltender Selektion.

Vielleicht wäre es sinnvoller, von Selektionsbedingungen statt von Umweltbedingungen zu reden. Es ist ja leicht einzusehen, dass nicht alle Veränderungen (durch Mutation oder Rekombination) für einen Organismus tragbar bzw. biologisch sinnvoll sind. Zu den äußeren Bedingungen kommen also die inneren hinzu. Seit die stammesgeschichtliche Entwicklung begonnen hat, fängt die (Weiter-)Entwicklung keines Organismus mehr bei null an. So sind die in einer Art vorhandenen Organe, die entwickelten Verhaltensweisen usw. zunächst ein erreichtes Optimum, können andererseits unter veränderten äußeren Bedingungen oft eher Bürde als Chance sein. Diese – auch genetisch fixierte – Bürde (**genetische Bürde**) gehört zu den Eigenarten der Evolution: Weiterentwicklung geht von Vorhandenem aus, und die Selektion arbeitet opportunistisch. Zu sagen, die Bedeutung der Evolutionsmechanismen sei durch die inneren Bedingungen der Organismen infrage zu stellen, hieße, diese Zusammenhänge zu verkennen.

Um Kulturpflanzen und Nutztiere nach den Wünschen des Menschen zu optimieren, wurden schon lange geeignete Stämme gekreuzt bzw. für die weitere Zucht ausgewählt, was der Begriff Zuchtwahl trifft. Selektion wurde entsprechend auch als natürliche Zuchtwahl bezeichnet. Seit man das **Heterosis**-Phänomen kennt, werden besonders bei Pflanzen durch Inzucht zunächst reine Linien erzeugt, um dann leistungsfähige $F_1$-Nachkommen zu erhalten. Inzwischen werden in der Tier- und Pflanzenzucht, oft zusätzlich, moderne Methoden der Fortpflanzungsbiologie und Gentechnik genutzt.

## Hardy-Weinberg-Gesetz

Aus den Allelfrequenzen ergeben sich auch die Häufigkeiten der möglichen Genotypen. In dem in ▶Kap. 5.5 vorgestellten Beispiel für ein Gen mit den Allelen $A$ und $a$ kommen entsprechend dem Hardy-Weinberg-Gleichgewicht die Genotypen
$$AA, Aa, aA, aa$$
mit den Häufigkeiten
$$p^2 + 2pq + q^2 = 1$$
vor. Unter bestimmten Voraussetzungen verändern sich Allelfrequenzen von einer zur nächsten Generation nicht. Dies entspricht dem **Hardy-Weinberg-Gesetz** (G. H. Hardy, 1877–1947; W. R. Weinberg, 1862–1937). Es gilt nur unter bestimmten Voraussetzungen. Unter anderem dürfen die betrachteten Allele bzw. Allelkombinationen keiner Selektion unterliegen, und es müssen die Bedingungen für **Panmixie** existieren (Individuen aller Genotypen haben gleichermaßen die Möglichkeit zur Paarung).

## Selektion und Fitness

Meist sind aber Allele unterschiedlich vorteilhaft. Dies wird im Wert der relativen Fitness (W) bzw. im Selektionskoeffizient (s) ausgedrückt. Die relative **Fitness** drückt den Vorteil (oder Nachteil) eines Allels bzw. eines Genotyps aus. Der **Selektionskoeffizient** bezeichnet die Reduktion (negativ oder positiv) der Weitergabe eines Genotyps. Dabei gilt:
$$W = 1 - s \ \text{ bzw. } \ W + s = 1.$$
Im Beispiel sei $A$ vollständig dominant gegenüber $a$ (Tab. 14.1). Individuen des Genotyps $aa$ würden sich aber relativ zu anderen Genotypen weniger erfolgreich fortpflanzen (das ist messbar, man kann die Nachkommen direkt zählen). Dies entspricht der relativen **Fitness** (W). Hätten beispielsweise Individuen mit dem Genotyp $aa$ nur 20 % der erwarteten Nachkommenzahl, wäre $W = 0{,}2$. Dagegen bezeichnet der **Selektionskoeffizient**, wie sehr die Fitness eines Genotyps reduziert ist. Der Selektionskoeffizient für $aa$ ist entsprechend $s = 0{,}8$.

**Tab. 14.1** Wirkung der Selektion am Beispiel eines in homozygoter Situation nachteiligen rezessiven Allels

| Genotypen | AA | Aa | aa | gesamt |
|---|---|---|---|---|
| Ausgangsfrequenz | $p^2$ | $2pq$ | $q^2$ | 1 |
| Beispiel p = 0,8, q = 0,2 | 0,64 | 0,32 | 0,04 | 1 |
| Selektionskoeffizient (s) | 0 | 0 | 0,8 | |
| relative Fitness (W) | 1 | 1 | 0,2 | |
| Gesamtfitness der Population | $p^2$ | $2pq$ | $q^2(1-s)$ | $1-sq^2$ |
| Gesamtfitness im Beispiel | 0,64 | 0,32 | 0,008 | **0,968** |

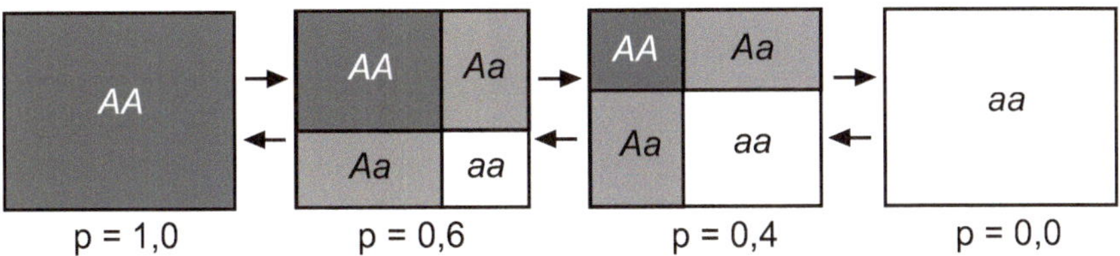



**Abb. 14.4** Unterschiede in Allelfrequenzen in Teilpopulationen. Zwischen den voneinander entfernten Bereichen des betrachteten Lebensraumes besteht ein Klin der Allelfrequenzen. Migration wirkt dem Klin entgegen.

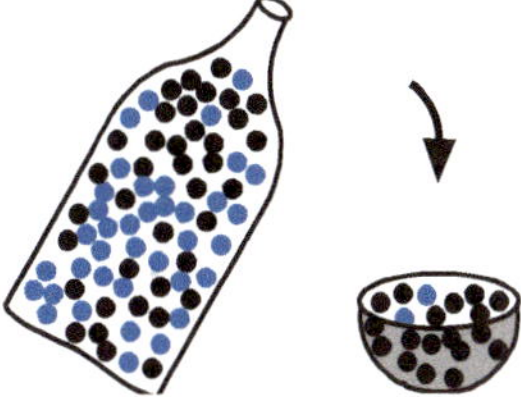

**Abb. 14.5** Der Flaschenhalseffekt veranschaulicht das Prinzip der Drift. Eine kleine Probe ausgegossener Perlen wird zufällig ein anderes Mengenverhältnis von blauen und schwarzen Perlen haben als der Flascheninhalt. Es könnte sogar sein, dass gar keine blauen oder gar keine schwarzen Perlen in der Probe sind. Bei der Vermehrung der Individuen einer kleinen abgezweigten Population würde das Verhältnis nach dem Hardy-Weinberg-Gesetz erhalten bleiben.

Die Gesamtfitness der Beispielpopulation ist demnach:

$$W_{ges} = x_i \cdot W_i \quad 0{,}64 + 0{,}32 + 0{,}008 = 0{,}968.$$

Außer der Selektion gibt es andere Mechanismen, die zu Änderungen von Allelfrequenzen in Populationen führen. Dazu gehören Zufallsereignisse, die z. B. durch Wanderungen verursacht werden können.

In verschiedenen Teilpopulationen können unterschiedliche Allele von Vor- oder Nachteil sein und entsprechend unterschiedlich häufig vorkommen. Stehen die Lebensräume miteinander in Verbindung, kann es zu **Migration** (Wanderung) kommen. Dennoch können die Allelfrequenzen durch Selektion aufrechterhalten werden. Ein solches Gefälle von Allelfrequenzen in einer Population wird als **Klin** (Cline) bezeichnet (Abb. 14.4).

## Drift

Zufallsereignisse können dazu führen, dass die genetische Variabilität in einzelnen Populationen geändert bzw. reduziert wird, sich also die anteilige Häufigkeit einzelner **Genotypen** oder **Allelfrequenzen** verändert bzw. reduziert. Zufallsbedingt können einzelne Allele bzw. Genotypen verloren gehen oder auch sehr abundant werden. Dieses Phänomen wird als **Drift** bezeichnet. Man spricht dabei auch vom Flaschenhalseffekt (Abb. 14.5) oder vom **Gründereffekt**. Durch Gendrift wird die Variabilität der Tochterpopulation typischerweise geringer als die der Mutterpopulation. Zufällig können bestimmte Eigenschaften/Allele ganz verloren gehen. Drift kann die Basis für eine von der Ursprungspopulation sehr verschiedene Evolution sein.

## Neutrale Evolution

Da Mutationen ungerichtet entstehen, müssen nicht alle einen Einfluss auf die Funktionstüchtigkeit eines Proteins haben und folglich auch nicht unbedingt die Lebenstüchtigkeit und Fitness der Individuen beeinflussen. Dies gilt zunächst für Basenänderungen an der dritten Position vieler Codons, wenn sich dadurch die Aminosäurebedeutung des Codons nicht ändert. Liegt ein mutationsbedingtes Auswechseln einer Aminosäure in einem Polypeptid nicht im reaktiven Zentrum eines Enzyms und verändert auch nicht die Konformation des Proteins, so würde der Wechsel sich möglicherweise nicht oder nicht messbar auswirken. Die Mutation wäre im Hinblick auf die Fitness bzw. Anpassung des Individuums neutral. Unabhängig davon sind Nucleotidaustausche in nichtcodierenden Abschnitten der DNA besonders häufig. Das Auftreten von neutraler Evolution widerspricht keinesfalls dem generellen Mechanismus der Evolution.

Merkmalsänderungen, die sich nicht (erkennbar) auf die Fitness auswirken, resultieren eventuell Mutationen **pleiotroper** (polyphäner) **Gene**. Pleiotrope Gene wirken auf zwei oder mehr Merkmale. Ist für eines der Merkmale ein hoher Selektionsdruck gegeben, werden ggf. andere durch das Gen beeinflusste Merkmale, die selbst keinem großen Selektionsdruck unterliegen, zwangsläufig mit geändert werden. Dieses Phänomen wird allerdings nicht als neutrale Evolution im eigentlichen Sinne verstanden. Auch ein Fall, wo unterschiedliche Merkmalszustände gleiche relative Fitness haben, ist nicht selektionsneutral (gegenüber anderen Merkmalszuständen).

## Isolation und Separation

Gelegentlich werden Teile einer Population geografisch voneinander getrennt, wie dies z. B. im Pleistozän in Europa durch das Vordringen des Eises nach Süden geschehen ist. Die beiden Teilpopulationen haben sich unabhängig voneinander weiterentwickelt. Beim Abschmelzen des Eises hatten sich die Teilpopulationen mancher Arten dann deutlich unterschieden.

Veränderte Gesänge oder andere Verhaltensmerkmale von Vögeln können dazu führen, dass die Geschlechter der beiden Populationen nicht mehr attraktiv füreinander sind. Es kann sich eine ethologische (verhaltensbedingte) Separation der Populationen ergeben, wodurch getrennte Arten entstanden sind. Verschiedene Artdefinitionen sind unten im Abschnitt „Artkonzepte" dargestellt. Diese Form der Artbildung in getrennten Lebensräumen wird als **allopatrische Artbildung** (in verschiedenen, „fremden" Lebensräumen) bezeichnet. Entwickeln sich in demselben Lebensraum – etwa durch Besetzung unterschiedlicher ökologischer Nischen – Teilpopulationen unterschiedlich und gelangen zur Artbildung, spricht man von **sympatrischer Artbildung**.

Entstehende genetische Unterschiede, etwa das Auftreten von **Inversionen** (Abb. 14.6; ▶Kap. 6.4), sind **Fertilitätsbarrieren**. Grund ist, dass Inversionen in der Meiose gravierende Probleme bereiten können. Damit wird die genetische **Separation** erreicht.

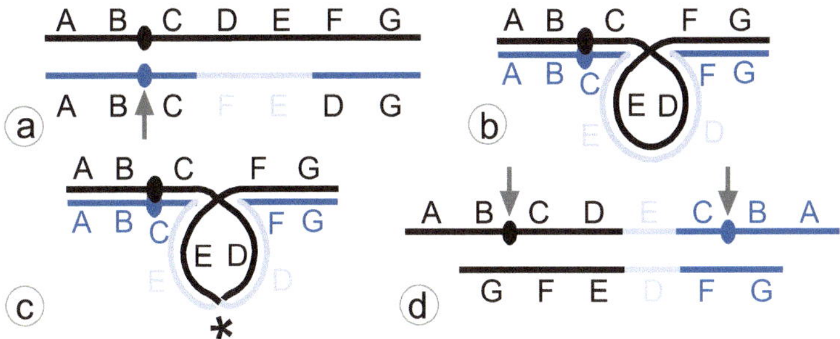


**Abb. 14.6** Wirkung von Inversionsheterozygotie bei Crossing-over. Sind gepaarte Homologe für eine Inversion heterozygot (a), so kommt es zur Bildung von Inversionsschleifen (b). Crossing-over (*) im Inversionsbereich (c) führt zu azentrischen Stücken = Stücken ohne Centromer (d) und damit zu Stückverlust. Gleichzeitig treten sogenannte dizentrische Brücken (Chromosomen mit zwei Centromeren) auf, die zu gegenüberliegenden Polen gezogen werden, wodurch das Chromosom zerreißt.

## Epigenetische Effekte

In vielen Fällen werden morphologische/cytologische Muster, Stoffwechselabläufe oder Verhaltensweisen über Generationen weitergegeben, selbst wenn auf Genebene Alternativen existieren oder wenn sie keine direkten genetischen Grundlagen haben. Zugrunde liegen unterschiedliche Mechanismen. So kann die DNA sekundär verändert werden, (langlebige) mRNA mit genregulatorischer Funktion kann in die nächste Generation übertragen werden, cytologische Strukturen können Matrizenfunktion für Cytoskelettmuster haben, und Verhaltensweisen können durch Nachahmen regelrecht familientypisch werden. Die Effekte bzw. die Mechanismen sind an folgenden Beispielen kurz dargestellt.

Ein wichtiger Mechanismus zur **epigenetischen Veränderung** der DNA ist die Methylierung. An die Base Cytosin wird eine Methylgruppe ($CH_3$) angehängt. Werden viele Cytosine in einem Gen methyliert, binden weitere Proteine an der DNA, und das Gen wird kaum noch abgelesen. Einmal methylierte Gene werden auch nach einer Replikation wieder methyliert, die Gene also nachhaltig inaktiviert.

Anders als die Methylierung wird Acetylierung von DNA-bindenden Proteinen transkriptionsaktivierend. Histone, basische Proteine, die die DNA stabilisieren und „abschotten", können acetyliert werden. Dabei werden Acetylgruppen (–CO–$CH_3$) an Lysinreste der Histone angehängt. Acetylierte Histone geben die DNA leichter zur Transkription frei, begünstigen also die Aktivierung eines Gens. Solche Prozesse spielen bei der Entwicklung von Organen eine Rolle. Gene können dauerhaft gehemmt oder aktiviert werden. Es gibt aber sogar Hinweise für Methylierungen von Genen in Keimzellen. So wurde beschrieben, dass Spermien von Männern mit bestimmten Psychosen andere Methylierungsmuster einzelner Gene haben als die von gesunden Männern, was aber bisher nicht gesichert erscheint.

Ein anders Beispiel für epigenetische Effekte findet man bei Paramecien. Diese Ciliaten haben eine Hülle aus jeweils einem Typ von Oberflächenglykoproteinen (Mantelantigene). Paaren sich zwei Paramecien mit unterschiedlichen Mantelantigenen, behalten die Zellen nach der Paarung dennoch ihren alten Antigentyp bei. Zwar sind sie nach der Paarung (**Konjugation**) genetisch identisch, es wird aber nur das Allel ihres alten Antigentyps exprimiert. Die alte Mantel-Antigen-mRNA dient als Matrize bei der Auswahl, welches Allel beibehalten, vermehrt und transkribiert wird. Auch beim Aufbau eines neuen Makronucleus nach der Konjugation kontrolliert der alte Makronucleus über spezielle Matrizen-RNA die Auswahl der Gene (▶Kap. 9.2, Ciliaten).

Neben den bisher geschilderten Beispielen für epigenetische Kontrolle findet man auch Beispiele, wo die Vererbung von Zuständen nicht direkt an Nucleinsäuren gekoppelt ist. Deshalb zögert man oft, hier von Vererbung zu sprechen. Wird bei einem *Paramecium* ein Stückchen der Oberfläche mikrochirurgisch herausgeschnitten und gleich wieder verkehrt herum eingesetzt, so ist an dieser Stelle das Cilienmuster falsch herum orientiert. Bei jeder Zellteilung wird dieses Muster aber genauso vermehrt, als sei es das natürliche Muster. Hier werden Elemente des vorhandenen Cytoskeletts offenbar als Matrize genutzt, an die „einfach angebaut" wird.

Ähnliches beobachtet man beim Verhalten; hier kann man von Nachahmen sprechen. Bei manchen Vogelarten ahmen junge Männchen den Gesang älterer Männchen nach. Hören sie in der Prägephase oft genug eine andere Melodie (z. B. die Flötentöne eines Wasserkochers oder ein bestimmtes Handyklingeln), so übernehmen sie manchmal diese völlig fremden Töne. Beim Menschen sind es oft bestimmte Bewegungsweisen, etwa ein gebeugter Gang oder die Art, die Hände auf dem Rücken zu verschränken, die ein Kind von Vater, Mutter oder vielleicht einem Großelter übernimmt. Wuchsen eineiige Zwillinge von Geburt an in unterschiedlichen Umgebungen auf, zeigte sich, dass entsprechendes Verhalten nicht genetisch bedingt ist, sondern übernommen wurde.

Chemische Modifizierungen der DNA (z. B. Methylierung) können Gene inaktivieren oder aktivieren. Auch komplexe Regulationszustände der Genomstruktur können zum Teil lange fixiert werden. Solche Phänomene werden als epigenetisch bezeichnet. Auch epigenetische Mechanismen sind aber genetisch begründet.

Von epigenetischer Kontrolle zu unterscheiden ist die nichtchromosomale Vererbung. Hierunter versteht man, dass manche Eigenschaften von den Genen von Mitochondrien – bei Pflanzen auch von Chloroplasten – vererbt werden. Weil sie nicht auf den Chromosomen des Zellkerns liegen, unterliegen Gene von Mitochondrien und Chloroplasten ja nicht den Mendel'schen Gesetzen. Selbst in Fällen, wo Merkmale durch Gene von intrazellulären Symbionten oder gar durch bestimmte nachhaltige Virusinfektionen oder Plasmide begründet sind, spricht man von nicht-chromosomaler Vererbung.

## Artkonzepte

Nach dem **biologischen Artkonzept** werden Gruppen von natürlichen Populationen, deren Individuen sich miteinander fortpflanzen und durch Isolationsmechanismen reproduktiv von anderen Gruppen isoliert sind, als Arten aufgefasst. Eine Art hat demnach einen gemeinsamen **Genpool**. Individuen unterschiedlicher Arten können sich nicht fruchtbar fortpflanzen, sind ethologisch oder/und genetisch separiert. Der Artentstehung kann längerfristige und graduelle Rassenbildung vorausgehen. In Rassenkreisen, die sich etwa über große Entfernungen ausbilden, können sich einzelne (benachbarte) Rassen bereits als getrennte Arten verhalten, während zwischen anderen durchaus Fortpflanzungskontakte bestehen. Ein Beispiel für einen Rassenkreis ist die Kohlmeise. Die Lebensräume von sibirischer und chinesischer Rasse berühren sich zwar, jedoch verhalten sie sich wie getrennte Arten. Rasse- und Artbegriff gehen hier ineinander über. Dies ist auch bei ethologisch unvollständig getrennten Arten der Fall. Gelegentlich paaren sich Hausrotschwanz (*Phoenicurus ochruros*) und Gartenrotschwanz (*P. phoenicurus*) – auch in der Natur – und haben fertile Nachkommen. Die beiden sind am Federkleid und am Gesang deutlich zu unterscheiden, sind aber offenbar genetisch nicht völlig separiert.

Ein anderes Artkonzept wird mit dem phylogenetischen Artbegriff ausgedrückt, wonach Arten die terminalen Glieder einer evolutionären Linie sind, die sich von einem gemeinsamen Vorfahren ableiten und durch klar diagnostizierbare Merkmale unterscheiden lassen. Molekulargenetische Merkmale (Sequenzübereinstimmungen) können zusätzlich herangezogen werden. Die Frage, wie groß die Sequenzunterschiede bei den untersuchten Markergenen innerhalb einer Art oder auch einer Gattung sein dürfen, ist nicht ausdiskutiert. Ein weiteres Artkonzept ist z. B. mit dem ökologischen Artbegriff bezeichnet.

Es ist praktikabel, die Art als Einheit der Evolution zu betrachten. Allerdings ist eine solche Sicht vereinfachend. Namentlich bei Prokaryoten ist die Artdefinition schwierig und möglicherweise nicht sinnvoll. Selbst bei manchen Eukaryoten (Protisten, Algen) ist die Artdefinition problematisch. Insbesondere in der Praxis wird man oft andere **Artkonzepte** nutzen. So können Arten aufgrund ihrer äußeren Morphologie und anderer Erscheinungen (z. B. dem Gesang der Vögel) beschrieben werden.

Bakterien sind nicht durch sexuelle Fortpflanzung in Populationen/Arten mit gemeinsamen Genpools verbunden. Auch erreicht die bakterielle Parasexualität keine der Sexualität vergleichbare Förderung von genetischer Vielfalt. Andererseits weisen Bakterien kaum Rekombinationsschranken auf. Durch Plasmide und Bakteriophagen werden Gene ganzer Stoffwechselwege lateral transferiert – also über Artgrenzen hinweg, sogar zwischen stammesgeschichtlich weit entfernten Taxa übertragen. Welche Gene beibehalten werden, wird über Selektion entschieden. Mindestens in der Vergangenheit hat es sich deshalb bewährt, Stoffwechselleistungen als Artmerkmale heranzuziehen. Anhand biochemischer Merkmale wie etwa dem Zellwandbau unterscheidet man die höheren Bakterientaxa.

Seit entsprechende Techniken zur Verfügung stehen, werden Bakterienstämme auch anhand der DNA-Sequenzen bestimmter Gene identifiziert. Ein oft akzeptiertes Maß ist, dass Stämme, die weniger als 70 % ihres Genoms gemeinsam haben, als getrennte Arten aufzufassen sind. Ein weiteres Maß beruht auf der Ähnlichkeit der 16S-rRNA-Gene. Die 16S-rRNA von Individuen/Stämmen einer Art hat nach Übereinkunft mehr als 93 % Übereinstimmung.

## Transspezifische Evolution

Kleine Schritte in der Evolution, als **Mikroevolution** bezeichnet, sind kausal leicht zu verstehen und nachvollziehbar. Umweltveränderungen, die Besiedlung neuer Nischen, führen zu neuen Anpassungen, also zu neuen bzw. zur Veränderung bestehender Eigenschaften. Das führt zur Veränderung von Arten oder zur Bildung neuer Arten, was bei Mikroorganismen auch experimentell gezeigt werden konnte. Dieselben Faktoren, die in der Mikroevolution wirksam sind, sind aber auch ausreichend zur Erklärung größerer Veränderungen, zur Bildung höherer Taxa (Gattungen, Familien usw.), wobei meist größere Umweltveränderungen stattgefunden haben. Stets geht aber die Bildung höherer Taxa von einzelnen Arten aus. Die transspezifische Evolution wird auch als **Makroevolution** bezeichnet.

## Radiation

Steht ein unbesiedelter Lebensraum offen, kann sich dort eine zunächst unspezialisierte Art in „unbesetzte **Nischen** ausbreiten" bzw. neue Nischen entwickeln (▶Kap. 13). Diese **adaptive Radiation** erfolgt in relativ kurzer Zeit durch aufspaltende Selektion. Das Paradebeispiel dafür sind die Darwin-Finken auf den Galapagosinseln. Körnerfressende Finken kamen aus Südamerika und haben rasch verschiedenste Nischen auf den Inseln besetzt.

Unterschiedliche Taxa zeigen bei der Besiedelung gleicher Lebensräume ähnliche Anpassungstendenzen; dies wird als **Konvergenz** bezeichnet. So haben sich unter den Wirbeltieren Meeressäuger und Pinguine zu Fischjägern und dabei in analoger Weise eine Stromlinienform entwickelt. Kolibris und Nektarvögel zeigen ein Verhalten analog den Schwärmern unter den Schmetterlingen.

Besonders deutlich ist adaptive Radiation auf der Ebene höherer Taxa zu erkennen. So haben Säugetiere nach ihrer Entstehung aus Reptilien praktisch alle Lebensräume besiedelt. Neue Lebensräume können anfänglich ohne Konkurrenz besiedelt werden. Dabei entstehen kompliziertere Organisationsformen. Diesen Prozess bezeichnet man als **Anagenese** (Höherentwicklung im Laufe der Entwicklung einer Art).

Veränderungen von Bauplänen und Höherentwicklungen führen nicht selten zu Funktionswechseln einzelner Organe. So wurde z. B. in der Stammesgeschichte der Hautflügler (Bienen und Wespen) der Legebohrer der Weibchen zum Wehrstachel umfunktioniert. Mit der Optimierung der Funktion nimmt normalerweise die Komplexität zu. Dies ist gut an der Evolution der Augen oder des Nervensystems zu erkennen.

In neuen Lebensräumen oder unter veränderten Umweltbedingungen können sich Individuen, die zuvor möglicherweise nur wenig konkurrenzfähig waren, behaupten, wenn sie geeignete Fähigkeiten mitbringen (**Präadaptation**). Neue, unbesetzte ökologische Nischen werden daher ausgehend von Stammpopulationen besiedelt, wobei sich neue Anpassungen entwickeln. Gerade die Besiedlung völlig neuer Nischen, etwa die Eroberung des Luftraumes durch die Vögel, wird oft erst durch Höherentwicklung möglich. Die Evolution der Landpflanzen ist ein besonders schönes Beispiel. Bei der Besiedlung des Landes (bzw. der Entwicklung von Landpflanzen oder Landtieren, der **Terrestrialisierung**) hatten die ersten pflanzlichen Siedler noch keine Konkurrenz, brauchten aber im Vergleich zu Wasserpflanzen erheblich aufwendigere Festigungsgewebe, die im Wasser zuvor nicht erforderlich, aber (energetisch) „teuer" waren. Da alle Landpflanzen dieses Handicap „teurer" Festigungsgewebe teilten, war dieser (vormalige) Selektionsnachteil nicht mehr existent. Höherentwicklung und Präadaptationen sind wichtige Faktoren für die Besiedlung neuer Lebensräume.

Auch Neuentwicklungen fußen auf Vorhandenem. In der Evolution wird nichts von Grund auf neu entwickelt. Daraus folgt auch das als **biogenetische Grundregel** (von E. Haeckel formuliert) bezeichnete Phänomen: In der Ontogenese stammesgeschichtlich jüngerer Taxa werden Ontogenesestadien von phylogenetischen Vorfahrenarten durchlaufen. Frühe Embryonalstadien sind dann sehr ähnlich (siehe Abb. 8.3). Ergebnisse dieses Phänomens sind auch rudimentäre Organe – (verkümmerte) Organe, die funktionslos geworden sind, aber in der Ontogenese noch angelegt werden.

## Komplexitätsstufen

Neuentwicklungen haben in der Stammesgeschichte mehrfach zu Komplexitätsstufen geführt. Auf neuen Komplexitätsebenen ergeben sich dann neue Gesetzmäßigkeiten. So erklären sich viele Funktionsweisen und Lebenserscheinungen der Zellen nicht unmittelbar aus den Gesetzmäßigkeiten der Biochemie, obwohl Zellen aus Molekülen bestehen. Ein weiteres Beispiel ist die Entstehung der Eucyte. Insbesondere mit der Aufnahme bakterieller Symbionten eröffneten sich den entstandenen Zellen völlig neue Möglichkeiten. Eukaryoten haben neue Strategien, Mechanismen und Lebensformen entwickelt, die Prokaryoten mindestens in ihrer Komplexität und Vielfalt verschlossen blieben und bleiben. Im Folgenden soll die Vielzelligkeit als Beispiel für die Bedeutung neuer Komplexitätsstufen betrachtet werden.

## Qualitätssprung durch Vielzelligkeit

Entscheidende Faktoren der **Vielzelligkeit** sind **Kooperation** und **Differenzierung** genetisch gleicher Zellen. Die (abstammungsbedingte) genetische Identität ist Voraussetzung für die Kooperation von Zellen, die fast sämtlich ihre eigene Reproduktion zugunsten des Gesamtorganismus aufgeben. Genetische Heterogenität würde zu Betrugsverhalten führen. Dies zeigt sich bei sozialen Amöben (▶Kap. 9.2.2, Abb. 9.6). Wenn genetisch unterschiedliche Amöben aggregieren, vermeiden es einzelne Stämme, sich an der Stielbildung zu beteiligen. Stielzellen sterben schließlich ab; nur Sporenzellen überleben.

In der Stammesgeschichte der Lebewesen ist die Entwicklung der Vielzelligkeit mehrfach „versucht" worden. Einzeller können Fressgemeinschaften bilden, auch Koloniebildung ist nicht selten. Zwischen den Einzelindividuen kann es zum Austausch von Nährstoffen kommen, und in manchen Fällen ist die sexuelle Fortpflanzung der Kolonie auf nur wenige spezialisierte Fortpflanzungszellen begrenzt. Es kommt damit zu einer Differenzierung in **Soma** und **Keimbahn**. Weitergehende Differenzierungen gibt es bei Protisten (definitionsgemäß) nicht. Die Größe der Individuen und auch der Kolonien bleibt begrenzt.

Mit der Entstehung der (heterotrophen) Eukaryoten stieg aber der Selektionsdruck, größer zu werden. **Heterotrophe** müssen energiereiche organische Verbindungen aufnehmen, machen sie doch keine Photosynthese. Manche Einzeller erreichen beträchtliche Größe, die Zellgröße lässt sich aber nur begrenzt steigern. Ein Vorteil der Vielzelligkeit ist also sicher die mögliche Steigerung der Körpergröße. Hinzu kommt die Steigerung der Leistungsfähigkeit durch Differenzierung von Zellen, die Bildung von Geweben und Organen und deren Kooperation. Eben diese Differenzierung ist der entscheidende Unterschied der Vielzelligkeit gegenüber den Einzellern. Der daraus resultierende Zugewinn führt zu einem Qualitätssprung.

Im Vielzeller sind beliebig viele Spezialisierungen der Zellen zeitgleich und dauerhaft möglich, die Fähigkeit zur **Anpassung** vergrößert sich damit enorm. In Einzellern müssen die Gene für jedwede Leistung erst aktuell aktiviert werden. Um sich z. B. bei Trockenstress zu enzystieren oder um sich sexuell fortzupflanzen, muss ein Einzeller komplett umorganisiert werden. Umfangreiche genetische Programme müssen aktiviert werden. Die notwendige genetische Umorganisation entspricht bei Vielzellern den Steuerungs- bzw. Differenzierungsvorgängen in der Embryonalentwicklung; einmal festgelegte Differenzierungen werden weitgehend beibehalten.

Die Kommunikation mit der Umwelt wird erheblich verbessert; leistungsfähige reizverarbeitende Systeme konnten entwickelt werden. Wesentlich sind außerdem die Optimierung der individuellen **Homeostase** (gleichbleibende Körpertemperatur, gleichbleibendes Ionenmilieu, konstante Energieversorgung der Zellen; ▶Kap. 1) und eine enorm verbesserte Infektabwehr durch eine schützende Haut sowie Fremderkennungs- und Abwehrsysteme.

Die Vielzelligkeit hat erhebliche Konsequenzen. So ist mit dem Auftreten der Vielzelligkeit die definitive Begrenzung der Lebensdauer des Individuums verbunden. Biologisch muss der – genetisch programmierte – Tod als vorteilhafte Errungenschaft gesehen werden. Selbst die klonale Lebenserwartung vieler Einzeller ist begrenzt, z. B. der Ciliaten (▶Kap. 7.9). Auch bei den Ciliaten erscheint die begrenzte Lebenserwartung eine biologisch sinnvolle Konsequenz der Sexualität zu sein. Allerdings brauchen hier die Individuen bei rechtzeitiger sexueller Fortpflanzung nicht zu sterben. Nach dem Austausch der Wanderkerne („Gametenkerne") trennen sich die gepaarten Zellen wieder, erscheinen verjüngt und können sich wieder zweiteilen. Weitergehende Konsequenz der Vielzelligkeit ist wohl auch die Limitierung der weiteren Evolution von Grundstrukturen und -funktionen der Zelle.

Die Entstehung der Vielzelligkeit bei Pflanzen unterscheidet sich von der bei Tieren. Die Zellen kolonialer Grünalgen (*Volvox*; ▶Kap. 9.2.5) weisen Plasmaverbindungen auf, was die chemische und elektrische Kommunikation ermöglicht. Solche Plasmaverbindungen (**Plasmodesmata**; siehe Abb. 5.1) bleiben auch für Gewebe höherer Pflanzen typisch. Nachteil ist, dass Plasmodesmata auch von einigen Viren passiert werden können. Für Pflanzen brachte die **Terrestrialisierung** zusätzlich entscheidende Selektionsdrücke. Zusätzlich zum Fraßdruck durch Tiere waren dies besonders mechanischer Stress, Austrocknungsgefahr und Wasserknappheit.

Gegenüber Tieren haben Pflanzen weniger komplexe Kommunikationssysteme entwickelt. Allerdings gibt es **Phytohormone** (z. B. **Auxin**), die Zellen oder Meristeme (Wachstumsgewebe) zum Wachsen induzieren oder Wachstum inhibieren und auch ferntransportiert werden. Daneben gibt es hormonähnliche Signalstoffe (Nahtransport). Auch bei Pflanzen kontrollieren Regulationsgene, die den homeotischen Genen der Tiere entsprechen, die Differenzierung von Geweben und Organen, z. B. von Blüten und Blütenteilen, jedoch sind keine Hormondrüsen und kein Nervensystem ausgebildet.

Weitere Komplexitätsstufen sind auf der Ebene des Sozialverhaltens zu erkennen, wo häufigkeitsabhängige Selektion eine große Rolle spielt. Ein Paradebeispiel dafür, dass sich mit neuen Komplexitätsniveaus neue Gesetzmäßigkeiten zeigen, ist das menschliche Gehirn. Während die einzelne Hirnzelle dem Grundprinzip einer Nervenzelle entspricht, zeigt das Gesamtorgan gegenüber einfacheren Gehirnen erheblich gesteigerte Intelligenz mit neuen psychischen, kommunikativen und sozialen Fähigkeiten.

**Synergetik biologischer Systeme**

In biologischen wie in unbelebten Systemen werden entsprechend den Regeln der Synergetik durch einzelne oder wenige sogenannte Ordner andere Elemente „versklavt", wodurch sich als Selbstorganisation in unterschiedlich komplexen Situationen vergleichbare Zustände entwickeln. Schon in den Ansätzen zur Theorie der Hyperzyklen gingen Eigen und Schuster (1979) von autokatalytischer Vermehrung konkurrierender Biomoleküle aus, vergleichbar der „Vermehrung" der Laserwellen, wo in jeder (äußerst kurzen) Entstehungsphase nach Konkurrenz schließlich die effizienteste Laserwelle gewinnt und alle anderen unterdrückt (das biologische Prinzip *survival of the fittest* wird hier mathematisch beweisbar). Diese Laserwelle bestimmt (versklavt) das Verhalten der sie erzeugenden Moleküle. Der Vergleich wird von Hermann Haken (1983), dem Begründer der Synergetik, aufgestellt und diskutiert.

Haken macht deutlich, dass dieses Prinzip auf unterschiedlichsten Ebenen der unbelebten und belebten Natur wirksam ist. Er weist darauf hin, dass über die Konkurrenz (bzw. Selektion) hinaus aus menschlicher Sicht gerade die Gleichgewichte in der Natur bedeutsam sind. Auch in der unbelebten Natur, beispielhaft bei der Laserentstehung, stellen sich Gleichgewichte ein, die aber – hier wie dort – dynamisch sind bzw. zusammenbrechen können. So kann es einerseits zu periodischen Schwankungen kommen, andererseits können schon kleine Umweltveränderungen bestehende Ordnungen zerstören bzw. neue Ordner schaffen. So immens uns die Komplexitätsunterschiede z. B. des simplen Molekülverhaltens in Flüssigkeiten einerseits und des hochkomplexen menschlichen Sozialverhaltens mit seinen kognitiven und emotionalen Grundlagen andererseits erscheinen, sind offenbar auch auf so unterschiedlichen Niveaus die Regeln bzw. Mechanismen der Synergetik gleichermaßen wirksam.

## 14.3　Soziobiologie: Evolution des Sozialverhaltens

Es ist leicht einzusehen, dass nicht nur anatomische Merkmale oder Stoffwechseleigenschaften der Selektion unterliegen, wichtiger noch sind unterschiedliche Fortpflanzungsstrategien. An der Entwicklung des Sozialverhaltens sind deshalb manche Mechanismen der Evolution besonders klar zu erkennen. Wenngleich das Sozialverhalten – zumal beim Menschen – vielfach von äußeren Einflüssen geprägt wird, hat es doch eindeutig eine genetische Basis und erfährt Veränderungen mit der Evolution. Phänomene eines Sozialverhaltens sind bei allen Tieren, aber auch bei anderen Organismen, selbst bei Bakterien, zu beobachten. Ein bewusstes Handeln ist dafür nicht vorauszusetzen.

In allen untersuchten Beispielen der Evolution von Sozialverhalten hat sich gezeigt: Es gilt das Prinzip Eigennutz. Der Erfolg von Sozialstrategien wird letztlich am Fortpflanzungserfolg gemessen. Ein genetisch begründetes Verhalten, das nachhaltig zu mehr eigenen Nachkommen führt, wird sich in der Population ausbreiten. Die Selektion von Verhaltensmerkmalen kann allerdings, anders als die von körperlichen oder Stoffwechselmerkmalen, frequenzabhängig sein. Das wird am Beispiel des **Brutparasitismus** von Schellenten schnell deutlich. Es gibt Schellentenweibchen, die selbst ein Nest bauen, ihre Eier nur in das eigene Nest legen und selbst ausbrüten. Andere Weibchen legen ihre Eier nur in fremde Nester und lassen sie ausbrüten.

Es versteht sich, dass eine Population mit ausschließlich solchen brutparasitischen Schellenten sofort zusammenbrechen würde. Bei sehr wenigen Brutparasiten hätten diese immense Vorteile. Es gibt noch einen dritten Weibchentyp, der zwar eigene Nester baut usw., aber daneben gelegentlich ein Ei einer anderen Ente unterschiebt. Der Erfolg des Brutverhaltens hängt also davon ab, wie häufig ein solches Verhalten in der Population ist. Dieses Beispiel zeigt, dass Genwirkung immer in einem Umfeld zu sehen ist, zuvorderst natürlich im Organismus selbst.

Alle drei Brutstrategien der Schellentenweibchen kommen in natürlichen Populationen übrigens nebeneinander vor und tatsächlich mit den errechenbaren Häufigkeiten. Es handelt sich um eine **evolutionsstabile Strategie** (ESS). Ist sie erreicht, wird sie durch Selektion aufrechterhalten.

Bei der soziobiologischen Beurteilung von Verhaltensweisen wird die **ultimate** (hintergründige) **Zweckerklärung** gesucht, also die Erklärung für die stammesgeschichtliche Entwicklung. Dabei geht es um den (ursprünglichen) Selektionsvorteil eines Verhaltens. Eine **proximate** (unmittelbare) **Zweckerklärung** gibt den unmittelbaren Grund für ein Verhalten an. Proximate Erklärung dafür, dass ein Tier Nahrung zu sich nimmt, kann das Hungergefühl sein. Ultimate Erklärung ist, dass durch die Nahrungsaufnahme der Energiestoffwechsel, Stoffumsatz, Wachstum und Fortpflanzung ermöglicht werden.

### 14.3.1  Soziale Strategien

Es ist von äußeren Faktoren, aber auch vom stammesgeschichtlich-historisch erreichten Entwicklungsstand, also von der ökosozialen Situation, abhängig, welche Strategie sich durchsetzt.

**Kampf und Dominanz**

Soziale Konflikte werden im einfachsten Falle im Kampf ausgetragen, im männlichen, aber auch im weiblichen Geschlecht. Wer stark ist, dominiert. Tatsächlich haben starke Walrossbullen erheblich mehr Nachkommen als schwache, und dies ist bei anderen Arten genauso. Kämpfe verlaufen nicht selten tödlich, können mindestens zu Verletzungen führen und viel Energie kosten. Streitwert, z. B. Zahl der Weibchen bzw. Zahl der zu befruchtenden Eier, Erfolgschancen (Stärke des Gegners) und damit die zu erwartenden Kosten werden berücksichtigt.

Bedingt durch unterschiedliche Körperkraft können sich verschiedene Strategien entwickeln, die sich nebeneinander behaupten. Die Zusammenhänge lassen sich an dem bekannten Falken-Tauben-Modell von Smith (1982) darstellen. Dabei werden in einer Population zwei gegensätzliche Strategien beobachtet, die Falken- und die Taubenstrategie. Falken sind stets kampfwillig trotz erheblicher Verletzungsrisiken, Tauben vermeiden Kämpfe. Zwar drohen sie einem Konkurrenten, resignieren aber augenblicklich bei Widerstand. In dem Modell werden die folgenden Kosten-/Nutzen-Konsequenzen angenommen:

- Gewinner einer Auseinandersetzung bekommen 50 Punkte.
- Unterlegene bekommen 0 Punkte.
- Drohen kostet 10 Punkte.
- Verletzungen (für Verlierer eines Kampfes unvermeidlich) kosten 100 Punkte.

Die möglichen Konsequenzen für die „Angreifer" sind in Tab. 14.2 dargestellt. Der Falke bekommt +50 Punkte, wenn der Kontrahent eine Taube ist. Die Taube bekommt 0 Punkte, wenn der Kontrahent ein Falke ist (sie zieht sich zurück).

**Tab. 14.2** Konsequenzen des Falken- und Taubenverhaltens

| Angreifer | bei Kontrahent | |
|---|---|---|
| | Falke | Taube |
| Falke | 0,5 (50) + 0,5(−100) = −25 | 50 |
| Taube | 0 | 0,5(50−10) + 0,5(−10)= 15 |

Eine reine Taubenpopulation wäre nicht stabil. Sofort wäre die Falkenstrategie überlegen. Eine reine Falkenpopulation wäre ebenso wenig stabil, schwächere Tiere würden mit einer Taubenstrategie besser fahren. Ein evolutionsstabiles Gleichgewicht wird erreicht, wenn der mittlere Gewinn aus der Falkenstrategie $G_F$ gleich hoch ist wie der mittlere Gewinn aus der Taubenstrategie $G_T$. Das hängt vom Anteil der Falken (p) bzw. der Tauben (1−p) in der Population ab.

$$G_F = -25p + 50(1-p),$$
$$G_T = 0p + 15(1-p).$$

Damit wäre ein stabiles Gleichgewicht ($G_F = G_T$) bei p = 0,583 oder 7/12 Falken und 5/12 Tauben erreicht.

In vielen Fällen sind zwischen rivalisierenden Individuen Rangordnungen etabliert. Dann reichen meist Drohgebärden, um die Rangordnung zu aktualisieren. Neben individualistischen findet man Clan-Rangordnungen. In Streitigkeiten wird dann der ganze Clan einbezogen. Auch innerhalb der Clans bestehen Rangordnungen, jedoch sind selbst rangniedere Mitglieder eines ranghohen Clans den ranghohen Mitgliedern eines rangniederen Clans überlegen.

Bei vielen Tierarten bestimmt die Ranghöhe sowohl der Männchen wie auch der Weibchen wesentlich den Fortpflanzungserfolg. Untersuchungen von Clutton-Brock und Kollegen (1984) am Rothirsch haben gezeigt, dass ranghohe Hirschkühe nicht nur mehr Nachkommen, sondern gerade auch mehr männliche Nachkommen haben als rangniedere Kühe. Dieses unterschiedliche Geschlechtsverhältnis der Hirschkälber ist insofern relevant, als Unterschiede im Fortpflanzungserfolg bei männlichen Rothirschen noch größer sind als bei weiblichen.

Das Beispiel der Rothirsche zeigt, dass soziale Dominanzordnungen manchmal nicht nur komplex sind, sondern auch differenzierte Auswirkungen haben können. Es verwundert kaum, dass Clan-Ranghöhe auch nichtgenetisch weitergegeben werden kann, wie neue Untersuchungen an Tüpfelhyänen gezeigt haben. Wird ein Jungtier von einem ranghohen Weibchen adoptiert, so erlangt es damit einen hohen Rang, selbst wenn es körperlich Nachkomme eines rangniederen Weibchens ist. Selbst wird es später die durch Adoption erlangte Ranghöhe an eigene Nachkommen weitergeben.

## Kooperation

**Kooperation** ist ein wesentlicher Evolutionsfaktor. Unter diesem Begriff wird jede Form von Zusammenarbeit genetisch gleicher Individuen oder Zellen verstanden. Ein bewusstes Handeln ist nicht notwendig, vielmehr ist Kooperation erfolgsgesteuert. Kooperation wird sich danach durchsetzen, wenn die Kooperationspartner daraus Vorteile beziehen. In der Soziobiologie wird Kooperation meist enger gefasst und als ein Verhalten verstanden, das zum unmittelbaren Nutzen der Beteiligten ist.

Kooperation kann entstehen, wenn ein Einzelkämpferverhalten nicht erfolgreich ist. Weil der Blinde nicht sehen kann, trägt er den Lahmen, der zwar den Weg weisen, aber nicht alleine laufen kann. Kooperation kann folglich auf bestimmte Situationen oder bestimmte Tätigkeiten begrenzt sein. Sie existiert auch bei primitiven Organismen, ist dann natürlich unüberlegt und vom Ergebnis, d. h. vom Fortpflanzungserfolg her gesteuert. Pflanzen, die ein neues Areal besiedeln, geben sich gegenseitig Windschutz usw. – sie kooperieren.

Bei den Männchen von Säugern und Vögeln sind häufig sogenannte Koalitionen zu beobachten. Zwei oder mehr Tiere jagen gemeinsam und unterstützen sich bei der Revierverteidigung oder der Verteidigung eines Harems. Meist sind die Koalitionäre verwandt. Sind sie nicht verwandt, muss das Verhalten einen direkten Vorteil für beide bedeuten, eine Unterstützung auf Gegenseitigkeit darstellen, von der beide gleichermaßen profitieren.

## Reziprozität

Als Weiterentwicklung von Kooperation (im engeren, oben beschriebenen Sinne) kann die **Reziprozität** (reziproker **Altruismus**) aufgefasst werden. Die Zeitgleichheit kann entfallen, Gegenleistungen können zeitlich versetzt erfolgen. Das Verhalten kann auf spezielle Situationen begrenzt sein. Der Vorteil liegt auf der Hand, z. B. bei der Nahrungssuche, der Revierverteidigung oder der Abwehr von Prädatoren. Ein Modell für Reziprozität ist das **Tit-for-Tat-Verhalten**. Überprüfen etwa zwei Stichlinge (Fische) die Gefährlichkeit eines lauernden Raubfisches, beobachten sich potenzielle Kooperationspartner meist sehr aufmerksam. Wie Manfred Milinski vom Max-Planck-Institut für Evolutionsbiologie in Plön mit seinen Mitarbeitern fand, richten Tiere ihr Handeln nach dem Verhalten des Partners (Milinski und Parker 1997). Hält sich etwa bei Stichlingen Partner A versteckt, schwimmt auch B zurück. Nähert sich A dagegen vorsichtig dem Räuber, testet auch B dessen Reaktion.

Reziprozität ist ein wesentliches Prinzip menschlicher Gesellschaftsformen, wo sie z. B. auch im Solidarprinzip des Versicherungswesens zu finden ist. Allgemein geht reziproker Altruismus so weit, dass Hilfe gewährt wird, selbst wenn eine Gegenleistung möglicherweise niemals erbracht werden muss, etwa bei der Bekämpfung von Feuer.

Wenn die Gegenleistung zeitlich versetzt erfolgt, muss Betrug verhindert werden. Schon Schimpansen achten darauf, dass etwa das Teilen gefundener Nahrung gegenseitig ausgeglichen ist. Betrüger oder Geizkragen, die gefundene Früchte nicht teilen, werden bestraft und ggf. ausgegrenzt. Auch in menschlichen Gesellschaftsformen ist Betrug nur in gewissen Grenzen tolerabel, da sonst die Gesellschaft zusammenbricht.

Indirekte Reziprozität folgt dem Prinzip, jenen zu helfen, die schon anderen geholfen haben. Dies bedeutet, dass solch altruistisches Verhalten bekannt werden muss. Der Altruist gewinnt damit Reputation. Indirekte Reziprozität ist nur beim Menschen aufgrund seiner Kommunikationsfähigkeit, insbesondere der Sprache, möglich.

### Nepotistischer Altruismus (Verwandtenaltruismus)

Erscheint der Begriff „reziproker Altruismus" als ein Widerspruch in sich – verstehen wir doch unter Altruismus eben das „selbstlose Handeln" –, so verstehen wir den **nepotistischen Altruismus** (Verwandtenaltruismus) als selbstverständlich. Allerdings zeigt sich, dass dabei eine genetische bzw. evolutive Selbstlosigkeit nicht besteht. Vielmehr gilt unter genetischen Gesichtspunkten auch hier das Prinzip Eigennutz. Den Evolutionsmechanismus der Verwandtenselektion (*kin selection*) hat John Maynard Smith (1964) beschrieben. Die mathematische Begründung wurde von William D. Hamilton (1964) gegeben. Danach ist altruistisches Verhalten vorteilhaft, wenn die Hamilton-Ungleichung gegeben ist:

$$K < rN.$$

K entspricht den Kosten des Verhaltens eines Altruisten. N ist der Nutzen, also die Mehrung der **indirekten Fitness**, ist also ein Maß für die Vermehrung bzw. Verbreitung der eigenen Alleltypen, also auch für Allele, die eben dieses altruistische Verhalten bewirken. Weiter ist r der **Verwandtschaftskoeffizient**. Er gibt die Wahrscheinlichkeit abstammungsbedingt identischer Allele zwischen Altruist und Nutznießer des Verhaltens an. Zwischen Mutter oder Vater und ihrem Kind ist $r = 0{,}5$, zwischen Individuum und Enkel ist $r = 0{,}25$ usw.

Das Wesen des nepotistischen Altruismus ist leicht an einem Beispiel erklärt. Unterstütze ich aufgrund meiner Veranlagungen meinen (nichtverwandten) Nachbarn bei der Aufzucht seiner Kinder und nehme dafür sogar eigene Kinderlosigkeit in Kauf, so geht meine Veranlagung mit meinem Tod verloren. Unterstütze ich meinen Bruder bei der Aufzucht seiner Kinder, vielleicht weil die Zeiten schlecht sind und die Ressourcen zum Unterhalt eigener Kinder kaum reichen, so ist die Wahrscheinlichkeit groß, dass mein Bruder meine Veranlagung (zum Helfen) ebenfalls in sich trägt und somit diese Veranlagung an seine Kinder, meine Neffen/Nichten, weitergibt. Durch altruistisches Verhalten gegenüber nahen Verwandten werden

Allele für altruistisches Verhalten in die nächste Generation weitergegeben. Dies gilt auch für andere Gene.

Auf genetischer Ebene betrachtet steigert ein Individuum durch Investieren in Nachkommen naher Verwandter indirekt seine Fitness. Diese indirekte Fitness macht zusammen mit direkter Fitness (durch eigene Nachkommen) die **Gesamtfitness** (*inclusive fitness*) eines Individuums aus. Je enger die Verwandtschaft, d. h., je größer der Anteil abstammungsgemäß identischer Allele ist, desto mehr erhöht altruistisches Handeln die indirekte Fitness und damit die Gesamtfitness.

Besonders ausgeprägte Formen altruistischen Verhaltens findet man deshalb zwischen nahen Verwandten. Affen pflegen deutlich häufiger das Fell von Verwandten als von Nichtverwandten; Geschwister werden mehr als dreimal so häufig gelaust wie Vettern/Basen. Bei Pavianen und anderen Affen unterstützen sich verwandte Männchen im Kampf eher als Nichtverwandte. Erdmännchen übernehmen eine Wächterfunktion häufiger und länger, wenn die Gruppe Verwandte enthält usw. Ursache enger Verwandtschaftsverhältnisse sind bei Hautflüglern (z. B. Ameisen) der Geschlechtsbestimmungsmechanismus. Allgemein sind es Paarungsstrategien, die zu Inzucht führen wie etwa ein Zusammenleben im Familienclan.

Die auf den Fortpflanzungserfolg konzentrierte Sicht in der Soziobiologie, gerade bei der Betrachtung der evolutiven Ursachen des Sozialverhaltens, ruft bei Nichtbiologen oft Widerspruch hervor. Sicher sind selektionsneutrale Verhaltensweisen nicht auszuschließen, spielen jedoch letztlich keine wichtige Rolle. Verhalten, zumal das Sozialverhalten, wirkt sich direkt oder indirekt, oft verzögert zu erkennen, immer auch auf den Fortpflanzungserfolg aus, und die Soziobiologie beschäftigt sich eben mit den **ultimaten Erklärungen** von Sozialverhalten, während die Verhaltensforschung die **proximaten Erklärungen** untersucht.

Auch in der Evolution des Sozialverhaltens, selbst bei der stammesgeschichtlichen Entstehung von Altruismus, gilt das Prinzip Eigennutz. Danach setzen sich nur Verhaltensweisen durch, die entweder direkt oder indirekt die Fitness (Fortpflanzungserfolg) fördern.

## 14.3.2 Gruppenselektion

Für die Evolution altruistischer Verhaltensweisen wird neben der **Individualselektion** auch eine Gruppenselektion diskutiert. Dabei soll die Gruppe (Population) und nicht das Individuum Einheit der Selektion sein. Es schien nahezuliegen, dass sich durch **Gruppenselektion** auch altruistische Merkmale durchsetzen können, die vorteilhaft für die Gruppe, wenn auch nachteilig für das Individuum sind, also dessen Fitness reduzieren. Allerdings konnte für solche Gruppenselektion keine ESS gefunden werden.

In diesem Zusammenhang ist auch der Arterhaltungstrieb zu betrachten. Aus unserer Alltagserfahrung erscheinen uns die Individuen einer Art als Mitglieder einer „Gemeinschaft von Verschworenen" oder Solidargemeinschaft. Daraus ergab sich in der Vergangenheit die Vorstellung eines Arterhaltungstriebs. Die Existenz eines Arterhaltungstriebs hat sich aber nicht bestätigen lassen. Es gilt auch innerhalb einer Art das Prinzip Eigennutz. Die Selektion setzt stets zunächst am Phänotyp des Individuums an. Sie wirkt indirekt auf die entsprechenden codierenden Gene und den Genpool einer Population. Dies führt zur Evolution der Population.

Wenn also altruistisches Verhalten nicht durch Gruppenselektion entstehen kann, spielt diese doch sekundär eine Rolle. Insektenstaaten verhalten sich auch innerhalb ihrer Art durchaus kompetitiv. Genetisch bedingte Merkmalsunterschiede zwischen gleichartigen Staaten sind schon deshalb zu erwarten, weil Königinnen genetisch unterschiedlich sind. Mindestens bei nur einer fortpflanzungsaktiven Königin und aufgrund ihrer Begattung durch nur ein oder wenige Männchen ist der Insektenstaat einerseits genetisch recht homogen, andererseits von anderen Staaten vermutlich genetisch verschieden. So konkurrieren genetisch unterschiedliche Staaten, was die Evolution der Art sicher entscheidend beeinflusst.

### 14.3.3  Staatenbildende Insekten und Nacktmulle

Soziale Insekten sind Musterbeispiele für die Evolution von Kooperation und – mindestens ursprünglich – für **nepotistischen Altruismus**. Hier sollte aber zwischen Termiten und Hautflüglern (Wespen, Ameisen, Bienen) unterschieden werden. Bei Termiten wurde die stammesgeschichtliche Entstehung der sozialen Lebensweise offenbar dadurch begünstigt, dass die Tiere symbiontische Protozoen im Enddarm besitzen, die den Holz- bzw. Celluloseverdau übernehmen. Mit jeder Häutung wird die Enddarmwand mit Darminhalt abgestoßen. Gehäutete Tiere müssen Kot fressen, um wieder Darmsymbionten aufzunehmen. Enges Zusammenleben der Tiere ist von Vorteil, um leicht an Kot und damit Symbionten zu gelangen. Vor der Häutung des Wirtes enzystieren sich die sauerstoffempfindlichen Symbionten. Sie nutzen dafür **Steroidhormone** (Häutungshormone) der Termite, die auch in den Darm abgegeben werden. Über Steroidhormone, die ebenfalls in den Darm abgegeben werden, hat die Königin die Möglichkeit, auch entwicklungsregulierende Hormone abzugeben. Die Entwicklung ihrer meisten – männlichen und weiblichen – Nachkommen wird damit auf einem Larvenstadium „angehalten", das die Arbeiterkaste darstellt. Andere Individuen werden so zu Soldaten bestimmt. Kasten (Arbeiter, Soldaten, Geschlechtstiere) sind Funktions- und Morphotypen. Die Individuen unterschiedlicher Kasten sind genetisch gleich, übernehmen – zum Teil zeitlich begrenzt – unterschiedliche Funktionen und kooperieren miteinander.

Definitionsgemäß werden solche Gemeinschaften, in denen Gruppen von Individuen ihre Fortpflanzungsaktivität „zugunsten" anderer – der Königin – aufgeben und generationsübergreifend agieren, als eusozial bezeichnet. **Eusozialität** ist außer bei sozialen Hautflüglern und Termiten selten. Unter den Säugetieren ist nur die Nacktmulle eusozial. Nacktmullen sind Nagetiere, die unter widrigen Umständen in Steppen in unterirdischen Gangsystemen leben. 50 oder mehr Individuen bilden einen Staat, in dem nur die eine Königin Nachkommen gebiert. Der Verwandtschaftsgrad der Individuen ist hoch, ist doch die Königin Mutter sehr vieler Tiere.

Bei Hautflüglern ist die Bildung der Arbeiterkaste anders geregelt als bei Termiten. Sie haben eine Geschlechtsbestimmung über den Chromosomensatz: Haploide Tiere (die Eizellen wurden nicht besamt, entwickelten sich also parthenogenetisch) sind männlich. Diploide Tiere sind weiblich. Dieser Mechanismus der Geschlechtsbestimmung führt dazu, dass die Arbeiterinnen mit ihren Schwestern, also auch mit jungen Königinnen, abstammungsgemäß drei Viertel ihrer Gene gemeinsam haben (Abb. 14.7). Die Hälfte ihres Genoms kommt identisch vom Vater (der haploid ist), von der diploiden Mutter bekommen sie die andere Genomhälfte, die deshalb mit 50-prozentiger Wahrscheinlichkeit gleich ist. Ein Hautflüglerweibchen hat mit seinen Töchtern nur die Hälfte der Gene gemeinsam. Investiert ein Weibchen in eine Schwester (also eine Arbeiterin in eine werdende Königin), führt dies in größerem Maße zu einer (indirekten) Weitergabe in die nächste Generation und zu einer Ausbreitung als die Investition in eigene (weibliche) Nachkommen.

Die geschilderten Verwandtschaftsbeziehungen haben vermutlich die Entstehung der sozialen Lebensweise bei Hautflüglern begünstigt. Sekundär kommt unter anderem hinzu, dass schon einfache Insektenstaaten sehr erfolgreich sind und alternative Strategien (solitäre Fortpflanzung) kaum mehr Chancen haben. Später haben sich auch Verhaltensweisen wie etwa das *policing* entwickelt. Dabei werden Arbeiterinnen, die (unbesamte) Eier ablegen, aus denen sich Männchen entwickeln können, bestraft, bei manchen Arten sogar getötet.

Allgemein fasziniert bei sozialen Insekten das weite Spektrum ihrer Verhaltensweisen. Dabei wurden oft stammesgeschichtlich alte Verhaltensweisen umfunktioniert. So ist das Wegtragen von Larven durch Arbeiterinnen wohl daraus entstanden, dass auch solitäre Weibchen Futter eintragen, um die heranwachsende Brut zu versorgen. Beim Verkleben von Blättern zu einem Nest bei den Weberameisen wird die Fähigkeit von Larven genutzt, Seide zu einem Puppenkokon zu spinnen. Eine Arbeiterin tupft die Larve auf ein Blatt, wo diese einen Faden anklebt. Dann hebt die Arbeiterin die Larve zum nächsten Blatt usw.

Auch die Mechanismen der Arbeitsverteilung haben sich offenbar sekundär entwickelt. Für die Arbeitsverteilung bzw. die Übernahme von Tätigkeiten ist anscheinend die Motivation ein wesentlicher Faktor, mehr noch als die Eignung durch Körpergröße usw. Dies hat sich in Versuchen an kleinen Ameisenvölkern gezeigt. Eine Arbeiterin, der eingetragenes Nistmaterial bald abgenommen wird, geht gleich wieder los, um neues Material zu holen. Wird ihr das Material nicht abgenommen, verharrt sie, lässt das Material schließlich fallen und bleibt inaktiv. In den Versuchen blieben die meisten Arbeiterinnen über weite Zeiten inaktiv.

Bei den sozialen Hautflüglern werden fast alle weiblichen Tiere zu Arbeiterinnen, nur relativ wenige werden zu jungen Königinnen. Die Entscheidung, welche der jungen Larven Königin werden soll, wird durch die Arbeiterinnen über das Futter „getroffen". Dabei entscheidet die Individuenzahl des Nestes. Erst eine große Zahl Arbeiterinnen kann ausreichend viel Kopfdrüsensekret, das Gelée Royale, herstellen, um eine Larve zur Königin zu füttern.

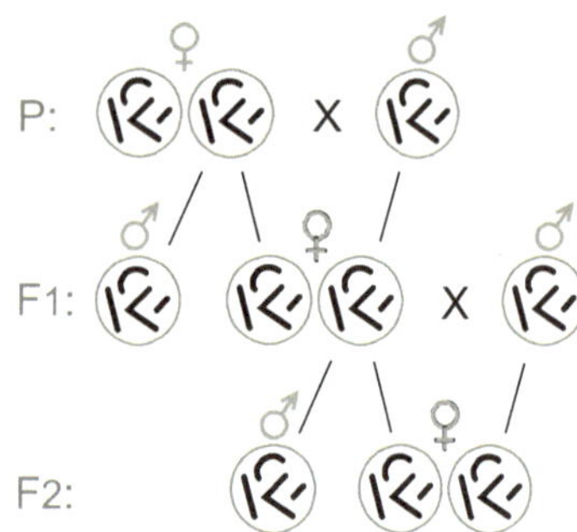

**Abb. 14.7** Konsequenzen der Haplodiploidie der Hautflügler. Weibchen sind typischerweise diploid, Männchen haploid. Männchen haben keinen Vater, wohl aber einen Großvater. Das Genom von Männchen kommt ganz von der Mutter. Weibchen erhalten die Hälfte ihres Genoms vom Vater. Dieser Teil des Genoms von Schwestern ist also zu 100 % identisch. Die andere Genomhälfte von Schwestern (von der Mutter kommend) ist mit einer Wahrscheinlichkeit von 50 % identisch.

## 14.3.4  Geschlechterbeziehungen und Fortpflanzungssysteme

Männchen und Weibchen haben zwar eine Reihe von gleichgerichteten, aber eben auch konfligierenden Interessen. Der Aufwand bei der Herstellung der verschiedenen Gameten – Eizelle und Spermium – ist sehr unterschiedlich. Während Weibchen aus diesem Grunde bei der Partnerwahl kritisch sein sollten und das wählerische Geschlecht darstellen, konkurrieren Männchen zum Teil aggressiv um (möglichst viele) Weibchen bzw. Kopulationen. Sie sind in dieser Konkurrenz, was die Mittel angeht, wenig wählerisch.

Weibchen haben meist schon mit einer oder wenigen Paarungen pro Fortpflanzungsperiode die Voraussetzung für maximalen Fortpflanzungserfolg erfüllt. Sie können bei vielen Arten in jeder Fortpflanzungsperiode nur wenige Nachkommen bekommen. Es wäre für sie daher biologisch sinnvoll, viel in die Aufzucht der wenigen Jungen zu investieren, um sie erfolgreich großzuziehen. In diese Strategie würde es passen, den Vater der Jungtiere an sich zu binden, seine Unterstützung bei der Jungenaufzucht zu gewinnen. Männchen können dagegen ihren Fortpflanzungserfolg theoretisch mit zunehmender Zahl von Paarungen steigern. Unterschiedliche Fortpflanzungsstrategien hängen deshalb besonders bei Männchen oft von der Ressourcenlage ab.

Ermöglicht die Ressourcenlage einzelnen Weibchen nicht, die Brut erfolgreich großzuziehen, wird monogames Verhalten eines Männchens zu mehr Nachkommen führen als polygames Verhalten. Haben Männchen eine starr ererbte Fortpflanzungsstrategie, entscheidet die Selektion, welche Strategie sich in einer Population durchsetzt. Es gibt aber auch Arten, z. B. die Blaumeise, wo die Männchen bei guter Ressourcenlage eher zur **Polygynie** (mehrere Weibchen pro Männchen) neigen, während sie bei schlechter Ressourcenlage sogar zur **Polyandrie** tendieren (mehrere Männchen kümmern sich um eine Brut/ein Weibchen). Bei mittlerer Ressourcenlage ist **Monogamie** die typische Fortpflanzungsstrategie.

### Attraktivitätssignale

Die innergeschlechtliche Konkurrenz ist meist groß. Während Weibchen wählerisch sind, versuchen Männchen durch aufwendiges Werben Partnerinnen zu gewinnen. Sie werden dabei von den Weibchen aufgrund unterschiedlicher Attraktivitätsmerkmale beurteilt. **Attraktivitätssignale** scheinen dabei die Gesundheit und

Lebenstüchtigkeit der Männchen anzuzeigen. Es ist anzunehmen, dass Weibchen, die eine gute Wahl treffen, dadurch mit einiger Wahrscheinlichkeit auch lebenstüchtige Nachkommen haben werden. „Richtiges" Wahlverhalten – die Bevorzugung aussagekräftiger Attraktivitätsmerkmale – führt also zu nachhaltigem Fortpflanzungserfolg. Es ist unerheblich, dass die Individuen unbewusst handeln, sie können ja die Zusammenhänge nicht erkennen. Ihre Wahl stellt sich im Nachhinein als richtig (oder falsch) heraus, wird regelrecht in der Nachkommenzahl gemessen und setzt sich somit ggf. durch.

Natürlich sind auch Weibchen unterschiedlich attraktiv, jedoch zeigen sie andere Attraktivitätsmerkmale als die Männchen. Beim Menschen gelten Männer als attraktiv, wenn sie etwa erfolgreich, ehrgeizig und fleißig sind. Männer würdigen eher Aussehen und Jugendlichkeit von Frauen. Für beide Geschlechter erscheint die Symmetrie der Gesichtszüge besonders attraktiv. Allerdings sind die Gründe für die Partnerwahl beim Menschen komplex und individuell sehr unterschiedlich.

Für die Entwicklung von Attraktivitätsmerkmalen gibt es verschiedene Modelle. Sie könnten direkt die Existenz guter Gene anzeigen (*good genes*-Modell). Alternativ könnten sie sich aufgrund eines einfachen Rückkoppelungsprinzips entwickeln. Dabei würde über die „richtige" Wahl entschieden, welche Attraktivitätsmerkmale aussagekräftig bzw. „ehrlich" sind (*runaway selection*-Modell). Weibchen mit dem „richtigen" Geschmack hätten größeren Fortpflanzungserfolg. Wenn dieser Geschmack für bestimmte männliche Eigenschaften genetisch bedingt ist, werden sich die verantwortlichen Allele in der Population ausbreiten.

Eine wesentliche Rolle bei der Partnerwahl spielt der Körpergeruch des Männchens. Es gibt gute Hinweise, dass Komponenten des Körpergeruchs bei verschiedenen Tieren (z. B. Stichling, Maus, aber auch beim Menschen) den genetischen Immunstatus widerspiegeln (Milinski und Wedekind 2001). Als Maß wird dabei der **Haupthistokompatibilitätsstatus** (**MHC-Status**, *major histocompatibility status*) betrachtet. Individuen mit genetisch unterschiedlichem MHC-Status können sich besonders „gut riechen". Es wird angenommen, dass eine genetische Vielfalt des MHC-Systems im Hinblick auf Parasiten-/Pathogenresistenz vorteilhaft ist. Der vielfältige Infektionsdruck könnte somit dafür verantwortlich sein, dass die sexuelle Fortpflanzung sich bei Tieren durchgesetzt hat.

### Alternative Strategien und Seitensprungverhalten

Da stets nur ein Teil der Männchen einer Population besonders attraktiv sein wird, brauchen viele Männchen alternative Strategien, um Partnerinnen zu gewinnen. Dazu gehört z. B. das Abstauberverhalten. Unterlegene Fischmännchen z. B. warten, bis ein Weibchen beim Paarungsspiel ablaicht, um sich blitzschnell dazuzugesellen und Samen abzugeben. Auch manche Froschmännchen warten als Opportunisten still in der Nähe eines dominanten Rufers, bis sich ein Weibchen nähert, springen schnell auf das Weibchen und klammern, um die abgelaichten Eier zu besamen. Eine extreme Strategie hat sich ebenfalls bei Fröschen entwickelt. Diese Männchen fühlen sich nicht zu Weibchen hingezogen, ignorieren sie regelrecht, wühlen sich vielmehr durch frisch abgelaichte Gelege und geben dabei ihre Samen ab – durchaus mit relativ großem Erfolg.

Dennoch gilt, dass attraktive Männchen stets einen relativ größeren Erfolg haben als nicht attraktive. Das gilt auch für Seitensprungverhalten, bei dem der biologische Sinn augenfällig ist. Früher galten Vögel durchweg als Musterbeispiele für Partnertreue. Inzwischen weiß man von vielen Arten, dass Paarungen außerhalb der festen Partnerschaft bei beiden Geschlechtern häufig sind. Männchen erkennen allerdings häufig Fremdvaterschaften und reduzieren ggf. sogar ihre Anstrengungen bei der Aufzucht der Brut.

Ein besonders gut und laut singender Teichrohrsänger ist auch für fremde Weibchen verlockend. Manche Weibchen in seiner Umgebung werden vermutlich einen schwächeren Partner abgekriegt haben. Ein Kind von dem starken Männchen würde möglicherweise selbst wieder stark sein. Dann hätte sich das Seitensprungverhalten des Weibchens gelohnt, würde vielleicht für eine größere Zahl von Enkeln führen. Die Tendenz zum Seitensprungverhalten wird ggf. an die Nachkommen des Weibchens weitergegeben und sich in der Population ausbreiten. Eine Bewertung von Sozialverhalten, auch hinsichtlich partnerschaftlicher Treue, würde schlicht über die Nachkommenzahl erfolgen.

Bei Arten mit regelmäßigen Mehrfachverpaarungen gibt es oft eine Spermienkonkurrenz. Das Ejakulat enthält auch Substanzen, die fremde Spermien inaktivieren. Bei manchen Insekten wird die äußere Vagina bei der Kopulation von speziellen Strukturen des Penis zunächst regelrecht geputzt, bevor Spermien übertragen werden.

### Über das Paarverhalten entscheidet die Selektion

In ▶Kap. 6.3 wurde unter dem Thema „Genwirkung" beispielhaft beschrieben, wie Gene auf Verhalten wirken können. Zwei unterschiedliche Allele eines Wühlmausgens führten entweder zu strikt monogamem Verhalten der Männchen („Treue-Allel") oder zu promiskem Verhalten („Seitensprung-Allel"). Das Treue-Allel ist bei den Präriewühlmäusen (*Microtus ochrogaster*) verbreitet, das Seitensprung-Allel bei den Wiesenwühlmäusen (*Microtus pennsylvanicus*). Die meisten Männchen verhalten sich wie erwartet. Wie kommt es dazu?

In der Tat sind die Lebensbedingungen für die Präriewühlmäuse ungleich härter. Würden die Weibchen – kurz gesagt – mit der Brutaufzucht allein gelassen, wären sie überfordert, und die meisten Jungen würden sterben. Präriewühlmausmännchen, die sich mit um ihre Brut kümmern, haben letztlich mehr Nachwuchs als solche, die zwar viele Weibchen begatten, sie aber alleine lassen. Das Seitensprung-Allel wird unter den Bedingungen (nahezu) verloren gehen. Nicht so bei den Wiesenwühlmäusen. Die Ressourcen in der saftigen Wiese sind groß, die Weibchen können die Brut ebenso gut alleine großziehen. Schon haben solche Männchen mehr Nachkommen, die viele Weibchen begatten, selbst wenn sie nicht mehr dazu kommen, sich um ihre Brut zu kümmern. Das Seitensprung-Allel wird sich ausbreiten und das Treue-Gen selten werden.

## 14.4  Evolution des Menschen

Menschen sind vernunftbegabt und zu weit höherer Hirnleistung als jedes andere Tier fähig. Sie haben sich als außerordentlich flexibel hinsichtlich ihres Verhaltens, ihrer Anpassung und ihrer Lernfähigkeit erwiesen. Ihre Kommunikationsfähigkeit begründet die Entwicklung von Traditionen und Kultur. Weiter zeigen Menschen ein besonders hohes Maß an Sozialisation. Auch diese Eigenschaft hat entscheidend zum Erfolg des Menschen beigetragen, die ganze Erde zu besiedeln und zum dominierenden Lebewesen zu werden. Obwohl auch bei anderen Tierarten reziproker Altruismus beobachtet wird, zeigt der Mensch besonders ausgeprägte Formen indirekter **Reziprozität**. Auch wenn wir zunehmend über die jüngere Stammesgeschichte des Menschen Bescheid wissen, haben wir über die Fähigkeiten und das Verhalten unserer Vorfahren doch wenige Kenntnisse. Verwandtschaftskriterien sind, sowohl hinsichtlich der rezenten Affen als auch der Fossilfunde, zunächst anatomische und entwicklungsbiologische Merkmale.

Unter den Säugetieren sind die Altweltaffen mit Gibbons, Orang-Utans, Gorillas und Schimpansen unsere Verwandten. Auch molekulargenetische Daten zeigen dies eindeutig. Die Genome von Schimpansen und Bonobos sind unserem Genom so ähnlich, dass man uns daher in einer Gattung sehen könnte. Die Organisation der Genome unterscheidet sich im Detail jedoch erheblich.

Die Trennung von Schimpansenlinie und den Vorfahren des Menschen hat wohl vor mindestens sieben bis sechs Millionen Jahren stattgefunden. Von da aus sind anhand zahlreicher Fossilfunde viele Verzweigungen zu erkennen. Ausgehend von einer frühen Gattung *Ardipithecus* entstand die Gattung *Australopithecus*, aus der vor etwa zwei Millionen Jahren die Gattung *Homo* hervorgegangen ist. Fossilien von Australopithecinen sind nur in Afrika gefunden worden. Australopithecinen zeigten bereits den aufrechten Gang, hatten aber noch Hirnvolumina von kaum mehr als 450 cm$^3$. Die anatomischen Unterschiede zwischen *Australopithecus* und *Homo* sind in mancher Hinsicht relativ deutlich; so hatten auch die frühen *Homo habilis* und *Homo rudolfensis* ein Hirnvolumen von 700 cm$^3$ und mehr. Dennoch sind die Übergänge und vor allem die Abstammung nicht in jeder Beziehung eindeutig. *H. rudolfensis*, der in Ostafrika gelebt hat, und *H. habilis*, der aus Südafrika und Ostafrika bekannt ist, sind wie einige andere *Australopithecus*-Arten jedenfalls auf *Australopithecus afarensis* zurückzuführen. Die beiden *Homo*-Arten haben zeitgleich gelebt. Vermutlich aus *H. rudolfensis* ist vor zwei bis 1,9 Millionen Jahren *Homo erectus* hervorgegangen. Er hatte bereits ein Hirnvolumen von bis zu 1 200 cm$^3$. Vermutlich ist *H. erectus* als erste Menschenart aus Afrika ausgewandert. In Georgien wurden 1,8 bis 1,7 Millionen Jahre alte *H. erectus*-Reste gefunden. Auch die jünger datierten Funde des *Homo heidelbergensis* (der Heidelberger; 800 000 Jahre und jünger) und des bei Steinheim gefundenen Schädels (der Steinheimer, ein Präneandertaler; ca. 250 000 Jahre) sind zum *Homo erectus* zu rechnen.

Fossilfunde ergeben für die Stammesgeschichte des Menschen seit der Trennung von der Schimpansenlinie noch kein klares Bild (Abb. 14.8). Mit herangezogen für die Beurteilung werden deshalb die ökologisch-geografischen und klimatologischen Veränderungen. Unterschiedliches Nahrungsangebot und die Veränderung

**Abb. 14.8** Stammbaum des Menschen. Im Wesentlichen ist nur die zum modernen Menschen führende Linie dargestellt. Sonst erscheint aufgrund der Vielfalt der Fossilien die Stammesgeschichte des Menschen eher als Busch denn als Baum. *Homo habilis* erscheint heute als von *Australopithecus africanus* abstammend und wird dann als *A. habilis* zu bezeichnen sein; die Gattung *Homo* kann ja nicht zweimal entstanden sein. Manches ist dabei unverstanden, so etwa das Vorkommen und der Verbleib eines aufrecht gehenden *Sahelanthropus tschadensis*, der offenbar vor sieben bis sechs Millionen Jahren im Raum des heutigen Tschad gelebt hat.

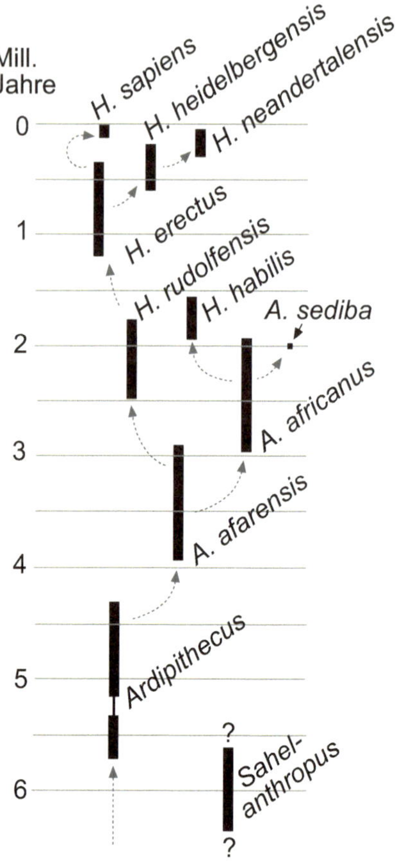


von anatomischen (wie Gebisseigenschaften) und Verhaltensmerkmalen (auch Werkzeuggebrauch) werden in Korrelation betrachtet.

Vor 150 000 Jahren entstand in Europa aus *Homo erectus* als neue Menschenart der Neandertaler, *Homo neandertalensis*. Sein Überleben im damaligen Eiszeit-Europa war sicher nur aufgrund seiner hochentwickelten Hirnleistung möglich. Vor 30 000 Jahren verlieren sich die Spuren des Neandertalers. Schon einige Tausend Jahre vorher trat der moderne Mensch, *Homo sapiens sapiens*, in Europa auf. Er ist nicht aus dem Neandertaler hervorgegangen. Eine neue Auswanderungswelle aus Ostafrika ist durch Fossilfunde gut dokumentiert, kann aber auch noch an Sequenzvergleichen heutiger Menschen verfolgt werden. Dazu werden besonders Sequenzen von Mitochondriengenen verglichen.

Mitochondrien stammen stets aus der Eizelle, also von der Mutter. Väterliche Mitochondrien – in den Spermien sind sie noch zu finden – gehen verloren. Es kommt also nicht zu Rekombinationen von mitochondrialen Genomen. Die molekulare Mitochondrienphylogenetik konnte zeigen, dass die Ausgangspopulation des modernen Menschen, die Afrika verlassen hat, nicht mehr als 20 000 Individuen groß war (vielleicht noch deutlich kleiner) und Afrika vor 120 000–90 000 Jahren verließ.

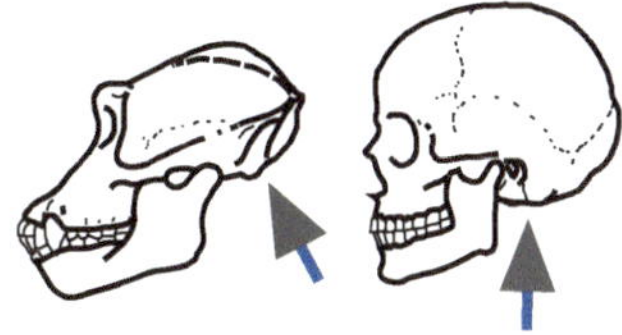

**Abb. 14.9** Lage des Hinterhauptslochs (durch den Pfeil markiert) bei Schimpansen und *Homo sapiens*.

## Entwicklung zum Menschen

Schon die Schädel von *Australopithecus* verraten seinen aufrechten Gang. Dies ist z. B. an der Lage des Hinterhauptslochs zu erkennen, der Öffnung für das Rückenmark, unter dem Schwerpunkt des Schädels. Beim Schimpansen liegt das Hinterhauptsloch weiter hinten (Abb. 14.9). Viele weitere Merkmale zeigen den aufrechten Gang von *Australopithecus*.

## Sozialverhalten

Ein wesentliches Kennzeichen menschlichen Sozialverhaltens ist die indirekte Reziprozität. Nach Martin Nowak ist Reputation der zu erwartende Gewinn. Während bei der im Tierreich verbreiteten direkten Reziprozität (zu sehen als reziproker Altruismus; siehe oben) der Altruist direkt gesehen wird, reicht bei indirekter Reziprozität die Kenntnis des Namens (Nowak und Highfield 2011). Allerdings sind einfache Formen indirekter Reziprozität auch bei Tieren zu finden.

Der moderne Mensch, *Homo sapiens sapiens*, stammt nicht vom Neandertaler ab. Von Ostafrika breitete er sich über die Erde aus, nachdem der Neandertaler längst in Europa lebte.

## Neandertaler konnten sprechen

Damals war der Neandertaler schon lange in Europa. Er hat sich vor ca. 30 000 Jahren verloren. Wo ist er geblieben? Bevor er verschwand, ist jedenfalls der moderne Mensch hier angekommen. Haben die beiden sich getroffen? Konnten unsere Vorfahren oder auch der Neandertaler schon sprechen? Noch vor drei Jahren habe ich in der Vorlesung gesagt: Beides weiß man nicht, obschon Ausformungen des Schädeldachs beim Neandertaler auf das Vorhandensein von Sprachzentren (Abb. 14.10) im Gehirn schließen lassen. Inzwischen wurde das Genom des Neandertalers sequenziert, eine Reihe von Genen untersucht und mit unseren Genen verglichen. Es ist hier nicht möglich, die Methoden zu diskutieren. Die Fachwelt hat aber die Ergebnisse aus dem Max-Planck-Institut für Anthropologie in Dresden akzeptiert. Es ist faszinierend, dass die molekulare Phylogenetik sogar Rückschlüsse auf das Verhalten früher Menschen erlaubt. Einige Schlussfolgerungen sind die folgenden.

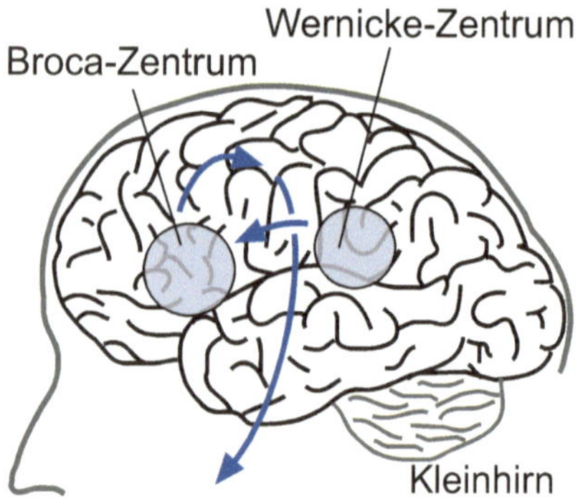


**Abb. 14.10** Sprachwahrnehmung und Sprachsteuerung im menschlichen Gehirn. Im Wernicke-Zentrum werden eingehende (auditorische) Sprachinformationen verarbeitet. Zum Sprechen werden Signale an das Broca-Zentrum geleitet, welches das Sprechen organisiert und über motorische Regionen (Pfeile) die Lautbildung kontrolliert.

Seit einigen Jahren kennt man ein Gen, das für das Sprechvermögen essenziell erscheint. Menschen mit Defekten in diesem Gen können nicht richtig sprechen. Dieses sogenannte *FoxP2*-**Gen** ist ein **Masterkontrollgen** (▶ Kap. 7.4). Es codiert für ein Protein, das offenbar weit mehr als 100 weitere Gene reguliert. Sie steuern z. B. die Anatomie des Kehlkopfs, die Beweglichkeit von Zunge und Lippen, das Grammatikverständnis und vieles mehr. Ist *FoxP2* verändert, können die Individuen nicht sprechen. Schimpansen haben dieses Gen nicht (sie haben noch weitere Unterschiede in der Genetik der „Sprechfähigkeit"). Der Neandertaler hatte dieses Gen in der zum Sprechen notwendigen Form. Wir können also heute recht sicher sein, dass der Neandertaler sprechen konnte.

Wir wissen aus dem Vergleich der Gene auch, dass Neandertaler und moderne Menschen sich getroffen haben, ja in wenigen Fällen und vor vermutlich mehr als 80 000 Jahren gemeinsame Nachkommen hatten. Wissenschaftler aus dem Max-Planck-Institut für Anthropologie in Leipzig fanden Neandertalergene in manchen Bevölkerungsgruppen (Green et al. 2010). Sie vermuten in ersten Schlussfolgerungen, dass der Neandertaler ein geringeres soziales Kommunikationspotenzial hatte als der moderne Mensch und ihm wohl dadurch unterlegen war, womöglich deshalb im Laufe weniger Jahrtausende ausgestorben ist. Dies sind alles noch erste Ergebnisse aus den Genomanalysen.

## Kultur

Nicht erst bei Primaten sind Traditionen zu beobachten, wodurch sich das Verhalten in verschiedenen Populationen deutlich unterscheiden kann. Beispielsweise zeigen verschiedene Schimpansengruppen unterschiedlichen Werkzeuggebrauch. Die Summe tradierter Verhaltensweisen ist die Grundlage von Kultur. Es sind die nichtererbten Verhaltensweisen, die durch Nachahmen und Lernen erworben und generationenübergreifend weitergegeben werden, die die Kultur ausmachen. Selbst bei Nichtprimaten sind einfache Traditionen zu finden, bei Schimpansen schließlich gibt es bereits viele Traditionen. Dennoch ist die Vielfalt erlernter, überlieferter Verhaltensweisen beim Menschen ungleich größer. Dies ist generell durch Größe und Leistungsfähigkeit des menschlichen Gehirns, besonders aber durch das Sprachvermögen begründet.

# Biotechnik 15

Hatte die Biologie zunächst die Lebewesen und Lebenserscheinungen beschrieben, geordnet, Mechanismen und Funktionen analysiert, um durch Zuchtauswahl Nutzpflanzen und Haustiere zu gewinnen, so wurde nachfolgend versucht, Pflanzensorten und Mikroorganismen zur Gewinnung gewünschter Produkte gezielt zu verändern. Entscheidend ist hier – aufbauend auf dem erarbeiteten biowissenschaftlichen Wissen – der ingenieurwissenschaftliche Ansatz. Damit gelingt es zunehmend, das Potenzial der organismischen Diversität gezielt nutzbar zu machen. In den neuen Disziplinen wie der Systembiologie und des *Metabolic Engineering* gewinnt gerade auch die mathematische Modellierung an Bedeutung. Aufbauend auf frühen Ansätzen haben sich inzwischen ganz unterschiedliche Arbeitsgebiete der Biotechnik etabliert, die zu eigenständigen Fächern und Studiengängen in diesem Themengebiet geführt haben.

## 15.1 Historische Entwicklung

Louis Pasteur (1822–1895), einer der Pioniere der **Biotechnik** (Synonym: **Biotechnologie**), formulierte (frei übersetzt): „Es gibt keine Angewandte Naturwissenschaft, sondern nur die Anwendung der Naturwissenschaft" (Pasteur 1872, S. 49). Pasteur war tatsächlich ein früher Biotechnologe, und seine Leistungen in diesem Zusammenhang sind beeindruckend. Hier seien nur einige bahnbrechende Entdeckungen (respektive Erfindungen) genannt. In der Lebensmitteltechnik geht die Entwicklung von Sterilisationsverfahren auf ihn zurück – wer hat nicht schon einmal den Begriff des Pasteurisierens gehört? In der Medizin hat er den Einsatz von Lebendimpfstoffen gegen die Tollwut eingeführt. Nicht zu vergessen sei die Rettung der damaligen Textilindustrie, die durch ein rätselhaftes Massensterben der für die Herstellung der Seide eingesetzten Seidenraupen existenziell bedroht war.

Wurde in Zeiten Pasteurs die Biotechnologie noch nicht als eigenständige Wissenschaft betrachtet und entsprechend auch nicht benannt, so wird sie heute unterschiedlich definiert. Eine von sehr vielen Definitionen der Biotechnologie wird von der US-Umweltbehörde genannt: „Unter Biotechnologie versteht man im Allgemeinen die Verwendung von lebenden Organismen zur Herstellung von Produkten für das Wohlergehen der Menschheit: Es ist die Verwendung derselben für technische und industrielle Prozesse" (Gavrilescu 2010). Pasteur hatte sich wohl gegen eine Institutionalisierung der Naturwissenschaften wehren wollen. Dass sich hieraus eine regelrechte Säule der modernen Industrie entwickeln würde, konnte er nicht

© Springer-Verlag GmbH Deutschland, ein Teil von Springer Nature 2012
H.-D. Görtz und F. Brümmer, *Biologie für Ingenieure*,
https://doi.org/10.1007/978-3-662-59608-1_15

ahnen. Der eigentliche Sinn der Pasteur'schen Aussage sei hier aber stellvertretend für viele andere am Beispiel eines der wichtigsten biotechnologischen Produkte, nämlich der **Antibiotika** (genauer des **Penicillins**) und seines Produktionsverfahrens, verdeutlicht. Es ist sinnvoll, mit der Phase der Entdeckung und Beschreibung des wissenschaftlichen Phänomens zu beginnen. 1928 macht Alexander Fleming eine bahnbrechende Entdeckung: Eine Pilzspore, die versehentlich auf eine mit Bakterien beimpfte Petrischale gelangt war, ist zu einem Pilzgeflecht ausgewachsen. In der Umgebung des Geflechts haben sich die Bakterien aufzulösen begonnen. Flemings Schlussfolgerung war, dass der Pilz eine hochwirksame bakterienauflösende Substanz abgegeben haben musste.

Der Pilz wurde später als *Penicillum notatum* identifiziert. Fleming schlägt die (erst später als Antibiotikum bezeichnete) Substanz als wirksames Mittel zur Bekämpfung gefährlicher bakterieller Infektionen vor. Erstaunlich ist, dass diese Entdeckung, die natürlich von Fleming bald publiziert wurde, jahrelang relativ unbeachtet blieb. Tatsächlich dauerte es sogar noch fast zwei Jahrzehnte (in fast kurioser Weise „katalysiert" durch die katastrophalen Ereignisse des Zweiten Weltkriegs), bis endlich 1942 (nicht nur) in den USA ein erster großtechnischer Prozess mit einer Reinkultur von *Penicillium chrysogenum* etabliert wurde.

Die nun folgende Phase der Anwendung und Umsetzung wurde erst durch bahnbrechende Erfindungen und Entwicklungen aus dem Bereich der Ingenieurswissenschaften möglich: Namentlich die vollständige Entwicklung des begasten und gerührten Bioreaktors und eine geeignete Steriltechnik, die für die kontrollierte Kultivierung des Pilzes unverzichtbar waren, waren zur Sicherstellung der (großskaligen) technischen Produktion essenziell. Noch heute wird das Produktionsverfahren ständig verbessert, wobei sich insbesondere die Methoden der Stammentwicklung erheblich gewandelt haben (▶Kap. 15.2).

## 15.2  Biotechnik und ihre Anwendungsfelder

Als **Biotechnik** (Biotechnologie oder Technische Biologie) wird die Umsetzung von Erkenntnissen aus der Biologie und der Biochemie in technisch nutzbare Elemente verstanden. Oder, wie es die European Federation of Biotechnology bereits 1981 formulierte: „Biotechnologie ist die integrierte Anwendung von Biochemie, Mikrobiologie und Verfahrenstechnik mit dem Ziel, die technische Anwendung des Potentials der Mikroorganismen, Zell- und Gewebekulturen sowie Teilen davon zu erreichen." Mit anderen Worten: Die Biotechnologie ist eine Grenzwissenschaft zwischen den klassischen Disziplinen der Chemie, Biologie und Ingenieurswissenschaften.

Die Vielzahl der (relativ neuen) Arbeitsfelder (Tab. 15.1) verrät eins: das enorme Entwicklungspotenzial der Lebenswissenschaften (Life Sciences) und deren vielfältige Anwendung(en). Im deutschsprachigen Raum hat sich zur weiteren Klassifizierung des Themenfeldes eine Nomenklatur durchgesetzt, die sich (wohl) von der Farbassoziation zu den entsprechend beteiligten biologischen Systemen hat leiten lassen.

**Tab. 15.1** Vielfalt biologischer Anwendungsfächer (Beispiele biologisch/technisch orientierter Arbeitsfelder und ihre Begriffsgebung)

| Arbeitsgebiete | Kurzbeschreibung |
| --- | --- |
| **Naturwissenschaften** | |
| Biologie | Wissenschaft des Lebens |
| Biochemie | Lehre von den chemischen Vorgängen (dem Stoffwechsel) in Lebewesen (Synonyme: Physiologische Chemie, Chemie des Lebens) |
| Biophysik | Untersuchung und Beschreibung biologischer Systeme mithilfe der Gesetze der Physik und ihrer Messmethoden |
| **anwendungsorientierte Bereiche** | |
| Biomedizin | Disziplin, die Inhalte und Fragestellungen der experimentellen Medizin mit den Methoden der Molekularbiologie und der Zellbiologie verbindet |
| Biomedizintechnik | Anwendung von ingenieurwissenschaftlichen Prinzipien und Regeln auf das Gebiet der Medizin |
| Zellkulturtechnik | Kultivierung tierischer oder pflanzlicher Zellen in einem Nährmedium außerhalb des Organismus |
| Molekulare Biotechnologie | Gewinnung bzw. Konstruktion natürlicher wie auch künstlicher Biomoleküle mithilfe von Zellen oder Organismen |
| Biomimetik/Bionik | Entschlüsselung von „Erfindungen der belebten Natur" und ihrer innovativen Umsetzung in der Technik |
| Bioprozesstechnik | Gestaltung von technischen Anlagen für die Durchführung biotechnischer Prozesse |
| Bioverfahrenstechnik | umfasst das klassische Gebiet der Bioprozesstechnik und wird um die Arbeitsfelder der modellgestützten Analyse biologischer Systeme (der Systembiologie) und der Synthetischen Biologie ergänzt |
| Nanobiotechnologie | interdisziplinäre Teilmenge zwischen Nanotechnologie (Analyse kleinster „Nano"-Systeme) und der Biotechnologie (Anwendung der Biologie) |
| Metabolic Engineering/ Synthetische Biologie/ | Analyse und Design von biologischen (zellulären) Systemen für Produktionszwecke |
| Systembiologie | holistische (ganzheitliche) Modellierung und Simulation von biologischen Systemen |
| Technische Biologie, Technische Mikrobiologie und Technische Biochemie | technischer (anwendungsbezogener) Aspekt der naturwissenschaftlichen Disziplinen (s. o.) |
| Umwelt(bio)technologie | technische Verfahren zum Schutz der Umwelt sowie zur Wiederherstellung bereits beeinflusster oder geschädigter Ökosysteme |

## Weiße Biotechnologie

Die **Weiße Biotechnologie** ist der Bereich der Biotechnologie, der biotechnologische Methoden für industrielle Produktionsverfahren einsetzt (daher auch die gleichbedeutende Bezeichnung Industrielle Biotechnologie). Dazu werden biologische und biochemische Kenntnisse sowie Prozesse durch die (Bio-) Verfahrenstechnik in technische Anwendungen übertragen – also ganz der obigen Definition folgend. Für die Aspekte der industriellen Biotechnologie kommen dabei Organismen aus allen Großtaxa des Stammbaums der Lebewesen (▶Kap. 9 bis ▶Kap. 12) infrage. Einschränkend muss gesagt werden, dass in erster Linie Mikroorganismen (z. B. Bakterien wie *Escherichia coli*, *Corynebacterium glutamicum*, *Bacillus subtilis* oder *Pseudomonas putida* – allesamt Prokaryoten) oder Hefen (z. B. die Bäckerhefe *Saccharomyces cerevisiae*, ein Eukaryot) Verwendung finden. Man spricht daher auch von Mikrobieller Biotechnologie. Eine Erweiterung ergibt sich aus der Verwendung von Teilen der Organismen, z. B. deren Enzyme (Arbeitsbereich Enzymtechnik nebst Biokatalyse). Die wesentlichen Anwendungsfelder sind:
- Optimierung von Produktionsverfahren, z. B. für Grund- und Feinchemikalien (siehe unten), die Verminderung der Rohstoffabhängigkeit, z. B. durch Nutzung nachwachsender statt fossiler Rohstoffe,
- Entwicklung neuer Produkte und Verfahrensentwicklungen mit hohem Wertschöpfungspotenzial, z. B. durch die Nutzbarmachung von biologischen Stoffwechselwegen mit gentechnischen Methoden (▶Kap. 6). Typische Produkte in diesem Zusammenhang sind Antibiotika, organische Säuren, Nahrungsmittelzusatzstoffe und technische Enzyme (z. B. für die Waschmittelindustrie).

## Rote Biotechnologie

Die **Rote Biotechnologie** umfasst Bereiche der Biotechnologie, die medizinische Anwendungen zum Ziel haben. Hierzu gehören auch die Zellkulturtechnik und die Medizintechnik. Gängige Produktionsverfahren der Zellkulturtechnik basieren z. B. auf der Verwendung von sogenannten Zelllinien (in der Regel hochspezialisierte tierische oder menschliche Zellen), seltener aber auch von ganzen Organen (z. B. Leber oder künstliche Nieren) oder Teilen davon. Typische Produkte und Verfahren sind die Entwicklung von Therapeutika (Diagnostika und Impfstoffe), respektive von Modellorganismen aus dem Tierreich, die zur Herstellung dieser Produkte benötigt werden, nebst der Entwicklung und Verwendung entsprechend gentechnisch veränderter Organismen.

## Grüne Biotechnologie

Die **Grüne Biotechnologie** befasst sich, wie der Name schon assoziiert, mit Pflanzen (Pflanzenbiotechnologie). Der Begrifft schließt die Landwirtschaft und deren Produkte, wie etwa die Lebensmittel, mit ein. Sie bedient sich moderner Methoden der Molekularbiologie, Biochemie und Verfahrenstechnik, um Nutzpflanzen in jeglicher Hinsicht zu verbessern (überlappend mit der Agrartechnik). Erwähnt seien insbesondere pflanzliche Inhaltsstoffe (Phytochemikalien), die natürlich schon seit Jahrhunderten als Quellen hochwirksamer Pharmaka sehr begehrt sind. Hinzu kommen spezielle pflanzliche Fasern und Enzyme sowie Wirkprinzipien (z. B. der Lotuseffekt), die es für neue Anwendungsbereiche zu erschließen gilt (Bionik).

Die Übergänge zu den anderen Zweigen der Biotechnologie sind mittlerweile fließend (dies gilt natürlich wechselseitig auch für die anderen Bereiche). So können pflanzliche Zellen oder Enzyme zur Produktion industrieller Stoffe (Weiße Biotechnologie) oder von Medikamenten (Rote Biotechnologie) genutzt werden. Auch zur Entgiftung von Böden (Phytoremediation) oder als Umweltsensoren sind Pflanzen geeignet: ein Berührungspunkt zur Grauen Biotechnologie (▶Kap. 15.4). Es ist nicht verwunderlich, dass um den jeweiligen Stellenwert und die Bedeutung der einzelnen Gebiete mitunter heftig gestritten wird.

## Graue Biotechnologie

Die **Graue Biotechnologie** (Umweltbiotechnologie) umfasst alle biotechnischen Verfahren zur Reinigung von Abwasser respektive der Aufbereitung von Trinkwasser und der Sanierung kontaminierter Böden, des Weiteren zum Müllrecycling oder zur Abluft- bzw. Abgasreinigung. Eine organismenbezogene Trennung gibt es nicht, und neben den bereits erwähnten typischen Anwendungsbeispielen wie der Altlastensanierung (Bodensanierung, Abwasserbeseitigung, Behandlung von Abfällen) sollte das hochspezialisierte Themenfeld der Umweltanalytik nicht unerwähnt bleiben. Auch um Umweltschäden zweifelsfrei aufzudecken, bedient man sich mitunter biologischer Verfahren. Als „Anzeiger" setzt man Mikroorganismen, Tiere und Pflanzen oder Teile davon als Biosensoren (Gensonden, Biokatalysatoren) ein und ermöglicht so eine wirkungsvolle Überwachung von Gefahrenbereichen. In dieser „biobasierten" Analytik handelt es sich um eine sinnvolle Ergänzung hochsensitiver, analytisch/chromatografischer Standardverfahren.

Moderner Umweltschutz sollte allerdings bereits bei der Schadstoffvermeidung vor oder während industrieller Herstellungsprozesse ansetzen. Dabei geht es um den produktionsintegrierten Umweltschutz, wobei hier wiederum die weiße Biotechnologie zur Anwendung kommt. So können bei der Herstellung von Wasch- und Lebensmitteln sowie bei Textilien und Arzneien durch den Einsatz gentechnisch veränderter Mikroorganismen (nebst modifizierter Enzyme) die mitunter erheblichen Rohstoff- und Energiekosten eingespart werden bzw. helfen, unerwünschte Nebenprodukte bei der Herstellung derselben zu vermeiden.

## Blaue Biotechnologie

Aus dem Quintett der Weißen, Roten, Grünen, Grauen und Blauen Biotechnologie ist die letztere sicherlich der jüngste Anwendungsbereich dieser Wissenschaften. Als **Blaue Biotechnologie** wird die Anwendung der Methoden der Biotechnologie auf Lebewesen aus dem Meer bezeichnet. Auch hier, wie schon bei der Grauen Biotechnologie, bezieht sich die Farbbezeichnung blau nicht auf die Verwendung einer bestimmten Organismenklasse. Ganz im Gegenteil, ein wesentliches Anwendungsgebiet ist die marine Wirkstoffforschung, die prinzipiell alle Bewohner des Meeres (**extremophile Mikroorganismen**, Algen, niedere Tiere, Schwämme, sogar Fische) in ihre Produktsuche einbezieht. Hierbei gilt das Nutzungspotenzial der Blauen Biotechnologie als beträchtlich, denn die biologische Vielfalt im Meer ist hoch, womöglich ungleich höher als auf dem Land. Neben vielen biotopbegründeten Umständen liegen demzufolge (schon allein statistisch) noch mehr biotechnologische Schätze verborgen als an Land. Bisher sind die marinen Ökosysteme und damit die Vielfalt der Meeresorganismen weit weniger intensiv erforscht als die der Landlebewesen.

## 15.3  Biotechnische Produkte

### Anwendungsspezifische Einteilung

Biotechnologische Verfahren können auch unter rein anwendungsspezifischen Kriterien eingeteilt werden (Abb. 15.1).
Ausgehend von der Zelle als Produzent lassen sich klassische Anwendungsbereiche aufzeigen: Lebensmittelherstellung, Rohstoffkonservierung, Arzneimittelherstellung, Umweltverfahren und Energiegewinnung, Herstellung und Nutzung technischer und landwirtschaftlicher Hilfsstoffe und deren spezifischer Produkte.
Dies ist eine sehr klassische (bereits in den 1960er Jahren gängige) Einteilung, in der sich aber mühelos die nun eher gebräuchliche farbliche Einteilung (siehe oben) wiederfinden lässt.

### Stoffklassenorientierte Einteilung

Alternativ ist umgekehrt auch eine produktorientierte (stoffklassenspezifische) Einteilung möglich und auch überaus gebräuchlich. Abb. 15.2 fasst diese Einteilung zusammen.
Auch hier steht natürlich die Zelle als Produzent im Mittelpunkt des Interesses. Nach molekularer Komplexität der Produkte wird grob zwischen der ganzen Zelle (nebst Anwendungen), den **Makromolekülen** (Proteinen, Nucleinsäuren, ggf. Fetten) und den niedermolekularen Komponenten (z. B. organischen Säuren, Nucleotiden, Zucker, Steroiden, Fettsäuren) unterschieden.

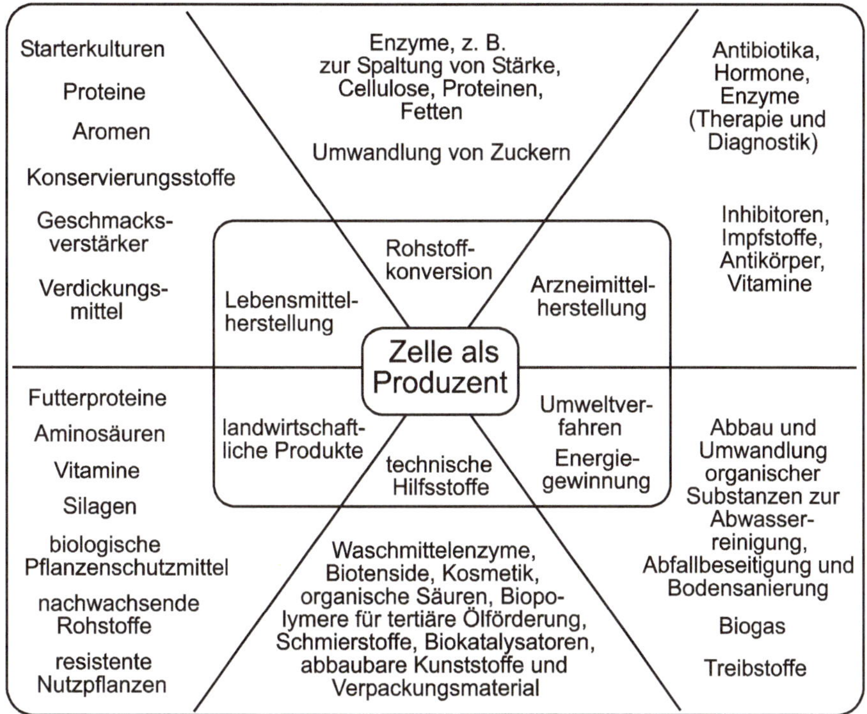


**Abb. 15.1** Anwendungsspezifische Einteilung von biotechnologischen Verfahren.

## 15.4 Verfahrensentwicklung

### Gestern und heute

Genau genommen ist die Biotechnologie keine moderne Wissenschaft. Die Menschheit hat sich schon seit Jahrtausenden (bewusst oder unbewusst) ihre lebende Umgebung nutzbar gemacht. Ein schönes Beispiel mag da die Verwendung der Bier- und Backhefe zur Herstellung des Bioethanols sein, die eine regelrechte Verfahrensentwicklung von nahezu 10 000 Jahren hinter sich hat (Abb. 15.3). Im alten Ägypten tauchten erste Wandzeichnungen auf, die die Gebrauchsanweisung zur Herstellung von Backwaren beinhalten. In Gärkrügen, die einen mehr oder weniger luftdichten – gärfähigen – Zustand erlaubten, wurden alkoholhaltige Getränke zubereitet – zeitgleich in mehreren Frühkulturen. Angebot und Nachfrage stiegen natürlich auch zu dieser Zeit; es folgte die Entwicklung sogenannter Gärbottiche. Der Menschheit war natürlich damals noch nicht bekannt, dass Mikroorganismen für die eigentliche Alkoholherstellung verantwortlich waren. Das Mikroskop war noch lange nicht erfunden, geschweige denn war die Existenz mikroskopisch kleiner Lebewesen bekannt. Auch andere Nahrungsprodukte, z. B. Brot, Joghurt, Sauerkohl, Essig,

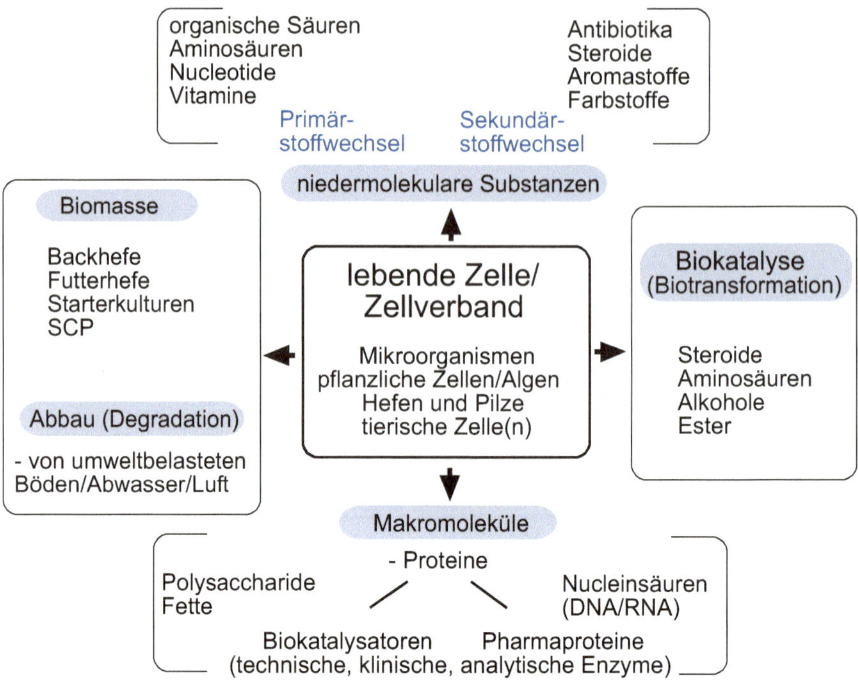


**Abb. 15.2** Produktorientierte (stoffklassenspezifische) Einteilung. SCP –*Single Cell Protein*

Bier, Wein und Käse wurden entwickelt, ohne zunächst die mikrobiologischen Grundlagen zu kennen.

Wohlgemerkt, diese Produkte konnten (mehr oder weniger) reproduzierbar hergestellt werden. Die eigentlichen Mechanismen der Herstellung waren aber notgedrungen unbekannt. Man nennt diese Zeit etwas abwertend Phase der Ignoranz. Es folgt eine Phase der wissenschaftlichen Entdeckungen. Unter anderem wurde im 17. Jahrhundert das Mikroskop entwickelt, das wiederum die Entdeckung der Mikroorganismen ermöglichte, deren maßgebliche Bedeutung für die Gärungsprozesse erkannt wurde. Daran hatte Louis Pasteur einen nicht unerheblichen Anteil. Ähnlich ließe sich auch die Entwicklung der Agrartechnologie, der Klär- und Abwasseranlagentechnik und sogar der Medikamentenentwicklung darstellen. Die Früchte dieser langen Entwicklungen ernten wir noch heute (Phase der industriellen Nutzung).

## Aufgaben des Bioingenieurs

Natürlich geht es bei der Anwendung der Naturwissenschaften immer um die technische Realisierung eines speziellen, vorher beschriebenen Naturphänomens. Hierbei lassen sich zwei Fragestellungen voneinander unterscheiden. Zum einen geht es um die schrittweise Maßstabsvergrößerung (*scale up*), womit nicht zuletzt die schrittweise (ggf. verlustfreie) Steigerung der Produktivität (genauer der Raum-/

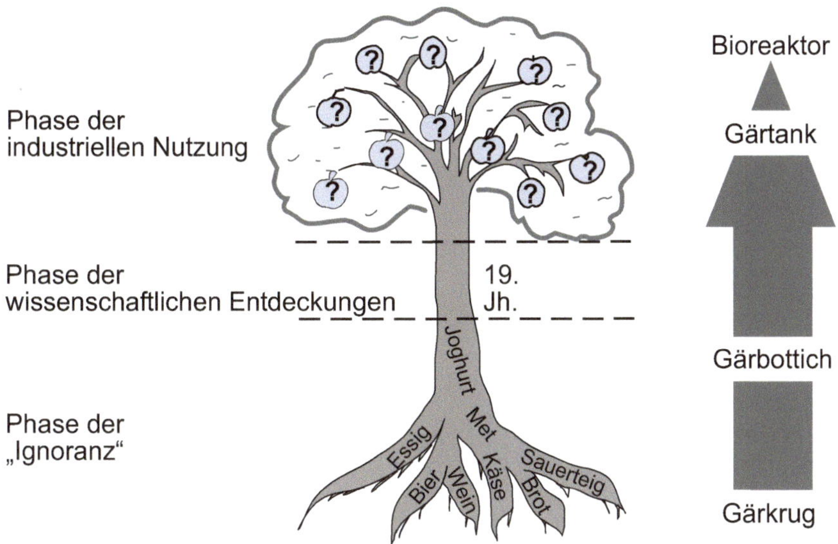


**Abb. 15.3** (Bio)prozesstechnische Evolution (links) am Beispiel der Ethanolproduktion (rechts).

Zeitausbeute) bezweckt wird. Diese Schritte beinhalten in der Bioverfahrenstechnik rein mikrobiologische, ggf. gentechnische Methoden wie das Suchen (Screenen; *screening*) nach geeigneten Organismen, deren Kultivierbarkeit (Stammführung) nebst *Vorkulturentwicklung* im kleinsten Maßstab (Abb. 15.4).

Weiter geht es mit der Optimierung im sogenannten Labormaßstab (*lab-scale*) unter kontrollierten, möglichst (industrie)prozessnahen Bedingungen. Die Entwicklung ist mit der Auslegung der Pilot- oder Produktionsanlage abgeschlossen. Natürlich müssen bei der Maßstabsvergrößerung bewährte Regeln und Vorschriften unbedingt beachtet und eingehalten werden. Manchmal ist auch der Weg zurück, also die bewusste Maßstabsverkleinerung (*scale down*) von Interesse. Damit lassen sich ggf. (kostengünstig) die Gesetzmäßigkeiten zur Steigerung der oben genannten Raum-/Zeitausbeute eines Produktionsverfahrens erarbeiten und ggf. weiter steigern.

## 15.5 Bioverfahrenstechnik

Viele der aktuellen Fragestellungen in der modernen Biologie setzen die Analyse äußerst komplexer Zusammenhänge voraus, z. B. das detaillierte, bis auf die Ebene der molekularen Prozesse zu verfolgende Verständnis von Stoffwechselvorgängen. Hier ist ein gewisser Paradigmenwechsel bei den biologisch orientierten Ingenieurswissenschaften zu beobachten: Haben sich die „klassischen" Ingenieure eher um die Entwicklung und Auslegung großskaliger Anlagen gekümmert (Abb. 15.4), so besteht der Reiz des Neuen (der akademischen Forschung) nun eher in der Analyse (inklusive Nutzung) großskaliger (globaler) Reaktionsnetzwerke lebender

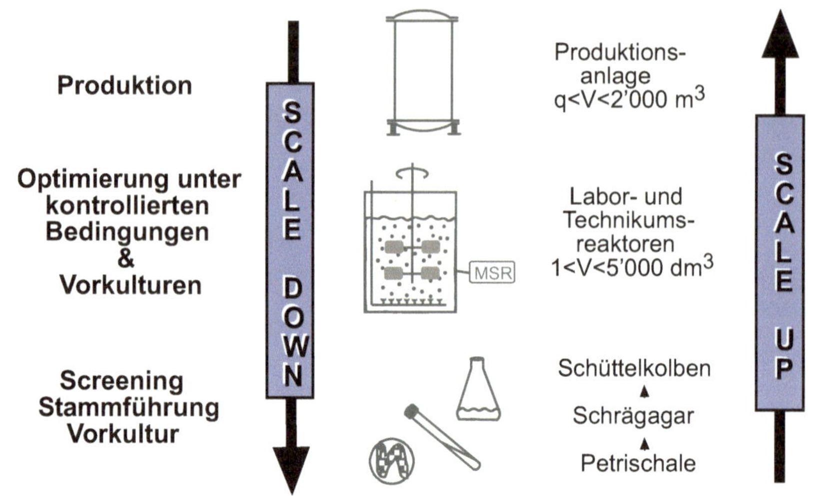



**Abb. 15.4**  Vereinfachtes Schema einer (Bio-)Prozessentwicklung. Ein weiterer typischer Aspekt der Verfahrensentwicklung ist also neben der eigentlichen Fermentation (*upstream processing*) die Bioproduktaufarbeitung (*downstream processing*), die nicht unwesentlich über die Wirtschaftlichkeit eines Verfahrens beiträgt und ebenso eine typische Aufgabenstellung eines Bioingenieurs ist. MSR = Mess-, Steuerungs- und Regeltechnik.

Systeme; in Abb. 15.5 ist dieses beispielhaft für die Themengebiete der Bioverfahrenstechnik dargestellt.

Diese Analysen bedürfen daher ggf. neuartiger (mathematischer) Methoden (Kurzbeschreibungen der Arbeitsgebiete der Biochemie und der molekularen Biotechnologie in Tab. 15.1). Dies ist von besonderem Interesse, wenn wichtige Ansatzpunkte für die gezielte Verbesserung von Hochleistungsstämmen (in der Produktion) oder Behandlungstherapien (in der biomedizinischen Technik) gesucht werden. Beispiele sind Phänomene der Krebsentstehung, Entwicklungsprozesse und Medikamentenwirkungen, bis hin zu allgemeinen Ansätzen der (Bio-) Produktionsoptimierung.

Die heutige Bioverfahrenstechnik umfasst das klassische Gebiet der Bioprozesstechnik (nebst Anlagenbau und Prozessführung), etwa zur Herstellung biologischer Produkte. Das Arbeitsfeld wird heute durch die modellgestützte Analyse biologischer Systeme der Systembiologie und der Synthetischen Biologie ergänzt.

## 15.6  Systembiologie, Metabolic Engineering und Synthetische Biologie

Die Unterschiede zwischen diesen drei Arbeitsgebieten mögen nur geringfügig sein, ja sogar für eher akademisch gehalten werden. In der Tat ist den Arbeitsgebieten die Grundidee einer detaillierten, beschreibenden Analyse gemeinsam und daraus folgend die bewusste, zielgerichte Beeinflussung von Lebensvorgängen.

| Bioverfahrenstechnik | | | |
| --- | --- | --- | --- |
| **Bioprozesstechnik** | | **Systembiologie** | |
| **Apparatetechnik** | **Prozessführung/ Reaktionstechnik** | ***Metabolic Engineering/ Synthetische Biologie*** | **holistische (ganzheitliche) Modellierung** |
| Gestaltung von technischen Anlagen für die Durchführung biotechnischer Prozesse | | Analyse und Design von biologischen (zellulären) Systemen für Produktions- zwecke | holistische Modellierung und Simulation von biologischen Systemen |

**Abb. 15.5** Definition und Themenfelder der Bioverfahrenstechnik.

Natürlich motiviert durch den Gedanken einer gewissen Wertschöpfung (Substrat-/ Produkt-Relation), wobei zur direkten (gerichteten) Beeinflussung hierbei grundsätzlich alle bekannten Organismen infrage kommen. Allerdings werden in der Regel nur bestens beschriebene eingesetzt (Abb. 15.6).

## Systembiologie

Es gibt viele Definitionen der **Systembiologie**, wohl auch ganz abhängig davon, welchen fachlichen Hintergrund (Natur- respektive Ingenieurswissenschaft) die jeweiligen Protagonisten haben. Ganz „wertneutral" kann man die Systembiologie als Wissenschaft definieren, deren Ziel ein ganzheitliches, quantitatives Verständnis von zellulären Vorgängen und deren Regulationen ist, nicht zuletzt um eine profunde Basis für die Vorhersage metabolischer Reaktionen zu ermöglichen. Gleichbedeutend wird solche Systembiologie manchmal auch als Prädiktive oder Integrative Biologie bezeichnet. Ziel der Systembiologie ist demnach die Fragestellung, wie lebende Systeme organisiert sind und wie die netzwerkartig interagierenden Einzelkomponenten zu ganzen (globalen) zellulären Funktionen zusammengeführt werden, die schließlich den Phänotyp einer Zelle ausmachen.

Die Wissensgenerierung kann hierbei auf zwei unterschiedlichen Wegen erfolgen (Abb. 15.7):

Der erste ist der **induktive Weg** der Wissensgenerierung (*bottom-up approach*) mit einer vollständigen Analyse der Einzelkomponenten. Gemeint ist hier sowohl deren analytisch-methodische Beschreibung (z. B. mittels geeigneter molekular- und biochemischer Methoden) als auch deren reaktionstechnische, mathematische Umsetzung. In der nächsten Ebene werden diese Einzelkomponenten schrittweise zu einer holistischen (ganzheitlichen) Beschreibung zellulärer Funktionen verbunden.

Beim zweiten, dem **deduktiven Weg** (*top-down approach*) wird umgekehrt vorgegangen und quasi von oben auf das biologische System geschaut. Moderne (globale) Methoden ermöglichen die ganzheitliche Analyse des Genoms (*genomics*), der Transkripte (mRNA, *transcriptomics*), der Proteine (*proteomics*) und

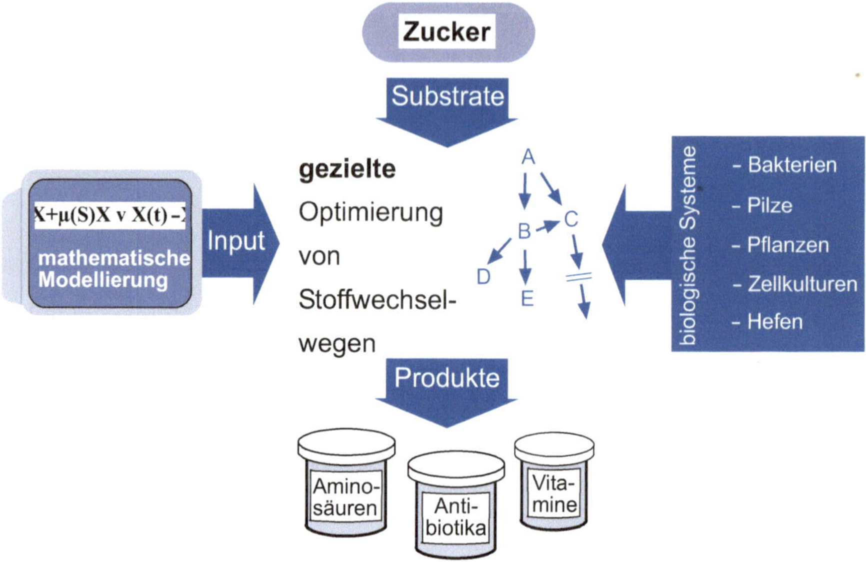


**Abb. 15.6** Wertschöpfung vor dem Hintergrund der modellgestützten Analyse von biotechnischen Systemen.

Metabolite (*metabolomics*), also der entsprechenden metabolischen, der regulatorischen und Signaltransduktionsnetzwerke. Entscheidend ist nun das Zusammenführen des jeweiligen Erkenntnisgewinns aus beiden Wegen (des induktiven und des deduktiven Weges).

Die Entwicklung zur Systembiologie kann auch rein historisch betrachtet werden, wobei sich die getrennten Wege der Biologen und Ingenieure zwangsläufig treffen mussten (Abb. 15.8).

## Metabolic Engineering

Inhaltlich sehr ähnlich, allerdings im Anwendungsaspekt dann doch konkreter, ist die Definition des **Metabolic Engineering** (ME). Frei nach J. Bailey (1999), einem der Pioniere in diesem Fachgebiet: „ME befasst sich mit der Verbesserung zellulärer Aktivitäten durch gezielte Manipulation des enzymatischen, des Transports und regulatorischer Funktionen der Zelle durch die Verwendung der Gentechnologie." Wie oben bereits dargestellt, wird hier der Paradigmenwechsel in der Erweiterung der bisherigen Sichtweise deutlich (nach Bailey und Stephanopoulos 2003): „Das Betätigungsfeld des Chemical Engineer hat sich vom Stahlkessel hin zur individuellen Zelle und ihrer metabolischen Stoffwechselwege erweitert [...] Ziel ist es, geeignete Werkzeuge für die rationelle, schnelle und effiziente Entwicklung von Prozessen und Produkten bereitzustellen." Wenn man so will, versteht sich das ME als Serviceeinheit für die Biotechnologie.

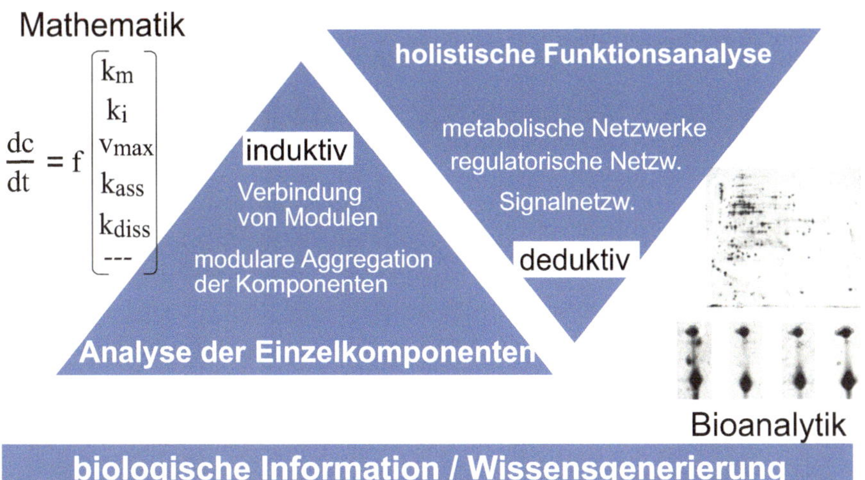


$$\frac{dc}{dt} = f \begin{bmatrix} k_m \\ k_i \\ v_{max} \\ k_{ass} \\ k_{diss} \\ --- \end{bmatrix}$$

**Abb. 15.7** Wissenschaftliche Vorgehensweise zur Wissensgenerierung in der Systembiologie.

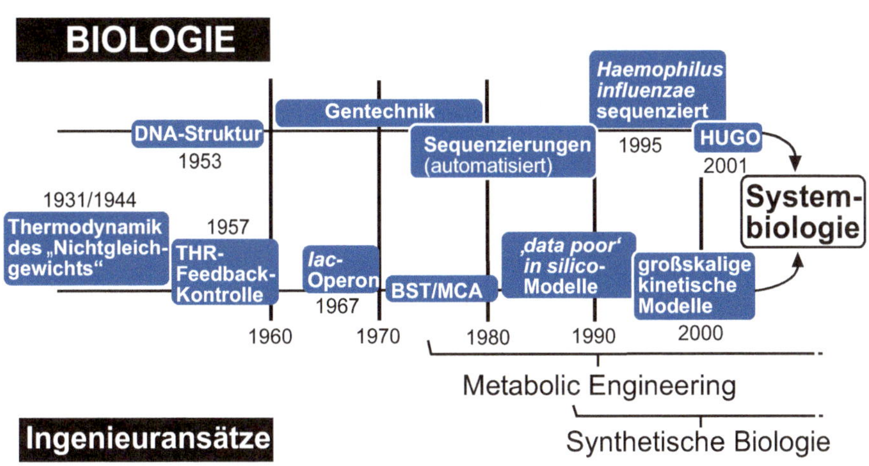


**Abb. 15.8** Wege (und Wegsteine) zur Systembiologie aus ingenieurswissenschaftlicher und biologischer Sicht. HUGO = Human Genome Project, MCA = Metabolic Control Analysis, BSC = Bio Systems Theorie, THR = Threonin Operon (modifiziert nach Westerhoff und Palsson 2004).

## Synthetische Biologie

In diesem Zusammenhang sei noch die **Synthetische Biologie** genannt, in der heutigen Definition von den dreien sicherlich das neueste Arbeitsfeld. Werden die beiden ersten eher von systemtheoretisch orientierten Fragestellungen geprägt, spielen

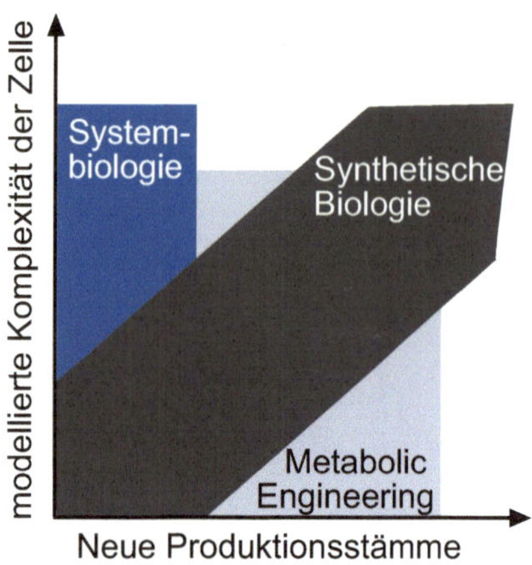



**Abb. 15.9** Vergleichende Darstellung der Arbeitsbereiche Systembiologie, Synthetische Biologie und Metabolic Engineering (adaptiert nach Takors 2011).

diese bei der Synthetischen Biologie eine untergeordnete Rolle. Aus Sicht der Deutschen Forschungsgesellschaft (DFG) sind die Schwerpunkte die folgenden:
- die chemische Synthese von Genen und sogar von ganzen Genomen,
- die Entwicklung (*creation*) von **Minimalzellen**,
- die Entwicklung von **artifiziellen Zellen**.

Schließlich wird eine (zeitgemäße) Erweiterung der Ziele des Metabolic Engineering vor dem Hintergrund der bahnbrechenden methodischen Entwicklungen der Biologie notwendig.

## Die Themengebiete im Vergleich

Der Unterschied der drei Themengebiete **Systembiologie**, **Metabolic Engineering** und **Synthetische Biologie** kann anhand des Komplexitätsgrades mathematischer Modelle, die zur Beschreibung und Entwicklung neuer Produktionsstämme notwendig wurden, deutlich gemacht werden (Abb. 15.9).

Während das Metabolic Engineering mit einer vergleichsweise geringen Komplexität auskommt, ist sie im Fall der Systembiologie enorm groß. Die Synthetische Biologie stellt in gewisser Weise einen Kompromiss der beiden klassischen Arbeitsfelder dar.

Man kann natürlich das „Wesen der Biotechnik" auch lediglich aus der Sicht der eigentlichen Produzenten, nämlich den Mikroorganismen, darstellen, wie das in der Interpretation von Michel Herzberg (Schüler der 10. Klasse in Calw) geschehen ist (Abb. 15.10).

**Abb. 15.10** Mikrobielle Biotechnik aus Sicht der Mikroorganismen (© Michel Herzberg).

# Literatur


Avery OT, MacLeod CM, McCarthy M (1944) Studies on the chemical nature of the substance inducing transformation of pneumococcal types. J. Exp. Med. 98: 451–460.

Bailey JE (1999) Lessons from metabolic engineering for functional genomics and drug discovery. Nature Biotechnology 17: 816–618.

Camazine S, Deneubourg JL, Franks NR, Sneyd J, Theraulaz G, Bonabeau E (2003) Self-Organization in Biological Systems. Princeton University Press, Princeton und Oxford.

Chmiel H (Hrsg.) (1991) Bioprozesstechnik 1 & 2. Fischer, Stuttgart.

Clutton-Brock TH, Albon SD, Guiness FE (1984) Maternal dominance, breeding success and birth sex ratios in Red Deer. *Nature* 308: 358–360.

De Bary A (1869) Die Erscheinungen der Symbiose. Trübner, Strasbourg.

Eigen M, Schuster P (1979) The Hypercycle – A Principle of Natural Self-Organization. Springer, Berlin.

Eigen M, Winkler R (1976) Das Spiel – Naturgesetze steuern den Zufall. Piper, München und Zürich.

European Federation of Biotechnology (EFB) (1981) *EFB Newsletter*, Dec. 1981, No. 4, p. 2. http://www.efb-central.org/index.php/Main/C4.

Fleming A (1929) On the bacterial action of cultures of a penicillium. Brit. f. Exp. Pathology 10: 226-236.

Gardner M (1970) The fantastic combinations of John Conway's new solitaire game „life" *Scientific American* 223: 120–123.

Gavrilescu M (2001) Dynamic Biochemistry, Process Biotechnology and Molecular Biology. Global Science Books. http://www.globalsciencebooks.info/JournalsSup/images/Sample/DBPBMB_4%281%291-36o.pdf.

Green RE und über 50 Mitautoren um Svante Pääbo (2010) A draft sequence of the Neandertal Genome. *Science* 328: 710–722.

Grell KG (1973) Protozoology. 3. Aufl. Springer, New York.

Haeckel E (1866) Generelle Morphologie der Organismen. Allgemeine Grundzüge der organischen Formen-Wissenschaft, mechanisch begründet durch die von Charles Darwin reformierte Descendenz-Theorie. Bd. 2. Reimer, Berlin.

Haken H (1983) Erfolgsgeheimnisse der Natur. DVA, München.

Kier WM, Smith AM (2002) The structure and adhesive mechanism of *Octopus* suckers. *Integr. Comp. Biol.* 42: 1146–1153.

MacLulich DA (1937) Fluctuations in the numbers of the varying hare (*Lepus americanus*). University of Toronto. *Studies Biological Series 43*. University of Toronto Press, Toronto.

Mathe P (2001) Die Geburt der „Nachhaltigkeit" des Hans Carl von Carlowitz – heute eine Forderung der globalen Ökonomie. *Forst und Holz* 56: 246–248.

Meselson M, Stahl FW (1958) The Replication of DNA in *Escherichia coli*. Proc. Nath. Acad. Sci. 44: 671–682.

Milinski M, Parker GA (1997) Cooperation under predation risk: a data-based ESS analysis. *Proceedings of the Royal Society* 264: 1239–1247.

Milinski M, Wedekind C (2001) Evidence for MHC-correlated perfume preferences in humans. *Behavioral Ecology* 12: 140–149.

Miller SL (1953) A production of amino acids under possible primitive earth conditions. *Science* 117: 528–529.



© Springer-Verlag GmbH Deutschland, ein Teil von Springer Nature 2012
H.-D. Görtz und F. Brümmer, *Biologie für Ingenieure*,
https://doi.org/10.1007/978-3-662-59608-1

Miller SL, Urey HC (1959) Organic Compound Synthesis on the Primitive Earth. *Science* 130: 245–251.

Möbius KA (1877): Zum Biozönose-Begriff – Die Auster und die Austernwirtschaft. Harri Deutsch, Frankfurt am Main.

Nowak MA, Highfield R (2011) Super Cooperators. Free Press, New York.

Oparin AI (1938) The Origin of Life. Macmillan, New York.

Pasteur L (1872) Pourquoi le goût de la vendange diffère de celui du raisin. In: Ders. Comptes rendus des travaux du congrès viticole et séricole de Lyon, 9.–14. September 1872, S. 45–49.

Seyfried H (2005) Ein Planet organisiert sich selbst. In: Wechselwirkungen, Jahrbuch 2005, Universität Stuttgart, S. 70–105.

Smith JM (1964) Group Selection and Kin Selection. *Nature* 201: 1145–1147.

Smith JM (1982) Evolution and the Theory of Games. Cambridge University Press.

Stephanopouolos G (2003) Chemical and Biological Engineering, *Chem. Eng. Sci.* 58: 4931–4933.

Takors R (2005) Metabolic and Bioprocess engineering – A Fruitful Symbiosis. Schriften des Forschungszentrums Jülich. Reihe Lebenswissenschaften/Life Sciences, Bd. 23.

Takors R (2011) Systembiologie in der Bioprozesstechnik. In: Chmiel H (Hrsg.) Bioprozesstechnik. 3. Aufl. Spektrum Akademischer Verlag, Heidelberg.

Turesson GW (1922) The Species and variety as ecological units. *Hereditas* 3: 100–113.

Volterra V (1931) Leçons sur la théorie Mathématique de la lutte pour la vie. Gauthier-Villars 1931.

Wächtershäuser G (1990) Evolution of the first metabolic cycles. *Proc. Natl. Acad. Sci.* 87: 200–204.

Walter H, Breckle SW (1991) Ökologie der Erde, Bd. 1, Ökologische Grundlagen in globaler Sicht. 2. Aufl. Schweizerbart, Stuttgart.

Walter H, Lieth H (1967) Klimadiagramm-Weltatlas. Fischer, Jena.

Westerhoff HV, Palsson BO (2004) The evolution of molecular biology into systems biology. *Nature Biotechnology* 22: 1249–1252.

Westheide W, Rieder R (2007) Spezielle Zoologie, Bd 1. Spektrum Akademischer Verlag, Heidelberg.

# Weiterführende Literatur

## Allgemeine und Spezielle Biologie (einschließlich Botanik, Zoologie, Mikrobiologie, Biochemie, Stoffwechsel)

Kull U (2000) Grundriss der allgemeinen Botanik. 2. Aufl. Spektrum Akademischer Verlag, Heidelberg.

Munk K et al. (2011) Taschenbuch Biologie: Zoologie. Thieme, Stuttgart.

Purves WK et al. (2006) Biologie. 2. Aufl. Spektrum Akademischer Verlag, Heidelberg, S. I–LII, 1–1577.

## Fortpflanzung und Vererbung

Janning W, Knust E (2004) Genetik. Thieme, Stuttgart.

## Molekularbiologie

Alberts B et al. (2011) Molekularbiologie der Zelle. 5. Aufl. Wiley-VCH, Weinheim, S. I–LXII, 1–1928.

## Entwicklungsbiologie

Wolpert L et al. (1999) Entwicklungsbiologie. Spektrum Akademischer Verlag, Heidelberg/Berlin.

## Ökologie

Bick H (1999) Grundzüge der Ökologie. 3. Aufl. Spektrum Akademischer Verlag, Heidelberg, S. 1–390.

## Evolutionsbiologie

Futuyma DJ (2007) Evolution. Das Original mit Übersetzungshilfen. Spektrum Akademischer Verlag, Heidelberg, S. I–XVI, 1–607.

Kull U (2007) Evolution in Stichworten. 12. Aufl. Borntraeger, Stuttgart, S. I–XII, 1–402.

Riedl R (2003) Riedls Kulturgeschichte der Evolutionsbiologie. Springer, Berlin/Heidelberg/New York

## Süßwasserbiologie

Lampert W, Sommer U (1993) Limnoökologie. Thieme, Stuttgart, S. I–VIII, 1–440.

## Meeresbiologie

Tardent P (2005) Meeresbiologie. Eine Einführung. 3. Aufl. Thieme, Stuttgart, S. I–VIII, 1–305.

## Biotechnik

Süßbier S, Renneberg R (2010) Biotechnologie für Einsteiger. 3. Aufl. Spektrum Akademischer Verlag, Heidelberg.

Chmiel H (Hrsg.) (2011) Bioprozesstechnik. Spektrum Akademischer Verlag, Heidelberg.

## Literatur für die Praxis

Schaefer M et al. (2002) Brohmer – Fauna von Deutschland. Ein Bestimmungsbuch unserer heimischen Tierwelt. 21. Aufl. Quelle & Meyer, Wiebelsheim, S. I–XIV, 1–791.

Schwab H, Ehrl A, Wolf M (1995) Süßwassertiere. Ein ökologisches Bestimmungsbuch. Klett, Stuttgart, S. 1–320.

Senghas K, Seybold S (2011) Schmeil – Fitschen: Flora von Deutschland und angrenzender Länder. Ein Buch zum Bestimmen der wildwachsenden und häufig kultivierten Gefäßpflanzen. 95. Aufl. Quelle & Meyer, Wiebelsheim, S. I–XII, 1–864.

## Nachschlagewerke

Freudig D (2006) Lexikon der Biologie (Studienausgabe). Spektrum Akademischer Verlag, Heidelberg, S. 1–7072.

Klein E (2005) Bilinguales Wörterbuch Biologie. Teil I: Deutsch – Englisch; Teil II: English – Deutsch (mit phonetischer Transkription). Verband deutscher Biologen und biowissenschaftlicher Fachgesellschaften e.V. (VdBiol), S. 1–288.

Hentschel EJ, Wagner GH (2004) Zoologisches Wörterbuch. Tiernamen, allgemeinbiologische, anatomische, physiologische Termini und Kurzbiographien. 7. Aufl. Spektrum Akademischer Verlag, Heidelberg, S. 1–573.

# Glossar

**Abdomen**   Hinterleib.

**Absorption**   Ernährungsweise der Pilze. Extrazelluläre Verdauung organischer Biomasse und Aufnahme der Verdauungsprodukte/ → Monomere über die → Zellmembran.

**Abundanz**   Häufigkeit von Individuen einer → Population in Bezug auf Fläche oder Raum.

**Actin**   Cytoskelettprotein. Bildet Actinfilamente (F-Actin-Ketten; → Mikrofilamente), ca. 6 nm dick. An Actinfilamenten entlang bewegt sich das Motorprotein → Myosin.

**Adaptation**   (Im phylogenetischen Sinne) Die Entstehung einer zu den Umweltbedingungen passenden Organisationsform.

**adaptive Radiation**   Bildung verschiedener Arten unterschiedlicher Anpassung bei Besiedlung neuer Lebensräume bzw. der Besetzung neuer Nischen.

**Adenin**   Purinbase der → Nucleinsäuren.

**Adenosinmonophosphat**   → AMP.

**Adenosintriphosphat**   → ATP.

**Akrosom**   Vesikel im Vorderende eines Spermiums; enthält → Enzyme zur Penetration der → Zona pellucida.

**Aktionspotenzial**   Kurzfristige Spannungsänderung über einer (erregbaren) → Zellmembran durch Ionenfluss. Dauer und Amplitude unterschiedlich (1–5 ms/60–120 mV).

**Aktualitätsprinzip**   Es geht davon aus, dass die uns heute bekannten naturwissenschaftlichen Gesetzmäßigkeiten auch den Vorgängen in der Erdgeschichte zugrunde lagen; von dem Geologen Charles Lyell (1797–1857) vorgestellt.

**Algen**   Sammelbezeichnung grüner Organismen mit Ausnahme der Landpflanzen.

**Algenblüten**   Massenauftreten einzelliger Algen, oft Dinoflagellaten.

**Allantois**   Embryonale Harnblase.

**Allel**   Jeweilige Ausprägung eines → Gens.-Gene können in einer → Population in einem oder vielen Allelen vorliegen.

**allopatrisch**   Allopatrische Artbildung erfolgt in getrennten Lebensräumen.

**Altruismus**   Ein andere Individuen unterstützendes Verhalten, das aber entweder reziprok vergütet wird oder dem Altruisten -- bei nahen Verwandten -- einen Gewinn an → indirekter Fitness bringt. Auch altruistisches Verhalten folgt insofern dem Prinzip Eigennutz.

**Aminogruppe**   Funktionelle Gruppe der → Aminosäuren (–$NH_2$).

**Aminosäure**   Organisches Molekül mit einer Aminogruppe und einer Carboxylgruppe am α-C-Atom und einem unterschiedlich gebauten Rest. → Monomere der → Peptide/ → Proteine.

**Amnionhöhle**   Raum, der den Embryo der Amnioten (Reptilien; auch Vögel, Säuger) aufnimmt.

**AMP**   Adenosinmonophosphat; → Nucleotid.

**Anabolismus**  Aufbauender Stoffwechsel, energieverbrauchend.

**Anagenese**  Höherentwicklung im Lauf der Entwicklung einer Art.

**analog**  Organe/Verhaltensweisen gleicher Funktion bzw. Struktur, die abstammungsmäßig unterschiedlicher Herkunft sind, werden als analog bezeichnet.

**Anpassung**  Entwicklung zweckmäßiger Organe/Verhaltensweisen (in einem Lebensraum bzw. → Ökosystem) im Laufe der Evolution.

***antennapedia***  → Homeotisches Gen von → *Drosophila melanogaster*, dessen → Mutation aus der Antennenanlage ein Bein entstehen lässt.

**Anthere**  Pollentragendes Staubgefäß der Blüte.

**Antheridium**  Männliches Geschlechtsorgan von Pilzen und Pflanzen, Organ der Spermienbildung. Plural: Antheridien.

**Antibiotikum**  Antimikrobiell wirksame Substanz/Medikament. Plural: Antibiotika.

**Anticodon**  Einem → Codon komplementäres Nucleotidbasentriplett.

**Apicoplast**  Rudiment eines → Chloroplasten bei den Apicomplexa (z. B. → *Plasmodium*).

**Apikalkomplex**  Bei Apicomplexa (z. B. → *Plasmodium*) der Komplex aus Organellen, die eine Funktion bei der Invasion einer Wirtszelle haben.

**Apomorphie**  Abgeleitetes Merkmal, das bei den Vorfahren noch nicht vorhanden war.

**Archaea**  Archaebakterien. Neben den Eubakterien (Bacteria) eine der beiden Domänen der → Prokaryoten. → Genom von dem der → Eukaryoten weniger unterschieden als das der Bakterien. Anderer Membranaufbau als bei den Bakterien. Viele Archaea sind → extremophil.

**Archegonium**  Weibliches Geschlechtsorgan von Pilzen und Pflanzen, Organ der Spermienbildung. Plural: Archegonien.

**Art**  Grundeinheit der Systematik und Klassifikation der Lebewesen. Nach dem biologischen Artbegriff hat die Art einen gemeinsamen → Genpool.

**Artenschutzkonvention**  → United Nations Convention on Biological Diversity.

**Ascosporen**  Durch → Meiose gebildete Sporen der Ascomycota.

**Ascus**  → Sporangium der Ascomycota. Plural: Asci.

**Assimilation**  (Im engeren Sinne) → Photosynthese ($CO_2$-Assimilation). → Dissimilation.

**Atmung**  Hier: Zellatmung. Oxidation von Nahrungsstoffen zur Energiegewinnung.

**ATP**  Adenosintriphosphat. Energiereiches Molekül, das zum Transfer von chemischer Energie an vielen Stoffwechselschritten eingesetzt wird.

**ATPase**  ATP-spaltendes → Enzym. In einer exergonischen Reaktion wird von → ATP anorganisches Phosphat abgespalten.

**Attraktivitätssignal**  Von Geschlechtpartnern gezeigte Eigenschaft, die auf das andere Geschlecht anziehend wirkt und bei Wahl dieses Partners Fitnessoptimierung „verspricht".

**Autökologie**  Ökologie der einzelnen Art.

**Auwälder**  Wälder von Fließ- und Stehgewässerauen. → Flussauen.

**Auxin**  Pflanzenhormon. Fördert das Sprosswachstum.

**Axonem**  Hauptsächlich aus → Mikrotubuli bestehende Skelettstruktur von → Cilien und → Geißeln.

**Bakterien**  Eubakterien, Bacteria. Bakterien sind – neben den –Archaea – eine der beiden Domänen der → Prokaryoten. Genomaufbau von dem der → Eukaryoten deutlich unterschieden, z. B. keine → Introns.

**Bakterienzellwand**  Außerhalb der → Zellmembran. Grundgerüst aus einem Polysaccharidnetz mit kurzen Peptidseitenketten. Verleiht Stabilität und ermöglicht den Aufbau eines hohen → Turgordrucks.

**Bakteriophagen**  Viren, die Bakterien infizieren. Synonym: Phagen.

**Basalkörper**  → Kinetosom.

**Basallamina**  Struktur der extrazellulären Matrix, die als Stützschicht von Epithelien fungiert.

**Basensequenz**  Abfolge der Nucleotidbasen eines DNA-Moleküls.

**Basidium**  → Sporangium der Basidiomycota.

**Bastard**  → Hybrid.

**Befruchtung**  Fusion von Spermienkern und Eizellkern zum Eikern bzw. allgemein von zwei (haploiden) Gametenkernen zum → Synkaryon.

**Benthal**  Bodenzone eines Gewässers.

**Besamung**  Verschmelzung von Spermium und → Eizelle.

**Besamungssperre**  Mechanismus, der nach einer Besamung weitere Besamungen (Polyspermie) verhindert. Schnelle Besamungssperre durch Änderung des → Membranpotenzials, langsame Besamungssperre durch Veränderung der → Zona pellucida.

***bicoid*-Gen**  → Maternaleffektgen, markiert den Vorderpol des Eies und die Kopfbildung.

**Bilateralsymmetrie**  Organisation eines Körpers in eine linke und eine dazu spiegelbildliche rechte Hälfte.

**Bilharziose**  → Schistosomiasis.

**binäre Nomenklatur**  Verwendung eines zweiteiligen Namens für eine Art, bestehend aus dem Gattungs- und dem Artnamen.

**Biodiversität**  Vielfalt der Organismenarten (mit ihrer genetischen Vielfalt).

**Biofilme**  Membranartige Filme aus → Bakterien und unterschiedlichsten Mikroorganismen an Oberflächen.

**Biogenetische Grundregel**  Bedeutet korrekt verstanden, dass in der → Ontogenese stammesgeschichtlich jüngerer Taxa Ontogenesestadien von phylogenetischen Vorfahrarten durchlaufen werden. So entsprechen frühe Embryonen von Säugern frühen Entwicklungsstadien von Fischen und Amphibien.

**Bioindikatoren**  Geben Hinweise auf bestimmte Umweltparameter (→ stenöke Arten).

**biologisches Artkonzept**  Danach hat eine Art einen gemeinsamen → Genpool. Die Individuen können sich potenziell miteinander fertil fortpflanzen.

**Biome**  → Biozönosen großer Ökoregionen oder Ökozonen, ja ganzer Klimazonen.

**Biomembran** Membran aus einer Phospholipiddoppelschicht, deren hydrophile Bereiche außen liegen, und eingelagerten → Membranproteinen.

**Biomimetik** Nachahmung der Problemlösungen von Lebewesen in der Technik.

**Biomineralisation** Absonderung von Kalk und allgemein mineralischer Substanz.

**Bionik** Nutzung der Problemlösungen von Lebewesen in der Technik.

**Bioprozesstechnik** Gestaltung technischer Anlagen für die Durchführung biotechnischer Prozesse.

**Biosphäre** Belebter Bereich der Erde bzw. Gesamtheit aller → Ökosysteme.

**Biotechnik** → Biotechnologie.

**Biotechnologie** Verwendung lebender Organismen oder Teilen davon zur Herstellung von Produkten.

**Biotop** Abgrenzbarer Lebensraum (einer → Biozönose).

**Bioverfahrenstechnik** Umfasst das Gebiet der → Prozesstechnik, die modellgestützte Analyse biologischer Systeme (→ Systembiologie) und die → Synthetische Biologie.

**Biozönose** Lebensgemeinschaft (der verschiedenen Arten) in einem → Ökosystem.

**Blastocoel** Hohlraum in der → Blastula, primäre Leibeshöhle.

**Blastomeren** → Zellen der Frühstadien der tierischen → Embryogenese (bis zur → Blastula).

**Blastula** Embryonalstadium von Tieren im Anschluss an die Furchungsteilungen mit einer ersten Körperhöhle (→ Blastocoel).

**Blaue Biotechnologie** Biotechnologische Nutzung mariner Lebewesen.

**Bootstrap-Methode** Statistische Methode, um die Verlässlichkeit der Verzweigungen in einem Stammbaum abzuschätzen.

**Broca-Zentrum** Eines der Sprachzentren des menschlichen Gehirns.

**Brutparasitismus** Kuckuck-Verhalten von Weibchen, zwischen- und innerartlich.

**$^{14}$C-Datierung** Radiometrische Methode zur Datierung von Fossilien/Gesteinsschichten. Die Methode baut auf dem Zerfall des radioaktiven Kohlenstoffisotops $^{14}$C auf.

**Calvin-Zyklus** Synonym: Calvin-Benson-Zyklus, Dunkelreaktion der → Photosynthese. Die in der Lichtreaktion gewonnene, in NADPH und → ATP gespeicherte Energie, wird zum Aufbau von Zucker genutzt. Kohlenstoff aus anorganischem $CO_2$ wird fixiert.

**Carapax** Körperschild von Krebsen.

**Carboxylgruppe** Funktionelle Gruppe der → Aminosäuren (–COOH).

**Carotinoid** → Lipid. Lichtabsorbierendes Pigment.

**CBD** Convention of Biological Diversity. → United Nations Convention on Biological Diversity.

**Cellulase** → Enzym, das den Abbau von → Cellulose katalysiert. Tiere haben keine eigenen Cellulasen.

**Cellulose** → Polysaccharid in Zellwänden von Pflanzen, einigen Einzellern und einzelnen Tieren, z. B. Manteltieren (Tunicaten).

**Centimorgan**   Einheit der → Rekombination bzw. Abstandsmaß in Genkarten. 1 Centimorgan entspricht 1 % Rekombination. Synonym: Morgan.

**Centriol**   Zylinder aus neun Mikrotubulitripletts. Organisationszentrum der → Mitosespindel bei Tieren und anderen Organismen (nicht bei Pflanzen). Baugleich mit Basalkörpern der → Cilien und → Geißeln.

**Centromer**   Struktur, die die → Chromatiden eines → Chromosoms zusammenhält. Teile des Centromers bilden in Kernteilungen die → Kinetochore.

**Centrosom**   (Bei Pflanzen) Ort der Bildung von → Mikrotubuli der Kernteilungsspindeln, darin ist kein → Centriol.

**Cercarien**   Geschwänzte, bewegliche Larvenform der Saugwürmer, z. B. Großer Leberegel.

**Cheliceren**   Mundwerkzeuge der Spinnenartigen (zum Halten und Gifteinspritzen).

**Chiasma**   Cytologisch sichtbare Überkreuzung von → Chromatiden als Folge eines zuvor (centromernäher) stattgehabten → Crossing-over.

**Chitin**   Stickstoffhaltiges → Polysaccharid, bildet die Fibrillen des Exoskeletts (Panzers) der Arthropoden. Auch in den Zellwänden der Pilze.

**Chloroplast**   → Zellorganell der → Photosynthese, mit Chlorophyll. → Symbiontentheorie.

**Choanoflagellaten**   → Protisten mit gemeinsamen Vorfahren der Tiere. Baugleich mit den Kragengeißelzellen der Schwämme.

**Cholesterin**   → Cholesterol.

**Cholesterol**   Steroid. Unter anderem wichtiger Membranbaustein.

**Chorda dorsalis**   Primäres, zelluläres Achsenorgan der Chordatiere (meist einfach Chorda).

**Chromalveolata**   Einer der Hauptäste des Eukaryotenstammbaumes. Dazu Ciliaten, Apicomplexa, Braunalgen etc.

**Chromatide**   Bestandteil des → Chromosoms mit durchgehender DNA-Doppelhelix. Chromosomen enthalten mindestens eine Chromatide.

**Chromatin**   Färbbarer Bestandteil des Zellkerninhalts (→ DNA mit → Histonen). Das Material, aus dem Chromosomen aufgebaut sind.

**Chromosom**   Morphologische Struktur der mit → Histonen bepackten → DNA. Die Chromosomenstruktur lässt ein → Centromer (Verbindungsstruktur der → Chromatiden und Spindelfaseransatzstelle), → Telomere und typischerweise eine oder zwei Chromatiden (haploid oder diploid) erkennen. Bakterien-DNA hat weder diese Strukturen noch Histone. Dennoch wird in der Mikrobiologie oft von dem Bakterienchromosom gesprochen.

**Chromosomenmutation**   → Mutationen, die die Anordnung/Präsenz der Gene eines → Chromosoms betreffen, z. B. Stückverlust, → Translokation, → Inversion.

**Chromosomentheorie der Vererbung**   Umfassende Vorstellung des (molekularen) Aufbaus, der Bedeutung und Funktion der → Chromosomen.

**Cilien**   Im Wesentlichen aus → Mikrotubuli (9 + 2-Muster) aufgebautes → Zellorganell mit Bewegungsfunktion; von der → Zellmembran umgeben.

**Citratzyklus**   Reaktionszyklus im → Cytoplasma, wobei Acetyl-CoA zu $CO_2$ oxidiert wird. Wasserstoffatome werden in Form von NADH und $FADH_2$ gespeichert.

**Cline**   → Klin.

**Cnidocyten**   Nesselzellen der Nesseltiere.

**Codon**   Nucleotidtriplett (Basentriplett) der → mRNA. Komplementär zum → Anticodon einer bestimmten → tRNA, die eine bestimmte → Aminosäure trägt.

**Coelom**   Sekundäre Leibeshöhle, vom Mesoderm gebildet. Gesprochen: Zölom.

**Colibakterien**   *Escherichia coli*, leben unter anderem als meist gutartige → Symbionten im Darm.

**Coprophagie**   Kotfressen.

**Cristae**   Auffaltungen der inneren Membran der → Mitochondrien.

**Crossing-over**   Stückaustausch von → Chromosomen in der Prophase der → Meiose.

**Cuticula**   1) Schützende Wachsschicht auf den Blättern der Pflanzen. 2) Äußere zellfreie Schutzschicht vieler Tiere.

**Cyanobakterien**   Blaugrüne Algen. Bakterien. Photosynthesefähig. Daraus sind nach der → Endosymbiontentheorie die → Chloroplasten entstanden.

**Cytokinese**   Teilung der → Zelle nach vorausgegangener Teilung (→ Mitose) des → Zellkerns.

**Cytoplasma**   Inhalt der → Zelle, bei → Eukaryoten einschließlich der → Zellorganellen, aber ohne den → Zellkern.

**Cytosin**   Pyrimidinbase der → Nucleinsäuren.

**Cytoskelett**   Proteingerüst der Eukaryotenzelle – mit → Mikrotubuli, → Mikrofilamenten und → Intermediärfilamenten.

**Deduktion**   Hier: Deduktive Methode des Erkenntnisgewinns.

**Deletion**   Stückverlust in einem → Chromosom.

**Demökologie**   → Populationsökologie.

**Dendrochronologie**   Altersbestimmung mithilfe von Baumringmustern.

**Denitrifikation**   Reaktionen bestimmter Bodenbakterien zur Reduktion von Nitrat- und Nitritionen zu gasförmigem Stickstoff.

**Dermis**   Untere Hautzellschichten.

**Desoxyribose**   → Monosaccharid, Pentose, Baustein von → Nucleotiden und → RNA.

**Desoxyribonucleinsäure**   → DNA.

**Destruenten**   Organismen, die von abgestorbenen Lebewesen (oder Teilen davon) leben und organisches Material zu anorganischen Stoffen abbauen.

**Dictyosom**   Aus zahlreichen flachen Vesikeln bestehendes → Zellorganell, in dem aus dem → Endoplasmatischen Reticulum (ER) stammende → Proteine nachträglich verändert werden.

**Differenzielle Genaktivierung**   Zeitlich und räumlich differenzierte Aktivierung/Deaktivierung von Genen besonders in Entwicklungsprozessen.

**Differenzierung** Entstehung unterschiedlicher Zelltypen in der → Ontogenese.

**Diffusion** Bewegung von Molekülen/Partikeln in Gasen oder Flüssigkeiten, die zu einer gleichmäßigen Verteilung führt.

**dikaryot** → Zellen mit zwei genetisch unterschiedlichen → Zellkernen (in Entwicklungsstadien verschiedener Pilze).

**Dinotoxine** Toxine, die von Dinoflagellaten oder ihren bakteriellen Symbionten gebildet werden; sind meist als Nervengifte (Ionenkanalblocker) wirksam.

**diploid** Zustand des Zellkerns bzw. des Individuums mit doppeltem Chromosomensatz.

**diplophasischer Generationswechsel** Generationswechsel mit haploiden und diploiden Kernphasen.

**direkte Fitness** → Fitness aus eigener Fortpflanzungstätigkeit. Direkte Fitness und → indirekte Fitness summieren sich zur → Gesamtfitness.

**Disaccharid** Verbindung aus zwei → Monosacchariden, z. B. Cellubiose.

**Dissimilation** Abbau organischer Substanzen bei Nutzung frei werdender Energie unter anderem für den Aufbau körpereigener Stoffe.

**DNA** Desoxyribonucleinsäure. Meist als → Doppelhelix organisiert, Träger der Erbinformation.

**Domäne** Teil eines → Proteins mit bestimmter Funktion.

**Dominanz** Ausprägung eines (des dominanten) → Allels bei Heterozygotie gegenüber dem dann nicht ausgeprägten (rezessiven) Allel.

**Doppelhelix** Schraubenförmig gewundenes Molekül aus zwei antiparalellen, komplementären DNA-Einzelsträngen.

**Dornen** Abgewandelte Blätter mit Abwehrfunktion.

**Dotter** Proteinspeicher (Dotterproteine) der → Eizelle.

**Drift** Veränderung von Allelfrequenzen in einer Teilpopulation infolge von Zufallsereignissen. Synonym: genetische Drift.

***Drosophila melanogaster*** Genetisch, entwicklungsbiologisch und evolutionsbiologisch sehr gut untersuchte Fliege; Fruchtfliege, Essigfliege.

**Dynein** Motorprotein, das unter → ATP-Verbrauch an → Mikrotubuli entlang „laufen“ kann. Dyneine spielen bei der Cilien- und Flagellenbewegung eine Rolle.

**Ecdyson** Eines der Häutungshormone der Insekten, → Steroidhormon.

**Ecdysozoa** Protostomier (Tiere), die sich häuten. Dazu unter anderem Krebse, Insekten, Nematoden. → Lophotrochozoa.

**Eisenfalle** Bindung von Phosphat unter sauerstoffreichen Bedingungen an Eisen; damit Ablagerung des Phosphats im Sediment von Gewässern.

**Eizelle** Weibliche Keimzelle.

**Ektoderm** Äußeres Keimblatt der Tiere. Daraus gehen Haut, Nervenzellen, Pigmentzellen hervor.

**ektotherm** Die Körpertemperatur wird wesentlich durch die Umgebungstemperatur bestimmt.

**Elytren** (Harte) Deckflügel der Käfer.

**Embryo** Frühes Entwicklungsstadium eines → Vielzellers.

**Embryogenese** Entwicklung des → Embryos.

**Embryosack** Weiblicher → Gametophyt der Angiospermen.

**Endocytobiose** Leben eines Organismus (→ Bakterium oder → Eukaryot) in einer → Zelle.

**Endocytose** Aufnahme partikulären Materials durch Napf- und Vesikelbildung in eine → Zelle.

**Endoplasmatisches Reticulum (ER)** → Zellorganell. Schlauchförmiges, verzweigtes System, Ort der Veränderung (Reifung) von frisch synthetisierten → Proteinen.

**Endosperm** Samengewebe der Angiospermen mit Speicherfunktion.

**Endosymbiontentheorie** Endosymbiontentheorie der Entstehung von Zellorganellen. Theorie der Entstehung von in erster Linie von Mitochondrien und Chloroplasten aus ehemals symbiontischen Bakterien bzw. Cyanobakterien.

**Endosymbiose** Symbiose, bei der der → Symbiont innerhalb des Wirtes lebt.

**Endprodukthemmung** Hemmung der ersten enzymatischen Reaktion eines Stoffwechsels durch dessen Endprodukt.

**Endwirt** Definitionsgemäß der Wirt (Wirtsart), in dem die sexuelle Fortpflanzung eines → Parasiten stattfindet.

**Entoderm** Inneres Keimblatt der Tiere. Daraus gehen z. B. Verdauungsorgane und Lunge hervor.

**Entwicklungspotenz** Potenz eines → Embryos, einer → Zelle oder eines Gewebes zur Entwicklung.

**Enzym** → Protein mit katalytischer Funktion.

**Epidermis** Äußere Hautzellschicht.

**Epigenetik** Epigenetische Veränderungen sind nicht durch Veränderungen der Basensequenz verursacht, sondern durch sekundäre Veränderungen. Epigenetische Veränderungen können über Zellteilungen beibehalten werden. Dies sind z. B. Methylierungen der Basen, die eine → Transkription verhindern.

**Epilimnion** (Warme) Oberflächenschicht eines Sees.

**Epipodit** Anhang ursprünglicher Krebsbeine (Spaltbein).

**Erosion** Abtransport/Verlust von Bodenmaterial (auf dem Land wie im Wasser).

**Erythrozyt** Rote Blutzelle

**Ethologie** Verhaltensforschung.

**Eubakterien** → Bakterien. Dazu die meisten → Prokaryoten (ausser den → Archaea).

**Eucyte** Zelltyp der → Eukaryoten mit → Zellkern und vielen → Zellorganellen.

**Eukaryot** Ein- oder Mehrzeller mit echten → Zellkernen und → Zellorganellen.

**euryök** Euryöke Arten sind gegenüber Umweltveränderungen relativ unempfindlich.

**Eusozialität**   Sozialstruktur, bei der 1) die Brutpflege kooperativ erfolgt, 2) Gruppen von Individuen sich nicht (mehr) fortpflanzen (steril sind) und 3) die Kooperation (bei der Brutpflege) generationsübergreifend erfolgt.

**Evidenz**   (In den Naturwissenschaften) Eine Hypothese sehr wahrscheinlich machendes Ergebnis bzw. Beobachtung.

**Evolution**   Jede nicht umkehrbare Veränderung in der Natur. In der Biologie die allmähliche Veränderung und stammesgeschichtliche Entwicklung der Lebewesen.

**Evolutionsstabile Strategie (ESS)**   Genetisch festgelegte Verhaltensstrategie, die höchste → Fitness bedingt und daher in einer → Population durch → Selektion erhalten wird.

**Evolvierbarkeit**   Fähigkeit der Lebewesen zur evolutiven Entwicklung.

**Evolutionstheorie**   Theorie mit Erklärungspotenzial der Evolution und stammesgeschichtlichen Entwicklung der Lebewesen. In der Biologie generell akzeptiert ist eine aus dem Darwinismus entwickelte Evolutionstheorie.

**Excavata**   Einer der (fünf) Hauptäste des Eukaryotenstammbaumes. Dazu gehören unter anderem Euglenen und → Trypanosomen. Charakteristisch ist z. B., dass die → Cilien der → Zellen ursprünglich aus einer Grube entspringen.

**Exocytose**   Ausschleusen unterschiedlichen Materials aus einer → Zelle durch Fusion von Vesikeln mit der → Zellmembran.

**exponentielles Wachstum**   Geometrisches Wachstum der Individuenzahl einer → Population/einer Kultur.

**Extremophile**   Organismen, die unter extremen Bedingungen leben (können).

**Fächerlunge**   Atmungsorgan von Spinnen.

**Fauna**   Tiere eines bestimmten Lebensraumes.

**Fertilitätsbarrieren**   Verhindern fruchtbare Fortpflanzung zwischen Individuen.

**Fett**   Triglycerid (bei Raumtemperatur fest).

**Fettsäure**   Langes Molekül aus einer unpolaren Kohlenwasserstoffkette und einer (polaren) Carboxylgruppe.

**Fibronectin**   Kleines → Protein (Bindemolekül) der extrazellulären Matrix.

**Filopodien**   Filigrane → Pseudopodien mancher Einzeller.

**Finne**   Bandwurmlarve im → Zwischenwirt, die sich nicht vermehrt.

**Fitness**   Entspricht im biologischen (engeren) Sinne dem Überlebens- und Fortpflanzungserfolg (genzentrierte Sicht biologischer Angepasstheit).

**Flagellaten**   → Protisten, die sich mithilfe von → Geißeln fortbewegen.

**Flagellum**   (Im engeren Sinne) Bakteriengeißel. Plural: Flagellen.

**Flaggschiffarten**   Auffällige Arten von hohem Prestige- oder Öffentlichkeitswert die kennzeichnend für bestimmte → Ökosysteme sind.

**Flaschenhalseffekt**   → Drift infolge eines Migrationsereignisses.

**Fleischbeschau**  Durch Rudolf von Virchow eingeführte Methode zum Erkennen von Trichinenbefall im Schweinefleisch.

**Flora**  Pflanzen eines bestimmten Lebensraumes.

**Flussaue**  Bei Hochwasser überschwemmter Lebensraum entlang einem Fließgewässer.

**Fossilien**  Beispielsweise Versteinerungen bzw. Strukturen und Abdrücke von Organismen aus früheren geologischen Zeiträumen.

**Fouling**  Aufwuchsorganismen auf Schiffsrümpfen und Hafenanlagen und daraus resultierende Zerstörungen.

***FoxP2*-Gen**  Gen (→ Masterkontrollgen), das für die Sprechfähigkeit des Menschen notwendig ist.

**Fruchtknoten**  Dem Ovar entsprechende Struktur einer Blüte, worin der Embryosack gebildet wird.

**funktionelle Gruppen**  Reaktive Gruppen von Atomen von organischen Molekülen, die vielfach an chemischen Bindungen beteiligt sind. Sie liegen im chemischen Milieu der → Zellen häufig dissoziiert (geladen) vor. Aminogruppe, Carboxylgruppe, Phosphatgruppe etc.

**Furchung**  Die ersten Teilungen der befruchteten → Eizelle (Zygote) eines Tieres.

**Furocumarine**  Photosensibilisierende sekundäre Pflanzenstoffe. Führen bei Lichtbestrahlung zu Verbrennungserscheinungen.

**Gameten**  Keimzellen.

**Gametophyt**  (Haploides) Stadium im Generationswechsel einer Pflanze, von dem die → Gameten produziert werden.

**Gamont**  → Zelle (bei Einzellern), aus der → Gameten entstehen.

**Gap Junction**  Verbindungsstruktur zweier tierischer → Zellen, wodurch Ionen fließen können und also eine elektrische Gleichschaltung der Zellen möglich wird.

**Gastralraum**  Verdauungshöhle der Nesseltiere und Schwämme.

**Gastrulation**  Bildung der Keimblätter in der → Embryogenese der Tiere.

**Geißel**  Im Wesentlichen mit → Cilien baugleiches → Zellorganell aus → Mikrotubuli (9 + 2-Muster), jedoch länger als Cilien (10 $\mu$m und länger).

**Geminiviren**  Ein Typ pflanzenpathogener Viren.

**Genmutation**  → Mutation auf Genebene.

**Gen**  Funktionseinheit des → Genoms. → DNA-Abschnitt, der für ein → Peptid codiert.

**Gen Silencing**  Inaktivierung eines → Gens, z. B. durch die sogenannte RNA-Interferenz.

**Generationswechsel**  Aufeinanderfolge von Generationen, dabei Wechsel von Generationen mit sexueller und asexueller Fortpflanzung.

**genetische Bürde**  Aufweisen einer geringerer → Fitness einer → Population (auch eines → Genotyps) gegenüber der Population (bzw. des Genotyps) mit höchster → Fitness.

**genetischer Code**  (Gesamtheit der) → Codons aus Nucleotidbasentripletts für die in → Proteine eingebauten → Aminosäuren.

**Genkarte**  (Lineare) Anordnung der → Gene eines → Chromosoms/einer Koppelungsgruppe.

**Genom**   Gesamtheit der → Genen/ → Allele einer → Zelle/eines Individuums.

**Genotyp**   Gesamtheit der → Gene/ → Allele eines Organismus

**genotypische Geschlechtsbestimmung**   Die die Geschlechtsbestimmung entscheidenden → Gene (konkret eines Schlüsselgens) werden von Genprodukten des sich entwickelnden Individuums aktiviert bzw. inaktiviert.

**Genpool**   Gesamtheit der → Gene und → Allele einer → Population / einer → Art.

**Gentechnik**   Manipulation, Veränderung und Nutzung genetischen Materials (→ DNA, → RNA) unter Verwendung natürlicher oder veränderter Werkzeuge (z. B. → Enzyme, → Plasmide) von Lebewesen, meist von → Bakterien.

**Gentransfer, horizontaler**   Übertragung von → Genen zwischen Arten. Synonym: lateraler Gentransfer

**Gesamtfitness**   Summe aus → direkter Fitness (entspricht dem eigenen Fortpflanzungserfolg) und → indirekter Fitness.

**Geschlechtsdimorphismus**   Morphologische Unterschiedlichkeit der Geschlechter einer Art.

**Gewebe**   Verband gleichartiger → Zellen.

**Gezeiten**   Ebbe und Flut.

**Glucose**   Traubenzucker, eine Hexose.

**Glycerin**   → Glycerol.

**Glycerol**   Alkohol aus drei Kohlenstoffatomen mit drei Hydroxylgruppen.

**Glykolyse**   Enzymatischer Abbau der → Glucose zu Pyruvat im → Cytoplasma unter Energiegewinnung.

**Glykosidbindung**   Kovalente Bindung zwischen zwei Zuckermolekülen (Kohlenhydratmolekülen) über ein Sauerstoffatom.

**Golgi-Apparat**   Gesamtheit der → Dictyosomen einer → Zelle.

**Graue Biotechnologie**   Biotechnische Verfahren zur Umweltgestaltung/ -sanierung, z. B. zur Abwasserreinigung. Synonym: Umweltbiotechnologie.

**Gründereffekt**   → Drift

**Grüne Biotechnologie**   Biotechnologische Nutzung von Pflanzen/pflanzlichen → Zellen für landwirtschaftliche, pharmazeutische oder industrielle Zwecke. Synonym: Pflanzenbiotechnologie.

**Gruppenselektion**   Danach soll die Gruppe (→ Population) und nicht das Individuum Einheit der → Selektion sein.

**Guanin**   Purinbase der → Nucleinsäuren.

**Halophile**   Archaebakterien oder → Bakterien, die bei hohen Salzkonzentrationen leben können.

**Halteren**   Trommelschlägelartig entwickelte Hinterflügel der Fliegen.

**Hämolymphe**   Blutzellenfreie „Blut"-Flüssigkeit vieler Tiere.

**haploid**   Zustand einer Zelle / eines Individuums mit einfachem Chromosomensatz (z. B. Gameten)

**haplodiploide Geschlechtsbestimmung** Danach werden unbefruchtete Eier zu (haploiden) Männchen, befruchtete (diploide) Eier zu Weibchen.

**haplophasisch** Generation oder auch ganze → Generationswechsel, wo die Individuen haploid sind (ggf. mit Ausnahme der Zygote).

**Hardy-Weinberg-Gesetz** Gesetzmäßigkeit, wonach die relativen Häufigkeiten der → Allele eines → Gens über die Generationen konstant bleiben, sofern unter anderem die Allele keiner unterschiedlichen → Selektion unterliegen.

**Haupthistokompatibilitätskomplex** → MHC.

**HCV** Hepatitis-C-Virus.

**Hefe** (Einzellige) Wuchsform/Erscheinungsform verschiedener Pilze.

**Helikase** → Enzym, das die DNA-Doppelhelix entspiralisiert (die Einzelstränge entwindet). Notwendig bei → Replikation und → Transkription.

**Heritabilität** Maß eines Merkmals, in dem es genetisch kontrolliert ist.

**Hermaphrodit** → Zwitter.

**Heterogonie** Form des → Generationswechsels bei Tieren, wobei sexuelle und asexuelle Generationen abwechseln (z. B. bei Blattläusen).

**heterophasisch** → Generationswechsel, bei dem Generationen unterschiedliche Kernphasen (→ diploid und → haploid) haben. Bei → Protisten, z. B. Foraminiferen.

**Heterosis** Phänomen, dass heterozygote (Kulturpflanzen-)Linien robuster und ertragreicher sind als die Ursprungslinien.

**Heterotrophie** Ernährung von organischen Stoffen (die meisten → Bakterien, Pilze, Tiere).

**Heterozygotie** Vorhandensein unterschiedlicher → Allele an den betrachteten Genorten diploider → Zellen/Organismen.

**Hinterhauptsloch** Öffnung in der Schädelbasis für das Rückenmark.

**Histone** Basische → Proteine, die in den → Chromosomen mit der → DNA interagieren.

**Hitzeschockproteine** → Proteine, die bei (Hitze-)Stress die → Zellen schützen, indem sie z. B. die Struktur (Faltung) verschiedener → Proteine verändern.

**HIV** Menschliches Immunschwächevirus (*human immunodeficiency virus*).

**Holometabolie** Vollständige Entwicklung bei Insekten (mit Ei, Larvenstadien, Puppe, → Imago).

**Holomixis** Wasserzirkulation erfasst die gesamte Wassermasse eines Stehgewässers (bis zum Grund).

**Homeobox** Abschnitt von entwicklungsregulatorischen → Genen (z. B. → homeotischen Gene,) mit einer Basensequenz, die für eine DNA-bindende → Homeodomäne codiert.

**Homeodomäne** DNA-bindender Abschnitt eines genregulatorischen → Proteins (Transkriptionsfaktor für entwicklungsteuernde Gene).

**Homeose/Homöose** Vollständige Umwandlung von Struktur und Funktion eines Organs (Segments) in die eines anderen Organs.

**Homeostase** Gleichgewichtszustand verschiedenster Zustände in einer → Zelle, einem Organismus, einer → Population, der trotz äußerer Einflusse aufrechterhalten wird.

**homeotische Gene**   → Gene, deren → Mutation zur → Homeose führen. → *antennapedia*.

**homolog**   Organe oder Verhaltensweisen, die abstammungsmäßig gleichen Ursprungs sind (gleich welcher Funktion und Form), sind homolog.

**Homologe**   Die beiden → Chromosomen gleichen Typs, die sich in der Prophase der → Meiose paaren.

**homophasisch**   → Generationswechsel ohne Kernphasenwechsel. Alle Stadien, bis auf die Zygote, sind haploid.

**Homozygotie**   Vorhandensein gleicher → Allele an den betrachteten Genorten diploider → Zellen/ Organismen.

**Hormon**   Botenstoff im → Vielzeller. Wirkung typischerweise in geringen Konzentrationen. → Steroidhormone (können → Zellmembranen passieren) und → Peptidhormone (binden an Rezeptoren auf der → Zellmembran).

***housekeeping genes***   → Gene, die den „normalen" Stoffwechsel im vegetativen Leben steuern.

**Hybrid**   Nachkomme unterschiedlicher (reiner) Linien. Hybride sind für betrachtete → Gene heterozygot. Synonym: Bastard, Mischling.

**Hybridisierung**   In der Molekularbiologie: Zusammenbringen unterschiedlicher, aber komplementärer Nucleinsäuremoleküle, z. B. → RNA mit → DNA, auch zu experimentellen Zwecken.

**Hydatide**   Larve des Kleinen Hundebandwurmes und Fuchsbandwurmes, in der es zur starken vegetativen Vermehrung kommt.

**Hydrocoel**   Einer der Coelomräume der Stachelhäuter (Echinodermen). → Coelom.

**Hydrolasen**   → Enzyme, die die → Hydrolyse von → Polymeren (wie → Proteine, → Polysaccharide) katalysieren.

**Hydrolyse**   Chemische Reaktion, bei der Moleküle unter Wasserabspaltung getrennt werden. → Peptide werden durch Hydrolyse in → Aminosäuren zerlegt. Umkehr der Kondensation.

**Hyperzyklus**   Nach M. Eigen: Iteratives Zusammenwirken von Nucleinsäure-Replikationsereignissen und Proteinsynthesen.

**Hyphen**   (Geflecht aus) Zellfäden von Pilzen.

**Hypolimnion**   Tiefwasserbereich eines Stehgewässers, unter der Sprungschicht.

**Hypothese**   (In den Naturwissenschaften) Wohlbegründete Vorstellung zu einem Phänomen, die (experimentell) überprüfbar ist.

**Imago**   Erwachsenes (adultes) Insekt.

**Indikatororganismen**   Arten, die den Belastungszustand von Gewässern bzw. den Zustand von → Ökosystemen anzeigen.

**indirekte Fitness**   Durch Verwandtenunterstützung erzielte → Fitness, wodurch abstammungsgemäß identische → Allele in den → Genpool der nächsten Generation gelangen.

**Individualselektion**   Gegenüber der Vorstellung von Gruppenselektion, Vorstellung eines abgestuften Fortpflanzungserfolgs der Individuum, wonach der → Phänotyp der Individuen als Voraussetzung ihres Fortpflanzungserfolgs entscheidend ist.

**Induktion**   Hier: Induktive Methode des Erkenntnisgewinns.

**Induktor**  Gewebe oder Substanz, die in einem Gewebe morphogenetische Prozesse induziert.

**Infektion**  Befall durch ein → Pathogen/einen → Parasiten.

**Insulin**  → Peptidhormon. Reguliert die Blutzuckerkonzentration.

**intermediärer Erbgang**  Erbgang, wobei sich in heterozygoter Situation beide → Allele gleichermaßen auf ein Merkmal auswirken.

**Intermediärfilamente**  Gruppe von Cytoskelettelementen, deren Dicke bei 10 nm liegt, also zwischen der von → Actinfilamenten und → Mikrotubuli. Funktion im Wesentlichen Strukturgebung in der → Zelle.

**Intron**  Abschnitt eines Eukaryotengens, der keine Aminosäurebedeutung hat und vor der → Translation aus der → RNA herausgeschnitten wird.

**Invasion**  Eindringen eines Mikroorganismus (→ Pathogens) in eine Wirtszelle.

**invasive Arten**  → Neobiota, die sich aggressiv ausbreiten.

**Inversion**  Umkehr eines Abschnitts in einem → Chromosom.

**Inzucht**  Geschlechtliche Fortpflanzung von nahe Verwandten.

**Ionenkanal**  → Membranprotein mit „Durchlasskanal" für Ionen.

**Ionenpore**  → Ionenkanal

**Ionenpumpe**  → Membranprotein, das unter Energieverbrauch (ATP) Ionen entgegen einem Konzentrationsgefälle durch eine Membran transportiert.

**Isopren**  (Formaler) Grundbaustein von Steroiden.

**Junctions**  Verbindungsstrukturen tierischer → Zellen.

**Juvenilhormon**  → Steroidhormon, das auf die Entwicklung und Häutung der Insekten wirkt.

**Kalium-Argon-Datierung**  Nutzt für die Datierung des Gesteinsalters den Zerfall von $^{40}$K (mit Halbwertszeit von 1,3 Milliarden Jahren) in Ca und Argon, das im Gestein messbar bleibt.

**Kambium**  Schicht meristematischer → Zellen für das sekundäre Dickenwachstum von Blütenpflanzen. → Meristem.

**Kapazität**  (In der Ökologie) Maximale Populationsgröße in einem Lebensraum.

**Kasten**  Unterschiedliche Morphe/Funktionstypen bei sozialen Insekten; trophisch (durch Ernährung) oder durch Pheromonwirkung bestimmt.

**Katabolismus**  Abbauender Stoffwechsel. Dabei wird Energie nutzbar.

**Kategorie**  Rangstufe in der Systematik, z. B. die Kategorie Gattung. Ein → Taxon der Kategorie Gattung wäre z. B. *Homo*.

**Kaulquappenstadium**  Stadium in der Entwicklung der Amphibien.

**Keimbahn**  → Gameten und Gametenbildungszellen/-gewebe. → Soma.

**Keimblätter**  1) Bei Pflanzen: → Kotyledonen. 2) Bei Tieren Zellschichten früher → Embryonen, aus denen sich bei allen Tieren typische Organe entwickeln. Die Keimblattbildung (→ Gastrulation) findet früh in der → Embryogenese statt.

**Kerndualismus** Auftreten zweier morphologisch und funktionell unterschiedlicher Zellkerntypen (so bei Ciliaten).

**Kernhülle** Flache, vesikuläre Hülle aus zwei kontinuierlichen Membranen, die den → Zellkern der → Eucyte begrenzt. Zahlreiche Kernporen ermöglichen den Verkehr von Ionen und unterschiedlichsten Molekülen durch die Kernhülle.

**Kernporen** Öffnungen in der Kernhülle, wodurch Ionen, kleine und große Moleküle in den Kern sowie aus dem Kern heraus gelangen. Auch Ribosomenuntereinheiten passieren die Kernporen. Lichte Weite bei 9 nm.

**Kiemendarm** Charakteristisch für Chordatiere ist der Kiemendarm, wo einströmendes Wasser zum Atmen genutzt und gleichzeitig damit Beute aufgenommen wird.

**Kinesin** Motorprotein, das unter ATP-Verbrauch an → Mikrotubuli entlang „laufen" kann. Kinesine spielen in der → Mitosespindel und im Vesikel- und Molekültransport in der → Zelle eine Rolle.

**Kinetochor** Struktur, an denen die Pol-Mikrotubuli der → Teilungsspindel festmachen und wo die → Mikrotubuli beim Transport der → Chromosomen zum Pol verkürzt werden.

**Kinetosom** Zellorganell aus einem Zylinder von 9 Mikrotubuli-Tripletts. Oberbegriff auch für die baugleichen → Basalkörper und → Centriolen. Kinetosomen fungieren als Mikrotubuli-organisierende Zentren (MTOC).

**Kladistik** Phylogenetische Systematik. Dabei sind nur monophyletische Taxa zugelassen. → Monophylie, → Taxon.

**Kleptocniden** Übernahme von Nesselkapseln aus erbeuteten Nesseltieren durch Nacktschnecken.

**Kleptoplastiden** Übernahme von Chloroplasten aus erbeuteten Algen durch Nacktschnecken oder verschiedene → Protisten.

**Klimadiagramm** Darstellung der klimatischen Parameter eines geografischen Ortes.

**Klimax** Endstadium einer → Sukzession.

**Klin** Merkmalsgradient in einer Reihe geografisch benachbarter Teilpopulationen, auch Gradient eines → Genotyps. Synonym: Cline (*cline*).

**Klon** Alle durch mitotische Teilungen aus einer → Zelle entstandenen Zellen; sie sind genetisch identisch.

**Klonaltern** → Klone vieler → Protisten „messen" das Alter in Zellteilungen, während → Vielzeller das Alter typischerweise in Zeit messen.

**Knöllchenbakterien** Symbiontische Bakterien (Stickstofffixierer) in Wurzelknöllchen von Schmetterlingsblütern.

**Kohlenhydrat** Kohlenstoffe enthalten Kohlenstoff, Wasserstoff und Sauerstoff im molaren Verhältnis von 1:2:1. Empirische Formel ist $(CH_2O)_n$. Zucker und → Polysaccharide wie Stärke und → Cellulose.

**Kollagen** Fibrilläres → Protein der extrazellulären Matrix. Charakteristisch für Tiere.

**Komplementäre Basenpaarung** (Bei → Nucleinsäuren) Paarung der DNA-Einzelstränge in der DNA-Doppelhelix bzw. bei der → Replikation und bei der → Transkription; Paarung von Adenin mit Thymin (oder Uracil), Guanin mit Cytosin.

**Kondensationsreaktion** Chemische Bindung unter Wasserabspaltung, z. B. → Peptidbindung.

**Konidiosporen**  Typ haploider Pilzsporen.

**Koniferen**  Nadelhölzer (mit Zapfen).

**Konjugation**  1) Form der sexuellen Fortpflanzung der Ciliaten. 2) Form des Austauschs von → DNA (→ Plasmide) zwischen → Bakterien.

**konservative Gene**  → Gene, die sich in der Evolution nur wenig bzw. langsam verändert haben bzw. aufgrund ihrer Bedeutung nur wenig verändern können, ohne ihre Funktion zu verlieren.

**Konsumenten**  Organismen bzw. Arten, die ihre Energie aus organischen Molekülen, also aus dem Verzehr bzw. Verdau anderer Lebewesen oder abgestorbener Teile, ziehen.

**Kontinuumskonzept**  Ökologisches Konzept der Verlaufsgliederung von Fließgewässern.

**Konvergenz**  Ausbildung ähnlicher Gestalt oder Verhaltensweisen nichtverwandter Arten ähnlicher ökologischer Nischen.

**Kooperation**  (Im engeren, soziobiologischen Sinne) Zusammenarbeit von abstammungsgemäß genetisch weitgehend identischen Individuen oder → Zellen, die ggf. durch unterschiedliche → Differenzierung funktionell verschieden sind.

**Koppelungsgruppe**  Die auf einem → Chromosom liegenden → Gene.

**Korallenbleiche**  Absterben der grünen Symbionten in Korallen (*coral bleaching*).

**Kotyledonen**  Keimblätter der Blütenpflanzen.

**k-Strategie**  Lebensstrategie einer Art, die zu einem relativ engen Erhalt der Populationsgröße an der Kapazität eines Lebensraumes führt. → r-Strategie.

**Lactose**  Milchzucker; Disaccharid aus → Glucose und Galactose.

**Larvalparasitismus**  Parasitieren von Larven in wichtigem Entwicklungsstadium, z. B. die Larven (Glochidien) von Muscheln an den Kiemen von Bitterlingen (Fische).

**lateraler Gentransfer**  → Gentransfer, horizontaler.

**Lebensgemeinschaft**  → Biozönose.

**Legionärskrankheit**  Von dem Bakterium *Legionella pneumophila* verursachte Lungenentzündung.

**Leitarten**  Charakterarten, die typisch für einen Lebensraum und auch für eine → Biozönose sind.

**Ligase**  → Enzym, das die Verbindung von DNA-Stücken katalysiert, z. B. die Okazaki-Stücke bei der DNA-Synthese verknüpft.

**Limikolen**  Vögel mit oft langen Schnäbeln und langen Beinen, z. B. Schnepfen, Kibitze, auch Möwen. Synonym: Watvögel.

**Lipid**  Wasserunlösliche Kohlenwasserstoffe, z. B. Triglyceride, Phospholipide, Steroide, Carotinoide.

**Litoral**  Uferregion eines Steh- oder Fließgewässers.

**logistisches Wachstum**  Wachstum einer → Population, das sich stetig verlangsamt, je näher die Populationsdichte sich der Kapazitätsgrenze nähert.

**Lophotrochozoa**  Protostomier (Tiere), deren Arten sich nicht häuten. Gekennzeichnet durch Ausbildung einer → Trochophora-Larve oder auch durch die Ausbildung eines Lophophors (bewimperter Tentakelapparat), oft bewimpert, z. B. Plattwürmer, Ringelwürmer. → Ecdysozoa.

**Lorica**  Filigrane, evtl. netzartige Hülle von → Protisten.

**Lückengene**  Segmentierungsgene (*gap genes*), die früh in der Embryonalentwicklung (der Insekten) eine Rolle spielen.

**Lysosom**  Vom → Golgi-Apparat gebildetes → Zellorganell (Vesikel) mit Verdauungsenzymen (→ Hydrolasen).

**Magnetostratigrafie**  Nutzt zur Datierung von Gesteinen die magnetische Ausrichtung – vor dem Hintergrund einer in der Erdgeschichte wechselnden Magnetfeldpolarisierung.

**Makroevolution**  Evolutionsvorgänge jenseits der Artbildung (transspezifisch), also die Entstehung höherer Taxa (→ Taxon).

**Makromolekül**  Großes organisches Molekül, → Polymer (→ Protein, → Nucleinsäure, → Polysaccharid, → Lipid).

**Makronucleus**  („Somatischer") Großkern der Ciliaten, der eine Auswahl der gesamten → Gene enthält, die im vegetativen Zustand der → Zelle transkriptionsaktiv sind.

**Makrophage**  Weiße Blutzellen, die durch → Endocytose unter anderem → Pathogene aufnehmen und töten.

**Makrophyten**  Wasserpflanzen, die mit bloßem Auge erkennbar sind. Werden als Grundlage der Gewässergüte von Stehgewässern genutzt.

**Malaria**  Durch → *Plasmodium* erregte Krankheit.

**Mammae**  Milchdrüsen der Säugetiere.

**Mandibeln**  Beißzangen/Kauorgane der Insekten und Krebse, stammesgeschichtlich aus Beinen hervorgegangen.

**Mangroven**  Mangrovenpflanzen (Bäume), an die Bedingungen tropischer (mariner) Gezeitenzonen mit stark schwankenden Wasserständen angepasst. Auch dieses → Ökosystem wird als Mangrove bezeichnet.

**Marikultur**  Kultur von Meerestieren (z. B. Austern) in (abgetrennten) Meeresteilen.

**Masterkontrollgene**  → Gene, die für → Proteine codieren, die das Entwicklungsschicksal ganzer Organe oder z. B. wesentliche Verhaltensweisen steuern. Beispiele sind → *Pax6* oder → *FoxP2*.

**Maternaleffektgene**  → Gene, die in der → Oogenese (vom mütterlichen → genom) transkribiert werden, deren → mRNA in der → Eizelle deponiert, dann während der → Embryogenese translatiert werden und als Regulationsfaktoren fungieren.

**Maximum-Likelihood-Methode**  Statistische Methode, um abzuschätzen, welche Hypothese am besten mit einem Datensatz übereinstimmt.

**Maximum-Parsimony-Methode**  Statistische Methode, um abzuschätzen, welche Hypothese am besten mit einem Datensatz übereinstimmt.

**Mechanorezeptor**  → Membranprotein, das bei Berührung ein → Aktionspotenzial auslösen kann. Auch Sinnesorgan, das mechanisch gereizt werden kann.

**Meduse**  Quallenartiges Stadium der Nesseltiere.

**Megaphylle**  Die großen Blätter von Farnen und Samenpflanzen.

**Megaspore**  Haploide Spore von Pflanzen, aus der ein weiblicher → Gametophyt entstehen kann.

**Meiose**   Reifeteilung, die zu haploiden Produkten führt und in deren Verlauf es durch unabhängige Verteilung der → Homologen und → Crossing-over zu → Rekombination kommt.

**Membranpotenzial**   Unterschiedliche Ladung an Innen- und Außenseite der → Zellmembran durch ungleiche Ionenverteilung im Zellinneren und außerhalb der → Zelle.

**Membranprotein**   → Protein in einer → Biomembran, das entweder von einer Seite in den Phospholipiddoppelschicht eintaucht oder ganz hindurch reicht. Membranproteine haben entsprechend polare und apolare Abschnitte.

**Membrantransport**   Transport von Molekülen, Ionen oder Partikeln durch eine → Biomembran hindurch.

**Mendel´sche Gesetze**   Vererbungsgesetze (der klassischen Genetik).

**Meristem**   (Bleibend) embryonales Gewebe der Pflanzen, aus dem sich unterschiedliche Zelltypen entwickeln können.

**Meromixis**   Durchmischung eines Sees (durch Wind und Temperatur verursacht), bei der die Tiefenzone nicht mit erfasst wird.

**Merozoit**   Stadium einer ungeschlechtlichen Generation der Apicomplexa (z. B. des Malariaerregers → *Plasmodium*).

**Mesoderm**   Mittleres Keimblatt der Tiere. Daraus entstehen z. B. Muskeln, Gonaden, Exkretionsorgane und Blutgefäßsystem.

**Mesogloea**   Zellfreie Schicht zwischen Ektodermis und Gastrodermis der Nesseltiere (extrazelluläre Matrix).

**Mesohyl**   Schicht extrazellulärer Matrix in Schwämmen.

**Messenger-RNA**   → mRNA.

**Metabolic Engineering**   Analyse und Design von biologischen Systemen für Produktionszwecke.

**Metachronie**   Koordinierter Cilienschlag, wobei hintereinander stehende → Cilien zeitlich leicht versetzt schlagen. So ergibt sich eine Wellenbewegung.

**Metagenese**   Form des → Generationswechsels bei Tieren. Wechsel von geschlechtlichen und ungeschlechtlichen Generationen. Beispiel: Ohrenqualle, die → Meduse pflanzt sich geschlechtlich, der → Polyp ungeschlechtlich fort.

**Metalimnion**   (Thermische) Sprungschicht in einem Stehgewässer.

**Metamorphose**   Entwicklungsvorgang mit tiefgreifender (auch morphologischer) Umgestaltung.

**Methanogene**   Archaebakterien, die Wasserstoff zur Bildung von Methan nutzen.

**MHC**   Haupthistokompatibilitätskomplex (*major histocompatibility complex*). Familie von → Genen, deren Genprodukte eine Rolle bei der Selbst- und Fremderkennung spielen und daher auch für die Abwehr von → Pathogenen/ → Parasiten wichtig sind.

**Migration**   Wanderung von Teilen einer → Population, in sekundärer Bedeutung auch die dadurch bedingte Veränderung relativer Allelfrequenzen.

**Mikroevolution**   Die kleinen Schritte in der Evolution, auch die Entstehung von Arten.

**Mikrofilamente**   Actinfilamente. Mit 7 nm Dicke die dünnsten Cytoskelettfilamente. Bewegung an Mikrofilamenten erfolgt mit dem Motorprotein → Myosin.

**Mikronucleus**  Generativer Zellkern der Ciliaten. Enthält das komplette Genom mit → diploiden Chromosomensatz. Mehrzahl Mikronuclei.

**Mikroorganismen**  Sammelbezeichnung für kleine, namentlich einzellige Organismen, z. B. → Prokaryoten und einzellige → Eukaryoten.

**Mikrophylle**  Kleine Blätter ursprünglicher Landpflanzen.

**Mikrosporangium**  Im Mikrosporangium werden Pollen gebildet, aus denen männliche → Gametophyten erwachsen.

**Mikrotubulus**  Röhrenförmiges Cytoskelettfilament aus Tubulin (→ Protein). Dicke ca. 24 nm. Skelett- und Transportschienenfunktion. Plural: Mikrotubuli.

**Mikrovilli**  Kleine Ausstülpungen tierischer → Zellen, die von Bündeln aus Actinfilamenten gestützt werden; biologischer Sinn ist die Oberflächenvergrößerung der → Zellmembran. Singular: Mikrovillus.

**Mitochondrium**  → Zellorganell, in dem die Hauptmenge des → ATP gebildet wird. Hat ein eigenes → Genom und kann nicht neu entstehen, nach der → Symbiontentheorie symbiontischen Ursprungs. Merhzahl Mitochondrien.

**Mitose**  Kernteilungstyp, der zu identischen Chromosomensätzen/ → Genomen beider Tochterzellen (mit der Mutterzelle) führt.

**Mitosespindel**  Teilungsspindel einer → Mitose.

**Mittelbreiten**  Gemäßigte geografische Breiten (zwischen 45° und dem Polarkreis).

**Mittellamelle**  Mittlere Struktur der pflanzlichen Zellwand. Entsteht aus dem → Phragmoblast.

**molekulare Biotechnologie**  Gewinnung bzw. Konstruktion natürlicher wie auch künstlicher Biomoleküle mithilfe von → Zellen oder Organismen.

**Monogamie**  Paarverhalten mit einem Weibchen und einem Männchen.

**Monomer**  Kleines organisches Molekül das mit anderen gleichartigen Molekülen → Polymere bilden kann (z. B.: → Aminosäuren bilden → Peptide).

**Monophylie**  Abstammung betrachteter Arten (Taxa) von einer Art (gemeinsame Abstammung).

**Monosaccharid**  Einfachzucker (z. B. → Glucose).

**Morphogen**  Substanz (meist ein → Peptid), die die → Morphogenese beeinflusst.

**Morphogenese**  Entwicklung der Form/des Körperbaus eines Individuums.

**Mosaikkeim**  → Embryo, dessen → Zellen früh determiniert sind, deren Entwicklungsschicksal also früh festgelegt ist.

**mRNA**  Messenger-RNA. Mit der → Transkription synthetisiertes RNA-Molekül, das der Basensequenz des → Gens komplementär ist.

**multiple Allelie**  Vorkommen vieler → Allele eines → Gens in einer → Population.

**Murein**  Molekül der → Bakterienzellwand. Besteht aus Ketten modifizierter → Zucker mit kurzen → Peptiden als Seitenketten.

**Mutation**  Manifeste Veränderungen im Erbgut.

**Mycel**  Gesamtheit der Hyphen eines Pilzes.

**Mykorrhiza**   Symbiose zwischen Pilzen und (den Wurzeln von) Landpflanzen.

**Myosin**   Motorprotein, das an Actinfilamenten entlang gleiten kann.

**Nachhaltigkeit**   Verantwortungsvolle Handlungsweise, die den Erhalt bzw. die Regeneration natürlicher Ressourcen im weitesten Sinne und den Erhalt der Lebensgrundlage des Menschen zum Ziel hat.

**Nanobiotechnologie**   Biotechnologie von Nanostrukturen.

**Narbe**   Struktur des Griffels (in der Blüte), die den Pollen aufnimmt.

**Naturschutz**   Untersuchung und Erhalt natürlicher Lebensräume und → Ökosysteme.

**Neighbor-Joining-Methode**   Statistische Methode zur Bestimmung genetischer Distanzen bei der Stammbaumerstellung.

**Neobiota**   Pflanzen oder Tiere, die nach 1492 eingeschleppt wurden, werden als Neobiota (Neophyta bzw. Neobiota) bezeichnet.

**Neophyten**   Pflanzliche → Neobiota.

**Neozoen**   Tierische → Neobiota.

**Nephridien**   Ausscheidungsorgane vieler Tiere.

**nepotistischer Altruismus**   Altruistisches Verhalten unter Verwandten. Als biologischer Grund wird gesehen, dass dadurch die indirekte bzw. → Gesamtfitness des Handelnden vergrößert wird. Synonym: Verwandtenaltruismus.

**Neumünder**   Tiere, in deren Embryonalentwicklung der Urmund zum After wird, z. B. auch die Chordatiere (mit den Wirbeltieren). → Urmünder.

**Neuralrohr**   Bei der Neurulation (in der Embryonalentwicklung) gebildete Struktur, aus der Rückenmark und Gehirn entstehen.

**Neurotransmitter**   Botenstoff im Nervensystem.

**neutrale Evolution**   Evolutive Veränderung, die nicht durch → Selektion beeinflusst wird.

**Nitrifikation**   Oxidation von Ammonium zu Nitrat- und Nitritionen (in bestimmten Bodenbakterien).

**Nucleinsäure**   Lineares polymeres Molekül aus → Nucleotiden, die über 3'-5' Phosphodiesterbindungen verknüpft sind. → DNA, → RNA.

**Nucleolus**   Im → Zellkern Bildungsort der → Ribosomen.

**Nucleosid**   Molekül aus Zucker (→ Ribose oder → Desoxyribose) und einer Purin- oder Pyrimidinbase.

**Nucleosidtriphosphat**   → Nucleosid, an das drei Phosphatreste gebunden sind. Energiereiche Verbindung.

**Nucleosom**   Aus → Histonen zusammengesetztes Körperchen, um das → DNA gewunden ist.

**Nucleotid**   Baustein von → Nucleinsäuren, bestehend aus einem → Nucleosid und einer Phosphatgruppe. Synonym: Nucleosidphosphat.

**Nucleus**   → Zellkern.

**Okazaki-Fragment**   Stücke des zurückbleibenden Stranges bei der DNA-Replikation.

**Ökologie**  Lehre vom Haushalt der Natur, dem Zusammenwirken der Lebewesen und den Wechselwirkungen mit der unbelebten Natur.

**ökologische Nische**  Gesamtheit der abiotischen und biotischen Faktoren, die für das Leben einer Art gegeben sein müssen bzw. die Ansprüche/Anpassungen dieser Art.

**ökologische Potenz**  Fähigkeit einer Art (auch Anpassungsbreite), dauerhaft innerhalb eines Lebensraumes zu existieren und sich fortzupflanzen.

**Ökosystem**  Die → Biozönose in einem Lebensraum, System abiotischer Gegebenheiten und der Lebewesen.

**Ökotyp**  Anpassung von (Teil-)Populationen an bestimmte ökologische Gegebenheiten führt zur Bildung von Ökotypen (weitgehend der → Rasse vergleichbar).

**Oktant**  Achtzelliger → Embryo der Blütenpflanzen.

**Ommatidium**  Einzelauge der Komplexaugen von Insekten und Spinnen.

**Ontogenese**  Individualentwicklung eines → Vielzellers von der befruchteten → Eizelle bis zum Tod.

**Oogenese**  Entwicklung der → Eizelle.

**Operon**  Genetische Funktionseinheit (bei → Bakterien); ein oder mehrere Strukturgene mit gemeinsamem Promotor.

**Opisthokonta**  Hauptzweig des Eukaryotenstammbaumes. Gehören zu den Unikonta. Gekennzeichnet ursprünglich durch eine hinten entspringende → Geißel. Hierzu gehören z. B. die Pilze und die Tiere.

**Organe**  Funktionseinheiten von → Vielzellern. Aus wenigen Zell- bzw. Gewebetypen bestehend.

*origin*  Ort des Beginns der → Replikation der → DNA (bei → Prokaryoten, → Plasmiden, Viren).

**ortholog**  → Homologe → Gene bei verschiedenen Arten.

**Osmose**  Übertritt niedermolekularer Substanzen/Teilchen einer Lösung durch eine semipermeable Membran in eine Lösung höherer (Teilchen-)Konzentration.

**osmotischer Druck**  Potenzieller Druck einer Flüssigkeit (des Zellinhalts) auf eine umgebende semipermeable Membran.

**Östrogene**  → Steroidhormone; weibliche Sexualhormone.

**Oxidoreduktion**  → Redoxreaktion.

**Panmixie**  In einer → Population haben Individuen aller → Genotypen gleichermaßen die Möglichkeit zur Paarung/geschlechtlichen Fortpflanzung.

**Paradigmenwechsel**  Wechsel der Hauptaussage/Auffassung einer Hypothese.

**paralog**  Durch Duplikation innerhalb eines → Genoms entstandene → homologe → Gene werden als paralog bezeichnet.

**paraphyletisch**  Taxa, deren Angehörige eine letzte gemeinsame Stammart haben, auf die aber auch Angehörige weiterer Taxa zurückgehen.

**Parapodien**  Stummelfüßchen der Ringelwürmer.

**Parasexualität**  Form des Austauschs von → DNA (z. B. über → Plasmide) bei → Prokaryoten. Es werden keine → Gameten gebildet, es tritt keine → Meiose auf.

**Parasit** Lebewesen, das ein anderes (den Wirt) befällt und (energetisch) ausbeutet, normalerweise aber nicht (sofort) tötet.

**Parthenogenese** Eingeschlechtliche sexuelle Fortpflanzung (Jungfernzeugung), z. B. bei den Frühjahrsweibchen der Aphiden (Blatt- und Rindenläuse).

**Pathogen** Mikrobieller Krankheitserreger.

***pax*6-Gen** Masterkontrollgen, das entscheidend für die Ausbildung/Entwicklung von Augen ist.

**PCR** Polymerasekettenreaktion. Die Reaktion ermöglicht es, ein DNA-Molekül in großer Kopienzahl zu synthetisieren, das heißt zu amplifizieren.

**Pelagial** Freiwasserraum eines Gewässers.

**Pellicula** Äußere Schichten einer → Zelle (bei → Protisten) einschließlich der → Zellmembran, Cytoskelettkomponenten und unter der Zellmembran liegender → Zellorganellen.

**Penicillin** → Antibiotikum. Von Pilzen (Gattung → *Penicillium*) gebildet, unterbindet die Bildung einer funktionierenden Bakterienzellwand.

**Peptid** Dimer (Dipeptide) oder → Polymer (Polypeptide) aus → Aminosäuren, die über → Peptidbindungen verknüpft sind.

**Peptidase** → Enzym, das → Peptidbindungen lösen kann.

**Peptidbindung** Bindung zwischen der Aminogruppe einer → Aminosäure und der Carboxylgruppe einer zweiten Aminosäure unter Wasserabspaltung.

**Peptidhormon** Hormon mit Peptidnatur, z. B. Insulin.

**Peptidyltransferase** → Enzym (→ Ribozym), das im → Ribosom die → Peptidbindung katalysiert.

**perinucleärer Raum** Lumen der Kernhülle.

**Periplasma** Bei gramnegativen → Bakterien der Raum zwischen → Zellmembran und äußerer Membran.

**Phagocytose** → Endocytose eines (größeren) Partikels durch eine → Zelle.

**Phänotyp** (Erkennbare) Eigenschaften bzw. das Erscheinungsbild eines Individuums.

**phänotypische Geschlechtsbestimmung** Die die Geschlechtsbestimmung entscheidenden → Gene (konkret eines Schlüsselgens) werden von äußeren Faktoren aktiviert bzw. inaktiviert.

**phänotypische Plastizität** Fähigkeit eines Organismus, bei der Entwicklung auf äußere Einflusse unterschiedlich zu reagieren.

**Phloem** Bast des Sprosses und der Leitbündel. Leitet Zucker und andere Assimilate.

**Phospholipasen** Phospholipidabbauende → Enzyme.

**Phospholipid** Polares → Lipid mit einer Phosphatgruppe. Baustein der → Biomembran.

**Phospholipiddoppelschicht** Grundstruktur jeder → Biomembran (auch der → Zellmembran), aus → Phospholipiden. Darin stets → Membranproteine.

**Photosynthese** Synthese organischer Stoffe mithilfe von Lichtenergie.

**Phragmoblast** Bildungsstruktur der Mittellamelle bei der Teilung von Pflanzenzellen, besteht aus fusionierenden, vom → Golgi-Apparat stammenden Vesikeln.

**phylogenetischer Artbegriff** Danach sind Arten die terminalen Glieder einer evolutionären Linie, die sich von einem gemeinsamen Vorfahren ableiten und durch klar diagnostizierbare Merkmale unterscheiden.

**phylogenetischer Stammbaum** Stammbaum, der Verwandtschaftsbeziehungen darstellt; erstellt auf der Basis von → Synapomorphien.

**Phylogenie** Stammesgeschichte.

**Physiologie** Lehre von den Funktionsweisen der Lebewesen und ihrer Teile.

**Phytoalexine** Pflanzliche Abwehrstoffe gegen → Pathogene.

**Phytohormone** Hormone von Pflanzen.

**Phytoremediation** Entgiftung von Böden mit Pflanzen.

**Plankton** (Gesamtheit der) schwebenden, mit der Wasserströmung treibenden Lebewesen.

**Plantae** Einer der (fünf) Hauptäste des Eukaryotenstammbaumes. Durch primäre Symbiose (mit einem Cyanobakterium) grüne Organismen. Dazu gehören Grünalgen und Landpflanzen.

**Planula** (Bewimperte) Larve der Nesseltiere.

**Plasmid** Autonom replizierendes ringförmiges DNA-Molekül; extra-chromosomal.

**Plasmodesma** Cytoplasmaverbindung (durch die Zellwand) zwischen benachbarten Pflanzenzellen. Plural: Plasmodesmata.

*Plasmodium* Gattung des Malariaerregers. Zu den Apicomplexa gehörig.

**Plasmogamie** Verschmelzen zweier → Zellen (z. B. Zellen von Pilzmycelien unterschiedlichen Paarungstyps).

**Plasmolyse** Schrumpfen einer Pflanzenzelle durch osmotischen Wasserverlust. Zusammenziehen der → Zelle innerhalb des Zellwandraumes, wenn die Zelle sich in Flüssigkeiten höhere Partikel-konzentration (Atome, Ionen, Moleküle) befindet; ggf. reversibel.

**Plazenta** Bei Trächtigkeit / Schwangerschaft ausgebildetes → Organ zur Versorgung der → Embryonen. Besteht aus mütterlichem und embryonalen → Geweben.

**Pleiotropie** Wirkung eines → Gens auf mehr als ein Merkmal. Synonym: Polyphänie.

**Plesiomorphie** Ursprüngliches, nicht verändertes Merkmal.

*policing* Bestrafungsverhalten sozialer Insekten (Ameisen) gegenüber Arbeiterinnen, die Eier gelegt haben.

**Pollenschlauch** Sich aus dem Pollen entwickelnder männlicher → Gametophyt (haploid) der Blüten-pflanzen.

**Polyandrie** Mehrere Männchen sind mit einem Weibchen „verpaart".

**Polygamie** → Polyandrie oder → Polygynie.

**Polygenie** Wirkung mehrerer → Gene auf ein bestimmtes Merkmal.

**Polygynie**  Mehrere Weibchen sind mit einem Männchen „verpaart".

**Polymer**  → Makromolekül aus gleichartigen → Monomeren (z. B. → Polysaccharid aus → Monosacchariden/Zuckern).

**Polymerase**  → Enzym, dass eine Polymerisation katalysiert; z. B. katalysiert eine RNA-Polymerase die Synthese von → RNA entlang und komplementär zu einem DNA-Molekül.

**Polymerasekettenreaktion**  → PCR.

**Polymorphismus**  Existenz genetisch bedingt verschiedener Erscheinungsformen in einer → Population.

**Polyp**  Festsitzendes Stadium der Nesseltiere.

**Polypeptid**  → Polymer/Kette aus vielen → Aminosäuren.

**Polyphänie**  → Pleiotropie.

**Polyploidie**  Vorhandensein vieler Chromosomensätze in einem → Zellkern, einer → Zelle oder einem Organismus.

**Polysaccharid**  Verbindung aus vielen → Monosacchariden, z. B. Stärke, → Cellulose.

**Polyspermie**  Besamung einer → Eizelle durch mehrere Spermien.

**Population**  Gesamtheit der Individuen einer Art in einem Lebensraum (mit einem gemeinsamen → Genpool).

**Populationsdynamik**  Veränderungen der Individuenzahl einer → Population über die Zeit.

**Populationsökologie**  Zusammenspiel von → Populationen und den Umweltfaktoren eines → Ökosystems.

**Präadaptation**  Vorliegen von (wenig oder gar nicht vorteilhaften) Eigenschaften bzw. → Allelen, die sich unter veränderten Umweltbedingungen als vorteilhaft erweisen.

**Primärstruktur**  Entspricht der Kette der Aminosäuren eines Proteins.

**Primärtranskript**  Die unmittelbar aus der Transkription resultierende → mRNA, aus der vor der Translation u. a. die → Introns herausgeschnitten werden.

**Produzenten**  Organismen, die (meist) photosynthetisch unter Nutzung des Sonnenlichtes Zucker und andere organisches Moleküle aufbauen.

**profundal**  Lichtlose Tiefenzone in Gewässern.

**Proglottiden**  Glieder der Bandwürmer.

**Prokaryot**  Organismus einfachster Bauform. → Zellen ohne membrangebundene → Zellorganellen. Meist in der Größenordnung von 1 $\mu$m.

**Promoter/Promotor**  Initiale Bindungsstelle für die mRNA-Polymerase.

**Protease (Proteinase)**  → Enzym, das die Auflösung einer → Peptidbindung/Trennung katalysiert

**Proteasom**  → Zellorganell. Ort des Abbaus von → Proteinen.

**Protein**  → Makromolekül aus → Aminosäuren, oft aus mehreren → Peptiden. Wesentlicher Baustein der Lebewesen mit Enzym-, Struktur- oder Speicherfunktion.

**Proteinbiosynthese**  Gesamtvorgang der Proteinsynthese in der → Zelle mit → Transkription und → Translation.

**Protisten**  Die eukaryotischen Einzeller (→ Protophyten und → Protozoen).

**Protocyte**  Einfache Zellform ohne → Zellkern (im Gegensatz zur → Eucyte). Zelltyp der → Prokaryoten.

**Protonenpumpe**  → Membranprotein, über das unter Energieverbrauch Protonen durch eine Membran transportiert werden.

**Protophyten**  Grüne Einzeller (z. B. einzellige Grünalgen und Diatomeen).

**Protozoen**  Die nichtgrünen Einzeller (z. B. Ciliaten), meist einschließlich der grünen Einzeller, die ihre Chloroplasten durch sogenannte sekundäre Symbiose (also mit grünen → Eukaryoten) erworben haben (z. B. viele Dinoflagellaten bzw. Dinophyceen).

**proximate Zweckerklärung**  Das Aufzeigen von Phänomenen, die mittelbar ein Verhalten auslösen bzw. beeinflussen. Beispiel: Eltern versorgen ihre Kinder. Proximate Erklärung: Sie tun das, weil sie die Kinder mögen oder/und sich verpflichtet fühlen.

**PR-Proteine**  Typ von Abwehrproteinen der Blütenpflanzen gegen Bakterien- und Pilzinfektionen.

**Pseudopodien**  Auch als Scheinfüßchen bezeichnete Ausstülpungen der → Zelle. Bei Amöben und → Makrophagen Ausdruck von Bewegung.

**Quartär**  Jüngster Zeitraum der Erdgeschichte seit 2,6 Millionen Jahren einschließlich der Jetztzeit.

**Quartärstruktur**  Konfiguration der Untereinheiten eines → Proteins. Existent bei → Proteinen. So ist das Hämoglobin ein Tetramer, das aus zwei $\alpha$- und zwei $\beta$-Untereinheiten zusammengesetzt ist.

**Radiation**  Bildung verschiedener neuer Arten bei der Besiedlung neuer Lebensräume. → adaptive Radiation.

**Radiometrie**  Nutzung der (bekannten) Zerfallseigenschaften verschiedener Isotope zur Altersbestimmung von Gesteinen/ → Fossilien; z. B. → $^{14}C$-Methode.

**Radula**  Zahnraspel der Schnecken.

**Rasse**  Der Artbildung oft vorausgehende Unterscheidung einer Teilpopulation von anderen → Populationen einer Art. Individuen unterschiedlicher Rassen sind fertil kreuzbar.

**Rasterverschiebung**  Beispielsweise durch → Mutation veränderte Reihenfolge der Nucleotidsequenz (Basensequenz) der DNA.

**Räuber**  Konsumenten, die andere (lebende) Tiere oder → Protisten als Nahrung nutzen; Synonym: Prädator.

**Redien**  Larvenform der Saugwürmer, z. B. des Großen Leberegels.

**Redoxreaktion**  Dabei wird ein Reaktionspartner oxidiert, der andere reduziert.

**Reduktion**  Zurückführen des diploiden auf den haploiden (einfachen) Chromosomensatz in der ersten meiotischen Teilung.

**Regeneration**  Entwicklungsprozess zur Reparatur defekter oder verloren gegangener Organ- oder Körperteile.

**Regulationskeim**  → Embryo, dessen → Zellen lange in der Entwicklung umdifferenziert werden können, also eine große Entwicklungspotenz behalten.

**Reinerbigkeit**  → Homozygotie an betrachteten Genorten.

**Rekombination**  Neukombination von → Genen durch Austausch von Chromosomen- bzw. DNA-Stücken.

**Release-Faktor**  Kleines → Peptid, das am → Stopcodon bindet, wodurch die → Translation beendet wird.

**Replikation**  Verdoppelung der → DNA.

**Repressor**  Molekül, das die Aktivität/ → Transkription eines → Gens unterdrückt.

**Reproduktionsrate**  Fortpflanzungsrate.

**Restriktionsendonucleasen**  → Enzyme, die bestimmte Sequenzen innerhalb der → DNA erkennen und die → Doppelhelix an dieser Stelle „schneiden".

**Reverse Transkriptase**  → Enzym, das eine reverse (umgekehrte) → Transkription katalysiert, also die DNA-Synthese an einer RNA-Matrix.

**Rezessivität**  Phänomen, dass die Wirkung eines (rezessiven) → Allels im diploiden Zustand von der Expression eines anderen (dominanten) Allels überdeckt wird.

**Reziprozität**  Sozialverhalten, wobei akzeptiert wird, dass die Gegenleistung für Unterstützung usw. zeitlich versetzt und auf unterschiedliche Weise erfolgt.

**Rhizaria**  Einer der Hauptäste des Eukaryotenstammbaumes. Zu diesem Ast gehören unter anderem die Foraminiferen.

**Rhodopsin**  Sehpigment.

**Rhoptrien**  Vesikelartiges Organell, Teil des → Apikalkomplexes.

**Ribonucleinsäure**  → RNA.

**Ribose**  → Monosaccharid, Pentose, Baustein von → Nucleotiden und → RNA.

**Ribosom**  Organell aus → RNA und → Proteinen. Untereinheiten im → Zellkern hergestellt. Ort der → Translation (Proteinsynthese).

**Ribozym**  → RNA mit Enzymfunktion.

**Riffe**  Korallenriffe: im Wesentlichen aus den Kalkskeletten der Korallen (Nesseltiere) gebildete, bis zu gebirgeartigen Strukturen mit artenreichem Bewuchs und unterschiedlichsten Bewohnern.

**RNA**  Ribonucleinsäure. Meist einzelsträngig. Als → mRNA Überträger der Geninformation aus dem → Zellkern zum → Ribosom.

**RNA-Primer**  Kleines RNA-Molekül, das bei → Replikation des verzögerten Stranges zur DNA-Synthese benötigt wird.

**Rote Biotechnologie**  Biotechnologie (mit tierischen, auch menschlichen → Zellen, evtl. Organen) mit dem Ziel medizinischer Anwendung.

**r-Strategie**  Lebensstrategie einer Art mit sehr raschem Wachstum der → Population unter guten Bedingungen. → k-Strategie.

**Rubisco**  Ribulosebisphosphatcarboxylase. Entscheidendes → Enzym bei der Fixierung des Kohlenstoffs in der → Photosynthese.

**Rudiment** Organ oder Verhaltensweise, die in der Stammesgeschichte eine Bedeutung hatten, die (weitgehend) verloren gegangen ist.

**Ruhepotenzial** → Membranpotenzial einer nicht erregten → Zelle.

**saprobiontisch** Ernährungsweise durch Zersetzen toten organischen Materials (Pilze und Bakterien).

**Saugspannung der Zelle** Ergibt sich aus dem osmotischen Wert der Pflanzenzelle (des → Cytoplasmas und der zentralen Vakuole) abzüglich des Zellwanddrucks; entspricht der Zugkraft (Sog) auf das Wasser.

*scale down* Maßstabsverkleinerung eines biotechnologischen/chemischen Verfahrens (bei der Produktion).

*scale up* Maßstabsvergrößerung eines biotechnologischen/chemischen Verfahrens (bei der Produktion).

**Schistosomiasis** Durch den Pärchenegel (Schistosoma) erregte Krankheit. Synonym: Bilharziose.

**Schlafkrankheit** Von afrikanischen → Trypanosomen erregte Krankheit, die zu starker Ermattung führt.

**Schlüsselgen** Initiales → Gen einer (entwicklungsgenetischen) Steuerungskaskade. Ein Schlüsselgen ist z. B. bei der Geschlechtsbestimmung von Bedeutung.

**Schreckreaktion** Verhaltensweise von → *Paramecium* (Pantoffelciliat): Bei Auftreffen auf ein Hindernis kehrt sich der Cilienschlag um, und der Ciliat schwimmt eine Weile rückwärts.

**Schrittmacherreaktion** Geschwindigkeitshemmende Reaktion in einem Stoffwechsel.

**Schwesterarten** (Oft noch nicht lange getrennte) Arten, die von einem gemeinsamen Vorfahren abstammen.

**Schwimmblattzone** Relativ ruhiger Bereich in Stehgewässern, oft im Anschluss an Schilfbereiche; dort ist z. B. die Teichrose zu finden.

**See** Stehgewässertyp.

**Segmentationsgene** Über ihre Genprodukte wird in der frühen → Embryogenese die Segmentierung des (Fliegen-)Embryos festgelegt.

**Sekundärstoffwechsel** Bildung und Veränderung artspezifischer Stoffe vor allem bei Pflanzen, die oft Schutz- und Abwehrfunktion haben.

**Sekundärstruktur** Entspricht der primäre Faltung der Aminosäurekette eines → Proteins, so die α-Helix oder β-Faltblattstruktur.

**Selektion** Veränderungen (oder Erhalt) von Allelfrequenzen im → Genpool einer → Population aufgrund von Umweltbedingungen. Zunahme von → Allelen, auch Allelkombinationen, deren → Phänotypen unter den jeweiligen Umweltbedingungen zu höherer → Fitness führen.

**Selektionskoeffizient** Bezeichnet die Reduktion (positiv oder negativ) der Weitergabe eines bestimmten → Genotyps.

**semikonservative Replikation** Modus der Verdoppelung der → DNA, wobei an die beiden DNA-Moleküle der → Doppelhelix jeweils komplementär ein neuer Strang synthetisiert wird, wodurch dann zwei Doppelhelices gebildet werden, jeweils mit einem alten und einem neuen Strang.

**semipermeabel** Membranen, die im Wesentlichen nur für Wasser durchlässig sind.

**Separation**  Aufspalten einer Art (des → Genpools) in zwei getrennte Arten (zwei Genpools), oft verursacht durch geografische Trennung und (genetische) Inkompatibilität bzw. Fertilitätsbarrieren.

**Sexualität**  Auftreten von Geschlechtern und geschlechtlicher Fortpflanzung mit → Rekombination und → Reduktion durch → Meiosen, Bildung von → Gameten und Befruchtung.

**Sklerite**  Skelettnadeln der Schwämme.

**Skolex**  Kopfteil des Bandwurms, oft mit Haken.

**Soma**  Die nicht zur sexuellen Fortpflanzung befähigten/genutzten → Zellen eines → Vielzellers. → Keimbahn.

**soziale Insekten**  Staatenbildende Insekten mit Königin(nen), nicht fortpflanzungfähigen Kasten und (generationenübergreifender) Brutpflege, z. B. Bienen, Ameisen, Termiten.

**Spaltöffnung**  Von zwei Schließzellen begrenzte Öffnung für den Gasaustausch in der Epidermis von Blättern.

**Spezies**  → Art.

**Spermium**  Männliche Keimzelle, → Gamet.

**Spiralfurchung**  Furchungstyp, wobei die aufeinanderfolgenden Teilungen winkelig versetzt (spiralig gedreht) erfolgen.

**Spongin**  Strukturprotein des extrazellulären Stützgerüsts der Schwämme.

**Sporangium**  Bei Pflanzen und Pilzen Behälter, in dem Sporen gebildet werden.

**Sporophyt**  Diploides Stadium im → Generationswechsel von Pflanzen, Algen und → Protisten, in dem (ungeschlechtlich) Sporen gebildet werden.

**Sporozoit**  Ungeschlechtlich (in der Sporogonie) gebildetes, infektiöses Stadium im → Generationswechsel von → Protisten (z. B. bei Apicomplexa).

**Stacheln**  Strukturen der Abschlussgewebe von Pflanzen mit Abwehrfunktion.

**Stammbaum**  Darstellung der Abstammungsverhältnisse einer Organismengruppe. Streng genommen dürfen nur Arten aufgeführt sein, die eine gemeinsame Ausgangsart haben, und alle bekannten Nachkommenarten dieser Ausgangsart müssen aufgeführt sein.

**Stammzellen**  Embryonale/undifferenzierte → Zellen, aus denen differenzierte Zellen unterschiedlichen Typs hervorgehen können; bei Pflanzen in den → Meristemen.

**Stärke**  → Polysaccharid, Energiespeichermolekül.

**Stausee**  Stehgewässertyp.

**stenök**  Relativ empfindlich gegenüber Umweltveränderungen.

**stenotherm**  Relativ empfindlich gegenüber Temperaturänderungen. Stenotherme Arten ertragen nur geringe Temperaturschwankungen.

**Steroidhormone**  Hormon mit Steroidnatur, z. B. Testosteron, Östrogen.

**Sterol**  Lipidmolekül aus mehreren Ringsystemen. Baustein von Membranen und Hormonen.

**Stickstofffixierung**  Aufnahme und Reduktion des Luftstickstoffs ($N_2$) durch → Bakterien, vor allem symbiontischen Knöllchenbakterien.

**Stoffwechsel**   Die in einem Lebewesen ablaufenden chemischen Reaktionen bzw. Teile davon.

**Stopcodon**   → Codon, dem keine → Aminosäure entspricht. Bei Erreichen eines Stopcodons bricht die → Translation ab.

**Sukzession**   Artenfolge in einem → Ökosystem, die linear auf einen → Klimax-Zustand hinausläuft oder zyklisch wiederholt (z. B. über das Jahr) erfolgt.

**Superkolonie**   Extrem individuenreich und ausgedehnte Kolonie invasiver Ameisenarten, z. B. Superkolonie der Argentinischen Ameise, die sich mehr als 6000 km entlang der Mittelmeerküste erstreckt.

**Symbiont**   Kleinerer, meist abhängigerer Partner in einer Symbiose.

**Symbiontentheorie**   Theorie, wonach Mitochondrien und Plastiden, möglicherweise auch andere → Zellorganellen wie → Cilien, ursprünglich aus Symbiosen mit Bakterien entstanden sind, woraus die → Eucyte entstanden wäre.

**sympatrisch**   Sympatrische Artbildung erfolgt i demselben Lebensraum.

**Synapomorphie**   Ein den Arten einer monophyletischen Gruppe gemeinsames abgeleitetes Merkmal, das in der Stammart entstanden ist. Kann zur Stammbaumerstellung genutzt werden.

**Synapse**   Kontaktstruktur zwischen einer Nervenendigung und einer anderen Nervenzelle oder z. B. einer Muskelzelle.

**Synapsis**   Strukturelle Verbindung zwischen den in der Prophase der → Meiose gepaarten → Homologen, zwischen denen es dann zu → Crossing-over kommen kann.

**Syncytium**   Verbund vollständig kommunizierender → Zellen ohne Membrangrenzen, gleich einer Zelle mit zahlreichen → Zellkernen.

**Synergetik**   Lehre vom Zusammenwirken verschiedenster Elemente in Selbstorganisationsprozessen und den zugrunde liegenden Gesetzmäßigkeiten.

**Synkaryon**   Der durch die Fusion von männlichem und weiblichem Gametenkern entstandene diploide → Zellkern.

**Synökologie**   Ökologie der → Biozönosen.

**Synthetische Biologie**   Umfasst die (chemische) Synthese von → Genen und sogar von ganzen → Genomen bis hin zur Entwicklung sogenannter Minimalzellen und artifizieller → Zellen.

**Systembiologie**   Holistische Modellierung und Simulation von biologischen Systemen.

**Systemin**   → Peptid, das von Pflanzen bei Verletzungsstress abgegeben wird und auch entfernte Pflanzenteile aktiviert, Abwehrstoffe zu bilden.

**Taq-Polymerase**   Für die → PCR eingesetzte DNA-Polymerase, isoliert aus dem Bakterium *Thermophilus aquaticus* (daher Taq). Sehr hitzebeständig.

**Taxon**   Systematische Gruppe, z. B. eine Art.

**Taxonomie**   Teilgebiet der Biologie, das sich mit der Identifizierung und Benennung von Lebewesen beschäftigt.

**Technische Biologie**   Erforschung und Nutzung technischer (anwendungsbezogener) Aspekte der Biologie (entsprechend Technische Mikrobiologie und Technische Biochemie).

**Teich**   Stehgewässertyp.

**Teilungsspindel**   Aus → Mikrotubuli bestehende Struktur, mit deren Hilfe ein sich teilender
→ Zellkern gestreckt und die → Chromosomen zu den Polen bewegt werden.

**Telomer**   Spezielle Struktur am Chromosomenende.

**Telomtheorie**   Theorie der Entstehung von Blättern (Makrophyllen) in der Evolution der Landpflanzen, unter anderem durch Planation und Verwachsung von abzweigenden Sprossgipfeln.

**Terrestrialisierung**   Besiedlung von Landlebensräumen (durch Pflanzen und Tiere) und Anpassung
an die Landlebensweise.

**Tertiärstruktur**   Entspricht den dreidimensional angeordneten Elementen eines → Proteins zu einer
räumlichen Struktur.

**Testosteron**   Männliches → Steroidhormon.

**Tetrapoden**   Vierfüßige Wirbeltiere.

**Thallus**   Vegetationskörper vielzelliger Algen und einfacher Moose. Keine Strukturierung wie bei
Farnen und Blütenpflanzen.

**Theorie**   In der Biologie die umfassende (aber nicht abgeschlossen erforschte) Vorstellung bzw. Lehre
eines Phänomens, z. B. die → Zelltheorie oder die → Chromosomentheorie der Vererbung.

**Thermophile**   Archaebakterien, die bei hohen Temperaturen, zum Teil bei 100 °C, leben können.

**Thorax**   Brust.

**Thylakoide**   Flache Vesikelstapel (aus der inneren Membran stammend) im Chloroplasten. Die
Thylakoidmembran träg das Chlorophyll und die Moleküle für die Lichtreaktionen der → Photosynthese.

**Thymin**   Pyrimidinbase der → DNA.

**Thymin-Dimer**   Durch UV-Bestrahlung induzierte Verbindung zweier in der → DNA benachbarter
Thymin-Moleküle.

**Tit-for-tat-Verhalten**   Ein kooperatives Sozialverhalten, wobei die Partner jeweils schrittweise ihr
Verhalten gegenseitig überprüfen, bevor sie zugunsten des Partners handeln.

**Tonoplast**   Membran, die die zentrale Vakuole der Pflanzenzelle umgrenzt.

**Totipotenz**   → Zelle, deren gesamte genetische Information verfügbar ist für die Differenzierungs-
möglichkeit in jeglichem Zelltyp des Organismus.

**Toxin**   Gift.

**Toxoplasmose**   Von *Toxoplasma gondii* (Apicomplexa) ausgelöste Erkrankung.

**Tracheen**   Röhrenförmiges Atmungsorgan der Insekten.

**Transfer-RNA**   → tRNA.

**Transkription**   Umschreiben der Information von der Basenreihenfolge der → DNA in eine → RNA
(→ mRNA).

**Translation**   Übersetzen der Information aus der Codonreihenfolge der → mRNA in eine → Amino-
säurefolge (→ Peptid) am → Ribosom.

**Translokation**   Chromosomenmutation. Ein Chromosomenstück wird an ein anderes Chromosom
gebunden.

**Transport** Hier Membran-Transport: aktiver (energieverbrauchend) oder passiver (Diffusion; evtl. durch Membranpore) Transport durch eine → Biomembran.

**Transposon** Mobiles genetische Element. DNA-Molekül, das im → Genom transloziert (verortet) werden kann.

**Trichinose** Befall durch Trichinen. → Fleischbeschau.

**Triglycerid** → Lipid (Fett; Öl). Drei Fettsäuremoleküle verestert mit einem Glycerolmolekül.

**Trisomie** Auftreten von drei Chromosomen eines Typs im diploiden Chromosomensatz.

**tRNA** Transfer-RNA. Kleines RNA-Molekül mit einem freien → Anticodon, zu dem passend es eine → Aminosäure zum → Ribosom transportiert.

**Trochophora** Bewimperte Larvenform auf dem späten Gastrulastadium. Typisch für Mollusken und andere Tiere mit Spiralfurchung.

**Trophiegrad** Maß der Belastung eines Gewässers mit organischen Nährstoffen.

**Trophoblast** Aus einer der ersten beiden Tochterzellen hervorgehendes Gewebe zur Ernährung und Einnistung des Säugerembryos in die Plazenta.

**Trypanosomen** → Flagellaten (zu den Excavata), Erreger der → Schlafkrankheit.

**Tsetsefliege** Bremsenähnliche Fliege, Vektor (Überträger) der → Schlaf-krankheit.

**Tuberkulose** Bakterielle Krankheit auch des Menschen. Die → Bakterien leben intrazellulär.

**Tümpel** Stehgewässertyp.

**Tunica** Fester (mesodermaler) Oberflächenmantel der Tunikaten (Manteltiere).

**Turgor** In (von einer Zellwand umgebenen) Pflanzenzellen durch die osmotische Aufnahme von Wasser entstehender hydrostatischer Druck.

**Ubiquitin** Kleines → Peptid, das an → Proteine bindet, die so markiert sind, um im → Proteasom abgebaut zu werden.

**ultimate Zweckerklärung** Das Aufzeigen evolutiv selektionierender Gründe für ein Verhalten. Die ultimate Erklärung für ein Verhalten ist, dass es sich positiv auf den Fortpflanzungserfolg auswirkt. Beispiel: Das Verhalten, seine Kinder zu versorgen, bewirkt, dass die Kinder gute Über-lebenschancen haben. Sie werden die für dieses Verhalten der Eltern verantwortlichen → Gene mit einiger Wahrscheinlichkeit auch besitzen und weitertragen, ohne dass Eltern oder Kinder darüber nachdenken.

**Umweltschutz** Schutz der Umwelt mit dem Ziel der Erhaltung eines natürlichen Lebensraumes bzw. eines funktionierenden → Ökosystems. Dazu gehört der Erhalt der jeweiligen → Biodiversität.

**Umweltschutztechnik** Gestaltung der Umwelt und Lösung von Umweltproblemen auf der Basis von Ökologie, Naturwissenschaften und gesellschaftlichen Gegebenheiten mit ingenieurwissen-schaftlichen Methoden.

**Unikonta** Einer der Hauptäste des Eukaryotenstammbaumes. Die → Zellen haben ursprünglich (nur) eine → Geißel. Dazu gehören auch die Pilze und die Tiere.

**United Nations Convention on Biological Diversity** Konvention über die biologische Vielfalt (Rio de Janeiro 1992), Artenschutzkonvention.

**Uracil**   Pyrimidinbase der RNA.

**Urdarm**   Bei der → Gastrulation z. B. durch Einstülpung entstanden. Die Urdarmwand ist das junge Rio de Janeiro 1992 Entoderm.

**Urmund**   Öffnung des → Urdarmes der → Gastrula.

**Urmünder**   Tiere, in deren Entwicklung der → Urmund zum endgültigen Mund wird.

**Variabilität**   Auftreten von (umweltbedingt) unterschiedlichen → Phänotypen bei gleichen → Genotypen. Beruht auf der Entwicklungsplastizität der sich entwickelnden Organismen, wobei besonders Merkmale geringer → Heritabilität stark von Umweltparametern abhängig sind.

**Vasopressin**   Botenstoff im Gehirn. Reguliert die Wasserrückresorption in der Niere, spielt aber auch bei der Vermittlung von Glücksgefühl eine Rolle.

**Vektor**   Überträger von → Parasiten oder → Pathogenen.

**Verwandtschaftskoeffizient**   Der Verwandtschaftskoeffizient r gibt die Wahrscheinlichkeit abstammungsbedingt identischer → Allele zweier Individuen an. Zwischen Mutter oder Vater und Kind ist r = 0,5.

**Vielzeller**   Aus somatischen (unterschiedlich differenzierten) und generativen (Keimzellbildungszellen) miteinander kooperierenden → Zellen bestehendes Individuum. Landpflanzen, Pilze, Tiere.

**Virus**   Für seine Vermehrung von einer → Zelle abhängiges (parasitisches) Nucleinsäuremolekül mit oder ohne Proteinhülle. Die → DNA trägt hauptsächlich → Gene für die Infektion und Verdoppelung. Kein Lebewesen.

**Wachstumsfaktoren**   Hormonähnliche Stoffe (meist → Peptide), die das Wachstum und die → Differenzierung bestimmter Gewebe/Organe stimulieren können.

**Wattenmeer**   Flacher Lebensraum hoher Produktivität vor der Küste, der durch ausgeprägte tagesrhythmische (→ Gezeiten) und längerfristige dynamische Veränderungen (Sandbankverlagerung usw.) gekennzeichnet ist.

**Weiher**   Stehgewässertyp.

**Weiße Biotechnologie**   Einsatz biotechnologischer Methoden für industrielle Produktionsverfahren.

**Wildtyp**   In der Natur auftretende typische (Normal-)Form eines Merkmals/einer → Art.

**Xylem**   Holz des Sprosses und der Leitbündel mit Wasserleitungs- und Festigungselementen.

**Zeigerpflanzen**   Pflanzenart, die bestimmte Umweltparameter besonders gut toleriert, z. B. hohe Salzkonzentrationen und starke Sonneneinstrahlung.

**Zelle**   Kleinste lebende Einheit, Kann nicht neu (de novo) entstehen. Essenziell von der → Zellmembran begrenzt. Stoffwechsel- und vermehrungsfähig. Enthält genetische Information.

**Zellkern**   → Zellorganell. Kennzeichnend für die → Eucyte. Ort der → Chromosomen.

**Zellkolonie**   Meist Klone von → Protisten, die nach Teilungen in Verbindung bleiben, z. B. dann bäumchenartige Strukturen bilden.

**Zellkonstanz**   Entwicklungsphänomen bei manchen Tieren, z. B. *Caenorhabditis elegans* (Nematoda). Bei Individuen derselben → Art (und desselben Geschlechts) haben jedes Organ und das ganze Tier entwicklungsbedingt dieselbe Zellzahl.

**Zellmembran**   Essenzielle Struktur jeder → Zelle, eine → Biomembran. Trennt die Zelle von der Umgebung, ist aber Ort intensiven Stoffaustauschs/Stofftransports.

**Zellorganell**   Membrangebundenes Kompartiment (z. B. → Mitochondrium, → Lysosom, → Endoplasmatisches Reticulum) oder hochmolekulare Funktionsstruktur (z. B. → Ribosom, → Proteasom, Centriol). Auch der → Zellkern wird als Zellorganell angesehen.

**Zelltheorie**   Umfassende Theorie (Vorstellung) des zellulären Aufbaus der Lebewesen.

**Zellwand**   Bei Landpflanzen (dort hauptsächlich aus Cellulosefibrillen) und Pilzen (dort hauptsächlich aus Chitinfibrillen) aufgebaute extrazelluläre Struktur. Funktion: hauptsächlich Druckwiderstand (Zellwanddruck) und Schutz. Bei manchen Einzellern intrazelluläre Zellwand.

**Zellzyklus**   Zyklischer Ablauf der Vermehrung/Zweiteilung von Eukaryotenzellen mit → Mitose, Gap-Phasen und S-Phase (DNA-Synthesephase).

**zentrales Dogma der Molekularbiologie**   Darin wird ausgedrückt, dass der Informationsfluss bei der Proteinbiosynthese nur von der → DNA über die → RNA zum → Protein beobachtet wird. Ein Informationsfluss vom Protein zu → Nucleinsäuren ist nicht bekannt.

**Zentralvakuole**   Großer Zellsaftraum umgeben von Tonoplast (Membran). Funktion für osmotischen Druck der → Zelle. Speicherort für Stoffwechselendprodukte.

**Zona pellucida**   Hülle der → Eizelle (bei Säugern), aus Glykoproteinen.

**Zonobiome**   Klimatisch gekennzeichnete Hauptreihe der → Biome.

**Zoochlorellen**   Symbiontische Endosymbionten in → Protisten oder Tieren des Süßwassers, immer *Chlorella vulgaris* bzw. nahe verwandte Art (Grünalgen).

**Zooxanthellen**   Symbiontische Endosymbionten in marinen Tieren oder → Protisten, z. B. Dinoflagellaten (z. B. in Korallen) und Diatomeen.

**Zucker**   Kohlenhydrat (Mono- oder → Polysaccharid).

**Zwischenwirt**   Wirt eines → Parasiten, in dem nicht die geschlechtliche Fortpflanzung stattfindet.

**Zwitter**   Zweigeschlechtliches Individuum, das sowohl weibliche als auch männliche → Gameten produzieren kann.

# Index

## Symbole

14C-Datierung   125

## A

Abdomen   187
Absorption   161
Abundanz   218, 221
Abwehr   156, 159
Acetylierung   259
Actin   65, 124
Actinfilamente   44
adaptive Radiation   206, 262
Adenin   26f, 91
Adenosinmonophosphat (AMP)   26
Adenosintriphosphat (ATP)   26
Agamont   79
Ahornblattpilz   164f
Aktionspotenzial   35, 143
Aktualitätsprinzip   124
Algen   129
Algenblüten   140
Allele   70f, 75
Allelfrequenz   75, 254
Altern   113f, 142
alternative Strategien   273
Altruismus
   indirekter   279
   nepotistischer   270
Aminogruppe   20–30, 22
Aminosäuren   20
Amnionhöhle   203f8
Amöben   137f
AMP   26
Amphibien   *siehe Lurche*
anaboler Stoffwechsel   50
Anagenese   262
Analogie   124
Animalia   *siehe Tiere*
Anopheles   77, 196
Anpassung   212, 254
antennapedia   105
Antheridien   78, 153

Antibiotika   132, 165, 284
Apicomplexa   139
Apomorphie   119, 122f, 204
Arbeitsverteilung   195, 273
Archaea   32, 119, 134
Archegonien   78, 153
Art   120, 213
Artbildung
   allopatrische   215, 258
   sympatrische   215, 258
Artenschutzkonvention   221
Arthropoden   *siehe Gliederfüßer*
artifizielle Zellen   296
Artkonzept   261
   biologisches   215, 261
   morphologisches   215
   phylogenetisches   215, 261
Ascomyceten   164–166
Ascus   164
Atmung   51
Atmungskette   55, 57
ATP   26, 34, 51f, 53, 54, 84
   Synthase   50, 57
ATPase   34
Attraktivitätssignale   274
Auenlandschaft   233
Augenbildung   107
Augenentwicklung   103
Austernfischer   244
*Australopithecus*   277f
Autökologie   212
Auxin   110, 265
Avery, O.   80
Axonem   45
Axosom   45

## B

Bacteria   120, 132–148
Bailey, J.   294
bakterielle Zellwand   33
Bakterien   32, 172
Bandwürmer   179